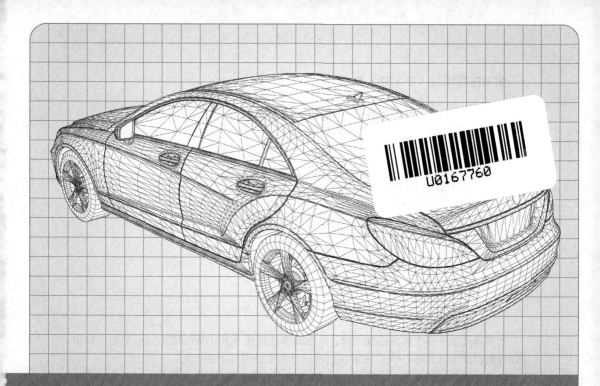

U0167760

SOLIDWORKS

中文版

实用教程

郝勇 施阳和 / 编著

人民邮电出版社

北 京

图书在版编目（CIP）数据

SOLIDWORKS中文版实用教程 / 郝勇，施阳和编著
. -- 北京 : 人民邮电出版社，2023.12
ISBN 978-7-115-57061-1

Ⅰ．①S… Ⅱ．①郝… ②施… Ⅲ．①计算机辅助设计
－应用软件－教材 Ⅳ．①TP391.72

中国版本图书馆CIP数据核字(2021)第190539号

内 容 提 要

本书通过 200 多个实例由浅入深、从易到难地讲述 SOLIDWORKS 2020 的相关知识，并细致地讲解 SOLIDWORKS 2020 在机械设计和工业设计中的应用。

本书按知识结构分为 13 章，包括 SOLIDWORKS 2020 入门、草图绘制基础、基础特征建模、附加特征建模、特征编辑、特征管理、曲线创建、曲面创建、钣金设计、装配体设计、动画制作、工程图的绘制、变速箱综合设计等。

本书提供配套的电子资源包，主要有全书实例的源文件素材，以及大量视频教程。本书适合作为各类院校和培训机构的相关教材或辅导书，也可以作为机械设计和工业设计行业相关人员的学习参考书。

◆ 编　　著　郝　勇　施阳和
　　责任编辑　蒋　艳
　　责任印制　王　郁　胡　南

◆ 人民邮电出版社出版发行　　北京市丰台区成寿寺路 11 号
　　邮编　100164　　电子邮件　315@ptpress.com.cn
　　网址　https://www.ptpress.com.cn
　　固安县铭成印刷有限公司印刷

◆ 开本：700×1000　1/16
　　印张：34　　　　　　　　　　2023 年 12 月第 1 版
　　字数：748 千字　　　　　　　2023 年 12 月河北第 1 次印刷

定价：149.90 元

读者服务热线：**(010)81055410**　印装质量热线：**(010)81055316**
反盗版热线：**(010)81055315**
广告经营许可证：京东市监广登字 20170147 号

前　言

SOLIDWORKS 是由著名的三维 CAD 软件开发供应商 SOLIDWORKS 公司发布的三维机械设计软件，可以最大限度地释放机械、模具、消费品设计师们的创造力，使他们只需花费同类软件所需时间的一小部分即可设计出更好、更有创新力、在市场上更受欢迎的产品。SOLIDWORKS 已成为目前市场上扩展性非常好的软件产品，也是一款集三维设计、分析、产品数据管理、多用户协作以及模具设计、线路设计等功能于一体的软件。

为了适应 SOLIDWORKS 市场日新月异的变化及广大三维软件用户的需求，本书集合多位经验丰富的老师，从基础开始讲解软件，知识讲解与实例巩固并行，使读者能更全面地了解和使用 SOLIDWORKS。

一、本书特色

本书有以下五大特色。

　　○ 作者权威

本书作者有多年的计算机辅助设计领域的工作经验和教学经验。作者总结多年的设计经验以及教学的心得体会，历时多年精心编著，力求全面细致地展现 SOLIDWORKS 在工程设计领域的各种功能和使用方法。

　　○ 实例专业

本书中有很多实例本身就是工程设计项目实例，经过作者精心提炼和改编，不仅保证读者能够学好知识点，更重要的是能帮助读者掌握实际的操作技巧。

　　○ 提升技能

本书以全面提升读者的 SOLIDWORKS 设计能力为目的，结合大量的实例来讲解如何利用 SOLIDWORKS 进行工程设计，真正让读者懂得计算机辅助设计并能够独立地完成各种工程设计。

　　○ 内容全面

本书在有限的篇幅内，进行 SOLIDWORKS 常用功能的细致讲解，内容涵盖草图绘制、零件建模、曲面造型、钣金设计、装配建模、动画制作、工程图绘制等知识。本书不仅有透彻的知识点讲解，还有丰富的实例，这些实例能够帮助读者更好地学习SOLIDWORKS。

　　○ 知行合一

本书结合大量的工程设计实例详细讲解 SOLIDWORKS 的知识要点，让读者在学习实例的过程中自然而然地掌握 SOLIDWORKS 的操作技巧，同时培养工程设计的实践能力。

二、本书的组织结构和主要内容

本书以 SOLIDWORKS 2020 中文版为演示平台,全面介绍 SOLIDWORKS 软件从基础到实例的全部知识,帮助读者从入门走向精通。全书分为 13 章,各部分内容如下。

第 1 章主要介绍 SOLIDWORKS 2020 入门。 第 8 章主要介绍曲面创建。

第 2 章主要介绍草图绘制基础。 第 9 章主要介绍钣金设计。

第 3 章主要介绍基础特征建模。 第 10 章主要介绍装配体设计。

第 4 章主要介绍附加特征建模。 第 11 章主要介绍动画制作。

第 5 章主要介绍特征编辑。 第 12 章主要介绍工程图的绘制。

第 6 章主要介绍特征管理。 第 13 章主要介绍变速箱综合设计。

第 7 章主要介绍曲线创建。

三、致谢

本书由华东交通大学教材基金资助,华东交通大学的郝勇和施阳和两位老师主编,黄志刚、沈晓玲、钟礼东参与了部分章节的编写。其中,郝勇执笔编写了第 1 ~ 5 章,施阳和执笔编写了第 6 ~ 8 章,黄志刚执笔编写了第 9、10 章,沈晓玲执笔编写了第 11、12 章,钟礼东执笔编写了第 13 章。胡仁喜、万金环等也为本书的编写提供了大量帮助,在此向他们表示感谢!

由于作者水平有限,书中不足之处在所难免,望广大读者发邮件至 wangxudan@ptpress.com.cn,给予批评指正,作者将不胜感激。读者也可以加入 QQ 群 828475667 参与交流探讨。

作者
2022 年 7 月

资源与支持

本书由异步社区出品，社区（https://www.epubit.com）为您提供相关资源和后续服务。

配套资源

本书提供配套视频和源文件。要获得以上配套资源，请在异步社区本书页面中点击 配套资源 ，跳转到下载界面，按提示进行操作即可。注意：为保证购书读者的权益，该操作会给出相关提示，要求输入提取码进行验证。

提交勘误

作者和编辑尽最大努力来确保书中内容的准确性，但难免会存在疏漏。欢迎您将发现的问题反馈给我们，帮助我们提升图书的质量。

当您发现错误时，请登录异步社区，按书名搜索，进入本书页面，点击"发表勘误"，输入勘误信息，单击"提交勘误"按钮即可。本书的作者和编辑会对您提交的勘误进行审核，确认并接受后，您将获赠异步社区的 100 积分。积分可用于在异步社区兑换优惠券、样书或奖品。

扫码关注本书

扫描下方二维码，您将会在异步社区微信服务号中看到本书信息及相关的服务提示。

与我们联系

我们的联系邮箱是 contact@epubit.com.cn。

如果您对本书有任何疑问或建议，请您发邮件给我们，并请在邮件标题中注明本书书名，以便我们更高效地做出反馈。

如果您有兴趣出版图书、录制教学视频，或者参与图书翻译、技术审校等工作，可以发邮件给我们；有意出版图书的作者也可以到异步社区在线投稿（直接访问 www.epubit.com/contribute 即可）。

如果您是学校、培训机构或企业用户，想批量购买本书或异步社区出版的其他图书，也可以发邮件给我们。

如果您在网上发现有针对异步社区出品图书的各种形式的盗版行为，包括对图书全部或部分内容的非授权传播，请您将怀疑有侵权行为的链接发邮件给我们。您的这一举动是对作者权益的保护，也是我们持续为您提供有价值的内容的动力之源。

关于异步社区和异步图书

"异步社区" 是人民邮电出版社旗下 IT 专业图书社区，致力于出版精品 IT 技术图书和相关学习产品，为作译者提供优质出版服务。异步社区创办于 2015 年 8 月，提供大量精品 IT 技术图书和电子书，以及高品质技术文章和视频课程。更多详情请访问异步社区官网 https://www.epubit.com。

"异步图书" 是由异步社区编辑团队策划出版的精品 IT 专业图书的品牌，依托于人民邮电出版社近 40 年的计算机图书出版积累和专业编辑团队，相关图书在封面上印有异步图书的 LOGO。异步图书的出版领域包括软件开发、大数据、AI、测试、前端、网络技术等。

异步社区

微信服务号

目 录

第 1 章
SOLIDWORKS 2020 入门

SOLIDWORKS 应用程序是一款机械设计自动化软件，它采用了大家所熟悉的 Microsoft Windows 图形用户界面。使用这款简单易学的工具，机械设计工程师能快速地按照其设计思想绘制草图，并运用特征与尺寸绘制模型实体、装配体及详细的工程图。

除了进行产品设计外，SOLIDWORKS 还集成了强大的辅助功能，可以对设计的产品进行三维浏览、运动模拟、碰撞和运动分析、受力分析等。

知识点

SOLIDWORKS 的设计思想
SOLIDWORKS 2020 简介
文件管理
SOLIDWORKS 工作环境设置
SOLIDWORKS 术语

1.1 SOLIDWORKS 的设计思想

SOLIDWORKS 2020 作为一款机械设计自动化软件，简单易学，让操作者能快速地按照其设计思想绘制草图。

利用 SOLIDWORKS 2020 不仅可以生成二维工程图，而且可以生成三维零件。利用这些三维零件可以生成二维工程图和三维装配体，如图 1-1 所示。

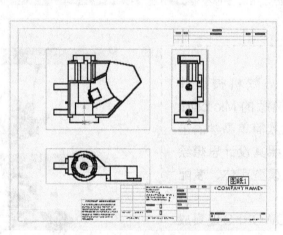 

（a）二维工程图 （b）三维装配体

图 1-1 SOLIDWORKS 实例

1.1.1 三维设计的 3 个基本概念

1. 实体造型

实体造型就是在计算机中用一些基本元素来构造机械零件的完整几何模型。传统的工程设计方法是设计人员在图纸上利用几个不同的投影图来表示一个三维产品的设计模型，图纸上还有很多人为的规定、标准、符号和文字描述。对于一个较为复杂的部件，要用若干张图纸来描述。尽管这样，图纸上还是密布着各种线条、符号和标记。工艺、生产和管理等部门的人员需要认真阅读这些图纸，理解设计意图，通过不同视图的描述想象出设计模型的每一个细节。这项工作有较大难度，此外，设计人员很难保证图纸的每个细节都正确。尽管经过层层检查和审批，图纸上的错误总是在所难免。

对于过于复杂的零件，设计人员有时只能采用代用毛坯，边加工设计边修改，经过长时间的艰苦工作后才能给出产品的最终设计图纸。所以，传统的设计方法严重影响着产品的设计制造周期和产品质量。

利用实体造型软件进行产品设计时，设计人员可以在计算机上直接进行三维设计，在屏幕上就能够见到产品的三维模型，所以这是工程设计方法的一个突破。在产品设计中的一个总体趋势就是：产品零件的形状和结构越复杂，更改越频繁，采用三维实体造型软件进行设计的优越性就越突出。

当零件在计算机中建立模型后，工程师就可以在计算机上很方便地进行后续环节的设计工作，如部件的模拟装配、总体布置、管路铺设、运动模拟、干涉检查以及数控加工与模拟等。所以，三维实体造型软件为在计算机集成制造和并行工程思想指导下实现整个生产环节采用统一的产品信息模型奠定了基础。

大体上有 6 类完整的表示实体的方法，具体如下：

- 单元分解法；
- 空间枚举法；
- 射线表示法；
- 半空间表示法；
- 构造实体几何法；
- 边界表示法。

只有后两种方法能正确地表示机械零件的几何实体模型，但仍有不足之处。

2. 参数化

传统的 CAD 绘图技术都用固定的尺寸值定义几何元素，输入的每一条线都有确定的位置。要想修改内容，只有删除原有线条后重画。而新产品的开发设计通常需要反复修改，进行零件形状和尺寸的综合协调和优化。对于定型产品的设计，需要形成系列，以便针对用户的生产特点提供不同吨位、功率、规格的产品型号。参数化设计可使产品的设计图随着某些结构尺寸的修改和使用环境的变化而自动修改图形。

参数化设计一般是指设计对象的结构形状比较固定，可以用一组参数来约束尺寸关系。参数的求解较为简单，参数与设计对象的控制尺寸有着明显的对应关系，设计结果的修改受到尺寸的驱动。生产中最常用的系列化标准件就属于这一类型。

3. 特征

特征是一个专业术语，它兼有形状和功能两种属性，包括特定几何形状、拓扑关系、典型功能、绘图表示方法、制造技术和公差要求。特征是产品设计者与制造者最关注的对象，是产品局部信息的集合。特征模型利用高一层次的具有过程意义的实体（如孔、槽、内腔等）来描述零件。

基于特征的设计是指把特征作为产品设计的基本单元，并将机械产品描述成特征的有机集合。

特征设计有突出的优点，在设计阶段就可以把很多后续环节要使用的有关信息放到数据库中。这样便于实现并行工程，使设计绘图、计算分析、工艺性审查以及数控加工等环节的工作都能顺利完成。

1.1.2 设计过程

在 SOLIDWORKS 系统中，零件、装配体和工程都属于对象，它采用了自顶向下的设计方法创建对象，如图 1-2 所示。

图 1-2 所示的层次关系充分说明，在 SOLIDWORKS 系统中，零件设计是核心，特征设计是关键，草图设计是基础。

草图指的是二维轮廓或横截面。对草图进行拉伸、旋转、放样或沿某一路径扫描等操作后即可生成特征，如图 1-3 所示。

特征是指可以通过组合生成零件的各种形状（如凸台、切除、孔等）及操作（如圆角、倒角、抽壳等），图 1-4 所示为凸台和圆角这两种特征。

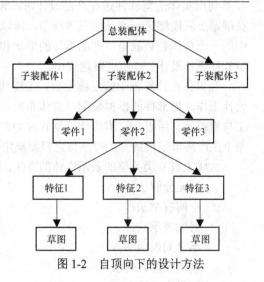

图 1-2 自顶向下的设计方法

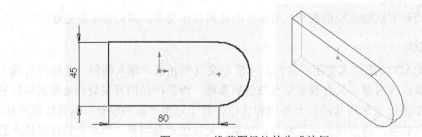

图 1-3 二维草图经拉伸生成特征

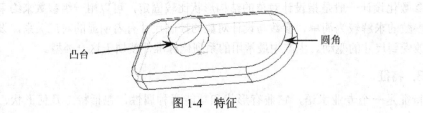

图 1-4 特征

1.1.3 设计方法

零件是 SOLIDWORKS 系统中最主要的对象。传统的 CAD 设计方法是由平面（二维）到立体（三维），如图 1-5（a）所示。首先工程师设计出图纸，然后工艺人员或加工人员根据图纸还原出实际零件。然而在 SOLIDWORKS 系统中却是工程师先直接设计出三维实体零件，然后根据需要生成相关的工程图，如图 1-5（b）所示。

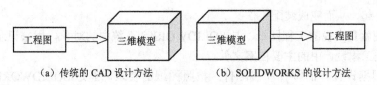

（a）传统的 CAD 设计方法　　　　（b）SOLIDWORKS 的设计方法

图 1-5　设计方法示意图

此外，SOLIDWORKS 系统的零件的构造过程类似于真实制造环境下的生产过程，如图 1-6 所示。

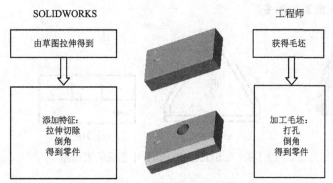

图 1-6　在 SOLIDWORKS 中生成零件

装配件是若干零件的组合，是 SOLIDWORKS 系统中的对象，通常用来实现一定的功能。在 SOLIDWORKS 系统中，用户先设计好所需的零件，然后根据配合关系和约束条件将零件组装在一起，从而生成装配件。使用配合关系，可相对于其他零部件来精确地定位零部件，还可定义零部件如何相对于其他的零部件进行移动和旋转。继续添加配合关系，还可以将零部件移到所需的位置。配合关系是在零部件之间建立的几何关系，例如共点、垂直、相切等。每种配合关系对特定的几何实体组合有效。

图 1-7 所示是一个简单的装配体，由顶盖和底座两个零件组成，设计、装配过程如下。

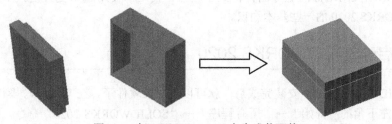

图 1-7　在 SOLIDWORKS 中生成装配体

（1）设计出两个零件。

（2）新建一个装配体文件。

（3）将两个零件分别拖入新建的装配体文件中。

（4）使顶盖底面和底座顶面重合，顶盖的侧面和底座对应的侧面重合，将顶盖和底座装配在一起，从而完成装配工作。

工程图就是常说的工程图纸，是 SOLIDWORKS 系统中的对象，用来记录和描述设计结果，是工程设计中的主要档案文件。

用户根据设计好的零件和装配件，按照图纸的要求，通过 SOLIDWORKS 系统中的命令生成各种视图、剖面图、轴侧图等，然后添加尺寸说明，得到最终的工程图。图 1-8 所示为一个零件的多个视图，它们都是由实体零件自动生成的，无须进行二维绘图设计，这也体现了三维设计的优越性。此外，当对零件或装配体进行了修改，对应的工程图也会相应地发生改变。

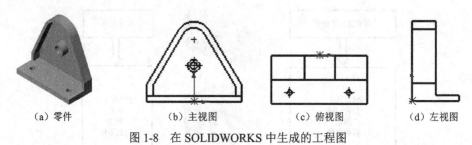

（a）零件　　　　（b）主视图　　　　（c）俯视图　　　　（d）左视图

图 1-8　在 SOLIDWORKS 中生成的工程图

1.2　SOLIDWORKS 2020 简介

SOLIDWORKS 公司推出的 SOLIDWORKS 2020 在创新性、便捷性以及界面的人性化设计等方面都得到了增强，性能和质量也得到了大幅度的提高，同时开发了更多 SOLIDWORKS 新设计功能，使产品开发流程发生了根本性的改变。SOLIDWORKS 2020 支持全球性的协作和连接，增强了项目的广泛合作。

SOLIDWORKS 2020 在用户界面、草图绘制、特征、成本、零件、装配体、SOLIDWORKS Enterprise PDM、Simulation、运动算例、工程图、出详图、钣金设计、输出和输入以及网络协同等方面都得到了增强，使用户使用起来更方便。本节将介绍 SOLIDWORKS 2020 的一些基本知识。

1.2.1　启动 SOLIDWORKS 2020

SOLIDWORKS 2020 安装完成后，就可以启动该软件了。在 Windows 操作环境下，单击屏幕左下角的"开始"→"所有程序"→"SOLIDWORKS 2020"命令，或者双击桌面上 SOLIDWORKS 2020 的快捷方式图标，就可以启动该软件。SOLIDWORKS 2020 的启动画面如图 1-9 所示。

启动画面消失后，系统进入 SOLIDWORKS 2020 的初始界面，初始界面中只有几个菜单栏和"标准"工具栏，如图 1-10 所示。用户可在设计过程中根据自己的需要打开其他工具栏。

图 1-9　SOLIDWORKS 2020 的启动画面

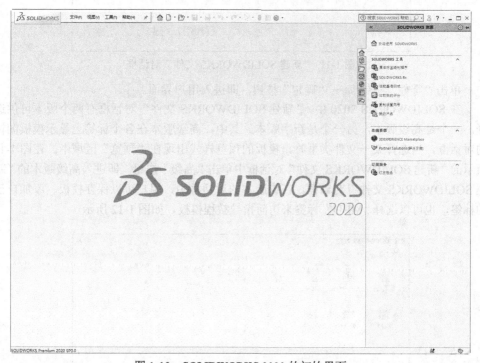

图 1-10　SOLIDWORKS 2020 的初始界面

1.2.2　新建文件

单击"标准"工具栏中的"新建"按钮 📄，或者单击菜单栏中的"文件"→"新建"命令，弹出"新建 SOLIDWORKS 文件"对话框，如图 1-11 所示。按钮的功能介绍如下。

- "零件"按钮 ：双击该按钮，可以生成单一的三维零件文件。
- "装配体"按钮 ：双击该按钮，可以生成零件或其他装配体的排列文件。
- "工程图"按钮 ：双击该按钮，可以生成属于零件或装配体的二维工程图文件。

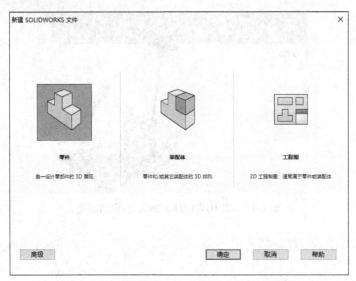

图1-11 "新建SOLIDWORKS文件"对话框

单击"零件"按钮 → "确定"按钮，即进入用户界面。

在SOLIDWORKS 2020中，"新建SOLIDWORKS文件"对话框有两个版本可供选择，一个是高级版本，另一个是新手版本。其中，高级版本在各个标签上显示模板图标的对话框，当选择某一文件类型时，模板的预览样式出现在"预览"区域中。在图1-11所示的"新建SOLIDWORKS文件"对话框中单击"高级"按钮，即进入高级版本的"新建SOLIDWORKS文件"对话框。在该版本的对话框中，用户可以保存模板、添加自己的标签，也可以选择"MBD"标签来访问指导教程模板，如图1-12所示。

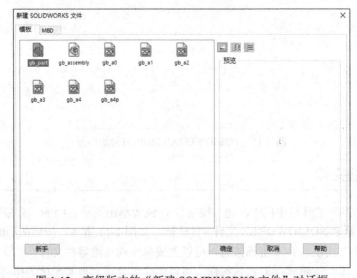

图1-12 高级版本的"新建SOLIDWORKS文件"对话框

1.2.3　SOLIDWORKS 用户界面

新建一个零件文件后，进入 SOLIDWORKS 2020 的用户界面，如图 1-13 所示。其中包括菜单栏、工具栏、特征管理区、图形区、状态栏等。

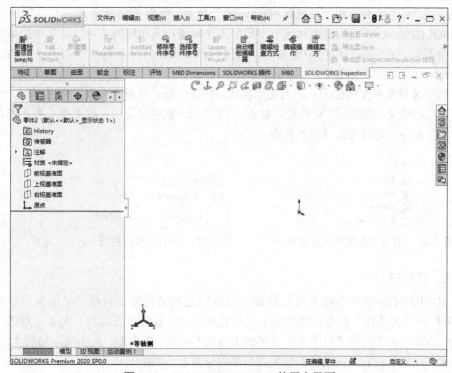

图 1-13　SOLIDWORKS 2020 的用户界面

装配体文件和工程图文件的用户界面与零件文件的用户界面类似，在此不再赘述。

菜单栏包含了所有 SOLIDWORKS 的命令，工具栏可根据文件类型（零件、装配体或工程图）来调整和放置，还可以设定其显示状态。SOLIDWORKS 用户界面底部的状态栏可以提供设计人员正在执行的操作的有关信息。下面介绍该用户界面的一些基本功能。

1. 菜单栏

默认情况下菜单栏是隐藏的，只显示"标准"工具栏，如图 1-14 所示。

图 1-14　"标准"工具栏

要显示菜单栏，则需要将鼠标指针移动到 SOLIDWORKS 图标 $\color{gray}{\textsf{3S SOLIDWORKS}}$ 上或单击它，显示的菜单栏如图 1-15 所示。若要始终保持菜单栏可见，需要单击"图钉"图标 $\downarrow$ 使其变为"固定"状态 $\times$ ，其中最关键的命令集中在"插入"菜单和"工具"菜单中。

3S SOLIDWORKS ◀ 文件(F) 编辑(E) 视图(V) 插入(I) 工具(T) 窗口(W) 帮助(H) ▶ ◀

图 1-15 菜单栏

单击工具栏中按钮旁边的倒三角形，可以打开带有附加功能的下拉菜单。这样可以通过工具栏访问到更多的菜单命令。例如，"保存"按钮 ▤ ·的下拉菜单包括"保存""另存为""保存所有"和"发布到 eDrawings"命令，如图 1-16 所示。

SOLIDWORKS 的菜单项对应于不同的工作环境，其相应的菜单以及其中的命令也会有所不同。在以后的应用中会发现，当进行某些操作时，不起作用的菜单会临时变灰，此时将无法应用该菜单。

如果选择保存文档提示，则当文档在指定间隔（分钟或更改次数）内保存时，将弹出"未保存的文档通知："对话框，如图 1-17 所示，其中包含"保存文档"和"保存所有文档"命令，它将在几秒后淡化消失。

图 1-16 "保存"按钮的下拉菜单　　　　图 1-17 "未保存的文档通知："对话框

2. 工具栏

SOLIDWORKS 中有很多可以按需要显示或隐藏的内置工具栏。单击菜单栏中的"视图"→"工具栏"命令，或在工具栏区域右击，弹出"工具栏"菜单。单击"自定义"命令，在弹出的"自定义"对话框中勾选"视图"复选框，会出现浮动的"视图"工具栏，用户可以自由拖动将其放置在需要的位置上，如图 1-18 所示。

此外，还可以设定哪些工具栏在没有打开文件时可显示，或者根据文件类型（零件、装配体或工程图）来放置工具栏并设定其显示状态（自定义、显示或隐藏）。例如，保持"自定义"对话框的打开状态，在 SOLIDWORKS 用户界面中，可对工具栏中的按钮进行如下操作。

- 在工具栏上从一个位置拖动到另一个位置。
- 从一个工具栏拖动到另一个工具栏。
- 从工具栏拖动到图形区中，即从工具栏上将之移除。

有关工具栏中的按钮的各种功能和具体操作方法将在后面的章节中做具体的介绍。

在使用工具栏或其中的按钮时，将鼠标指针移动到该图标附近，会弹出消息提示，显示对应工具的名称及相应的功能，如图 1-19 所示。显示一段时间后，该提示会自动消失。

3. 状态栏

状态栏位于 SOLIDWORKS 用户界面的底端，提供了当前窗口中正在编辑内容的状态，以及鼠标指针位置坐标、草图状态等信息。状态栏中的典型信息如下。

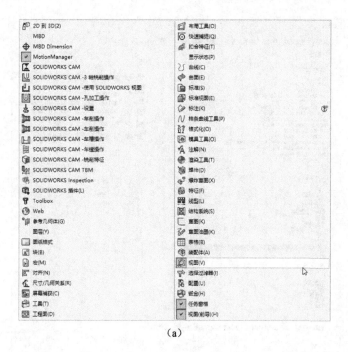

(a)

(b)

图 1-18　调用"视图"工具栏

图 1-19　消息提示

○ "重建模型"图标：在更改了草图或零件而需要重建模型时，"重建模型"图标会显示在状态栏中。

○ 草图状态：在编辑草图的过程中，状态栏中会出现 5 种草图状态，即完全定义、过定义、欠定义、没有找到解、发现无效的解。在考虑零件完成之前，最好应该完全定义草图。

○ 测量实体：为所选实体常用的测量对象，如边线长度。

○ "重装"按钮：在使用协作选项时用于访问重装对话框的按钮。

○ "单位系统"按钮 MMGS ▲：在编辑草图的过程中，单击 "单位系统"按钮，在弹出的菜单中选择绘制草图的文档单位，如图 1-20 所示。

○ 显示或隐藏标签文本框按钮：标签文本用来将关键词添加到特征和零件中以方便搜索。

图 1-20　"单位
系统"菜单

4. FeatureManager 设计树

FeatureManager 设计树位于 SOLIDWORKS 用户界面的左侧，是 SOLIDWORKS 中比较常用的部分，它提供了激活的零件、装配体或工程图的大纲视图，从而可以很方便地查看模型或装配体的构造情况，以及工程图中不同的图纸和视图。

FeatureManager 设计树和图形区是动态链接的，在使用时可以在任何窗格中选择特征、草图、工程视图和构造几何线。FeatureManager 设计树可以用来组织和记录模型中各个要素之间的参数信息和相互关系，以及模型、特征和零件之间的约束关系等，几乎包含了所有设计信息。FeatureManager 设计树如图 1-21 所示。

FeatureManager 设计树的功能主要有以下几个方面。

⬤ 以名称来选择模型中的项目，即可通过在模型中选择其名称来选择特征、草图、基准面以及基准轴。SOLIDWORKS 在这一项中的很多功能与 Windows 操作界面类似，例如：在选择的同时按住 <Shift> 键，可以选择多个连续项目；在选择的同时按住 <Ctrl> 键，可以选择多个非连续项目。

⬤ 确认和更改特征的生成顺序。在 FeatureManager 设计树中通过拖动项目可以重新调整特征的生成顺序，这将更改重建模型时特征重建的顺序。

⬤ 双击特征的名称可以显示特征的尺寸。

⬤ 如要更改项目的名称，在名称上缓慢单击两次使名称处于可编辑状态，然后输入新的名称，编辑后如图 1-22 所示。

图 1-21　FeatureManager 设计树　　　图 1-22　在 FeatureManager 设计树中更改项目名称

⬤ 压缩和解除压缩零件特征和装配体零部件，在装配零件时是很常用的。同样，如要选择多个特征，在选择的时候按住 <Ctrl> 键。

⬤ 右击列表中的特征，然后选择父子关系，以查看其父子关系。

⬤ 还可以通过右击，在 FeatureManager 设计树中设置显示特征说明、零部件说明、零部件配置名称、零部件配置说明等项目。

⬤ 将文件夹添加到 FeatureManager 设计树中。

熟练操作 FeatureManager 设计树是应用 SOLIDWORKS 的基础内容，也是重点内容。由于其功能强大，不能一一列举，在后几章会多次用到，只有在学习的过程中熟练应用 FeatureManager 设计树的功能，才能加快建模的速度和提升建模的效率。

5. PropertyManager 标题栏

PropertyManager 标题栏一般会在进行初始化时使用，PropertyManager 为其定义命令时会自动出现。编辑草图并选择草图特征进行编辑时，所选草图特征的 PropertyManager 标题栏将自动出现。

激活 PropertyManager 标题栏时，FeatureManager 设计树会自动出现。欲扩展 FeatureManager 设计树，可以在其中单击文件名称左侧的按钮 ▶ 。FeatureManager 设计树是透明的，不会影响下面模型的修改。

1.3 文件管理

除了上面讲述的新建文件操作外，常见的文件管理操作还有打开文件、保存文件、退出系统等，下面简要介绍一下。

1.3.1 打开文件

在 SOLIDWORKS 2020 中，可以打开已存储的文件，对其进行相应的编辑和操作。打开文件的操作步骤如下。

（1）单击菜单栏中的"文件"→"打开"命令，或者单击"标准"工具栏中的"打开"按钮 ，执行打开文件命令。

（2）系统弹出图 1-23 所示的"打开"对话框，在该对话框的"文件类型"下拉列表中选择文件的类型。选择不同的文件类型，在对话框中会显示文件夹中该文件类型对应的文件。点选"显示预览窗口"按钮 ，选择的文件就会显示在对话框的"预览"区域中，但是并不会自动打开该文件。

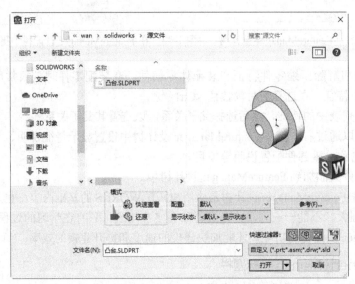

图 1-23 "打开"对话框

选择了需要的文件后，单击对话框中的"打开"按钮，就可以打开选择的文件，对其进行相应的编辑和操作。

在"文件类型"下拉列表框菜单中，并不限于 SOLIDWORKS 类型的文件，还可以调用其他软件（如 ProE、CATIA、UG 等）生成的图形文件并对其进行编辑。图 1-24 所示是"文件类型"下拉列表。

```
SOLIDWORKS 文件 (*.sldprt; *.sldasm; *.slddrw)
SOLIDWORKS SLDXML (*.sldxml)
SOLIDWORKS 工程图 (*.drw; *.slddrw)
SOLIDWORKS 装配体 (*.asm; *.sldasm)
SOLIDWORKS 零件 (*.prt; *.sldprt)
3D Manufacturing Format (*.3mf)
ACIS (*.sat)
Add-Ins (*.dll)
Adobe Illustrator Files (*.ai)
Adobe Photoshop Files (*.psd)
Autodesk AutoCAD Files (*.dwg;*.dxf)
Autodesk Inventor Files (*.ipt;*.iam)
CADKEY (*.prt;*.ckd)
CATIA Graphics (*.cgr)
CATIA V5 (*.catpart;*.catproduct)
IDF (*.emn;*.brd;*.bdf;*.idb)
IFC 2x3 (*.ifc)
IGES (*.igs;*.iges)
JT (*.jt)
Lib Feat Part (*.lfp;*.sldlfp)
Mesh Files(*.stl;*.obj;*.off;*.ply;*.ply2)
Parasolid (*.x_t;*.x_b;*.xmt_txt;*.xmt_bin)
PTC Creo Files (*.prt;*.prt.*;*.xpr;*.asm;*.asm.*;*.xas)
Rhino (*.3dm)
Solid Edge Files (*.par;*.psm;*.asm)
STEP AP203/214/242 (*.step;*.stp)
Template (*.prtdot;*.asmdot;*.drwdot)
Unigraphics/NX (*.prt)
VDAFS (*.vda)
VRML (*.wrl)
所有文件 (*.*)
自定义 (*.prt;*.asm;*.drw;*.sldprt;*.sldasm;*.slddrw)
```

图 1-24　"文件类型"下拉列表

1.3.2　保存文件

已编辑的图形文件只有在保存后，才能在需要时再次打开该文件对其进行相应的编辑和操作。保存文件的操作步骤如下。

单击菜单栏中的"文件"→"保存"命令，或者单击"标准"工具栏中的"保存"按钮 ，执行保存文件命令，此时系统弹出图 1-25 所示的"另存为"对话框。在该对话框的左侧列表框中选择文件存放的磁盘及文件夹，在"文件名"文本框中输入要保存的文件名称，在"保存类型"下拉列表中选择所保存文件的类型。通常情况下，在不同的工作模式下，系统会自动设置文件的保存类型。

在"保存类型"下拉列表中，并不限于 SOLIDWORKS 类型的文件，如"*.SLDPRT""*.SLDASM""*.slddrw"。也就是说，SOLIDWORKS 不但可以把文件保存为自身的文件类型，还可以保存为其他类型的文件，方便其他软件对其调用和编辑。

在图 1-24 所示的"另存为"对话框中，可以在保存文件的同时备份一份文件。保存备份文件时，需要预先设置保存的文件目录。设置备份文件保存目录的步骤如下。

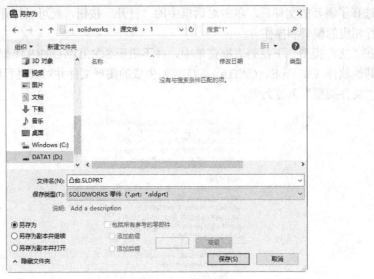

图 1-25 "另存为"对话框

单击菜单栏中的"工具"→"选项"命令，系统弹出图 1-26 所示的"系统选项 (S)-备份/恢复"对话框，单击"系统选项"选项卡中的"备份/恢复"选项，在"备份文件夹"文本框中可以修改保存备份文件的目录。

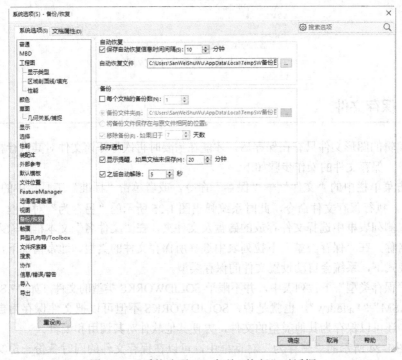

图 1-26 "系统选项 (S)- 备份/恢复"对话框

1.3.3　退出 SOLIDWORKS 2020

在文件编辑和保存完成后，就可以退出 SOLIDWORKS 2020 系统。单击菜单栏中的"文件"→"退出"命令，或者单击系统操作界面右上角的"退出"按钮 ，可直接退出。

如果对文件进行了编辑而没有保存文件，或者在操作过程中不小心执行了"退出"命令，会弹出系统提示框，如图 1-27 所示。如果要保存对文件的修改，则单击"全部保存"按钮，系统会保存修改后的文件，并退出 SOLIDWORKS 系统；如果不需要保存对文件的修改，则单击"不保存"按钮，系统会不保存修改后的文件，并退出 SOLIDWORKS 系统；单击"取消"按钮，则取消退出操作，回到原来的操作界面。

图 1-27　系统提示框

1.4　SOLIDWORKS 工作环境设置

要熟练地使用一款软件，必须先认识软件的工作环境，然后设置适合自己的工作环境，这样可以使设计工作更加便捷。SOLIDWORKS 软件同其他软件一样，可以根据自己的需要显示或者隐藏工具栏，以及添加或者删除工具栏中的按钮，还可以根据需要设置零件、装配体和工程图的工作界面。

1.4.1　设置工具栏

SOLIDWORKS 系统默认的工具栏是比较常用的，SOLIDWORKS 有很多工具栏，由于图形区的限制，不能显示所有的工具栏。在建模过程中，用户可以根据需要显示或者隐藏部分工具栏，其设置方法有两种，下面分别介绍。

1. 利用菜单命令设置工具栏

利用菜单命令添加或者隐藏工具栏的操作步骤如下。

（1）单击菜单栏中的"工具"→"自定义"命令，或者在工具栏区域右击，在弹出的快捷菜单中单击"自定义"命令，此时系统弹出"自定义"对话框，如图 1-28 所示。

（2）单击对话框中的"工具栏"选项卡，此时会出现系统所有的工具栏，勾选需要的工具栏对应的复选框。

（3）确认设置。单击对话框中的"确定"按钮，在图形区中会显示刚刚勾选的工具栏。

如果要隐藏已经显示的工具栏，则取消对工具栏复选框的勾选，然后单击"确定"按钮，此时在图形区中将会隐藏相应的工具栏。

图 1-28 "自定义"对话框

2. 利用鼠标右键设置工具栏

利用鼠标右键添加或者隐藏工具栏的操作步骤如下。

（1）在工具栏区域右击，在弹出的快捷菜单中选择"工具栏"子菜单，如图 1-29 所示。

图 1-29 "工具栏"子菜单

（2）单击需要的工具栏，前面复选框的颜色会加深，图形区中将会显示选择的工具栏；

如果单击已经显示的工具栏，前面复选框的颜色会变浅，图形区中将会隐藏选择的工具栏。

隐藏工具栏还有一个简便的方法，即先选择界面中不需要的工具栏，用鼠标将其拖到图形区中，此时工具栏上会出现标题栏。图1-30所示是拖至图形区中的"注解"工具栏，单击"注解"工具栏右上角的"关闭"按钮，则图形区将隐藏该工具栏。

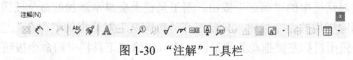

图1-30 "注解"工具栏

1.4.2 设置工具栏中的按钮

系统默认工具栏中，并没有包括平时所用的所有按钮，用户可以根据自己的需要添加或者删除按钮。

设置工具栏中按钮的操作步骤如下。

（1）单击菜单栏中的"工具"→"自定义"命令，或者在工具栏区域右击，在弹出的快捷菜单中单击"自定义"命令，此时系统弹出"自定义"对话框。

（2）单击该对话框中的"命令"选项卡，此时出现"命令"选项卡的"类别"选项组和"按钮"选项组，如图1-31所示。

图1-31 "自定义"对话框的"命令"选项卡

（3）在"类别"选项组中选择工具栏，此时会在"按钮"选项组中出现该工具栏中所有的命令按钮。

（4）在"按钮"选项组中，单击选择要增加的命令按钮，然后按住鼠标左键拖动该按钮到要放置的工具栏上，然后松开鼠标左键。

（5）单击对话框中的"确定"按钮，则工具栏上会显示添加的命令按钮。

如果要删除无用的命令按钮，只要打开"自定义"对话框的"命令"选项卡，然后将要删除的按钮用鼠标左键拖动到图形区，即可删除该工具栏中的命令按钮。

例如，在"草图"工具栏中添加"椭圆"命令按钮。先单击菜单栏中的"工具"→"自定义"命令，打开"自定义"对话框，然后单击"命令"选项卡，在"类别"选项组中选择"草图"工具栏。在"按钮"选项组中单击选择"椭圆"按钮 ⊘，按住鼠标左键将其拖到"草图"工具栏中合适的位置，然后松开鼠标左键，该命令按钮即可添加到工具栏中。图 1-32 所示为添加命令按钮前后"草图"工具栏的变化情况。

（a）添加命令按钮前

（b）添加命令按钮后

图 1-32　添加命令按钮

技巧荟萃　　对工具栏添加或者删除命令按钮时，对工具栏的设置会应用到当前激活的 SOLIDWORKS 文件类型中。

1.4.3　设置快捷键

除了可以使用菜单栏和工具栏执行命令外，SOLIDWORKS 软件还允许用户通过自行设置快捷键的方式来执行命令，其操作步骤如下。

（1）单击菜单栏中的"工具"→"自定义"命令，或者在工具栏区域右击，在弹出的快捷菜单中单击"自定义"命令，此时系统弹出"自定义"对话框。

（2）单击对话框中的"键盘"选项卡，如图 1-33 所示。

（3）在"命令"选项中选择要设置快捷键的命令。

（4）在"快捷键"栏中输入要设置的快捷键。

（5）单击对话框中的"确定"按钮，快捷键设置成功。

图1-33 "自定义"对话框的"键盘"选项卡

技巧荟萃

（1）如果设置的快捷键已经被使用过，则系统会提示该快捷键已被使用，必须更改要设置的快捷键。

（2）如果要取消设置的快捷键，在"键盘"选项卡中选择"快捷键"选项中设置的快捷键，然后单击对话框中的"移除快捷键"按钮，则该快捷键就会被取消。

1.4.4 设置背景

在 SOLIDWORKS 中，可以更改操作界面的背景及颜色，以设置个性化的用户界面。设置背景的操作步骤如下。

（1）单击菜单栏中的"工具"→"选项"命令，此时系统弹出"系统选项 - 颜色"对话框。

（2）在对话框的"系统选项 (S)"选项卡的左侧列表框中选择"颜色"选项，如图 1-34 所示。

（3）在"颜色方案设置"列表框中选择"视区背景"选项，然后单击"编辑"按钮，此时系统弹出图 1-35 所示的"颜色"对话框，在其中选择设置的颜色，然后单击"确定"

按钮。同理，可以使用该方式设置其他选项的颜色。

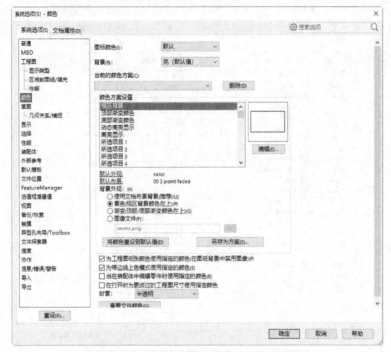

图 1-34 "系统选项 (S)- 颜色"对话框

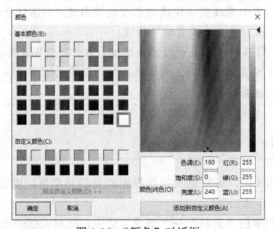

图 1-35 "颜色"对话框

（4）单击"系统选项 (S)- 颜色"对话框中的"确定"按钮，系统背景颜色设置成功。

在图 1-34 所示对话框的"背景外观"选项组中，选择下面 4 个不同的单选按钮，可以得到不同的背景效果，用户可以自行设置，在此不再赘述。图 1-36 所示为一个设置好背景颜色的零件图。

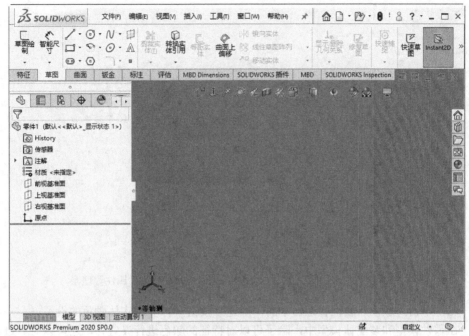

图 1-36 设置好背景颜色的零件图

1.4.5 设置实体颜色

系统默认的绘制模型实体的颜色为灰色。在零部件和装配体模型中，为了使图形有层次感和真实感，通常要改变实体的颜色。下面结合具体例子说明设置实体颜色的步骤。图 1-37（a）所示为系统默认颜色的零件模型，图 1-37（b）所示为设置颜色后的零件模型。

（a）系统默认颜色的零件模型

（b）设置颜色后的零件模型

图 1-37 设置实体颜色图示

（1）在特征管理器中选择要改变颜色的特征，此时图形区中相应的特征会改变颜色，表示已选中，然后单击右键，在弹出的快捷菜单中单击"外观"按钮 ，如图 1-38 所示。

（2）系统弹出"颜色"属性管理器，如图 1-39 所示，选择需要更换的颜色。

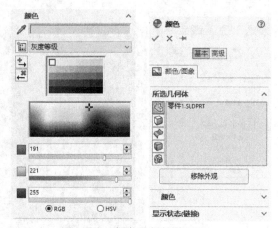

图 1-38　快捷菜单　　　　　图 1-39　"颜色"属性管理器

（3）单击"颜色"属性管理器中的"确定"按钮 ✓，完成实体颜色的设置。

在零件模型和装配体模型中，除了可以对特征的颜色进行设置外，还可以对面进行设置。首先在图形区中选择面，然后右击，在弹出的快捷菜单中进行设置，步骤与设置特征颜色类似。

在装配体模型中还可以对整个零件的颜色进行设置，一般在特征管理器中选择需要设置的零件，然后对其进行设置，步骤与设置特征颜色类似。

技巧荟萃　　　对于单个零件而言，设置实体颜色来渲染实体，可以使模型更加接近实际情况，更逼真。对于装配体而言，设置零件颜色可以使装配体具有层次感，方便观测。

1.4.6　设置单位

在三维实体建模前，需要设置好系统的单位，系统默认的单位为 MMGS（毫米、克、秒），可以使用自定义的方式设置单位。

下面以修改长度单位的小数位数为例，介绍设置单位的操作步骤。

（1）单击菜单栏中的"工具"→"选项"命令。

（2）系统弹出"系统选项(D)- 普通"对话框，单击该对话框中的"文件属性"选项卡，然后在左侧列表框中选择"单位"选项，如图 1-40 所示。

（3）将对话框中"基本单位"选项组中"长度"选项的"小数"设置为无，然后单击"确定"按钮。图 1-41 所示为设置单位前后的图形比较。

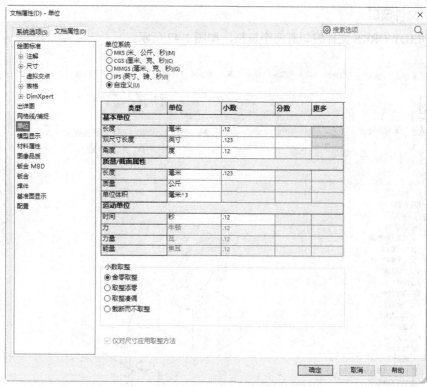

图 1-40　"单位"选项

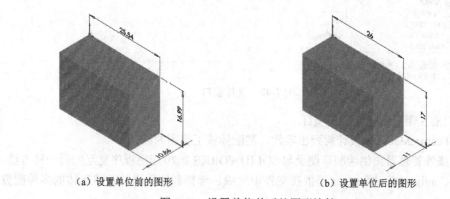

（a）设置单位前的图形　　　　　　　　（b）设置单位后的图形

图 1-41　设置单位前后的图形比较

1.5　SOLIDWORKS 术语

在学习使用一个软件之前，需要对这个软件中常用的一些术语进行简单的了解，从而避免一些语言理解上的偏差。

1. 文件窗口

SOLIDWORKS 文件窗口有两个窗格，如图 1-42 所示。

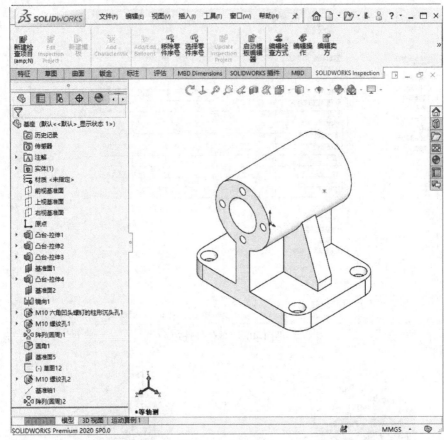

图 1-42 文件窗口

窗口的左侧窗格包含以下项目。

● FeatureManager 设计树列出零件、装配体或工程图的结构。

● 属性管理器提供绘制草图及与 SOLIDWORKS 2020 应用程序交互的另一种方法。

● ConfigurationManager 提供在文件中生成、选择和查看零件及装配体的多种配置的方法。

窗口的右侧窗格为图形区域，此窗格用于生成和操纵零件、装配体或工程图。

2. 控标

控标允许用户在不退出图形区域的情形下，动态地拖动和设置某些参数，如图 1-43 所示。

3. 常用模型术语

常用模型术语如图 1-44 所示。

⚬ 顶点：顶点为两条或多条直线或边线相交之处的点。顶点可用作绘制草图、标注尺寸以及许多其他用途。

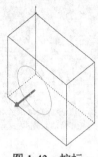

图 1-43 控标

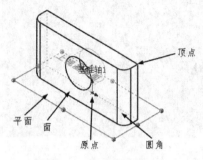

图 1-44 常用模型术语

⚬ 面：面为模型或曲面的所选区域（平面或曲面），模型或曲面带有边界，可帮助定义模型或曲面的形状。例如，矩形实体有 6 个面。

⚬ 原点：模型原点显示为灰色，代表模型的（0，0，0）坐标。当激活草图时，草图原点显示为红色，代表草图的（0，0，0）坐标。尺寸和几何关系可以加入到模型原点，但不能加入到草图原点。

⚬ 平面：平面是二维的构造几何体。平面可用于绘制草图、生成模型的剖面视图以及用于拔模特征中的中性面等。

⚬ 轴：轴为穿过圆锥面、圆柱体或圆周阵列中心的直线。插入轴有助于建造模型特征或阵列。

⚬ 圆角：圆角为草图内、曲面或实体上的角或边的内部圆形。

⚬ 特征：特征为单个形状，如与其他特征结合则构成零件。有些特征（如凸台和切除）由草图生成。有些特征（如抽壳和圆角）则为修改特征而成的几何体。

⚬ 几何关系：几何关系为草图实体之间，以及草图实体与基准面、基准轴、边线或顶点之间的几何约束，可以自动或手动添加这些关系。

⚬ 模型：模型为零件或装配体文件中的三维实体几何体。

⚬ 自由度：没有由尺寸或几何关系定义的几何体可自由移动。在二维草图中，有 3 种自由度：沿 x 和 y 轴移动以及绕 z 轴（垂直于草图平面的轴）旋转。在三维草图中，有 6 种自由度：沿 x、y 和 z 轴移动，以及绕 x、y 和 z 轴旋转。

⚬ 坐标系：坐标系为平面系统，用来给特征、零件和装配体指定笛卡儿坐标。零件和装配体文件包含默认坐标系；其他坐标系可以用参考几何体定义，用于测量工具以及将文件输出为其他文件格式。

第 **2** 章
草图绘制基础

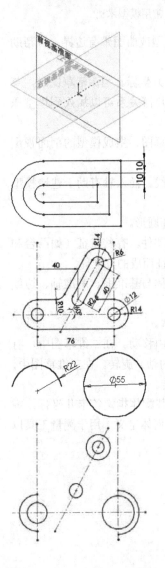

SOLIDWORKS 的大部分特征是从二维草图绘制开始的，草图绘制在该软件的使用过程中占有重要地位，本章详细介绍草图的绘制与编辑方法。

草图一般是由点、线、圆弧、圆和抛物线等基本图形构成的封闭或不封闭的几何图形，是三维实体建模的基础。一个完整的草图包括几何形状、几何关系和尺寸标注 3 方面的信息。能否熟练掌握草图的绘制和编辑方法，决定了能否快速完成三维建模，能否提高工程设计的效率，能否灵活地把该软件应用到其他领域。

知识点

草图绘制的基本知识
草图绘制
草图编辑
尺寸标注
添加几何关系

2.1 草图绘制的基本知识

本节主要介绍如何进入草图绘制状态，如何退出草图绘制状态，以及认识绘图光标和锁点光标等内容。

2.1.1 进入草图绘制状态

绘制二维草图，必须进入草图绘制状态。草图必须在平面上进行绘制，这个平面可以是基准面，也可以是三维模型上的平面。由于开始进入草图绘制状态时没有三维模型，因此必须先指定基准面。

绘制草图必须认识绘制草图的工具，图 2-1 所示为常用的"草图"面板。绘制草图时可以先选择草图绘制实体，也可以先选择草图绘制基准面。下面通过实例分别介绍两种方式的操作步骤。

图 2-1 "草图"面板

【实例 2-1】进入草图绘制状态

1. 选择草图绘制实体

以选择草图绘制实体的方式进入草图绘制状态的操作步骤如下。

（1）单击菜单栏中的"插入"→"草图绘制"命令，或者单击"草图"面板中的"草图绘制"按钮 ，或者直接单击"草图"面板中要绘制的草图实体，此时图形区显示系统默认基准面，如图 2-2 所示。

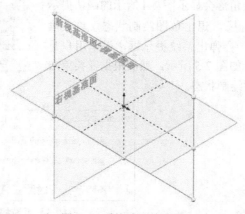

图 2-2 系统默认基准面

（2）单击图形区 3 个基准面中的一个，确定要在哪个平面上绘制草图实体。

（3）单击"前导视图"工具栏中的"正视于"按钮 ⏚，旋转基准面，以便于绘图。

2. 选择草图绘制基准面

以选择草图绘制基准面的方式进入草图绘制状态的操作步骤如下。

（1）在特征管理区中选择要绘制的基准面，即选择前视基准面、右视基准面和上视基准面中的一个面。

（2）单击"前导视图"工具栏中的"正视于"按钮 ⏚，旋转基准面。

（3）单击"草图"面板中的"草图绘制"按钮 ⌐，或者单击要绘制的草图实体，进入草图绘制状态。

2.1.2 退出草图绘制状态

草图绘制完毕后，可立即建立特征，也可以退出草图绘制状态后再建立特征。有些特征的建立需要多个草图，如扫描实体等，因此需要了解退出草图绘制状态的方法。退出草图绘制状态的方法主要有如下几种，下面分别介绍。

【实例 2-2】退出草图绘制状态

（1）使用菜单：单击菜单栏中的"插入"→"退出草图"命令，退出草图绘制状态。

（2）利用工具栏按钮：单击"标准"工具栏中的"重建模型"按钮 ❽，或者单击"草图"面板中的"退出草图"按钮 ⌐ 退出草图绘制状态。

（3）利用快捷菜单：在图形区右击，弹出图 2-3 所示的快捷菜单，单击"退出草图"按钮 ⌐，退出草图绘制状态。

（4）利用图形区确认角落的图标：在绘制草图的过程中，图形区右上角确认角落会显示图 2-4 所示的确认提示图标，单击上面的图标 ⌐，退出草图绘制状态。单击确认角落下面的图标 ✖，会弹出系统提示框，提示用户是否丢弃对草图的修改，如图 2-5 所示，然后根据需要单击其中的按钮，退出草图绘制状态。

图 2-3　快捷菜单

图 2-4　确认提示图标

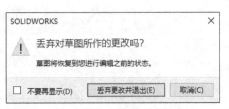

图 2-5　系统提示框

2.1.3 草图绘制工具

"草图"面板如图 2-1 所示，有些草图绘制按钮没有在该面板中显示，用户可以利用 1.4.2 小节的方法添加需要的按钮。"草图"面板中的按钮主要包括 4 大类，分别是草图绘制按钮、实体绘制按钮、标注几何关系按钮和草图编辑按钮。其中各类按钮的名称与功能分别如表 2-1 ～表 2-4 所示。

表 2-1　草图绘制按钮

按钮图标	名称	功能说明
▷	选择	用来选择草图实体、模型和特征的边线和面等，框选可以选择多个草图实体
⊞	网格线 / 捕捉	对激活的草图或工程图选择显示草图网格线，并可设定网格线显示和捕捉功能选项
⌐↵	草图绘制 / 退出草图	进入或者退出草图绘制状态
3D	3D 草图	在三维空间任意位置添加一个新的三维草图，或编辑现有的三维草图
3D	基准面上的 3D 草图	在三维草图中添加基准面后，可添加或修改该基准面的信息
☑	快速草图	可以选择平面或基准面，并在任意草图绘制工具激活时开始绘制草图。在移动至各平面的同时，将生成面并打开草图。可以中途更改草图绘制工具
◇	修改草图	移动、旋转或按比例缩放所选择的草图
⤢	移动时不求解	在不解出尺寸或几何关系的情况下，从草图中移动草图实体
⤢	移动实体	选择一个或多个草图实体和注解并将之移动，该操作不生成几何关系
⤢	复制实体	选择一个或多个草图实体和注解并将之复制，该操作不生成几何关系
⤢	按比例缩放实体	选择一个或多个草图实体和注解并将之按比例缩放，该操作不生成几何关系
◇	旋转实体	选择一个或多个草图实体和注解并将旋转，该操作不生成几何关系
⌐	伸展实体	在 PropertyManager（属性管理器）中要伸展的实体下，为草图项目或注解选择草图实体
▦	草图图片	将图片插入草图基准面；将图片生成 2D 草图的基础；将光栅数据转换为向量数据

表 2-2　实体绘制按钮

按钮图标	名称	功能说明
	直线	以起点、终点的方式绘制一条直线
	边角矩形	以对角线的起点和终点的方式绘制一个矩形
	中心矩形	在中心点绘制矩形
	3 点边角矩形	根据所选的角度绘制矩形
	3 点中心矩形	根据所选的角度绘制带有中心点的矩形
	平行四边形	生成平行四边形或矩形
	直槽口	以起点、长度和宽度绘制直槽口
	中心点直槽口	生成中心点槽口
	三点圆弧槽口	利用三点绘制圆弧槽口
	中心点圆弧槽口	通过中心点移动鼠标指针指定槽口长度、宽度来绘制圆弧槽口
	多边形	生成边数在 3～40 的等边多边形
	圆	以先指定圆心，然后移动鼠标指针确定半径的方式绘制一个圆
	三点圆弧	以依次指定起点、终点及中点的方式绘制一个圆弧
	椭圆	以先指定圆心，然后指定长、短轴的方式绘制一个完整的椭圆
	部分椭圆	以先指定中心点，然后指定起点及终点的方式绘制一部分椭圆
	抛物线	以先指定焦点，再移动鼠标指针确定焦距，然后指定起点和终点的方式绘制一条抛物线
	样条曲线	以不同路径上的两点或者多点绘制一条样条曲线，可以在端点处指定相切
	曲面上样条曲线	在曲面上绘制一条样条曲线，可以沿曲面添加和拖动点生成
	方程式驱动曲线	定义曲线的方程式以生成曲线
	点	绘制一个点，可以在草图和工程图中绘制
	中心线	绘制一条中心线，可以在草图和工程图中绘制
	文字	在特征表面上，添加文字草图，然后拉伸或者切除生成文字实体

表 2-3　标注几何关系按钮

按钮图标	名称	功能说明
⊥	添加几何关系	给选定的草图实体添加几何关系，即限制条件
⊥	显示 / 删除几何关系	显示或者删除草图实体的几何关系
⊥	自动添加几何关系	打开 / 关闭自动添加几何关系功能

表 2-4　草图编辑按钮

按钮图标	名称	功能说明
⌇	构造几何线	将草图或者工程图中的草图实体转换为构造几何线，构造几何线的线型与中心线相同
⌐	绘制圆角	在两个草图实体的交叉处倒圆角，从而生成一个切线弧
⌐	绘制倒角	此工具在二维和三维草图中均可使用。在两个草图实体交叉处按照一定角度和距离剪裁，并用直线相连，形成倒角
⊏	等距实体	按给定的距离等距绘制一个或多个草图实体，可以是线、弧、环等草图实体
◫	转换实体引用	将其他特征轮廓投影到草图平面上，形成一个或者多个草图实体
◈	交叉曲线	在基准面和曲面或模型面、两个曲面、曲面和模型面、基准面和整个零件的曲面的交叉处生成草图曲线
◈	面部曲线	从面或者曲面提取 ISO 参数曲线，形成三维曲线
✂	剪裁实体	根据剪裁类型，剪裁或者延伸草图实体
T	延伸实体	将草图实体延伸，以与另一个草图实体相遇
⌐	分割实体	将一个草图实体分割，以生成两个草图实体
⊮	镜向实体	相对一条中心线生成对称的草图实体
⊮	动态镜向实体	适用于 2D 草图或在 3D 草图基准面上所生成的 2D 草图
⊞	线性草图阵列	沿一个轴或者同时沿两个轴生成线性草图阵列
❖	圆周草图阵列	生成草图实体的圆周阵列

2.1.4　绘图光标和锁点光标

在绘制草图实体或者编辑草图实体时，绘图光标会根据所选择的命令，在绘图时变为相应的图标，以方便用户了解、绘制和编辑该类型的草图。

绘图光标的类型与功能如表 2-5 所示。

表 2-5　绘图光标的类型与功能

光标类型	功能说明	光标类型	功能说明
	绘制点		绘制直线或者中心线
	绘制圆弧		绘制抛物线
	绘制圆		绘制椭圆
	绘制样条曲线		绘制矩形
	标注尺寸		绘制多边形
	剪裁实体		延伸草图实体
	圆周阵列复制草图		线性阵列复制草图

为了提高绘制图形的效率，SOLIDWORKS 软件提供了自动判断绘图位置的功能。在执行绘图命令时，绘图光标会在图形区自动寻找端点、中心点、圆心、交点、中点等任意点，这样提高了光标定位的准确性和快速性。

绘图光标在相应的位置，会变成相应的图标，成为锁点光标。锁点光标可以在草图实体上形成，也可以在特征实体上形成。需要注意的是，在特征实体上的锁点光标，只能在绘图平面的实体边缘产生，不能在其他平面的边缘产生。

锁点光标的类型在此不做过多的介绍，用户可以在实际使用中慢慢体会。利用好锁点光标，可以提高绘图的效率。

2.2　草图绘制

本节主要介绍"草图"面板中草图绘制工具的使用方法。由于 SOLIDWORKS 中大部分特征都需要先建立草图轮廓，因此本节的学习非常重要。

2.2.1　绘制点

执行"点"命令后，在图形区中的任何位置都可以绘制点，绘制的点不影响三维建模的外形，只起参考作用。

执行"异型孔向导"命令后，绘制的点则用于决定产生孔的数量。

"点"命令可以用于生成草图中两条不平行直线的交点，以及特征实体中两条不平行边线的交点。产生的交点作为辅助图形用于标注尺寸或者添加几何关系，并不影响实体模型的建立。下面分别介绍绘制不同类型点的操作步骤。

1．绘制一般点

【实例 2-3】绘制一般点

（1）在草图绘制状态下，单击菜单栏中的"工具"→"草图绘制实体"→"点"命令，或者单击"草图"面板中的"点"按钮 ▫，鼠标指针变为绘图光标 ✎。

（2）在图形区单击，确认点的位置，此时"点"命令继续处于激活状态，可以继续绘制点。

图 2-6 所示为使用绘制"点"命令绘制的多个点。

2．生成草图中两条不平行直线的交点

【实例 2-4】绘制不平行直线的交点

以图 2-7 为例，生成图中直线 1 和直线 2 的交点，其中图 2-7（a）为生成交点前的图形，图 2-7（b）为生成交点后的图形。

图 2-6　绘制多个点

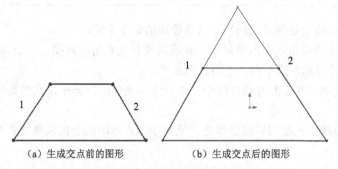

（a）生成交点前的图形　　　　　（b）生成交点后的图形

图 2-7　生成不平行直线的交点

（1）打开源文件"X:\源文件\ch2\原始文件\2.4.SLDPRT"，如图 2-7（a）所示。

（2）在草图绘制状态下按住 <Ctrl> 键，单击选择图 2-7（a）所示的直线 1 和直线 2。

（3）单击菜单栏中的"工具"→"草图绘制实体"→"点"命令，或者单击"草图"面板中的"点"按钮 ▫，生成交点后的图形如图 2-7（b）所示。

3．生成特征实体中两条不平行边线的交点

【实例 2-5】绘制不平行边线的交点

以图 2-8 为例，生成面 A 中边线 1 和边线 2 的交点，其中图 2-8（a）为生成交点前的图形，图 2-8（b）为生成交点后的图形。

（1）打开源文件"X:\源文件\ch2\原始文件\2.5.SLDPRT"，如图 2-8（a）所示。

（2）选择图 2-8（a）所示的面 A 作为绘图面，然后进入草图绘制状态。

（3）按住 <Ctrl> 键，选择图 2-8（a）所示的边线 1 和边线 2。

（4）单击菜单栏中的"工具"→"草图绘制实体"→"点"命令，或者单击"草图"面板中的"点"按钮 ▫，生成交点后的图形如图 2-8（b）所示。

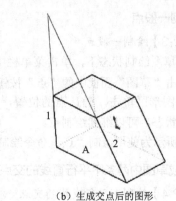

（a）生成交点前的图形　　　　　　　（b）生成交点后的图形

图 2-8　生成不平行边线的交点

2.2.2　绘制直线与中心线

直线与中心线的绘制方法相同，只是使用的命令不同。

直线分为 3 种类型，即水平直线、竖直直线和任意角度直线。在绘制过程中，不同类型的直线，其显示方式不同，下面分别介绍。

◉ 水平直线：在绘制直线过程中，笔形绘图光标附近会出现水平直线图标符号━，如图 2-9 所示。

◉ 竖直直线：在绘制直线过程中，笔形绘图光标附近会出现竖直直线图标符号▎，如图 2-10 所示。

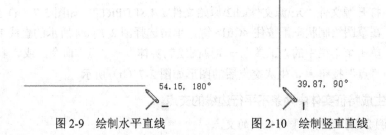

54.15, 180°　　　　　　　　　39.87, 90°

图 2-9　绘制水平直线　　　　　　图 2-10　绘制竖直直线

◉ 任意角度直线：在绘制直线过程中，笔形绘图光标附近会出现任意直线图标符号╱，如图 2-11 所示。

在绘制直线的过程中，上方显示的参数为直线的长度和角度，可供参考。一般在绘制时，先绘制一条直线，然后标注尺寸，直线会随之改变成对应的长度和角度。

绘制直线的方式有两种：拖动式和单击式。拖动式就是在绘制直线的起点处，按住鼠标左键开始拖动鼠标，直到拖到直线终点处松开鼠标左键。单击式就是在绘制直线的起点处单击，然后再在直线终点处单击。

下面以绘制图 2-12 所示的中心线和直线为例，介绍中心线和直线的绘制步骤。

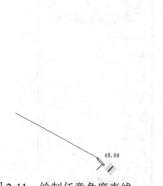

图 2-11　绘制任意角度直线

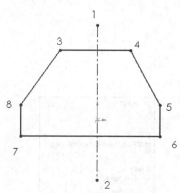

图 2-12　绘制中心线和直线

【实例 2-6】绘制直线

（1）在草图绘制状态下，单击菜单栏中的"工具"→"草图绘制实体"→"中心线"命令，或者单击"草图"面板中的"中心线"按钮 ，开始绘制中心线。

（2）在图形区单击确定中心线的起点 1，然后移动绘图光标到图中合适的位置，由于图中的中心线为竖直直线，所以当绘图光标附近出现符号 ┃ 时，单击确定中心线的终点 2。

（3）按 <Esc> 键，或者在图形区右击，在弹出的快捷菜单中单击"选择"命令，退出中心线的绘制。

（4）单击菜单栏中的"工具"→"草图绘制实体"→"直线"命令，或者单击"草图"面板中的"直线"按钮 ，开始绘制直线。

（5）在图形区单击确定直线的起点 3，然后移动绘图光标到图中合适的位置，由于直线 34 为水平直线，所以当绘图光标附近出现符号—时，单击确定直线 34 的终点 4。

（6）重复以上绘制直线的步骤，绘制其他直线，在绘制过程中要注意绘图光标的形状，以确定处于什么直线绘制状态。

（7）按 <Esc> 键，或者在图形区右击，在弹出的快捷菜单中单击"选择"命令，退出直线的绘制，绘制的中心线和直线如图 2-12 所示。

在执行绘制直线的命令时，系统会弹出"插入线条"属性管理器，如图 2-13 所示，在"方向"选项组中有 4 个单选按钮，默认是选择"按绘图原样"单选按钮。选择不同的单选按钮，绘制直线的类型不一样。选择"按绘制原样"单选按钮以外的任意一项，均会要求输入直线的参数。如选择"角度"单选按钮，绘制任意角度直线，弹出"线条属性"属性管理器，如图 2-14 所示，要求输入直线的参数。设置好参数以后，单击确定直线的起点就可以绘制出所需要的直线。

在"线条属性"属性管理器的"选项"选项组中有两个复选框，勾选不同的复选框，可以分别绘制构造线和无限长直线。

图 2-13 "插入线条"属性管理器　　　　图 2-14 "线条属性"属性管理器

在"线条属性"属性管理器的"参数"选项组中有两个文本框，分别是长度文本框和角度文本框。设置这两个参数可以绘制一条直线。

2.2.3　绘制圆

当执行"圆"命令时，系统会弹出"圆"属性管理器，如图 2-15 所示。从属性管理器中可以知道，可以通过两种方式来绘制圆：一种是绘制基于中心的圆，另一种是绘制基于周边的圆。下面分别介绍绘制圆的不同方法。

1. 绘制基于中心的圆

【实例 2-7】绘制基于中心的圆

（1）在草图绘制状态下，单击菜单栏中的"工具"→"草图绘制实体"→"圆"命令，或者单击"草图"面板中的"圆"按钮 ⊙，开始绘制圆。

图 2-15 "圆"属性管理器

（2）在图形区合适的位置单击确定圆的圆心，如图 2-16（a）所示。

（3）移动绘图光标拖出一个圆，在合适位置单击确定圆的半径，如图 2-16（b）所示。

（4）单击"圆"属性管理器中的"确定"按钮 ✓，完成圆的绘制，如图 2-16（c）所示。图 2-16 所示即为基于中心的圆的绘制过程。

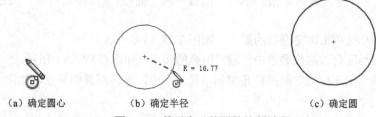

（a）确定圆心　　　　　（b）确定半径　　　　　　　（c）确定圆

图 2-16　基于中心的圆的绘制过程

2. 绘制基于周边的圆

【实例 2-8】绘制基于周边的圆

（1）在草图绘制状态下，单击菜单栏中的"工具"→"草图绘制实体"→"周边圆"命令，或者单击"草图"面板中的"周边圆"按钮 ⬭，开始绘制圆。

（2）在图形区单击确定圆周边上的一点，如图 2-17（a）所示。

（3）移动绘图光标拖出一个圆，然后单击确定圆周边上的另一点，如图 2-17（b）所示。

（4）完成拖动时，绘图光标变为图 2-17（b）所示的样式时，右击确定圆，如图 2-17（c）所示。

（5）单击"圆"属性管理器中的"确定"按钮 ✓，完成圆的绘制。

图 2-17 所示即为基于周边的圆的绘制过程。

圆绘制完成后，可以通过拖动修改圆的草图。拖动圆的周边可以改变圆的半径，拖动圆的圆心可以改变圆的位置。同时，也可以通过图 2-15 所示的"圆"属性管理器修改圆的属性，修改属性管理器中"参数"可以改变圆心坐标和圆的半径。

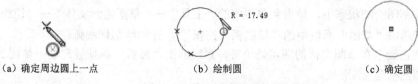

（a）确定周边圆上一点　　　　　（b）绘制圆　　　　　　　（c）确定圆

图 2-17　基于周边的圆的绘制过程

2.2.4　绘制圆弧

绘制圆弧的方法主要有 4 种，即圆心 / 起 / 终点画弧、切线弧、三点圆弧与"直线"命令绘制圆弧。下面分别介绍这 4 种绘制圆弧的方法。

1. 圆心 / 起 / 终点画弧

"圆心 / 起 / 终点"画弧方法是先指定圆弧的圆心，然后顺序拖动绘图光标指定圆弧的起点和终点，确定圆弧的大小和方向。

【实例 2-9】圆心 / 起 / 终点画弧

（1）在草图绘制状态下，单击菜单栏中的"工具"→"草图绘制实体"→"圆心 /

起 / 终点画弧"命令，或者单击"草图"面板中的"圆心 / 起 / 终点画弧"按钮，开始绘制圆弧。

（2）在图形区单击确定圆弧的圆心，如图 2-18（a）所示。

（3）在图形区合适的位置单击，确定圆弧的起点，如图 2-18（b）所示。

（4）拖动绘图光标确定圆弧的角度和半径，并单击确认圆弧的终点，如图 2-18（c）所示。

（5）单击"圆弧"属性管理器中的"确定"按钮，完成圆弧的绘制。

图 2-18 所示即为用"圆心 / 起 / 终点"方法绘制圆弧的过程。

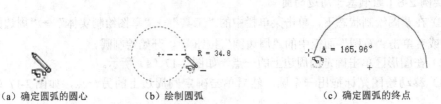

（a）确定圆弧的圆心 　　　　（b）绘制圆弧 　　　　　　（c）确定圆弧的终点

图 2-18　用"圆心 / 起 / 终点"方法绘制圆弧的过程

圆弧绘制完成后，可以在"圆弧"属性管理器中修改其属性。

2. 切线弧

切线弧是指生成一条与草图实体相切的弧线。草图实体可以是直线、圆弧、椭圆和样条曲线等。

【实例 2-10】绘制切线弧

（1）打开源文件"X:\源文件\ch2\原始文件\2.10.SLDPRT"。

（2）在草图绘制状态下，单击菜单栏中的"工具"→"草图绘制实体"→"切线弧"命令，或者单击"草图"面板中的"切线弧"按钮，开始绘制切线弧。

（3）在已经存在草图实体的端点处单击，系统弹出"圆弧"属性管理器，如图 2-19 所示，绘图光标变为形状。

（4）拖动绘图光标确定圆弧的形状，并单击确认。

（5）单击"圆弧"属性管理器中的"确定"按钮，完成切线弧的绘制。

图 2-20 所示为绘制的直线切线弧。

在绘制切线弧时，系统可以通过绘图光标的移动来推理是需要画切线弧还是画法线弧。存在 4 个目的区，具有图 2-21 所示的 8 种切线弧。沿相切方向移动绘图光标将生成切线弧，沿垂直方向移动绘图光标将生成法线弧，也可以通过返回到端点，然后向新的方向移动绘图光标在切线弧和法线弧之间进行状态切换。

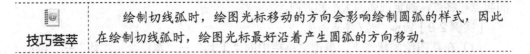

技巧荟萃　　　　绘制切线弧时，绘图光标移动的方向会影响绘制圆弧的样式，因此在绘制切线弧时，绘图光标最好沿着产生圆弧的方向移动。

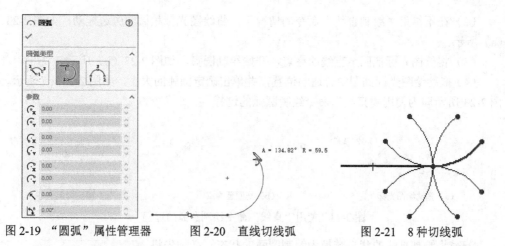

图 2-19 "圆弧"属性管理器　　图 2-20 直线切线弧　　图 2-21 8 种切线弧

3. 三点圆弧

三点圆弧是通过确定起点、终点与中点的方式绘制圆弧。

【实例 2-11】三点圆弧

（1）在草图绘制状态下，单击菜单栏中的"工具"→"草图绘制实体"→"三点圆弧"命令，或者单击"草图"面板中的"三点圆弧"按钮，开始绘制圆弧，此时绘图光标变为形状。

（2）在图形区单击，确定圆弧的起点，如图 2-22（a）所示。

（3）拖动绘图光标确定圆弧的终点，并单击确认，如图 2-22（b）所示。

（4）拖动绘图光标确定圆弧的半径和方向（即圆弧的中点），并单击确认，如图 2-22（c）所示。

（5）单击"圆弧"属性管理器中的"确定"按钮，完成三点圆弧的绘制。

图 2-22 所示即为绘制三点圆弧的过程。

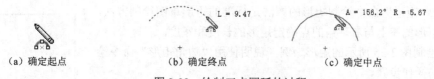

（a）确定起点　　　　　　（b）确定终点　　　　　　（c）确定中点

图 2-22 绘制三点圆弧的过程

选中绘制的三点圆弧，可以在"圆弧"属性管理器中修改其属性。

4. "直线"命令绘制圆弧

"直线"命令除了可以绘制直线外，还可以绘制连接在直线端点处的切线弧，使用该命令，必须首先绘制一条直线，然后才能绘制圆弧。

【实例 2-12】"直线"命令绘制圆弧

（1）在草图绘制状态下，单击菜单栏中的"工具"→"草图绘制实体"→"直线"命令，或者单击"草图"面板中的"直线"按钮，绘制一条直线。

（2）在不结束"绘制直线"命令的情况下，将绘图光标稍微向旁边拖动，如图 2-23（a）所示。

（3）将绘图光标拖回至直线的终点，开始绘制圆弧，如图 2-23（b）所示。

（4）拖动绘图光标到图中合适的位置，并单击确定圆弧的大小，如图 2-23（c）所示。图 2-23 所示即为使用"直线"命令绘制圆弧的过程。

（a）拖动绘图光标　　　　　　（b）拖回至终点　　　　　　（c）确定圆弧

图 2-23　使用"直线"命令绘制圆弧的过程

若需将绘制直线的状态转换为绘制圆弧的状态，必须先将绘图光标拖回至终点，然后才能绘制圆弧。也可以在此状态下右击，系统弹出快捷菜单，如图 2-24 所示，单击"转到圆弧"命令即可绘制圆弧。同样，在绘制圆弧的状态下，单击快捷菜单中的"转到直线"命令，绘制直线。

图 2-24　快捷菜单

2.2.5　绘制矩形

绘制矩形的命令主要有 5 种："边角矩形"命令、"中心矩形"命令、"三点边角矩形"命令、"三点中心矩形"命令和"平行四边形"命令绘制矩形。下面分别介绍绘制矩形的不同方法。

【实例 2-13】绘制矩形

1．"边角矩形"命令绘制矩形

"边角矩形"命令绘制矩形的方法是标准的矩形草图绘制方法，即指定矩形的左上与右下角的点确定矩形的长度和宽度。

以绘制图 2-25 所示的矩形为例，说明使用"边角矩形"命令绘制矩形的操作步骤。

（1）在草图绘制状态下，单击菜单栏中的"工具"→"草图绘制实体"→"矩形"命令，或者单击"草图"面板中的"边角矩形"按钮囗，此时绘图光标变为形状。

图 2-25　边角矩形

（2）在图形区单击，确定矩形的一个角点 1。

（3）移动绘图光标，单击确定矩形的另一个角点 2，矩形绘制完毕。

在绘制矩形时，既可以以上述方法确定矩形的角点 2，也可以在确定第一角点时，不释放鼠标，直接拖动绘图光标确定角点 2。

矩形绘制完毕后，按住鼠标左键拖动矩形的一个角点，可以动态地改变矩形的尺寸。"矩形"属性管理器如图 2-26 所示。

2."中心矩形"命令绘制矩形

"中心矩形"命令绘制矩形的方法是指定矩形的中心点与右上角的点来确定矩形的中心和 4 条边线。

以绘制图 2-27 所示的矩形为例，说明使用"中心矩形"命令绘制矩形的操作步骤。

（1）在草图绘制状态下，单击菜单栏中的"工具"→"草图绘制实体"→"中心矩形"命令，或者单击"草图"面板中的"中心矩形"按钮⊡，此时光标变为▨形状。

（2）在图形区单击，确定矩形的中心点 1。

（3）移动光标，单击确定矩形的一个角点 2，矩形绘制完毕。

图 2-26　"矩形"属性管理器

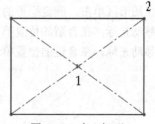

图 2-27　中心矩形

3."三点边角矩形"命令绘制矩形

"三点边角矩形"命令是通过指定 3 个点来确定矩形，前面两个点用来定义角度和一条边，第 3 个点来确定另一条边。

以绘制图 2-28 所示的矩形为例，说明使用"三点边角矩形"命令绘制矩形的操作步骤。

（1）在草图绘制状态下，单击菜单栏中的"工具"→"草图绘制实体"→"三点边角矩形"命令，或者单击"草图"面板中的"三点边角矩形"按钮◇，此时光标变为形状。

（2）在图形区单击，确定矩形的一个角点 1。

（3）移动光标，单击确定矩形的另一个角点 2。

（4）继续移动光标，单击确定矩形的第 3 个角点 3，矩形绘制完毕。

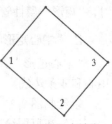

图 2-28　三点边角矩形

4．"三点中心矩形"命令绘制矩形

"三点中心矩形"命令是通过指定 3 个点来确定矩形。

以绘制图 2-29 所示的矩形为例，说明使用"三点中心矩形"命令绘制矩形的操作步骤。

（1）在草图绘制状态下，单击菜单栏中的"工具"→"草图绘制实体"→"三点中心矩形"命令，或者单击"草图"面板中的"三点中心矩形"按钮◆，此时光标变为形状。

（2）在图形区单击，确定矩形的中心点 1。

（3）移动光标，拖动并旋转以设定中心线的一半长度。

（4）移动光标，单击确定矩形的一个角点 3，矩形绘制完毕。

5．"平行四边形"命令绘制矩形

"平行四边形"命令既可以生成平行四边形，也可以生成边线与草图网格线不平行或不垂直的矩形。

以绘制图 2-30 所示的矩形为例，说明使用"平行四边形"命令绘制矩形的操作步骤。

（1）在草图绘制状态下，单击菜单栏中的"工具"→"草图绘制实体"→"平行四边形"命令，或者单击"草图"面板中的"平行四边形"按钮▱，此时光标变为形状。

（2）在图形区单击，确定矩形的第一个角点 1。

（3）移动光标，在合适的位置单击确定矩形的第二个角点 2。

（4）移动光标，在合适的位置单击确定矩形的第三个角点 3，矩形绘制完毕。

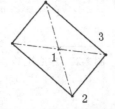

图 2-29　三点中心矩形

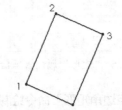

图 2-30　平行四边形矩形

矩形绘制完毕后，按住鼠标左键拖动矩形的一个角点，可以动态地改变矩形的尺寸。

在绘制完角点 1 与角点 2 后，按住 <Ctrl> 键，移动光标可以改变平行四边形的形状，然后在合适的位置单击，可以完成任意形状的平行四边形的绘制。图 2-31 所示为绘制的平行四边形。

2.2.6　绘制多边形

"多边形"命令用于绘制边数为 3 ～ 40 的等边多边形。

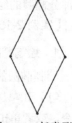

图 2-31　任意形状的平行四边形

【实例 2-14】绘制多边形

（1）在草图绘制状态下，单击菜单栏中的"工具"→"草图绘制实体"→"多边形"命令，或者单击"草图"面板中的"多边形"按钮 ⊙，此时光标变为 形状，弹出的"多边形"属性管理器如图 2-32 所示。

（2）可以在"多边形"属性管理器中，输入多边形的边数；也可以先保持系统默认的边数，在绘制完多边形后再修改多边形的边数。

（3）在图形区单击，确定多边形的中心。

（4）移动光标，在合适的位置单击，确定多边形的形状。

（5）在"多边形"属性管理器中选择是内切圆模式还是外接圆模式，然后修改多边形辅助圆的直径以及角度。

（6）如果还要绘制另一个多边形，则单击"多边形"属性管理器中的"新多边形"按钮，然后重复步骤（2）～（5）即可。绘制的多边形如图 2-33 所示。

图 2-32　"多边形"属性管理器

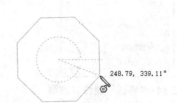

图 2-33　绘制的多边形

技巧荟萃　　绘制多边形有内切圆和外接圆两种方式，两者的区别主要在于标注方法的不同。内切圆是表示圆中心到各边的垂直距离，外接圆是表示圆中心到多边形端点的距离。

2.2.7　绘制椭圆与部分椭圆

椭圆是由中心点、长轴长度与短轴长度确定的，三者缺一不可。下面分别介绍椭圆和部分椭圆的绘制方法。

【实例 2-15】绘制椭圆

1. 绘制椭圆

绘制椭圆的操作步骤如下。

（1）在草图绘制状态下，单击菜单栏中的"工具"→"草图绘制实体"→"椭圆"命令，或者单击"草图"面板中的"椭圆"按钮，此时光标变为 形状。

（2）在图形区合适的位置单击，确定椭圆的中心。

（3）移动光标，光标附近会显示椭圆的长半轴 R 和短半轴 r。在图形区中合适的位置单击，确定椭圆的长半轴 R。

（4）移动光标，在图形区中合适的位置单击，确定椭圆的短半轴 r，此时弹出"椭圆"属性管理器，如图 2-34 所示。

（5）在"椭圆"属性管理器中修改椭圆的中心坐标，以及长半轴和短半轴的长度。

（6）单击"椭圆"属性管理器中的"确定"按钮，完成椭圆的绘制，如图 2-35 所示。

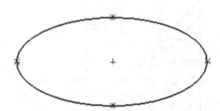

图 2-34　"椭圆"属性管理器　　　　　　图 2-35　绘制的椭圆

椭圆绘制完毕后，按住鼠标左键拖动椭圆的中心和 4 个特征点，可以改变椭圆的形状。可以在"椭圆"属性管理器中精确地修改椭圆的位置和长、短半轴的长度。

2. 绘制部分椭圆

部分椭圆即椭圆弧，绘制椭圆弧的操作步骤如下。

（1）在草图绘制状态下，单击菜单栏中的"工具"→"草图绘制实体"→"部分椭圆"命令，或者单击"草图"面板中的"部分椭圆"按钮，此时光标变为 形状。

（2）在图形区合适的位置单击，确定椭圆弧的中心。

（3）移动光标，光标附近会显示椭圆弧的长半轴 R 和短半轴 r。在图形区中合适的位置单击，确定椭圆弧的长半轴 R。

（4）移动光标，在图形区中合适的位置单击，确定椭圆弧的短半轴 r。

（5）绕圆周移动光标，确定椭圆弧的范围，此时会弹出"椭圆"属性管理器，根据需要设定椭圆弧的参数。

（6）单击"椭圆"属性管理器中的"确定"按钮，完成椭圆弧的绘制。

图 2-36 所示为绘制椭圆弧的过程。

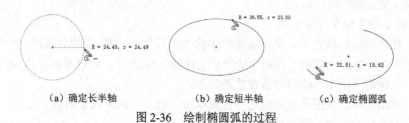

（a）确定长半轴　　　　　　（b）确定短半轴　　　　　　（c）确定椭圆弧

图 2-36　绘制椭圆弧的过程

2.2.8　绘制抛物线

抛物线的绘制方法是：先确定抛物线的焦点，然后确定抛物线的焦距，最后确定抛物线的起点和终点。

【实例 2-16】绘制抛物线

（1）在草图绘制状态下，单击菜单栏中的"工具"→"草图绘制实体"→"抛物线"命令，或者单击"草图"面板中的"抛物线"按钮，此时光标变为形状。

（2）在图形区中合适的位置单击，确定抛物线的焦点。

（3）移动光标，在图形区中合适的位置单击，确定抛物线的焦距。

（4）移动光标，在图形区中合适的位置单击，确定抛物线的起点。

（5）移动光标，在图形区中合适的位置单击，确定抛物线的终点，此时会弹出"抛物线"属性管理器，根据需要设置抛物线的参数。

（6）单击"抛物线"属性管理器中的"确定"按钮，完成抛物线的绘制。

图 2-37 所示为绘制抛物线的过程。

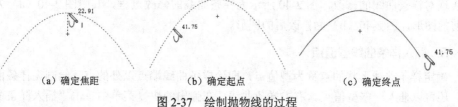

（a）确定焦距　　　　　　（b）确定起点　　　　　　（c）确定终点

图 2-37　绘制抛物线的过程

按住鼠标左键拖动抛物线的特征点，可以改变抛物线的形状。拖动抛物线的顶点，使其偏离焦点，可以使抛物线更加平缓；反之，可以使抛物线更加陡峭。拖动抛物线的起点或者终点，可以改变抛物线一侧的长度。

如果要改变抛物线的属性，可在草图绘制状态下，选中绘制的抛物线，此时会弹出"抛物线"属性管理器，按照需要修改其中的参数。

2.2.9 绘制样条曲线

SOLIDWORKS 提供了强大的样条曲线绘制功能，绘制样条曲线至少需要两个点，并且可以在端点处指定相切。

【实例 2-17】绘制样条曲线

（1）在草图绘制状态下，单击菜单栏中的"工具"→"草图绘制实体"→"样条曲线"命令，或者单击"草图"面板中的"样条曲线"按钮 $\mathcal{N}$，此时光标变为 形状。

（2）在图形区单击，确定样条曲线的起点。

（3）移动光标，在图形区中合适的位置单击，确定样条曲线上的第二点。

（4）重复移动光标，确定样条曲线上的其他点。

（5）按 <Esc> 键，或者双击退出样条曲线的绘制。图 2-38 所示为绘制样条曲线的过程。

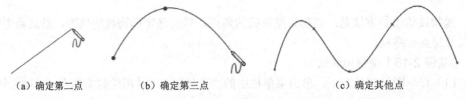

（a）确定第二点　　（b）确定第三点　　（c）确定其他点

图 2-38　绘制样条曲线的过程

样条曲线绘制完毕后，可以通过以下方式对样条曲线进行编辑和修改。

1."样条曲线"属性管理器

"样条曲线"属性管理器如图 2-39 所示，在"参数"选项组中可以对样条曲线的各项参数进行修改。

2. 样条曲线上的点

选中要修改的样条曲线，此时样条曲线上会出现点，按住鼠标左键拖动这些点就可以实现对样条曲线的修改，图 2-40 所示为样条曲线的修改过程，其中图 2-40（a）为修改前的图形，图 2-40（b）为修改后的图形。

3. 插入样条曲线型值点

确定样条曲线形状的点称为型值点，即除样条曲线端点以外的点。绘制完样条曲线后，还可以插入一些型值点。右击样条曲线，在弹出的快捷菜单中单击"插入样条曲线型值点"命令，然后在需要添加的位置单击即可。

4. 删除样条曲线型值点

若要删除样条曲线上的型值点，则选中要删除的点，然后按 <Delete> 键即可。

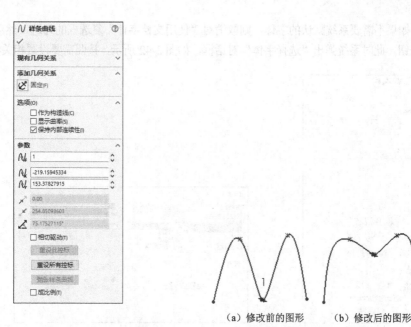

图 2-39　"样条曲线"属性管理器

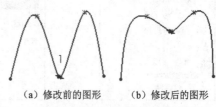

（a）修改前的图形　　　（b）修改后的图形

图 2-40　样条曲线的修改过程

样条曲线的编辑还有其他一些功能，如显示样条曲线控标、显示拐点、显示最小半径与显示曲率检查等，在此不一一介绍，用户可以右击样条曲线，在弹出的快捷菜单中选择相应的功能，进行练习。

技巧荟萃　　　　系统默认显示样条曲线的控标。单击"样条曲线工具"工具栏中的"显示样条曲线控标"按钮，可以隐藏或者显示样条曲线的控标。

2.2.10　绘制草图文字

草图文字可以在零件特征面上添加，用于拉伸和切除文字，形成立体效果。文字可以添加在任何连续曲线或边线组中，包括由直线、圆弧或样条曲线组成的圆或轮廓。

【实例 2-18】绘制草图文字

（1）在草图绘制状态下，单击菜单栏中的"工具"→"草图绘制实体"→"文字"命令，或者单击"草图"面板中的"文字"按钮，系统弹出"草图文字"属性管理器，如图 2-41 所示。

（2）在图形区中选中一边线、曲线、草图或草图线段，作为绘制文字草图的定位线，此时所选择的边线显示在"草图文字"属性管理器的"曲线"选项组中。

（3）在"草图文字"属性管理器的"文字"文本框中输入要添加的文字"SolidWorks 2020"。此时，添加的文字显示在图形区的曲线上。

（4）如果不需要系统默认的字体，则取消对"使用文档字体"复选框的勾选，然后单击"字体"按钮，此时系统弹出"选择字体"对话框，如图 2-42 所示，按照需要设置相关参数。

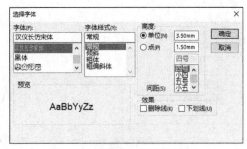

图 2-41　"草图文字"属性管理器　　　　图 2-42　"选择字体"对话框

（5）设置好字体后，单击"选择字体"对话框中的"确定"按钮，然后单击"草图文字"属性管理器中的"确定"按钮 ，完成草图文字的绘制。

技巧荟萃

（1）在草图绘制状态下，双击已绘制的草图文字，在系统弹出的"草图文字"属性管理器中，可以对其相关参数进行修改。

（2）如果曲线为草图实体或一组草图实体，而且草图文字与曲线位于同一草图内，那么必须将草图实体转换为几何构造线。

图 2-43 所示为绘制的草图文字，图 2-44 所示为拉伸后的草图文字。

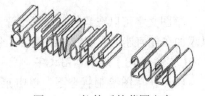

SolidWorks　2020

图 2-43　绘制的草图文字　　　　　　　图 2-44　拉伸后的草图文字

2.3　草图编辑

本节主要介绍草图编辑工具的使用方法，如圆角、倒角、等距实体、裁剪、延伸、镜向、移动、复制、旋转与修改等。

2.3.1　绘制圆角

绘制圆角工具是将两个草图实体的交叉处剪裁掉角部，生成一个与两个草图实体都相切的圆弧，此工具在二维和三维草图中均可使用。

【实例 2-19】绘制圆角

（1）在草图绘制状态下，单击菜单栏中的"工具"→"草图工具"→"圆角"命令，或者单击"草图"面板中的"绘制圆角"按钮 ，此时系统弹出"绘制圆角"属性管理器，如图 2-45 所示。

（2）在"绘制圆角"属性管理器中，设置圆角的半径。如果顶点具有尺寸或几何关系，则勾选"保持拐角处约束条件"复选框，将保留虚拟交点。如果不勾选该复选框，且顶点具有尺寸或几何关系，系统将会弹出提示框询问是否在生成圆角时删除这些几何关系。

（3）设置好"绘制圆角"属性管理器中的参数后，单击选择图 2-46（a）所示的直线 1 和直线 2、直线 2 和直线 3、直线 3 和直线 4、直线 4 和直线 1。

（4）单击"绘制圆角"属性管理器中的"确定"按钮 ，完成圆角的绘制，如图 2-46（b）所示。

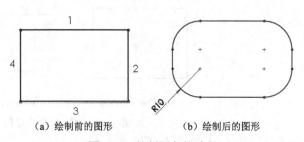

（a）绘制前的图形　　　　（b）绘制后的图形

图 2-45　"绘制圆角"属性管理器　　　　图 2-46　绘制圆角的过程

技巧荟萃　　SOLIDWORKS 可以将两个非交叉的草图实体进行倒圆角操作。对这两个草图实体执行完"圆角"命令后，草图实体将被拉伸，边角将被圆角处理。

2.3.2　绘制倒角

绘制倒角工具是将倒角应用到相邻的草图实体中，此工具在二维和三维草图中均可使用。倒角的选择方法与圆角相同。"绘制倒角"属性管理器中提供了倒角的两种设置方式，分别是"角度距离"设置方式和"距离-距离"设置方式。

【实例 2-20】绘制倒角

（1）在草图绘制状态下，单击菜单栏中的"工具"→"草图工具"→"倒角"命令，或者单击"草图"面板中的"绘制倒角"按钮 ，此时系统弹出"绘制倒角"属性管理器，如图 2-47 所示。

（2）在"绘制倒角"属性管理器中，选择"角度距离"单选按钮，按照图 2-47 设置倒角方式和倒角参数，然后选择图 2-49（a）所示的直线 1 和直线 4。

（3）在"绘制倒角"属性管理器中，选择"距离-距离"单选按钮，按照图 2-48 设置倒角方式和倒角参数，然后选择图 2-49（a）所示的直线 2 和直线 3。

图 2-47 "角度距离"设置方式   图 2-48 "距离-距离"设置方式

（4）单击"绘制倒角"属性管理器中的"确定"按钮 ，完成倒角的绘制，如图 2-49（b）所示。

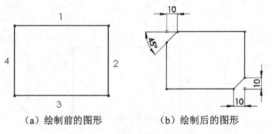

（a）绘制前的图形   （b）绘制后的图形

图 2-49 绘制倒角的过程

以"距离-距离"设置方式绘制倒角时，如果设置的两个距离不相等，或者选择草图实体的次序不同，绘制的结果不相同。设置 D1 = 10、D2 = 20，图 2-50（a）所示为原始图形；图 2-50（b）所示为先选择左侧的直线，后选择右侧直线形成的倒角；图 2-50（c）所示为先选择右侧的直线，后选择左侧直线形成的倒角。

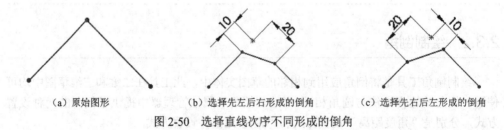

（a）原始图形   （b）选择先左后右形成的倒角   （c）选择先右后左形成的倒角

图 2-50 选择直线次序不同形成的倒角

2.3.3 等距实体

等距实体工具是按特定的距离等距一个或者多个草图实体、所选模型边线、模型面。草图实体包括样条曲线或圆弧、模型边线组、环等。

【实例 2-21】绘制等距实体

（1）在草图绘制状态下，单击菜单栏中的"工具"→"草图工具"→"等距实体"命令，或者单击"草图"面板中的"等距实体"按钮 ⊏ 。

（2）系统弹出"等距实体"属性管理器，按照实际需要设置相关参数。

（3）单击选择要等距的实体对象。

（4）单击"等距实体"属性管理器中的"确定"按钮 ✓ ，完成等距实体的绘制。"等距实体"属性管理器中各选项的含义如下。

● "等距距离"文本框：设定数值以特定距离来等距草图实体。

● "添加尺寸"复选框：勾选该复选框将在草图中添加等距距离的尺寸标注，不会影响原有草图实体中的任何尺寸。

● "反向"复选框：勾选该复选框将更改单向等距实体的方向。

● "选择链"复选框：勾选该复选框将生成所有连续草图实体的等距。

● "双向"复选框：勾选该复选框将在草图中双向生成等距实体。

● "顶端加盖"复选框：勾选该复选框将通过选择双向并添加一顶盖来延伸原有非相交草图实体。

图 2-52 所示为按照图 2-51 所示的"等距实体"属性管理器进行设置后，选择中间草图实体中某部分得到的图形。

图 2-51　"等距实体"属性管理器

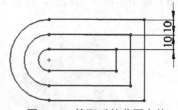

图 2-52　等距后的草图实体

图 2-53 所示为在模型面上等距实体的过程，图 2-53（a）为原始图形，图 2-53（b）为等距实体后的图形。执行过程为：先选择图 2-53（a）所示模型的上表面，然后进入草图绘制状态，再单击"等距实体"命令，设置参数为单向等距距离，距离为 10mm。

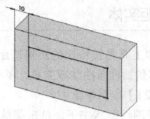

（a）原始图形   （b）等距实体后的图形

图 2-53　在模型面上等距实体的过程

技巧荟萃　在草图绘制状态下，双击等距距离的尺寸，然后更改数值，就可以修改等距实体的距离。在双向等距中，修改单个数值就可以更改两个等距的尺寸。

2.3.4　转换实体引用

转换实体引用是通过已有的模型或者草图，将其边线、环、面、曲线、外部草图轮廓线、一组边线或一组草图曲线投影到草图基准面上。通过这种方式，可以在草图基准面上生成一个或多个草图实体。使用该命令时，如果引用的实体发生更改，那么转换的草图实体也会相应地改变。

【实例 2-22】 转换实体引用

（1）打开源文件"X:\源文件\ch2\原始文件\2.22.SLDPRT"。

（2）在特征管理器的树状目录中，选择要添加草图的基准面，本实例选择的是基准面 1，然后单击"草图"面板中的"草图绘制"按钮▯，进入草图绘制状态。

（3）按住 <Ctrl> 键，选择图 2-54（a）所示的边线 1、2、3、4 以及圆弧 5。

（4）单击菜单栏中的"工具"→"草图工具"→"转换实体引用"命令，或者单击"草图"面板中的"转换实体引用"按钮▯，执行"转换实体引用"命令。

（5）退出草图绘制状态，转换实体引用后的图形如图 2-54（b）所示。

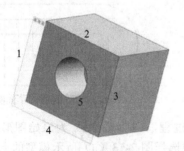
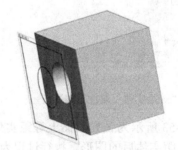

（a）转换实体引用前的图形   （b）转换实体引用后的图形

图 2-54　转换实体引用的过程

2.3.5　草图剪裁

"草图剪裁"是常用的草图编辑命令。执行"草图剪裁"命令时，系统弹出"剪裁"属性管理器，如图 2-55 所示。根据剪裁草图实体的不同，可以选择不同的剪裁模式，下面介绍不同类型的草图剪裁模式。

　　● 强劲剪裁：通过将鼠标指针拖过每个草图实体来剪裁草图实体。

　　● 边角：剪裁两个草图实体，直到它们在虚拟边角处相交。

　　● 在内剪除：选择两个边界实体，然后选择要剪裁的实体，剪裁位于两个边界实体内的草图实体。

　　● 在外剪除：剪裁位于两个边界实体外的草图实体。

　　● 剪裁到最近端：将一草图实体剪裁到最近端交叉实体。

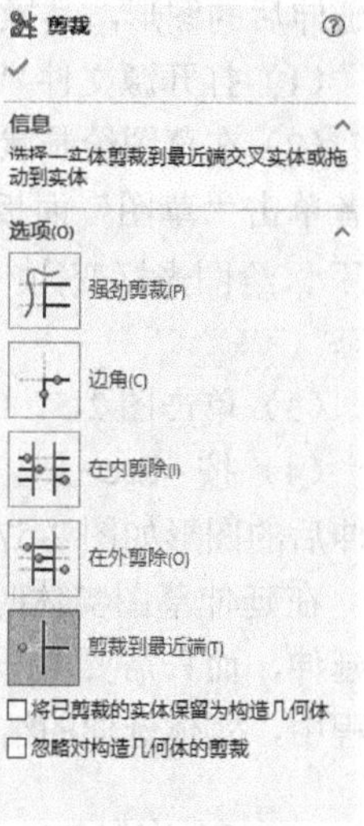

【实例 2-23】草图剪裁

图 2-55　"剪裁"属性管理器

以图 2-56 为例说明剪裁实体的过程，图 2-56（a）为剪裁前的图形，图 2-56（b）为剪裁后的图形，其操作步骤如下。

（1）打开源文件"X:\源文件\ch2\原始文件\2.23.SLDPRT"，如图 2-56（a）所示。

（2）在草图绘制状态下，单击菜单栏中的"工具"→"草图工具"→"剪裁"命令，或者单击"草图"面板中的"剪裁实体"按钮，此时绘图光标变为 形状，并在左侧弹出"剪裁"属性管理器。

（3）在"剪裁"属性管理器中选择"剪裁到最近端"选项。

（4）依次单击图 2-56（a）所示的 A 处和 B 处，剪裁图中的直线。

（5）单击"剪裁"属性管理器中的"确定"按钮，完成草图实体的剪裁，剪裁后的图形如图 2-56（b）所示。

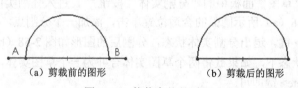

（a）剪裁前的图形　　　　　　　　　　（b）剪裁后的图形

图 2-56　剪裁实体的过程

2.3.6　草图延伸

草图延伸是常用的草图编辑工具，利用该工具可以将草图实体延伸至另一个草图实体。

【实例 2-24】草图延伸

以图 2-57 为例说明草图延伸的过程，图 2-57（a）为延伸前的图形，图 2-57（b）为延伸后的图形，其操作步骤如下。

（1）打开源文件"X:\源文件\ch2\原始文件\2.24.SLDPRT"，如图 2-57（a）所示。

（2）在草图绘制状态下，单击菜单栏中的"工具"→"草图工具"→"延伸"命令，或者单击"草图"面板中的"延伸实体"按钮 ⊤，绘图光标变为 ⊤ 形状，进入草图延伸状态。

（3）单击图 2-57（a）所示的直线。

（4）按 <Esc> 键，退出延伸实体状态，延伸后的图形如图 2-57（b）所示。

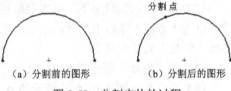

(a) 延伸前的图形　　(b) 延伸后的图形

图 2-57　草图延伸的过程

在延伸草图实体时，如果两个方向都可以延伸，而只需要单一方向延伸，单击延伸方向一侧的实体部分即可。在执行该命令的过程中，实体延伸的结果在预览时会以红色显示。

2.3.7　分割草图

分割草图是将一连续的草图实体分割为两个草图实体，以便进行其他操作。反之，也可以删除一个分割点，将两个草图实体合并成一个草图实体。

【实例 2-25】分割草图

以图 2-58 为例说明分割草图实体的过程，图 2-58（a）为分割前的图形，图 2-58（b）为分割后的图形，其操作步骤如下。

（1）打开源文件"X:\源文件\ch2\原始文件\2.25.SLDPRT"，如图 2-58（a）所示。

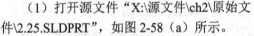

分割点

(a) 分割前的图形　　(b) 分割后的图形

图 2-58　分割实体的过程

（2）在草图绘制状态下，单击菜单栏中的"工具"→"草图工具"→"分割实体"命令，或者单击"草图"面板中的"分割实体"按钮 ⌒，进入分割实体状态。

（3）在图 2-58（a）所示圆弧的合适位置单击，添加一个分割点。

（4）按 <Esc> 键，退出分割实体状态，分割后的图形如图 2-58（b）所示。

在草图绘制状态下，如果欲将两个草图实体合并为一个草图实体，则单击选中分割点，然后按 <Delete> 键即可。

2.3.8　镜向草图

在绘制草图时，经常要绘制对称的图形，这时可以执行"镜向"命令来实现，"镜向"属性管理器如图 2-59 所示。

在 SOLIDWORKS 2020 中，镜向点不再仅限于构造线，它可以是任意类型的直线。

SOLIDWORKS 提供了两种镜向方式，一种是镜向现有草图
实体，另一种是在绘制草图时动态镜向草图实体。下面分
别介绍。

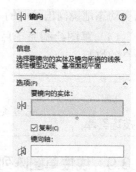

图 2-59　"镜向"属性管理器

【实例 2-26】镜向草图

1. 镜向现有草图实体

以图 2-60 为例说明镜向草图的过程，图 2-60（a）为
镜向前的图形，图 2-60（b）为镜向后的图形，其操作步骤
如下。

（1）打 开 源 文 件 "X:\源 文 件\ch2\原 始 文 件\2.26.
SLDPRT"，如图 2-60（a）所示。

（2）在草图绘制状态下，单击菜单栏中的"工
具"→"草图工具"→"镜向"命令，或者单击"草
图"面板中的"镜向实体"按钮 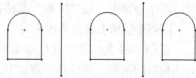，此时系统弹
出"镜向"属性管理器。

（3）单击属性管理器中的"要镜向的实体"
列表框，使其变为粉红色，然后在图形区框选
图 2-60（a）所示直线左侧的图形。

（a）镜向前的图形　　　（b）镜向后的图形

图 2-60　镜向草图的过程

（4）单击属性管理器中的"镜向轴"列表框，使其变为粉红色，然后在图形区选择
图 2-60（a）所示的直线。

（5）单击"镜向"属性管理器中的"确定"按钮 ✓，草图实体镜向完毕，镜向后的
图形如图 2-60（b）所示。

2. 动态镜向草图实体

以图 2-61 为例说明动态镜向草图实体的过程，其操作步骤如下。

【实例 2-27】动态镜向草图实体

（1）在草图绘制状态下，在图形区中绘制一条中心线，并选中它。

（2）单击菜单栏中的"工具"→"草图工具"→"动态镜向"命令，或者单击"草
图"面板中的"动态镜向实体"按钮 ，此时对称符号就会出现在中心线的两端。

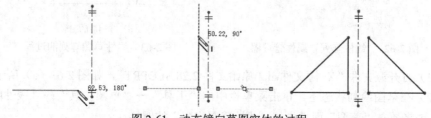

图 2-61　动态镜向草图实体的过程

（3）单击"草图"面板中的"直线"按钮 ，在中心线的一侧绘制草图，另一侧

则会动态地镜向出绘制的草图。

（4）草图绘制完毕后，再次单击"草图"面板中的"直线"按钮 ，即可结束该命令的执行。

技巧荟萃	镜向实体在三维草图中不可使用。

2.3.9　线性草图阵列

线性草图阵列是将草图实体沿一个或者两个轴复制生成多个排列图形。执行该命令时，系统会弹出"线性阵列"属性管理器，如图 2-62 所示。

【实例 2-28】线性草图阵列

以图 2-63 为例说明线性草图阵列的过程，图 2-63（a）为阵列前的图形，图 2-63（b）为阵列后的图形，其操作步骤如下。

图 2-62　"线性阵列"属性管理器

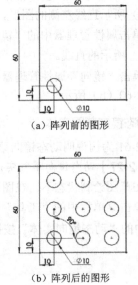

（a）阵列前的图形

（b）阵列后的图形

图 2-63　线性草图阵列的过程

（1）打开源文件"X:\源文件\ch2\原始文件\2.28.SLDPRT"，如图 2-63（a）所示。

（2）在草图绘制状态下，单击菜单栏中的"工具"→"草图工具"→"线性阵列"命令，或者单击"草图"面板中的"线性草图阵列"按钮 。

（3）此时系统弹出"线性阵列"属性管理器，单击"要阵列的实体"列表框，然后在图形区中选择图 2-63（a）所示的直径为 10mm 的圆，其他设置如图 2-62 所示。

（4）单击"线性阵列"属性管理器中的"确定"按钮 ☑，结果如图 2-63（b）所示。

2.3.10　圆周草图阵列

圆周草图阵列是将草图实体沿一个指定大小的圆弧进行环状阵列。执行该命令时，系统会弹出的"圆周阵列"属性管理器如图 2-64 所示。

【实例 2-29】圆周草图阵列

以图 2-65 为例说明圆周草图阵列的过程，图 2-65（a）为阵列前的图形，图 2-65（b）为阵列后的图形，其操作步骤如下。

（1）打开源文件"X:\源文件\ch2\原始文件\2.29.SLDPRT"，如图 2-65（a）所示。

（2）在草图绘制状态下，单击菜单栏中的"工具"→"草图工具"→"圆周阵列"命令，或者单击"草图"面板中的"圆周草图阵列"按钮 💠，此时系统弹出"圆周阵列"属性管理器。

（3）单击"圆周阵列"属性管理器中的"要阵列的实体"列表框，然后在图形区中选择图 2-65（a）所示的圆弧外的 3 条直线，在"参数"选项组的列表框 🔄 中单击并选择圆弧的圆心，在"数量"💠 文本框中输入"8"。

（4）单击"圆周阵列"属性管理器中的"确定"按钮 ☑，阵列后的图形如图 2-65（b）所示。

图 2-64　"圆周阵列"属性管理器

（a）阵列前的图形

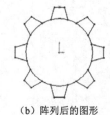

（b）阵列后的图形

图 2-65　圆周草图阵列的过程

2.3.11　移动草图

"移动"草图命令是将一个或者多个草图实体进行移动。执行该命令时，系统会弹出"移动"属性管理器，如图 2-66 所示。

在"移动"属性管理器中，"要移动的实体"列表框用于选择要移动的草图实体。"参数"选项组中的"从 / 到"单选按钮用于指定移动的开始点和目标点，是一个相对参数；如果在"参数"选项组中选择"X/Y"单选按钮，则弹出新的对话框，在其中输入相应的参数即可依据设定的数值将实体移动到指定位置。

图 2-66 "移动"属性管理器

2.3.12 复制草图

"复制"草图命令是将一个或者多个草图实体进行复制。执行该命令时，系统会弹出"复制"属性管理器，如图 2-67 所示。"复制"属性管理器中的参数与"移动"属性管理器中参数意义相同，在此不再赘述。

2.3.13 旋转草图

"旋转"草图命令根据旋转中心及要旋转的角度来旋转草图实体。执行该命令时，系统会弹出"旋转"属性管理器，如图 2-68 所示。

图 2-67 "复制"属性管理器

【实例 2-30】旋转草图

以图 2-69 为例说明旋转草图的过程，图 2-69（a）为旋转前的图形，图 2-69（b）为旋转后的图形，其操作步骤如下。

（1）打开源文件"X:\源文件\ch2\原始文件\2.30.SLDPRT"，如图 2-69（a）所示。

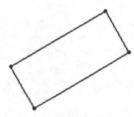

（a）旋转前的图形　　（b）旋转后的图形

图 2-68 "旋转"属性管理器　　图 2-69 旋转草图的过程

（2）在草图绘制状态下，单击菜单栏中的"工具"→"草图工具"→"旋转"命令，或者单击"草图"面板中的"旋转实体"按钮 。

（3）此时系统弹出"旋转"属性管理器，单击"要旋转的实体"列表框，在图形区中选择图 2-69（a）所示的矩形，在"基准点"列表框 ▣ 中单击并选择矩形的右下顶点，在"角度"文本框 🔼 中输入"−60.00 度"。

（4）单击"旋转"属性管理器中的"确定"按钮 ✓，旋转后的图形如图 2-69(b)所示。

2.3.14　缩放草图

"缩放实体比例"命令根据基准点和比例因子对草图实体进行缩放，也可以根据需要在保留原缩放对象的基础上缩放草图。执行该命令时，系统会弹出"比例"属性管理器，如图 2-70 所示。

图 2-70　"比例"属性管理器

【实例 2-31】缩放草图

以图 2-71 为例说明缩放草图的过程，图 2-71（a）为缩放比例前的图形，图 2-71（b）为比例因子为 0.8 且不保留原图的图形，图 2-71（c）为保留原图，复制数为 5 的图形，其操作步骤如下。

（1）打开源文件"X:\源文件\ch2\原始文件\2.31.SLDPRT"，如图 2-71（a）所示。

（2）在草图绘制状态下，单击菜单栏中的"工具"→"草图工具"→"缩放比例"命令，或者单击"草图"面板中的"按比例缩放实体"按钮 🔲。此时系统弹出"比例"属性管理器。

（3）单击"比例"属性管理器中的"要缩放比例的实体"列表框，在图形区选择图 2-71（a）所示的矩形，在"基准点"列表框 ▣ 中单击并选择矩形的左下顶点，在"比例因子"文本框 🔲 中输入"0.8"，缩放后的结果如图 2-71（b）所示。

（4）勾选"复制"复选框，在"复制数"文本框 🔡 中输入"5"，结果如图 2-71(c)所示。

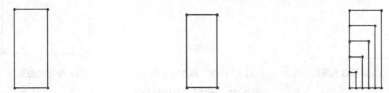

（a）缩放比例前的图形　　（b）比例因子为 0.8，且不保留原图的图形　　（c）保留原图，复制数为 5 的图形

图 2-71　缩放草图的过程

（5）单击"比例"属性管理器中的"确定"按钮 ✓，草图实体缩放完毕。

2.3.15　伸展草图

"伸展实体"命令根据基准点和坐标点对草图实体进行伸展。执行该命令时，系统会弹出"伸展"属性管理器，如图 2-72 所示。

【实例 2-32】伸展草图

以图 2-73 为例说明伸展草图的过程，图 2-73（a）为伸展前的图形，图 2-73（c）

为伸展后的图形，其操作步骤如下。

（1）打开源文件"X:\源文件\ch2\原始文件\2.32.SLDPRT"，如图 2-73（a）所示。

（2）在草图绘制状态下，单击菜单栏中的"工具"→"草图工具"→"伸展实体"命令，或者单击"草图"面板中的"伸展实体"按钮 ，此时系统弹出"伸展"属性管理器。

图 2-72 "伸展"
属性管理器

（3）单击"伸展"属性管理器中的"要绘制的实体"列表框，在图形区中选择图 2-73（a）所示的矩形，在"基准点"列表框中单击并选择矩形的左下顶点，单击"基点"按钮，然后单击草图，成功设定基准点，拖曳鼠标以伸展草图实体，松开鼠标后，实体伸展到该点并关闭属性管理器。

（4）选择"X/Y"单选按钮，为 ΔX 和 ΔY 设定值以伸展草图实体，如图 2-73（b）所示。单击"重复"按钮以相同距离伸展实体，伸展后的结果如图 2-73（c）所示。

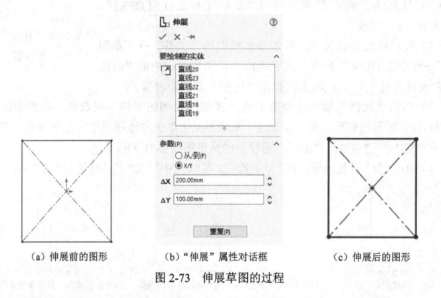

（a）伸展前的图形　　　（b）"伸展"属性对话框　　　（c）伸展后的图形

图 2-73　伸展草图的过程

（5）单击"伸展"属性管理器中的"确定"按钮，草图实体伸展完毕。

2.4　尺寸标注

SOLIDWORKS 2020 是一种尺寸驱动式系统，用户可以指定尺寸及各实体间的几何关系，更改相关数据即可改变零件的尺寸与形状。尺寸标注是草图绘制过程中的重要组成部分。SOLIDWORKS 虽然可以捕捉用户的设计意图，自动进行尺寸标注；但由于各种原因，有时自动标注的尺寸不理想，此时需要用户自己进行尺寸标注。

2.4.1　度量单位

在 SOLIDWORKS 2020 中可以使用多种度量单位，包括埃、纳米、微米、毫米、厘米、米、英寸、英尺等。设置单位的方法在第 1 章中已讲述，这里不再赘述。

2.4.2　线性尺寸的标注

线性尺寸用于标注直线的长度或两个几何元素间的距离。

【实例 2-33】线性尺寸的标注

（1）标注直线长度的操作步骤如下。

① 打开源文件"X:\源文件\ch2\原始文件\2.33.SLDPRT"，如图 2-74 所示。

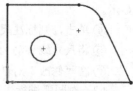

图 2-74　线性尺寸的标注

② 单击"草图"面板中的"智能尺寸"按钮，此时光标变为形状。

③ 将光标放到要标注的直线上，这时光标变为形状，要标注的直线以红色高亮度显示。

④ 单击，则标注尺寸线出现并随着光标移动，如图 2-75（a）所示。

⑤ 将尺寸线移动到适当的位置后单击，则尺寸线被固定下来。

⑥ 如果在"系统选项"对话框的"系统选项"选项卡中勾选了"输入尺寸值"复选框，则当尺寸线被固定下来时会弹出"修改"对话框，如图 2-75（b）所示。

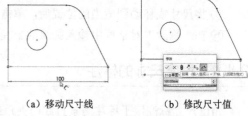

（a）移动尺寸线　　　（b）修改尺寸值

图 2-75　直线标注

⑦ 在"修改"对话框中输入直线的长度，单击"确定"按钮，完成标注。

⑧ 如果没有勾选"输入尺寸值"复选框，则需要双击尺寸值才能打开"修改"对话框对尺寸进行修改。

（2）标注两个几何元素间距离的操作步骤如下。

① 单击"草图"面板中的"智能尺寸"按钮，此时光标变为形状。

② 单击选择第一个几何元素。

③ 标注尺寸线出现，继续单击选择第二个几何元素。

④ 这时标注尺寸线显示为两个几何元素之间的距离，移动光标到适当的位置后，单击将尺寸线固定下来。

⑤ 在"修改"对话框中输入两个几何元素间的距离，单击"确定"按钮，完成标注。

2.4.3　直径和半径尺寸的标注

默认情况下，SOLIDWORKS 对圆标注的是直径尺寸、对圆弧标注的是半径尺寸，如图 2-76 所示。

【**实例 2-34**】直径和半径尺寸的标注

（1）对圆进行直径尺寸标注的操作步骤如下。

① 打开源文件"X:\源文件\ch2\原始文件\2.34.SLDPRT"。

② 单击"草图"面板中的"智能尺寸"按钮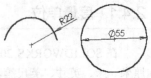，此时
光标变为形状。

图 2-76　直径和半径尺寸的
标注

③ 将光标移动到要标注的圆上，这时光标变为形状，要标注的圆以红色高亮度显示。

④ 单击，则标注尺寸线出现，并随着光标移动。

⑤ 将尺寸线移动到适当的位置后，单击将尺寸线固定下来。

⑥ 在"修改"对话框中输入圆的直径，单击"确定"按钮，完成标注。

（2）对圆弧进行半径尺寸标注的操作步骤如下。

① 单击"草图"面板中的"智能尺寸"按钮，此时光标变为形状。

② 将光标移动到要标注的圆弧上，这时光标变为形状，要标注的圆弧以红色高亮度显示。

③ 单击，则标注尺寸线出现，并随着光标移动。

④ 将尺寸线移动到适当的位置后，单击将尺寸线固定下来。

⑤ 在"修改"对话框中输入圆弧的半径，单击"确定"按钮，完成标注。

2.4.4　角度尺寸的标注

角度尺寸标注用于标注两条直线的夹角或圆弧的圆心角。

【**实例 2-35**】角度尺寸的标注

（1）标注两条直线夹角的操作步骤如下。

① 绘制两条相交的直线。

② 单击"草图"面板中的"智能尺寸"按钮，此时光标变为形状。

③ 单击选择第一条直线。

④ 标注尺寸线出现，继续单击选择第二条直线。

⑤ 这时标注尺寸线显示为两条直线之
间的角度，随着光标的移动，系统会显示
不同的夹角角度，如图 2-77 所示。

⑥ 单击鼠标，将尺寸线固定下来。

⑦ 在"修改"对话框中输入夹角的角
度值，单击"确定"按钮，完成标注。

（2）标注圆弧圆心角的操作步骤如下。

① 单击"草图"面板中的"智能尺寸"按钮，此时光标变为形状。

② 单击选择圆弧的一个端点。

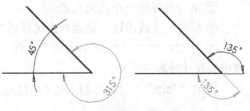

图 2-77　不同的夹角角度

③ 单击选择圆弧的另一个端点，此时标注尺寸线显示这两个端点间的距离。

④ 继续单击选择圆心点，此时标注尺寸线显示圆弧两个端点间的圆心角的角度值。

⑤ 将尺寸线移到适当的位置后，单击将尺寸线固定下来，标注结果如图 2-78 所示。

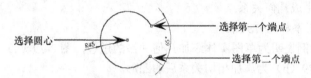

图 2-78　标注圆弧的圆心角

⑥ 在 "修改" 对话框中输入圆弧圆心角的角度值，单击 "确定" 按钮 ✓，完成标注。如果在第④步中选择的不是圆心而是圆弧，则标注的是两个端点间圆弧的长度。

2.5　添加几何关系

几何关系为草图实体之间，草图实体与基准面、基准轴、边线或顶点之间的几何约束。表 2-6 所示为可供几何关系选择的实体以及所产生的几何关系的特点说明。

表 2-6　几何关系说明

几何关系	要执行的实体	所产生的几何关系
水平或竖直	一条或多条直线，两个或多个点	直线会变成水平或竖直（由当前草图的空间定义），而点会变成水平对齐或竖直对齐
共线	两条或多条直线	实体位于同一条无限长的直线上
全等	两条或多条圆弧	实体会共用相同的圆心和半径
垂直	两条直线	两条直线相互垂直
同心	两条或多条圆弧，一个点和一条圆弧	共用相同的圆心
中点	一个点和一条线段	点位于线段的中点
交叉	两条直线和一个点	点位于直线的交叉点处
重合	一个点和一直线、圆弧或椭圆	点位于直线、圆弧或椭圆上
相等	两条或多条直线，两条或多条圆弧	直线长度或圆弧半径保持相等
对称	一条中心线和两个点、直线、圆弧或椭圆	实体保持与中心线相等距离，并位于一条与中心线垂直的直线上
固定	任何实体	实体的大小和位置被固定
穿透	一个草图点和一个基准轴、边线、直线或样条曲线	草图点与基准轴、边线或曲线在草图基准面上穿透的位置重合
合并点	两个草图点或端点	两个点合并成一个点

2.5.1 添加几何关系

利用"添加几何关系"按钮 ⊥ 可以在草图实体之间，草图实体与基准面、基准轴、边线或顶点之间生成几何关系。

【实例 2-36】添加几何关系

以图 2-79 为例说明为草图实体添加几何关系的过程，图 2-79（a）为添加相切关系前的图形，图 2-79（b）为添加相切关系后的图形。

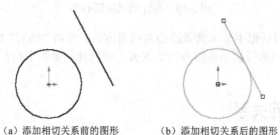

（a）添加相切关系前的图形　　（b）添加相切关系后的图形

图 2-79　添加相切关系前后的两图形

具体操作步骤如下。

（1）打开源文件"X:\源文件\ch2\2.36.SLDPRT"，如图 2-79（a）所示。

（2）单击"草图"面板中的"添加几何关系"按钮 ⊥，或单击菜单栏中的"工具"→"几何关系"→"添加"命令。

（3）在草图中单击要添加几何关系的实体。

（4）此时所选实体会显示在"添加几何关系"属性管理器的"所选实体"列表框中，如图 2-80 所示。

（5）信息栏 ⓘ 显示所选实体的状态（完全定义或欠定义等）。

（6）如果要移除一个实体，在"所选实体"列表框中右击该项目，在弹出的快捷菜单中单击"清除选项"命令即可。

（7）在"添加几何关系"选项组中单击要添加的几何关系类型（相切或固定等），这时添加的几何关系类型就会显示在"现有几何关系"列表框中。

（8）如果要删除已存在的几何关系，在"现有几何关系"列表框中右击该几何关系，在弹出的快捷菜单中单击"删除"命令即可。

图 2-80　"添加几何关系"属性管理器

（9）单击"确定"按钮 ✓ 后，几何关系添加到草图实体之间，如图 2-79（b）所示。

2.5.2　自动添加几何关系

使用 SOLIDWORKS 的自动添加几何关系后，在绘制草图时光标会改变形状以显示可以生成哪些几何关系。图 2-81 所示为不同几何关系对应的光标形状。

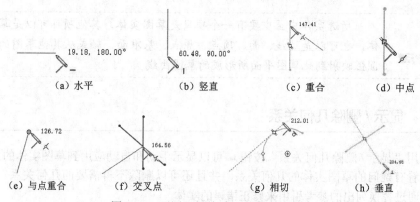

（a）水平　　　　　　（b）竖直　　　　（c）重合　　　（d）中点

（e）与点重合　　（f）交叉点　　　　　（g）相切　　　　（h）垂直

图 2-81　不同几何关系对应的光标形状

将自动添加几何关系作为系统的默认设置，其操作步骤如下。

（1）单击菜单栏中的"工具"→"选项"命令，打开"系统选项"对话框。

（2）在"系统选项"选项卡的左侧列表框中单击"几何关系/捕捉"选项，然后在右侧区域中勾选"自动几何关系"复选框，如图 2-82 所示。

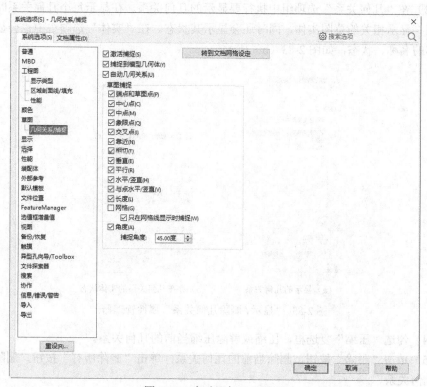

图 2-82　自动添加几何关系

（3）单击"确定"按钮，关闭对话框。

> **技巧荟萃**　所选实体中至少要有一个项目是草图实体，其他项目可以是草图实体，也可以是边线、面、顶点、原点、基准面、轴或从其他草图的线或圆弧映射到此草图平面所形成的草图曲线。

2.5.3　显示/删除几何关系

利用"显示/删除几何关系"按钮可以显示手动和自动应用到草图实体的几何关系，查看有疑问的草图实体的几何关系，并且还可以删除不再需要的几何关系。此外，还可以通过替换列出的参考引用来修正错误的实体。

如果要显示/删除几何关系，其操作步骤如下。

（1）单击"草图"面板中的"显示/删除几何关系"按钮，或单击菜单栏中的"工具"→"几何关系"→"显示/删除几何关系"命令。

（2）在弹出的"显示/删除几何关系"属性管理器的列表框中执行显示几何关系的准则，如图2-83（a）所示。

（3）在"几何关系"选项组中执行要显示的几何关系。在显示每个几何关系时，系统会高亮显示相关的草图实体，同时还会显示其状态。在"实体"选项组中也会显示草图实体的名称、状态，如图2-83（b）所示。

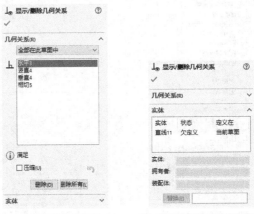

（a）显示的几何关系　　（b）存在几何关系的实体状态

图2-83　"显示/删除几何关系"属性管理器

（4）勾选"压缩"复选框，压缩或解除压缩当前的几何关系。

（5）单击"删除"按钮，删除当前的几何关系；单击"删除所有"按钮，删除当前所有几何关系。

2.6　综合实例——拨叉草图

本实例绘制的拨叉草图如图 2-84 所示。首先绘制构造线来构建出实体的大概轮廓，然后对其进行修剪和倒圆角操作，最后标注图形尺寸，完成草图的绘制。

 绘制步骤

1 新建文件。

单击"标准"工具栏中的"新建"按钮 □，在弹出的图 2-85 所示的"新建SOLIDWORKS 文件"对话框中单击"零件"按钮 🗐，然后单击"确定"按钮，创建一个新的零件文件。

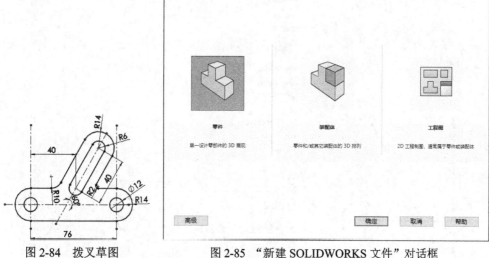

图 2-84　拨叉草图　　　　　　　　图 2-85　"新建 SOLIDWORKS 文件"对话框

2 创建草图。

（1）在左侧的 FeatureMannger 设计树中选择"前视基准面"作为绘图基准面。单击"草图"面板中的"草图绘制"按钮 □，进入草图绘制状态。

（2）单击"草图"面板中的"中心线"按钮 ╱，弹出"插入线条"属性管理器，如图 2-86 所示。单击"确定"按钮 ✓，绘制中心线，如图 2-87 所示。

（3）单击"草图"面板中的"圆"按钮 ⊙，弹出图 2-88 所示的"圆"属性管理器。分别捕捉两竖直直线与水平直线的交点为圆心（此时光标变成 ⬚ 形状），单击"确定"按钮 ✓，绘制圆，如图 2-89 所示。

（4）单击"草图"面板中的"圆心 / 起 / 终点画弧"按钮 ⬚，弹出图 2-90 所示"圆弧"属性管理器，分别以上步绘制的圆心绘制两条圆弧，单击"确定"按钮 ✓，绘制出的圆弧如图 2-91 所示。

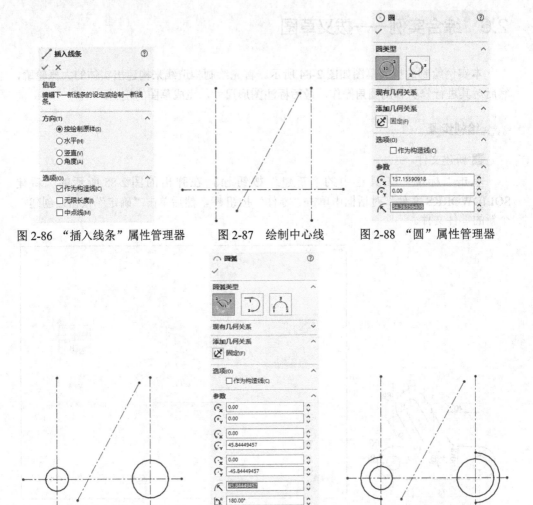

图 2-86　"插入线条"属性管理器　　　图 2-87　绘制中心线　　　图 2-88　"圆"属性管理器

图 2-89　绘制圆 1　　　图 2-90　"圆弧"属性管理器　　　图 2-91　绘制圆弧

（5）单击"草图"面板中的"圆"按钮 ⊙，弹出"圆"属性管理器。分别在斜中心线上绘制 3 个圆，单击"确定"按钮 ✓，绘制圆，如图 2-92 所示。

（6）单击"草图"面板中的"直线"按钮 ／，弹出"插入线条"属性管理器，单击"确定"按钮 ✓，绘制直线，如图 2-93 所示。

▣ 添加约束。

（1）单击"草图"面板中的"添加几何关系"按钮 ⊥，弹出"添加几何关系"属性管理器，如图 2-94 所示。选择创建草图步骤（3）中绘制的两个圆，在属性管理器中单击"相等"按钮，使两圆相等，如图 2-95 所示。

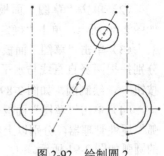

图 2-92　绘制圆 2

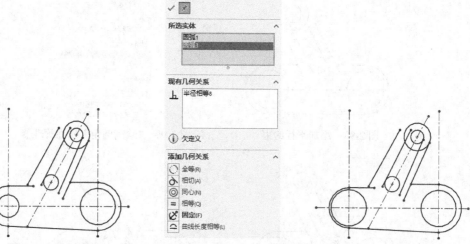

图 2-93 绘制直线　图 2-94 "添加几何关系"属性管理器　图 2-95 添加相等约束（1）

（2）以同样的方法分别使两圆弧和两小圆相等，结果如图 2-96 所示。

（3）选中小圆和直线，在属性管理器中单击"相切"按钮，使小圆和直线相切，如图 2-97 所示。

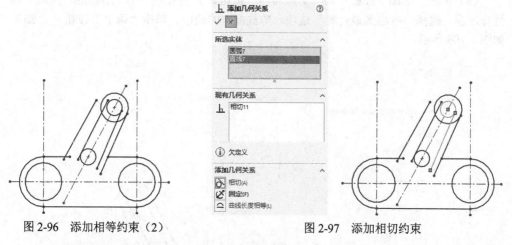

图 2-96 添加相等约束（2）　　　　　　图 2-97 添加相切约束

（4）重复上述步骤，分别使斜直线和圆相切。

（5）选择 4 条斜直线，在属性管理器中单击"平行"按钮，结果如图 2-98 所示。

4 编辑草图。

（1）单击"草图"面板中的"绘制圆角"按钮，弹出图 2-99 所示的"绘制圆角"属性管理器，输入圆角半径为 10.00mm，选择视图中左边的两条直线，单击"确定"按钮，结果如图 2-100 所示。

（2）重复上述步骤，在右侧创建半径为 2.00mm 的圆角，结果如图 2-101 所示。

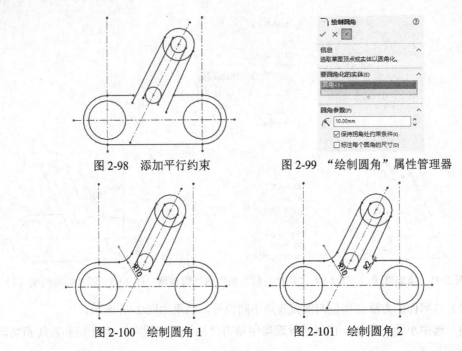

图 2-98 添加平行约束   图 2-99 "绘制圆角"属性管理器

图 2-100 绘制圆角 1   图 2-101 绘制圆角 2

（3）单击"草图"面板中的"剪裁实体"按钮![icon]，弹出图 2-102 所示的"剪裁"属性管理器，选择"剪裁到最近端"选项，剪裁多余的线段，单击"确定"按钮![icon]，结果如图 2-103 所示。

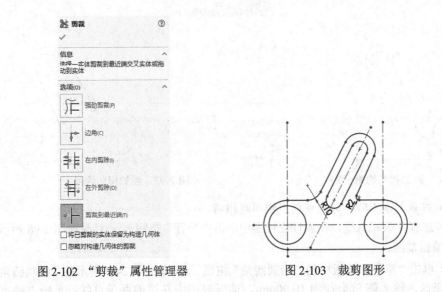

图 2-102 "剪裁"属性管理器   图 2-103 裁剪图形

⑤ 标注尺寸。

单击"草图"面板中的"智能尺寸"按钮![icon]，选择两竖直中心线，在弹出的"修改"对话框中修改尺寸为 76.00mm。同理，标注出其他尺寸，结果如图 2-84 所示。

第 3 章
基础特征建模

在 SOLIDWORKS 中，特征建模一般分为基础特征建模和附加特征建模两类。基础特征建模是三维实体最基本的生成方式，是单一的命令操作。关于附加特征建模在第 4 章中介绍。

基础特征建模是三维实体最基本的绘制方式，可以构成三维实体的基本造型，相当于二维草图中的基本图元，是最基本的三维实体绘制方式。基础特征建模主要包括参考几何体、拉伸特征、拉伸切除特征、旋转特征、旋转切除特征、扫描特征与放样特征等。

知识点

> 特征建模基础
>
> 参考几何体
>
> 拉伸特征
>
> 旋转特征
>
> 扫描特征
>
> 放样特征

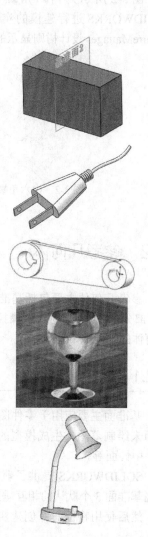

3.1　特征建模基础

SOLIDWORKS 提供了专用的"特征"面板，如图 3-1 所示。单击面板中相应的按钮就可以对草图实体进行相应的操作，生成需要的特征模型。

图 3-1　"特征"面板

图 3-2 所示为内六角螺钉零件的特征模型及其 FeatureManager 设计树，使用 SOLIDWORKS 进行建模的实体包含这两部分的内容，零件模型是设计的真实图形，FeatureManager 设计树则显示的是对模型进行的操作内容及操作步骤。

图 3-2　内六角螺钉零件的特征模型及其 FeatureManager 设计树

3.2　参考几何体

参考几何体主要包括基准面、基准轴、坐标系与点 4 个部分，"参考几何体"操控板如图 3-3 所示，各参考几何体的功能如下。

3.2.1　基准面

基准面主要应用于零件图和装配图中，可以利用基准面来绘制草图、生成模型的剖面视图、用作拔模特征中的中性面等。

图 3-3　"参考几何体"操控板

SOLIDWORKS 提供了前视基准面、上视基准面和右视基准面 3 个默认的相互垂直的基准面。通常情况下，用户在这 3 个基准面上绘制草图，然后使用特征命令创建实体模型即可绘制需要的图形。但是，对于一些特殊的特征，如扫描特征和放样特征，需要在不同的基准面上绘制草图，才能完成模型的构建，这就需要创建新的基准面。

创建基准面有 6 种方式，分别是：通过直线 / 点方式、点和平行面方式、夹角方式、等距离方式、垂直于曲线方式与曲面切平面方式。下面详细介绍这几种创建基准面的方式。

1. 通过直线 / 点方式

该方式创建的基准面有 3 种：通过边线、轴；通过草图线及点；通过 3 点。

下面通过实例介绍该方式的操作步骤。

【实例 3-1】通过直线 / 点方式创建基准面

（1）打开源文件 "X:\源文件\ch3\原始文件\3.1.SLDPRT"，打开的文件实体如图 3-4 所示。

（2）执行"基准面"命令。单击菜单栏中的"插入"→"参考几何体"→"基准面"命令，或者单击"特征"面板中的"基准面"按钮 ，此时系统弹出"基准面"属性管理器。

（3）设置属性管理器。在"第一参考"选项组中，选择图 3-4 所示的边线 1。在"第二参考"选项组中，选择图 3-4 所示边线 2 的中点。"基准面"属性管理器的设置如图 3-5 所示。

（4）确认创建的基准面。单击"基准面"属性管理器中的"确定"按钮 ，创建的基准面 1 如图 3-6 所示。

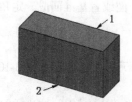

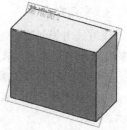

图 3-4　打开的文件实体 1　　图 3-5　"基准面"属性管理器（1）　　图 3-6　创建的基准面 1

2. 点和平行面方式

该方式用于创建通过一点且平行于基准面或者面的基准面。

下面通过实例介绍该方式的操作步骤。

【实例 3-2】通过点和平行面方式创建基准面

（1）打开源文件 "X:\源文件\ch3\原始文件\3.2.SLDPRT"，打开的文件实体如图 3-7 所示。

（2）执行"基准面"命令。单击菜单栏中的"插入"→"参考几何体"→"基准面"命令，或者单击"特征"面板中的"基准面"按钮，此时系统弹出"基准面"属性管理器。

（3）设置属性管理器。在"第一参考"选项组中，选择图3-7所示边线1的中点。在"第二参考"选项组中，选择图3-7所示的面2。"基准面"属性管理器的设置如图3-8所示。

（4）确认创建的基准面。单击"基准面"属性管理器中的"确定"按钮，创建的基准面2如图3-9所示。

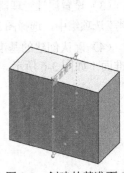

图 3-7　打开的文件实体2　　图 3-8　"基准面"属性管理器（2）　　图 3-9　创建的基准面2

3. 夹角方式

该方式用于创建通过一条边线、轴线或者草图线，并与一个面或者基准面成一定角度的基准面。下面通过实例介绍该方式的操作步骤。

【实例 3-3】通过夹角方式创建基准面

（1）打开源文件"X:\源文件\ch3\原始文件\3.3.SLDPRT"，打开的文件实体如图3-10所示。

（2）执行"基准面"命令。单击菜单栏中的"插入"→"参考几何体"→"基准面"命令，或者单击"特征"面板中的"基准面"按钮，此时系统弹出"基准面"属性管理器。

（3）设置属性管理器。在"第一参考"选项组中，选择图3-10所示的边线2。在"第二参考"选项组中，选择图3-10所示的面1。"基准面"属性管理器的设置如图3-11所示，夹角为"60.00 度"。

（4）确认创建的基准面。单击"基准面"属性管理器中的"确定"按钮，创建的基准面3如图3-12所示。

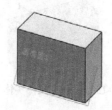

图 3-10　打开的文件实体 3　　图 3-11　"基准面"属性管理器（3）　　图 3-12　创建的基准面 3

4.　等距距离方式

该方式用于创建平行于一个基准面或者面，并等距指定距离的基准面。下面通过实例介绍该方式的操作步骤。

【实例 3-4】通过等距距离方式创建基准面

（1）打开源文件"X:\源文件\ch3\原始文件\3.4.SLDPRT"，打开的文件实体如图 3-13 所示。

（2）执行"基准面"命令。单击菜单栏中的"插入"→"参考几何体"→"基准面"命令，或者单击"特征"面板中的"基准面"按钮 ，此时系统弹出"基准面"属性管理器。

（3）设置属性管理器。在"第一参考"选项组中，选择图 3-13 所示的面 1。"基准面"属性管理器的设置如图 3-14 所示，距离为"20.00mm"。勾选"基准面"属性管理器中的"反向"复选框，可以设置生成基准面相对于参考面的方向。

（4）确认创建的基准面。单击"基准面"属性管理器中的"确定"按钮 ，创建的基准面 4 如图 3-15 所示。

5.　垂直于曲线方式

该方式用于创建通过一个点且垂直于一条边线或者曲线的基准面。

下面通过实例介绍该方式的操作步骤。

【实例 3-5】通过垂直于曲线方式创建基准面

（1）打开源文件"X:\源文件\ch3\原始文件\3.5.SLDPRT"，打开的文件实体如图 3-16 所示。

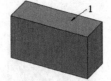

图 3-13　打开的文件实体 4　图 3-14　"基准面"属性管理器（4）　图 3-15　创建的基准面 4

（2）执行"基准面"命令。单击菜单栏中的"插入"→"参考几何体"→"基准面"命令，或者单击"特征"面板中的"基准面"按钮 ⬛，此时系统弹出示"基准面"属性管理器。

（3）设置属性管理器。在"第一参考"选项组中，选择图 3-16 所示的线 2。在"第二参考"选项组中，选择图 3-16 所示的点 1。"基准面"属性管理器的设置如图 3-17 所示。

（4）确认创建的基准面。单击"基准面"属性管理器中的"确定"按钮 ☑，则创建通过点 1 且与螺旋线垂直的基准面 5，如图 3-18 所示。

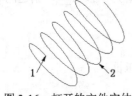

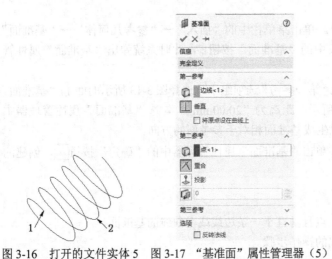

图 3-16　打开的文件实体 5　图 3-17　"基准面"属性管理器（5）　图 3-18　创建的基准面 5

（5）单击"前导视图"工具栏中的"旋转视图"按钮 ⟳，将视图以合适的方向显示，如图 3-19 所示。

6. 曲面切平面方式

该方式用于创建一个与空间面或圆形曲面相切于一点的基准面。下面通过实例介绍该方式的操作步骤。

【实例 3-6】通过曲面切平面方式创建基准面

（1）打开源文件 "X:\源文件\ch3\原始文件\3.6.SLDPRT"，打开的文件实体如图 3-20 所示。

（2）执行 "基准面" 命令。单击菜单栏中的 "插入"→"参考几何体"→"基准面" 命令，或者单击 "特征" 面板中的 "基准面" 按钮 ，此时系统弹出 "基准面" 属性管理器。

（3）设置属性管理器。在 "第一参考" 选项框中，选择图 3-20 所示的面 1。在 "第二参考" 选项组中，选择上视基准面。"基准面" 属性管理器的设置如图 3-21 所示。

（4）确认创建的基准面。单击 "基准面" 属性管理器中的 "确定" 按钮 ，则创建与圆柱体表面相切且垂直于上视基准面的基准面，如图 3-22 所示。

图 3-19　旋转视图后的图形

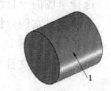

图 3-20　打开的文件实体 6

本实例是以参照平面方式创建基准面，创建的基准面垂直于参考平面。另外，也可以参考点方式创建基准面，创建的基准面是与点距离最近且垂直于曲面的基准面。图 3-23 所示为参考点方式创建的基准面。

图 3-21　"基准面" 属性管理器（6）

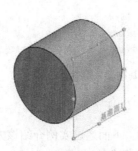

图 3-22　参照平面方式创建的基准面

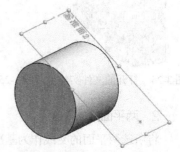

图 3-23　参考点方式创建的基准面

3.2.2　基准轴

基准轴通常在草图几何体或者圆周阵列中使用。每一个圆柱和圆锥都有一条轴线。

临时轴是由模型中的圆锥和圆柱隐含生成的，可以单击菜单栏中的"视图"→"临时轴"命令来隐藏或显示所有的临时轴。

创建基准轴有 5 种方式，分别是：一直线 / 边线 / 轴方式、两平面方式、两点 / 顶点方式、圆柱 / 圆锥面方式与点和面 / 基准面方式。下面详细介绍这几种创建基准轴的方式。

1. 一直线 / 边线 / 轴方式

选择草图的一直线、实体的边线或者轴，创建所选直线所在的轴线。

下面通过实例介绍该方式的操作步骤。

【实例 3-7】通过一直线 / 边线 / 轴方式创建基准轴

（1）打开源文件"X:\源文件\ch3\原始文件\3.7.SLDPRT"，打开的文件实体如图 3-24 所示。

（2）执行"基准轴"命令。单击菜单栏中的"插入"→"参考几何体"→"基准轴"命令，或者单击"特征"面板中的"基准轴"按钮，此时系统弹出"基准轴"属性管理器。

（3）设置属性管理器。在"选择"选项组的"参考几何体"选项 中，选择图 3-24 所示的线 1。"基准轴"属性管理器的设置如图 3-25 所示。

（4）确认创建的基准轴。单击"基准轴"属性管理器中的"确定"按钮，创建的边线 1 所在的基准轴 1 如图 3-26 所示。

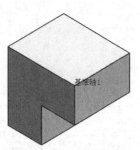

图 3-24　打开的文件实体 1　　图 3-25　"基准轴"属性管理器（1）　　图 3-26　创建的基准轴 1

2. 两平面方式

将所选两平面的交线作为基准轴。下面通过实例介绍该方式的操作步骤。

【实例 3-8】通过两平面方式创建基准轴

（1）打开源文件"X:\源文件\ch3\原始文件\3.8.SLDPRT"，打开的文件实体如图 3-27 所示。

（2）执行"基准轴"命令。单击菜单栏中的"插入"→"参考几何体"→"基准轴"命令，或者单击"特征"面板中的"基准轴"按钮，此时系统弹出"基准轴"属性管理器。

（3）设置属性管理器。在"选择"选项组的"参考几何体"选项⬡中，选择图 3-27 所示的面 1、面 2。"基准轴"属性管理器的设置如图 3-28 所示。

（4）确认创建的基准轴。单击"基准轴"属性管理器中的"确定"按钮✓，以两平面的交线创建的基准轴 2 如图 3-29 所示。

图 3-27　打开的文件实体 2　　图 3-28　"基准轴"属性管理器（2）　　图 3-29　创建的基准轴 2

3. 两点/顶点方式

将两个点或者两个顶点的连线作为基准轴。下面通过实例介绍该方式的操作步骤。

【实例 3-9】通过两点/顶点方式创建基准轴

（1）打开源文件"X:\源文件\ch3\原始文件\3.9.SLDPRT"，打开的文件实体如图 3-30 所示。

（2）执行"基准轴"命令。单击菜单栏中的"插入"→"参考几何体"→"基准轴"命令，或者单击"特征"面板中的"基准轴"按钮，此时系统弹出"基准轴"属性管理器。

（3）设置属性管理器。在"选择"选项组的"参考几何体"选项⬡中，选择图 3-30 所示的点 1、点 2。"基准轴"属性管理器的设置如图 3-31 所示。

（4）确认创建的基准轴。单击"基准轴"属性管理器中的"确定"按钮✓，以两顶点的交线创建的基准轴 3 如图 3-32 所示。

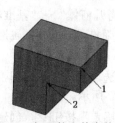

图 3-30　打开的文件实体 3　　图 3-31　"基准轴"属性管理器（3）　　图 3-32　创建的基准轴 3

4. 圆柱/圆锥面方式

选择圆柱面或者圆锥面，将其临时轴确定为基准轴。下面通过实例介绍该方式的操作步骤。

【实例 3-10】通过圆柱/圆锥面方式创建基准轴

（1）打开源文件"X:\源文件\ch3\原始文件\3.10.SLDPRT"，打开的文件实体如图 3-33 所示。

（2）执行"基准轴"命令。单击菜单栏中的"插入"→"参考几何体"→"基准轴"命令，或者单击"特征"面板中的"基准轴"按钮 ，此时系统弹出"基准轴"属性管理器。

（3）设置属性管理器。在"选择"选项组的"参考几何体"选项 中，选择图 3-33 所示的面 1。"基准轴"属性管理器的设置如图 3-34 所示。

（4）确认创建的基准轴。单击"基准轴"属性管理器中的"确定"按钮 ，将圆柱体临时轴确定为基准轴 4 如图 3-35 所示。

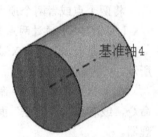

图 3-33　打开的文件实体 4　图 3-34　"基准轴"属性管理器（4）　图 3-35　创建的基准轴 4

5. 点和面/基准面方式

选择一曲面或者基准面以及顶点、点或者中点，创建一个通过所选点并且垂直于所选面的基准轴。下面通过实例介绍该方式的操作步骤。

【实例 3-11】通过点和面/基准面方式创建基准轴

（1）打开源文件"X:\源文件\ch3\原始文件\3.11.SLDPRT"，打开的文件实体如图 3-36 所示。

（2）执行"基准轴"命令。单击菜单栏中的"插入"→"参考几何体"→"基准轴"命令，或者单击"特征"面板中的"基准轴"按钮 ，此时系统弹出"基准轴"属性管理器。

（3）设置属性管理器。在"选择"选项组的"参考几何体"选项 中，选择图 3-36 所示的面 1、边线 2 的中点。"基准轴"属性管理器的设置如图 3-37 所示。

（4）确认创建的基准轴。单击"基准轴"属性管理器中的"确定"按钮 ，创建通过边线 2 的中点且垂直于面 1 的基准轴 5。

（5）旋转视图。单击"前导视图"工具栏中的"旋转视图"按钮 $\circlearrowright$ ，将视图以合适的方向显示，创建的基准轴 5 如图 3-38 所示。

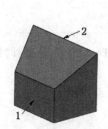  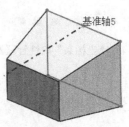

图 3-36　打开的文件实体 5　　图 3-37　"基准轴"属性管理器（5）　　图 3-38　创建的基准轴 5

3.2.3 坐标系

"坐标系"命令主要用来定义零件或装配体的坐标系。此坐标系与测量属性工具一同使用，可用于将 SOLIDWORKS 文件输出为 IGES、STL、ACIS、STEP、Parasolid、VRML 和 VDA 文件。

下面通过实例介绍创建坐标系的操作步骤。

【实例 3-12】创建坐标系

（1）打开源文件"X:\源文件\ch3\原始文件\3.12.SLDPRT"，打开的文件实体如图 3-39 所示。

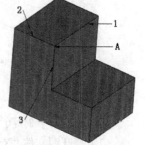

（2）执行"坐标系"命令。单击菜单栏中的"插入"→"参考几何体"→"坐标系"命令，或者单击"特征"面板中的"坐标系"按钮 $\downarrow$ ，此时系统弹出"坐标系"属性管理器。

（3）设置属性管理器。在"原点"选项 $\downarrow$ 中，选择图 3-39 图 3-39　打开的文件所示的点 A；在"X 轴"选项中，选择图 3-39 所示的边线 1；实体
在"Y 轴"选项中，选择图 3-39 所示的边线 2；在"Z 轴"选项中，选择图 3-39 所示的边线 3。"坐标系"属性管理器的设置如图 3-40 所示，单击"反向"按钮 $\nearrow$ ，改变轴线方向。

（4）确认创建的坐标系。单击"坐标系"属性管理器中的"确定按钮 $\checkmark$ ，创建的新坐标系 1 如图 3-41 所示。此时所创建的坐标系 1 也会出现在 FeatureManger 设计树中，如图 3-42 所示。

技巧荟萃　　　在"坐标系"属性管理器中，每一步设置都可以形成一个新的坐标系，并可以单击"方向"按钮 $\nearrow$ 调整坐标轴的方向。

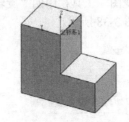

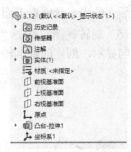

图 3-40 "坐标系"属性管理器　　　图 3-41 创建的坐标系 1　　　图 3-42 FeatureManger 设计树

3.3 拉伸特征

拉伸特征是将一个用草图描述的截面，沿指定的方向（一般情况下是沿垂直于截面的方向）延伸一段距离后所形成的特征。拉伸是 SOLIDWORKS 模型中最常见的类型，具有相同截面、有一定长度的实体（如长方体、圆柱体等）都可以由拉伸特征来形成。图 3-43 所示为利用拉伸凸台 / 基体特征生成的零件。

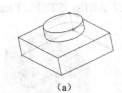

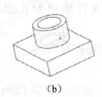

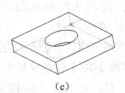

（a）　　　　　　　　　　（b）　　　　　　　　　　（c）

图 3-43 利用拉伸凸台 / 基体特征生成的零件

下面结合实例介绍创建拉伸特征的操作步骤。

【实例 3-13】创建拉伸特征

（1）打开源文件"X:\源文件\ch3\原始文件\3.13.SLDPRT"，打开的文件实体如图 3-44 所示。

（2）保持草图处于激活状态，单击"特征"面板中的"凸台-拉伸"按钮 ，或单击菜单栏中的"插入"→"凸台 / 基体"→"拉伸"命令。

（3）系统弹出"凸台-拉伸"属性管理器，各选项的注释如图 3-45 所示。

（4）在"方向 1"选项组的"终止条件"下拉列表中选择拉伸的终止条件，有以下几种。

● 给定深度：从草图的基准面拉伸到指定的距离处，以生成特征，如图 3-46（a）所示。

● 完全贯穿：从草图的基准面拉伸，直到贯穿所有现有的几何体，以生成特征，如图 3-46（b）所示。

● 成形到下一面：从草图的基准面拉伸到下一面（隔断整个轮廓），以生成特征，如图 3-46（c）所示。基准面与下一面必须在同一零件上。

● 成形到一面：从草图的基准面拉伸到所选的曲面，以生成特征，如图 3-46（d）所示。

● 到离指定面指定的距离：从草图的基准面拉伸到离某面或曲面的特定距离处，以生成特征，如图 3-46（e）所示。

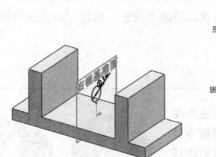

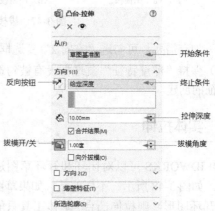

图 3-44　打开的文件实体　　　　　　图 3-45　"凸台-拉伸"属性管理器

● 两侧对称：从草图基准面向两个方向对称拉伸，以生成特征，如图 3-46（f）所示。

● 成形到一顶点：从草图基准面拉伸到一个平面，这个平面平行于草图基准面且穿越指定的顶点，以生成特征，如图 3-46（g）所示。

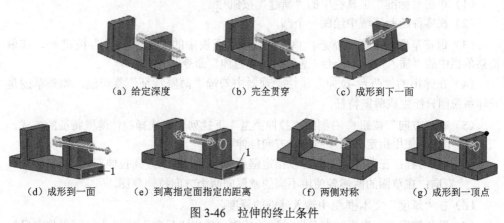

（a）给定深度　　　　　（b）完全贯穿　　　　　（c）成形到下一面

（d）成形到一面　　（e）到离指定面指定的距离　　（f）两侧对称　　　　（g）成形到一顶点

图 3-46　拉伸的终止条件

（5）在右边的图形区中检查预览。如果需要，单击"反向"按钮↗，向另一个方向拉伸。

（6）在"深度"文本框❀中输入拉伸的深度。

（7）如果要给特征添加一个拔模，可以单击"拔模开 / 关"按钮▣，然后输入一个拔模角度。图 3-47 所示为拔模特征说明。

（a）无拔模

（b）向内拔模 10°

（c）向外拔模 10°

图 3-47　拔模特征说明

（8）如有需要，可勾选"方向 2"复选框，将拉伸应用到第二个方向。

（9）保持"薄壁特征"复选框没有被勾选，单击"确定"按钮√，完成拉伸凸台 /
基体特征的创建。

3.3.1　实体拉伸

SOLIDWORKS 可以对闭环和开环草图进行实
体拉伸，如图 3-48 所示。不同的是，如果草图本身
是一个开环图形，则拉伸凸台 / 基体工具只能将其
拉伸为薄壁特征；如果草图是一个闭环图形，则既
可以选择将其拉伸为薄壁特征，也可以选择将其拉
伸为实体特征。

图 3-48　开环和闭环草图的薄壁拉伸

下面结合实例介绍创建拉伸薄壁特征的操作步骤。

【实例 3-14】创建拉伸薄壁特征

（1）单击"标准"工具栏中的"新建"按钮□。

（2）在零件绘制区域中绘制一个圆。

（3）保持草图处于激活状态，单击"特征"面板中的"凸台-拉伸"按钮🐷，或单
击菜单栏中的"插入"→"凸台 / 基体"→"拉伸"命令。

（4）在弹出的"凸台-拉伸"属性管理器中勾选"薄壁特征"复选框，如果草图是
开环系统则只能生成薄壁特征。

（5）在"方向"按钮↗右侧的"拉伸类型"下拉列表中选择拉伸薄壁特征的方式。

● 单向：使用指定的壁厚向一个方向拉伸草图。

● 两侧对称：在草图的两侧各以指定壁厚的一半向两个方向拉伸草图。

● 双向：在草图的两侧各使用不同的壁厚向两个方向拉伸草图。

（6）在"厚度"文本框😌中输入薄壁的厚度。

（7）默认情况下，壁厚加在草图轮廓的外侧。单击"反向"按钮↗，可以将壁厚加
在草图轮廓的内侧。

（8）对于薄壁特征的基体拉伸，还可以指定以下附加选项。

● 如果生成的是一个闭环的轮廓草图，可以勾选"顶端加盖"复选框，此时将为
特征的顶端加上封盖，形成一个中空的零件，如图 3-49（a）所示。

● 如果生成的是一个开环的轮廓草图，可以勾选"自动加圆角"复选框，此时将

自动在每一个具有相交夹角的边线上生成圆角，如图 3-49（b）所示。

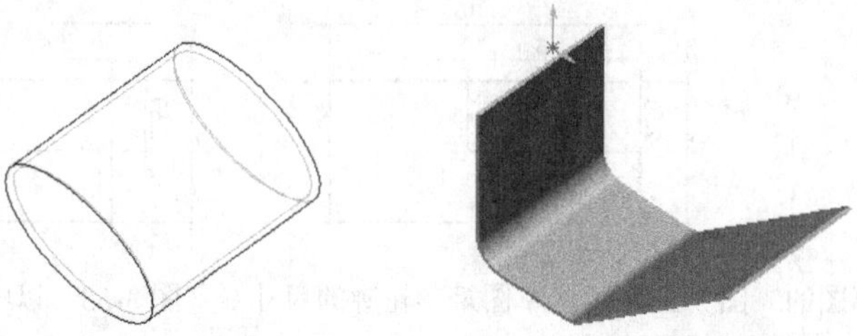

（a）中空零件　　（b）带有圆角的薄壁

图 3-49　薄壁

（9）单击“确定”按钮✓，完成拉伸薄壁特征的创建。

3.3.2　实例——圆头平键

键是机械产品中经常用到的零件。作为一种配合结构，其广泛用于各种机械中。键的创建方法比较简单，首先绘制键零件的草图轮廓，然后通过 SOLIDWORKS 2020 中的拉伸工具即可完成，如图 3-50 所示。

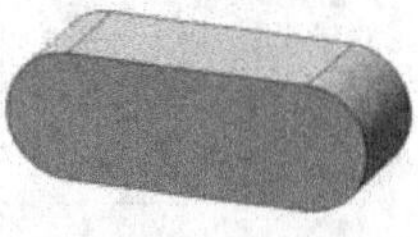

图 3-50　圆头平键

绘制步骤

1 单击“标准”工具栏中的“新建”按钮，在打开的“新建 SOLIDWORKS 文件”对话框中单击“零件”按钮，然后单击“确定”按钮✓，创建一个新的零件文件。

2 在打开的模型树中选择“前视基准面”作为草图绘制平面，单击“前导视图”工具栏中的“正视于”按钮，使绘图平面转为正视方向。单击“草图”面板中的“边角矩形”按钮，绘制键草图的矩形轮廓，如图 3-51 所示。

3 单击“草图”面板中的“智能尺寸”按钮，标注草图矩形轮廓的实际尺寸，如图 3-52 所示。

4 单击“草图”面板中的“圆”按钮，捕捉草图矩形轮廓宽度边线的中点（绘图光标的形状变为），以边线中点为圆心画圆，如图 3-53 所示。

5 系统弹出“圆”属性管理器，如图 3-54 所示。在“半径”文本框中输入“2.50”，保持其余选项的默认值不变，单击“确定”按钮✓，生成圆，如图 3-55 所示。

6 单击“草图”面板中的“剪裁实体”按钮，剪裁草图中的多余部分，如图 3-56 所示。

7 绘制键草图左侧特征。利用 SOLIDWORKS 2020 中绘制圆的工具，重复步骤 4 ～ 6 可以绘制草图左侧特征，也可以通过“镜向”工具来生成。首先，绘制镜向中心线。单击“草图”面板中的“中心线”按钮，绘制一条通过矩形中心的垂直中心线，如图 3-57 所示。然后单击草图右侧半圆，按住 <Ctrl> 键并单击中心线，单击“草图”

面板的"镜向实体"按钮⊮，生成镜向特征，如图 3-58 所示。

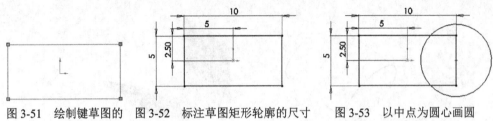

图 3-51　绘制键草图的　　图 3-52　标注草图矩形轮廓的尺寸　　图 3-53　以中点为圆心画圆
　　　　　矩形轮廓

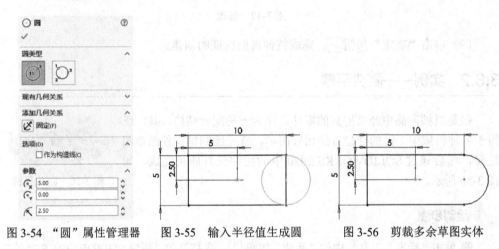

图 3-54　"圆"属性管理器　　图 3-55　输入半径值生成圆　　图 3-56　剪裁多余草图实体

8 单击"草图"面板中的"剪裁实体"按钮⊁，剪裁草图中的多余部分，完成键
草图轮廓特征的创建，如图 3-59 所示。

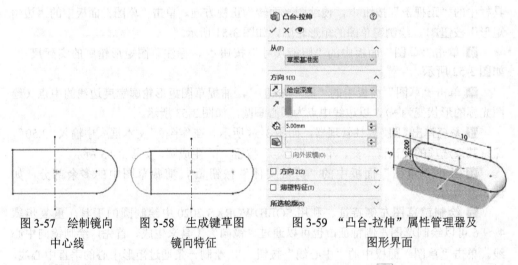

图 3-57　绘制镜向　　图 3-58　生成键草图　　图 3-59　"凸台-拉伸"属性管理器及
　　　　　中心线　　　　　　　　镜向特征　　　　　　　　　　　图形界面

9 创建拉伸特征。单击"特征"面板中的"凸台-拉伸"按钮⌾，弹出"凸台-拉伸"

属性管理器，同时显示拉伸状态，如图 3-59 所示。

本实例键的创建中，在"方向 1"选项组中设置终止条件为"给定深度"，在"深度"文本框 🎚 中输入拉伸的深度值为"5.00mm"，单击"确定"按钮 ✓，生成的实体模型如图 3-50 所示。

3.3.3 拉伸切除

图 3-60 所示为利用拉伸切除特征生成的几种零件效果。下面结合实例介绍创建拉伸切除特征的操作步骤。

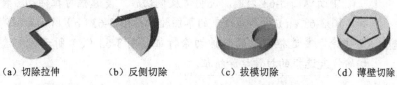

（a）切除拉伸　　　　（b）反侧切除　　　　（c）拔模切除　　　　（d）薄壁切除

图 3-60　利用拉伸切除特征生成的几种零件效果

【实例 3-15】拉伸切除

（1）打开源文件"X:\源文件\ch3\原始文件\3.15.SLDPRT"，打开的文件实体如图 3-61 所示。

（2）保持草图处于激活状态，单击"特征"面板中的"拉伸切除"按钮 🔳，或单击菜单栏中的"插入"→"切除"→"拉伸"命令。

（3）此时弹出"切除-拉伸"属性管理器，如图 3-62 所示。

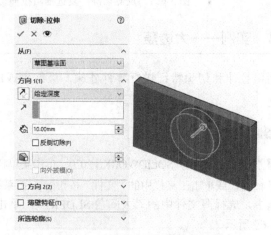

图 3-61　打开的文件实体　　　　　　图 3-62　"切除-拉伸"属性管理器

（4）在"方向 1"选项组"方向按钮" ↗ 右侧的"终止条件"下拉列表中选择"给定深度"。如果勾选了"反侧切除"复选框，则将生成反侧切除特征。单击"反向"按钮 ↗，可以向另一个方向切除。单击"拔模开/关"按钮🔲，可以给特征添加拔模效果。

（5）如果有需要，可勾选"方向2"复选框，将拉伸切除应用到第二个方向。

（6）如果要生成薄壁切除特征，勾选"薄壁特征"复选框，然后执行如下操作。

● 在"方向按钮"🔲右侧的下拉列表中选择切除类型："单向""两侧对称"或"双向"。

● 单击"反向"按钮🔲，可以以相反的方向生成薄壁切除特征。

● 在"厚度"文本框🔲中输入切除的厚度。

（7）单击"确定"按钮✅，完成拉伸切除特征的创建。

技巧荟萃
　　　　下面以图 3-63 为例，说明"反侧切除"复选框对拉伸切除特征的影响。图 3-63（a）所示为绘制的草图轮廓；图 3-63（b）所示为取消对"反侧切除"复选框勾选的拉伸切除特征；图 3-63（c）所示为勾选"反侧切除"复选框的拉伸切除特征。

　　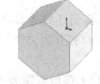

（a）绘制的草图轮廓　　　　（b）未勾选"反侧切除"复选框的　　　　（c）勾选"反侧切除"复选框的
　　　　　　　　　　　　　　　　拉伸切除特征　　　　　　　　　　　　　　拉伸切除特征

图 3-63　"反侧切除"复选框对拉伸切除特征的影响

3.3.4　实例——大透盖

　　利用拉伸和切除特征进行零件建模，最终生成的零件如图 3-64 所示。

绘制步骤

■ 打开文件。启动 SOLIDWORKS 2020，单击菜单栏中的"文件"→"打开"命令，或单击工具栏中的"文件"按钮📂，在系统弹出的"打开"对话框中，选择源文件中的"大闷盖.SLDPRT"，单击"打开"按钮，如图 3-65 所示。

图 3-64　大透盖

■ 设置基准面。单击大闷盖实体大端面，然后单击"前导视图"工具栏中的"正视于"按钮↧，将该表面作为绘图基准面。

■ 绘制草图。单击菜单栏中的"工具"→"草图绘制实体"→"圆"命令，或单击"草图"面板中的"圆"按钮⊙，在草图绘制平面上绘制以大闷盖中心为圆心的圆，系统弹出"圆"属性管理器，在"半径"文本框 ↖ 中输入圆的半径值为 47.50mm，如图 3-66 所示。

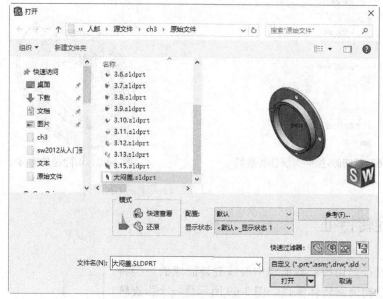

图 3-65　打开已存在的零件

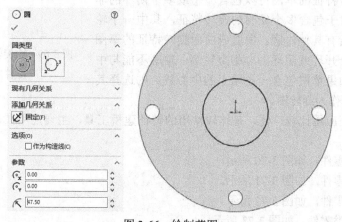

图 3-66　绘制草图

4 切除拉伸实体。单击菜单栏中的"插入"→"切除"→"拉伸"命令，或单击"特征"面板中的"拉伸切除"按钮 ⬛，系统弹出"切除-拉伸"属性管理器。设置终止条件为"完全贯穿"，图形区中的草图实体呈高亮状态，如图 3-67 所示；其他选项保持系统默认设置，单击"确定"按钮 ✓，完成拉伸切除，如图 3-68 所示。

5 保存文件。单击菜单栏中的"文件"→"另存为"命令，将零件文件保存为"大透盖.SLDPRT"。

图 3-67 "切除-拉伸"属性管理器　　　图 3-68 切除拉伸实体

3.4 旋转特征

　　旋转特征是由特征截面绕中心线旋转而成的一类特征，它适合构造回转体零件。图 3-69 所示是一个由旋转特征形成的零件实例。

　　实体旋转特征的草图可以包含一个或多个闭环的非相交轮廓。对于包含多个轮廓的旋转特征，其中一个轮廓必须包含所有其他轮廓。薄壁或曲面旋转特征的草图只能包含一个开环或闭环的非相交轮廓，轮廓不能与中心线交叉。如果草图包含一条以上的中心线，则选择其中一条中心线作为旋转轴。

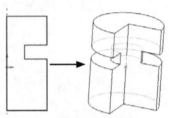

图 3-69 由旋转特征形成的零件实例

　　旋转特征应用比较广泛，是比较常用的特征建模工具，主要应用在以下零件的建模中。

- 环形零件，如图 3-70 所示。
- 球形零件，如图 3-71 所示。
- 轴类零件，如图 3-72 所示。
- 轮毂类零件，如图 3-73 所示。

图 3-70 环形零件　　图 3-71 球形零件　　图 3-72 轴类零件　　图 3-73 轮毂类零件

3.4.1　旋转凸台 / 基体

下面结合实例介绍创建旋转凸台 / 基体特征的操作步骤。

【实例 3-16】旋转凸台 / 基体

（1）打开源文件"X:\源文件\ch3\原始文件\3.16.SLDPRT"，打开的文件实体如图 3-74 所示。

（2）单击"特征"面板中的"旋转凸台 / 基体"按钮 ，或单击菜单栏中的"插入"→"凸台 / 基体"→"旋转"命令。

（3）弹出"旋转"属性管理器，同时在右侧的图形区中显示生成的旋转特征，如图 3-75 所示。

（4）在"旋转参数"选项组的下拉列表中选择旋转类型。

 单向：草图向一个方向旋转指定的角度。如果想要向相反的方向旋转特征，单击"反向"按钮 ，如图 3-76（a）所示。

 两侧对称：草图以所在平面为中面分别向两个方向旋转相同的角度，如图 3-76（b）所示。

 两个方向：从草图基准面以顺时针和逆时针两个方向生成旋转特征，两个方向旋转角度为属性管理器中方向 1 的旋转角度和方向 2 的旋转角度，如图 3-76（c）所示。

图 3-74　打开的文件实体　　　　图 3-75　"旋转"属性管理器及生成的旋转特征

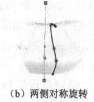

（a）单向旋转　　　　　　（b）两侧对称旋转　　　　　　（c）两个方向旋转

图 3-76　旋转特征

（5）在"角度"文本框 中输入旋转角度。

（6）如果准备生成薄壁旋转，则勾选"薄壁特征"复选框，然后在"薄壁特征"选项组的下拉列表中选择拉伸薄壁类型。这里的类型与在旋转类型中的含义完全不同，这里的方向是指薄壁截面上的方向。

● 单向：使用指定的壁厚向一个方向拉伸草图，默认情况下，壁厚加在草图轮廓的外侧。

● 两侧对称：在草图的两侧各以指定壁厚的一半向两个方向拉伸草图。

● 双向：在草图的两侧各使用不同的壁厚向两个方向拉伸草图。

（7）在"厚度"文本框 中指定薄壁的厚度。单击"反向"按钮 ，可以将壁厚加在草图轮廓的内侧。

（8）单击"确定"按钮 ，完成旋转凸台／基体特征的创建。

3.4.2 实例——乒乓球

本实例绘制乒乓球，如图 3-77 所示。这是一个规则薄壁球体。首先绘制一条中心线作为旋转轴，然后绘制一个半圆作为旋转的轮廓，最后执行"旋转"命令生成乒乓球图形。

图 3-77　乒乓球

绘制步骤

1 启动 SOLIDWORKS 2020，单击菜单栏中的"文件"→"新建"命令，或者单击"标准"工具栏中的"新建"按钮 ，在弹出的"新建 SOLIDWORKS 文件"对话框中单击"零件"按钮 ，然后单击"确定"按钮，创建一个新的零件文件。

2 在左侧的 FeatureMannger 设计树中选择"前视基准面"作为绘制图形的基准面。

3 单击"草图"面板中的"中心线"按钮 ，绘制一条通过原点的中心线，长度大约为 70mm；单击"草图"面板中的"圆心／起／终点画弧"按钮 ，绘制以原点为圆心的半圆；单击"草图"面板中的"智能尺寸"按钮 ，然后单击半圆的边缘一点，弹出"修改"对话框，在对话框中输入"25"。单击"确定"按钮 ，结果如图 3-78 所示。

4 旋转实体。单击"特征"面板中的"旋转凸台／基体"按钮 ，或单击菜单栏中的"插入"→"凸台／基体"→"旋转"命令，此时系统弹出图 3-79 所示的系统提示框。因为乒乓球是薄壁实体，所以选择"否"，此时系统弹出图 3-80 所示的"旋转"属性管理器。在"旋转轴"选项组中选择图中通过原点的中心线；在"厚度"文本框 中输入"1.00mm"；在"类型"选项组的下拉菜单中，选择"单向"选项。按照图 3-80 所示进行设置，此时图形如图 3-81 所示。确定设置的参数无误后，单击对话框中的"确定"按钮 ，结果如图 3-77 所示。

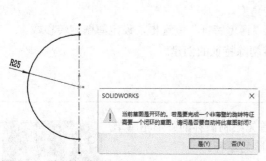

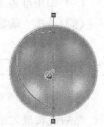

图 3-78　绘制的草图　　图 3-79　系统提示框　　图 3-80　"旋转"　　图 3-81　设置后的

属性管理器　　　　　图形

3.4.3　旋转切除

与旋转凸台/基体特征不同的是，旋转切除特征用来产生切除特征，也就是用来去除材料。图 3-82 所示为旋转切除的几种效果。

下面结合实例介绍创建旋转切除特征的操作步骤。

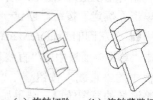

（a）旋转切除　　（b）旋转薄壁切除

图 3-82　旋转切除的几种效果

【实例 3-17】旋转切除

（1）打开源文件 "X:\源文件\ch3\原始文件\3.17.SLDPRT"，打开的文件实体如图 3-83 所示。

（2）选择模型面上的一个草图轮廓和一条中心线。

（3）单击"特征"面板中的"旋转切除"按钮，或单击菜单栏中的"插入"→"切除"→"旋转"命令。

（4）弹出"切除-旋转"属性管理器，同时在右侧的图形区中显示生成的旋转切除特征，如图 3-84 所示。

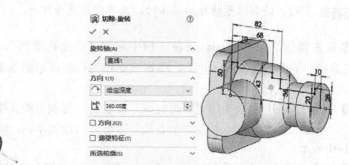

图 3-83　打开的文件实体　　图 3-84　"切除-旋转"属性管理器及旋转切除特征

（5）在"旋转参数"选项组的下拉列表中选择旋转类型，其含义与"旋转凸台/基体"

属性管理器中的"旋转类型"选项组相同。

（6）在"角度"文本框中输入旋转角度。

（7）如果准备生成薄壁旋转，则勾选"薄壁特征"复选框，设定薄壁旋转参数。

（8）单击"确定"按钮 ✓，完成旋转切除特征的创建。

3.4.4　实例——酒杯

本实例绘制酒杯，如图 3-85 所示。首先绘制酒杯的外形轮廓草图，然后旋转成为酒杯轮廓，最后拉伸切除为酒杯。

图 3-85　酒杯

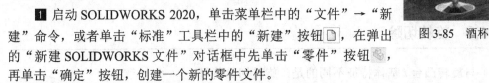

绘制步骤

1 启动 SOLIDWORKS 2020，单击菜单栏中的"文件"→"新建"命令，或者单击"标准"工具栏中的"新建"按钮 ，在弹出的"新建 SOLIDWORKS 文件"对话框中先单击"零件"按钮 ，再单击"确定"按钮，创建一个新的零件文件。

2 在左侧的 FeatureManager 设计树中选择"前视基准面"作为绘制图形的基准面。单击"草图"面板中的"直线"按钮 ，绘制一条通过原点的竖直中心线，单击"草图"面板中的"直线"按钮 、"圆心/起/终点画弧"按钮 以及"绘制圆角"按钮 ，绘制酒杯的草图轮廓，结果如图 3-86 所示。

3 单击"草图"面板中的"智能尺寸"按钮 ，标注草图的尺寸，结果如图 3-87 所示。

4 单击"特征"面板中的"旋转凸台/基体"按钮 ，或单击菜单栏中的"插入"→"凸台/基体"→"旋转"命令，此时系统弹出图 3-88 所示的"旋转"属性管理器。按照图 3-88 所示进行设置后，单击对话框中的"确定"按钮 ✓，结果如图 3-89 所示。

技巧荟萃　在使用"旋转"命令时，绘制的草图可以是封闭的，也可以是开环的。绘制薄壁特征的实体时，其草图应是开环的。

---

5 在左侧的 FeatureManager 设计树中单击"前视基准面"，然后单击"前导视图"工具栏中的"正视于"按钮 ，将该表面作为绘制图形的基准面，结果如图 3-90 所示。

6 单击"草图"面板中的"等距实体"按钮 ，绘制与酒杯圆弧边线相距 1mm 的轮廓线，单击"直线"按钮 及"中心线"按钮 ，绘制草图，延长并封闭草图轮廓，如图 3-91 所示。

7 单击"特征"面板中的"旋转切除"按钮 ，在图形区域中选择通过坐标原点的竖直中心线作为旋转的中心轴，其他选项的设置如图 3-92 所示。

8 单击"确定"按钮 ✓，生成旋转切除特征。

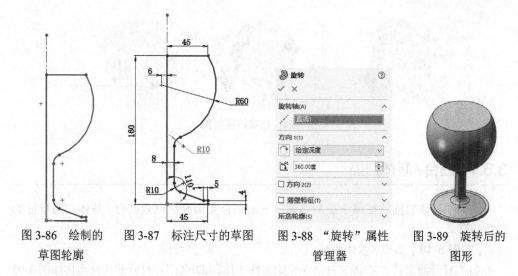

图 3-86　绘制的　　图 3-87　标注尺寸的草图　　图 3-88　"旋转"属性　　图 3-89　旋转后的
　　草图轮廓　　　　　　　　　　　　　　　　　　　　管理器　　　　　　　图形

⑨ 设置视图方向。单击"前导视图"工具栏中的"等轴测"按钮，将视图以等轴测方向显示，结果如图 3-93 所示。

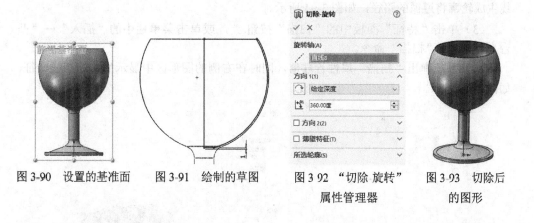

图 3-90　设置的基准面　　图 3-91　绘制的草图　　图 3-92　"切除-旋转"　　图 3-93　切除后
　　　　　　　　　　　　　　　　　　　　　　　　　属性管理器　　　　　　　的图形

3.5　扫描特征

扫描特征是指由二维草图绘制平面沿一平面或空间轨迹线扫描而成的一类特征。沿着一条路径移动轮廓（截面）可以生成基体、凸台、切除或曲面。图 3-94 所示是扫描特征实例。

SOLIDWORKS 2020 的扫描特征遵循以下规则。

- 扫描路径可以为开环或闭环。
- 路径可以是草图中包含的一组草图曲线、一条曲线或一组模型边线。
- 路径的起点必须位于轮廓的基准面上。

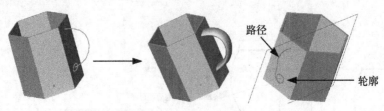

图 3-94　扫描特征实例

3.5.1　凸台 / 基体扫描

凸台 / 基体扫描特征属于叠加特征。下面结合实例介绍创建凸台 / 基体扫描特征的操作步骤。

【实例 3-18】凸台 / 基体扫描

（1）打开源文件 "X:\源文件\ch3\原始文件\3.18.SLDPRT"，打开的文件实体如图 3-95 所示。

（2）在一个基准面上绘制一个闭环的非相交轮廓。使用草图、现有的模型边线或曲线生成轮廓将遵循的路径，如图 3-94 所示。

（3）单击 "特征" 面板中的 "扫描" 按钮 ，或单击菜单栏中的 "插入" → "凸台 / 基体" → "扫描" 命令。

（4）系统弹出 "扫描" 属性管理器，同时在右侧的图形区中显示生成的扫描特征，如图 3-96 所示。

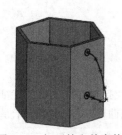

图 3-95　打开的文件实体

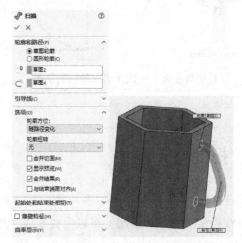

图 3-96　"扫描" 属性管理器及扫描特征

（5）单击 "轮廓" 按钮 ，然后在图形区中选择轮廓草图。

（6）单击 "路径" 按钮 ，然后在图形区中选择路径草图。如果预先选择了轮廓草图或路径草图，则草图将显示在对应的属性管理器文本框中。

（7）在"方向 / 扭转类型"下拉列表中，选择以下选项之一。

- 随路径变化：草图轮廓随路径的变化而变换方向，其法线与路径相切，如图 3-97（a）所示。

- 保持方向不变：草图轮廓保持法线方向不变，如图 3-97（b）所示。

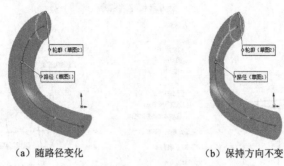

（a）随路径变化　　　　　　　　　（b）保持方向不变

图 3-97　扫描特征

（8）如果要生成薄壁特征扫描，则勾选"薄壁特征"复选框，从而激活以下薄壁选项。

- 选择薄壁类型（"单向""两侧对称"或"双向"）。
- 设置薄壁厚度。

（9）扫描属性设置完毕，单击"确定"按钮 ✓。

3.5.2　切除扫描

切除扫描特征属于切割特征。下面结合实例介绍创建切除扫描特征的操作步骤。

【实例 3-19】切除扫描

（1）打开源文件"X:\源文件\ch3\原始文件\3.19.SLDPRT"，打开的文件实体如图 3-98 所示。

（2）在一个基准面上绘制一个闭环的非相交轮廓。

（3）使用草图、现有的模型边线或曲线生成轮廓将遵循的路径。

（4）单击菜单栏中的"插入"→"切除"→"扫描"命令。

（5）此时弹出"切除-扫描"属性管理器，同时在右侧的图形区中显示生成的切除扫描特征，如图 3-99 所示。

（6）单击"轮廓"按钮 ◌，然后在图形区中选择轮廓草图。

（7）单击"路径"按钮 ⊂，然后在图形区中选择路径草图。如果预先选择了轮廓草图或路径草图，则草图将显示在对应的属性管理器方框内。

（8）在"选项"选项组的"方向 / 扭转类型"下拉列表中选择扫描方式。

（9）其余选项同凸台 / 基体扫描。

（10）切除扫描属性设置完毕，单击"确定"按钮 ✓。

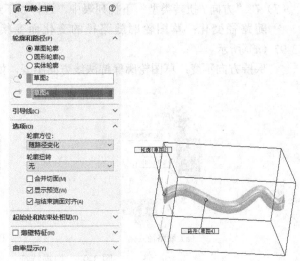

图 3-98　打开的文件实体　　　　图 3-99　"切除-扫描"属性管理器及切除扫描特征

3.5.3　引导线扫描

SOLIDWORKS 2020 不仅可以生成等截面的扫描，还可以生成随着路径的变化，截面也随之发生变化的扫描——引导线扫描。图 3-100 所示为引导线扫描效果。

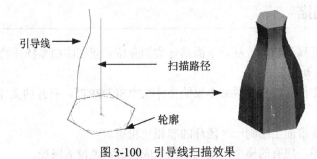

图 3-100　引导线扫描效果

在利用引导线生成扫描特征之前，应该注意以下 3 点。

- 应该先生成扫描路径和引导线，然后再生成截面轮廓。
- 引导线必须要和轮廓相交于一点，作为扫描曲面的顶点。
- 最好在截面草图上添加引导线上的点与截面相交处之间的穿透关系。

下面结合实例介绍利用引导线生成扫描特征的操作步骤。

【实例 3-20】引导线扫描

（1）打开源文件"X:\源文件\ch3\原始文件\3.20.SLDPRT"，打开的文件实体如图 3-101 所示。

（2）在轮廓草图中的引导线与轮廓相交处添加穿透几何关系。穿透几何关系将使截面沿着路径改变大小、形状，或者两者均改变。截面受曲线的约束，但曲线不受截面的约束。

（3）单击"特征"面板中的"扫描"按钮 $\mathscr{P}$，或单击菜单栏中的"插入"→"凸台/基体"→"扫描"命令。如果要生成切除扫描特征，则单击菜单栏中的"插入"→"切除"→"扫描"命令。

（4）弹出"扫描"属性管理器，同时在右侧的图形区中显示生成的基体或凸台扫描特征。

（5）单击"轮廓"按钮 $^{\circ}$，然后在图形区中选择轮廓草图。

（6）单击"路径"按钮 C，然后在图形区中选择路径草图。如果勾选了"显示预览"复选框，此时在图形区将显示不随引导线变化截面的扫描特征。

（7）在"引导线"选项组中单击"引导线"按钮 $\mathscr{C}$，然后在图形区中选择引导线。此时在图形区中将显示随引导线变化截面的扫描特征，如图 3-102 所示。

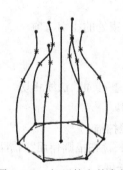

图 3-101　打开的文件实体

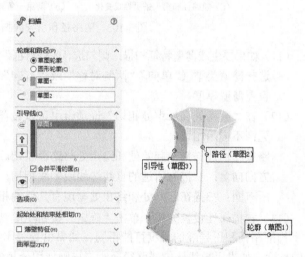

图 3-102　引导线扫描

（8）如果存在多条引导线，可以单击"上移"按钮 $\uparrow$ 或"下移"按钮 $\downarrow$，改变使用引导线的顺序。

（9）单击"显示截面"按钮 $\circledcirc$，然后单击"微调框"箭头 $\updownarrow$，根据截面数量查看并修正轮廓。

（10）在"选项"选项组的"方向/扭转类型"下拉列表中可以选择以下选项。

● 随路径变化：草图轮廓随路径的变化而变换方向，其法线与路径相切。

● 保持法向不变：草图轮廓保持法线方向不变。

● 随路径和第一引导线变化：如果引导线不止一条，选择该项将使扫描随第一条引导线变化，如图 3-103（a）所示。

● 随第一和第二引导线变化：如果引导线不止一条，选择该项将使扫描随第一条和第二条引导线同时变化，如图 3-103（b）所示。

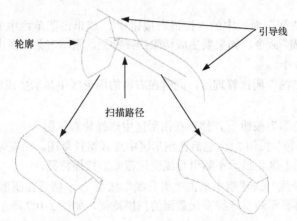

（a）随路径和第一条引导线变化　　（b）随第一条和第二条引导线变化

图 3-103　随路径和引导线扫描

（11）如果要生成薄壁特征扫描，则勾选"薄壁特征"复选框，从而激活以下薄壁选项。

- 选择薄壁类型（"单向""两侧对称"或"双向"）。
- 设置薄壁厚度。

（12）在"起始处和结束处相切"选项组中可以设置起始或结束处的相切选项。

- 无：不应用相切。
- 路径相切：扫描在起始处和终止处与路径相切。
- 方向向量：扫描与所选的直线边线或轴线相切，或与所选基准面的法线相切。
- 所有面：扫描在起始处和终止处与现有几何的相邻面相切。

（13）扫描属性设置完毕，单击"确定"按钮 ✓，完成引导线扫描。

扫描路径和引导线的长度可能不同，如果引导线比扫描路径长，扫描则使用扫描路径的长度；如果引导线比扫描路径短，扫描则使用最短的引导线长度。

3.5.4　实例——螺栓 M20×40

本实例绘制螺栓，如图 3-104 所示。首先绘制螺栓头草图，并拉伸为实体；然后创建螺柱部分；最后创建螺纹及退刀槽。

图 3-104　螺栓
M20×40

■ 创建螺栓头。

（1）新建文件。启动 SOLIDWORKS 2020，单击菜单栏中的"文件"→
"新建"命令，或单击"标准"工具栏中的"新建"按钮 ，在弹出的"新建 SOLIDWORKS
文件"对话框中，单击"零件"按钮 ，然后单击"确定"按钮，创建一个新的零件文件。

（2）设置基准面 1。在 FeatureManager 设计树中选择"前视基准面"作为绘图基准面，单击"草图绘制"按钮□，新建一张草图。

（3）绘制螺栓头草图。单击菜单栏中的"工具"→"草图绘制实体"→"多边形"命令，或单击"草图"面板中的"多边形"按钮⊙，绘制一个以原点为中心、内切圆直径为 30mm 的正六边形。

（4）拉伸实体 1。单击菜单栏中的"插入"→"凸台 / 基体"→"拉伸"命令，或单击"特征"面板中的"凸台-拉伸"按钮⓲，弹出"凸台-拉伸"属性管理器，在"深度"文本框⟨🗀中输入"12.50mm"；单击"确定"按钮✓，拉伸实体结果如图 3-105 所示。

② 创建螺柱。

（1）设置基准面 2。选择基体的顶面，然后单击"前导视图"工具栏中的"正视于"按钮↧，将该表面作为绘制图形的基准面。

（2）绘制螺柱草图。单击菜单栏中的"工具"→"草图绘制实体"→"圆"命令，或单击"草图"面板中的"圆"按钮⊙，绘制一个以原点为圆心、直径为 20mm 的圆作为螺柱的草图轮廓。

（3）拉伸实体 2。单击菜单栏中的"插入"→"凸台 / 基体"→"拉伸"命令，或单击"特征"面板中的"凸台-拉伸"按钮⓲，系统弹出"凸台-拉伸"属性管理器，在"深度"文本框⟨🗀中输入"40.00mm"，单击"确定"按钮✓，拉伸实体如图 3-106 所示。

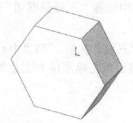　　　　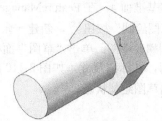

图 3-105　拉伸实体 1　　　　图 3-106　拉伸实体 2

③ 创建倒角特征。

（1）设置基准面 3。在 FeatureManager 设计树中选择"上视基准面"作为绘图基准面。单击"草图绘制"按钮□，新建一张草图。

（2）绘制倒角草图。

① 绘制中心线。单击"草图"面板中的"中心线"按钮✏，绘制一条与原点相距 3mm 的水平中心线。

② 转换实体引用。选择拉伸基体的右侧边线，单击菜单栏中的"工具"→"草图工具"→"转换实体引用"命令，或单击"草图"面板中的"转换实体引用"按钮⑪，将该基体特征的边线转换为草图直线。

③ 设置直线为构造线。再次选择该直线，然后在"直线"属性管理器中的"选项"选项组中勾选"作为构造线"复选框，将该直线作为构造线。

④ 绘制草图轮廓。单击"草图"面板中的"直线"按钮✏，并标注尺寸，绘制

图 3-107 所示的草图轮廓。

（3）旋转切除实体 3。单击菜单栏中的"插入"→"切除"→"旋转"命令，或单击"特征"面板中的"旋转切除"按钮🔟。在出现的提示对话框中单击"是"按钮，如图 3-108 所示；弹出"切除-旋转"属性管理器，保持系统默认设置，即旋转类型为"给定深度"，旋转角度为 360°；单击"确定"按钮✔，生成的旋转切除实体如图 3-109 所示。

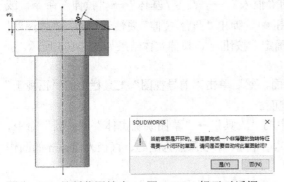

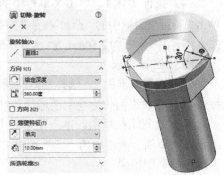

图 3-107　绘制草图轮廓　　图 3-108　提示对话框　　图 3-109　"切除-旋转"属性管理器及旋转切除实体 3

4 创建螺纹。

（1）设置基准面 4。在 FeatureManager 设计树中选择"上视基准面"作为绘图基准面。单击"草图绘制"按钮┗，新建一张草图。

（2）绘制螺纹草图。单击"草图"面板中的"直线"按钮✑和"中心线"按钮✒，绘制切除轮廓，并标注尺寸，如图 3-110 所示；然后单击绘图区右上角的"退出草图"按钮↩，退出草图绘制状态。

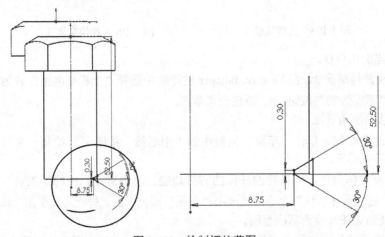

图 3-110　绘制螺纹草图

（3）设置基准面。选择螺柱的底面，单击"草图绘制"按钮┗，新建一张草图。

（4）转换实体引用。单击菜单栏中的"工具"→"草图工具"→"转换实体引用"命令，或单击"草图"面板中的"转换实体引用"按钮⬜，将该底面的轮廓圆转换为草图轮廓。

（5）绘制螺旋线。单击菜单栏中的"插入"→"曲线"→"螺旋线/涡状线"命令，或单击"特征"面板的"曲线"工具栏中的"螺旋线/涡状线"按钮🧬，弹出"螺旋线/涡状线"属性管理器；选择"定义方式"为"高度和螺距"，设置螺纹高度为38.00mm、螺距为2.50mm、起始角度为0.00度，勾选"反向"复选框，选择方向为"顺时针"，如图3-111所示，最后单击"确定"按钮✓，生成的螺旋线如图3-112所示。

图3-111　"螺旋线/涡状线"属性管理器

图3-112　绘制螺旋线

（6）生成螺纹。单击菜单栏中的"插入"→"切除"→"扫描"命令，或单击"特征"面板中的"扫描切除"按钮🗗，弹出"切除-扫描"属性管理器；单击"轮廓"按钮🗘，选择绘图区中的牙型草图；单击"路径"按钮🗘，选择螺旋线作为路径草图，如图3-113所示，单击"确定"按钮✓，生成的螺纹如图3-114所示。

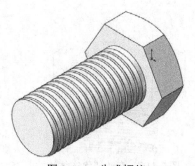

图3-113　"切除-扫描"属性管理器

图3-114　生成螺纹

5 生成退刀槽。

（1）设置基准面 5。在 FeatureManager 设计树中选择"上视基准面"作为绘图基准面，然后单击"前导视图"工具栏中的"正视于"按钮，将该表面作为绘制图形的基准面，新建一张草图。

（2）绘制草图。单击"草图"面板中的"中心线"按钮，绘制一条通过原点的竖直中心线，作为旋转切除特征的旋转轴。单击菜单栏中的"工具"→"草图绘制实体"→"矩形"命令，或单击"草图"面板中的"边角矩形"按钮绘制"矩形"草图，并对其进行标注，如图 3-115 所示。

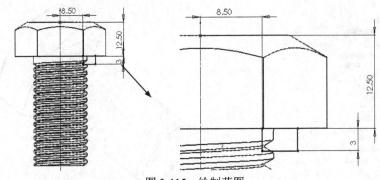

图 3-115　绘制草图

（3）旋转切除实体 4。单击菜单栏中的"插入"→"切除"→"旋转"命令，或单击"特征"面板中的"旋转切除"按钮，弹出"切除-旋转"属性管理器，保持系统默认设置；单击"确定"按钮，生成退刀槽，效果如图 3-116 所示。

（4）创建圆角。单击菜单栏中的"插入"→"特征"→"圆角"命令，或单击"特征"面板中的"圆角"按钮，弹出"圆角"属性管理器，如图 3-117 所示；选择退刀槽的两条边线作为倒圆角边，设置圆角半径为 0.80mm；单击"确定"按钮，完成圆角的创建。

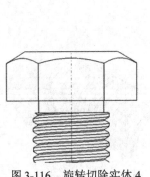

图 3-116　旋转切除实体 4

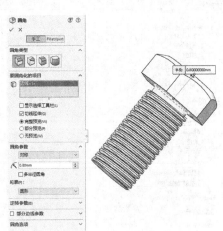

图 3-117　创建圆角

（5）保存文件。单击菜单栏中的"文件"→"保存"命令，将零件文件保存为"螺栓 M20.SLDPRT"，最后的效果如图 3-118 所示。

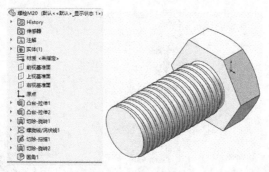

图 3-118　零件"螺栓 M20.SLDPRT"的最终效果

3.6　放样特征

所谓放样是指连接多个剖面或轮廓形成的基体、凸台或切除，通过在轮廓之间进行过渡来生成特征。图 3-119 所示是放样特征实例。

图 3-119　放样特征实例

3.6.1　设置基准面

放样特征需要连接多个面上的轮廓，这些面既可以平行，也可以相交。要确定这些平面就必须用到基准面。

基准面可以用在零件或装配体中，使用基准面可以绘制草图、生成模型的剖面视图、生成扫描和放样中的轮廓面等。基准面的创建参照本章 3.2.1 小节的内容。

3.6.2　凸台放样

使用空间上两个或两个以上的不同平面轮廓，可以生成最基本的放样特征。下面结合实例介绍创建空间轮廓的放样特征的操作步骤。

【实例 3-21】凸台放样

（1）打开源文件"X:\源文件\ch3\原始文件\3.21.SLDPRT"，打开的文件实体如图 3-120 所示。

（2）单击"特征"面板中的"放样凸台 / 基体"按钮 🔔，或单击菜单栏中的"插入"→"凸台 / 基体"→"放样"命令。如果要生成切除放样特征，则单击菜单栏中的"插入"→"切除"→"放样"命令。

（3）弹出"放样"属性管理器，单击每个轮廓上相应的点，按顺序选择空间轮廓和其他轮廓的面，此时被选择的轮廓显示在"轮廓"选项组中，在右侧的图形区显示生成的放样特征，如图 3-121 所示。

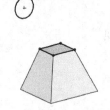

图 3-120　打开的文件实体

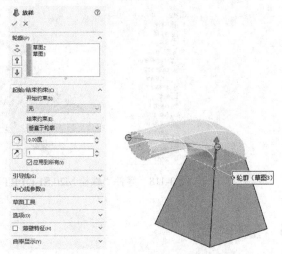

图 3-121　"放样"属性管理器及放样特征

（4）单击"上移"按钮 ⬆ 或"下移"按钮 ⬇，改变轮廓的顺序。此操作只针对两个以上轮廓的放样特征。

（5）如果要在放样的起始和结束处控制相切，则选择"起始/结束约束"选项组中的选项。

- 无：不应用相切。
- 垂直于轮廓：放样在起始和结束处与轮廓的草图基准面垂直。
- 方向向量：放样与所选的边线或轴相切，或与所选基准面的法线相切。
- 所有面：放样在起始处和结束处与现有几何的相邻面相切。

图 3-122 所示为相切选项的差异。

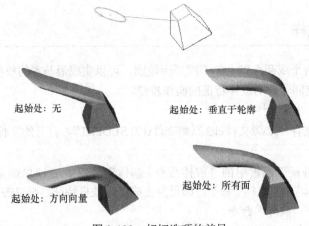

图 3-122　相切选项的差异

（6）如果要生成薄壁放样特征，则勾选"薄壁特征"复选框，从而激活以下薄壁选项。

- 选择薄壁类型（"单向""两侧对称"或"双向"）。
- 设置薄壁厚度。

（7）放样属性设置完毕后，单击"确定"按钮 ☑，完成放样。

3.6.3 引导线放样

同生成引导线扫描特征一样，SOLIDWORKS 2020 也可以生成引导线放样特征。使用两个或多个轮廓并使用一条或多条引导线来连接轮廓，生成引导线放样特征。引导线可以帮助控制所生成的中间轮廓。图 3-123 所示为引导线放样效果。

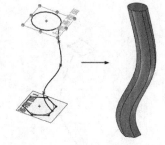

在利用引导线生成放样特征时，应该注意以下几点。

- 引导线必须与轮廓相交。
- 引导线的数量不受限制。
- 引导线之间可以相交。
- 引导线可以是任何草图曲线、模型边线或曲线。

图 3-123　引导线放样效果

- 引导线可以比生成的放样特征长，放样将终止于最短的引导线的末端。

下面结合实例介绍创建引导线放样特征的操作步骤。

【实例 3-22】引导线放样

（1）打开源文件"X:\源文件\ch3\原始文件\3.22.SLDPRT"，打开的文件实体如图 3-124 所示。

（2）在轮廓所在的草图中为引导线和轮廓顶点添加穿透几何关系或重合几何关系。

（3）单击"特征"面板中的"放样凸体/基体"按钮 ⬇，或单击菜单栏中的"插入"→"凸台/基体"→"放样"命令。如果要生成切除特征，则单击菜单栏中的"插入"→"切除"→"放样"命令。

（4）弹出"放样"属性管理器，单击每个轮廓上相应的点，按顺序选择空间轮廓和其他轮廓的面，此时被选择的轮廓显示在"轮廓"选项组中。

（5）单击"上移"按钮 ⬆ 或"下移"按钮 ⬇，改变轮廓的顺序，此操作只针对两个以上轮廓的放样特征。

（6）在"引导线"选项组中单击"引导线框"按钮 ✐，然后在图形区中选择引导线。此时在图形区中将显示随引导线变化的放样特征，如图 3-125 所示。

（7）如果存在多条引导线，可以单击"上移"按钮 ⬆ 或"下移"按钮 ⬇，改变使用引导线的顺序。

（8）选择"起始/结束约束"选项组中的选项可以控制草图、面或曲面边线之间的相切量和放样方向。

（9）如果要生成薄壁特征，则勾选"薄壁特征"复选框，从而激活薄壁选项，设置薄壁特征。

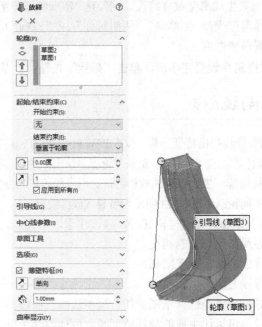

图 3-124　打开的文件实体　　　　图 3-125　"放样"属性管理器及放样特征

（10）放样属性设置完毕后，单击"确定"按钮 ，完成放样。

技巧荟萃　　　　绘制引导线放样时，草图轮廓必须与引导线相交。

3.6.4　中心线放样

SOLIDWORKS 2020 还可以生成中心线放样特征。中心线放样是指将一条变化的引导线作为中心线进行的放样。在中心线放样特征中，所有中间截面的草图基准面都与此中心线垂直。

中心线放样特征的中心线必须与每个闭环轮廓的内部区域相交，而不是像引导线放样那样，引导线必须与每个轮廓线相交。图 3-126 所示为中心线放样效果。

下面结合实例介绍创建中心线放样特征的操作步骤。

【实例 3-23】中心线放样

（1）打开源文件"X:\源文件\ch3\原始文件\3.23.SLDPRT"，打开的文件实体如图 3-127 所示。

（2）单击"特征"面板中的"放样凸台/基体"按钮 ，或单击菜单栏中的"插入"→"凸台/基体"→"放样"命令。如果要生成切除特征，则单击菜单栏中的"插入"→"切除"→"放样"命令。

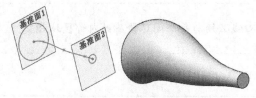

图 3-126　中心线放样效果

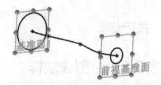

图 3-127　打开的文件实体

（3）弹出"放样"属性管理器，单击每个轮廓上相应的点，按顺序选择空间轮廓和其他轮廓的面，此时被选择的轮廓显示在"轮廓"选项组中。

（4）单击"上移"按钮⬆或"下移"按钮⬇，改变轮廓的顺序，此操作只针对两个以上轮廓的放样特征。

（5）在"中心线参数"选项组中单击"中心线框"按钮，然后在图形区中选择中心线，此时在图形区中将显示随着中心线变化的放样特征，如图 3-128 所示。

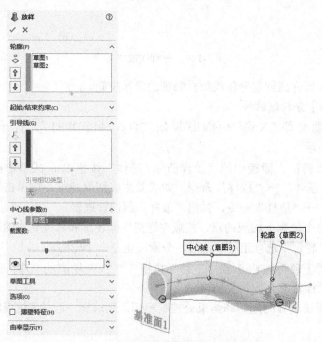

图 3-128　"放样"属性管理器及放样特征

（6）拖动"截面数"滑块来更改在图形区显示的预览数。

（7）单击"显示截面"按钮，然后单击"微调框"箭头，调整截面数量修正轮廓。

（8）如果要在放样的起始和结束处控制相切，则选择"起始 / 结束约束"选项组中的选项。

（9）如果要生成薄壁特征，则勾选"薄壁特征"复选框，然后设置薄壁特征。

（10）放样属性设置完毕，单击"确定"按钮，完成放样。

	绘制中心线放样时，中心线必须与每个闭环轮廓的内部区域相交。
技巧荟萃	

3.6.5 分割线放样

要生成一个与空间曲面无缝连接的放样特征，就必须要用到分割线放样。分割线放样可以将放样中的空间轮廓转换为平面轮廓，从而使放样特征进一步扩展到空间模型的曲面上。图 3-129 所示为分割线放样效果。

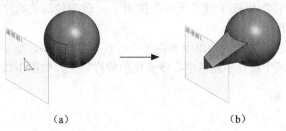

（a）　　　　　　　　　　　　　（b）

图 3-129　分割线放样效果

下面结合实例介绍创建分割线放样特征的操作步骤。

【实例 3-24】分割线放样

（1）打开源文件"X:\源文件\ch3\原始文件\3.24.SLDPRT"，打开的文件实体如图 3-129（a）所示。

（2）单击"特征"面板中的"放样凸体 / 基体"按钮🔽，或单击菜单栏中的"插入"→"凸台 / 基体"→"放样"命令。如果要生成切除特征，则单击菜单栏中的"插入"→"切除"→"放样"命令，弹出"放样"属性管理器。

（3）单击每个轮廓上相应的点，按顺序选择空间轮廓和其他轮廓的面，此时被选择的轮廓显示在"轮廓"选项组中。此时，分割线也是一个轮廓。

（4）单击"上移"按钮⬆或"下移"按钮⬇，改变轮廓的顺序，此操作只针对两个以上轮廓的放样特征。

（5）如果要在放样的起始和结束处控制相切，则选择"起始 / 结束约束"选项组中的选项。

（6）如果要生成薄壁特征，则勾选"薄壁特征"复选框，然后设置薄壁特征。

（7）放样属性设置完毕后，单击"确定"按钮✔，完成放样，效果如图 3-129（b）所示。

利用分割线放样不仅可以生成普通的放样特征，还可以生成引导线或中心线放样特征。它们的操作步骤基本一样，这里不再赘述。

3.6.6 实例——电源插头

本实例绘制电源插头，如图 3-130 所示。首先绘制电源插头的主体草图并放样实体，

然后在小端运用扫描和旋转命令绘制进线部分，最后在大端绘制
插头。

 绘制步骤

■ 新建文件。单击菜单栏中的"文件"→"新建"命令，或
者单击"标准"工具栏中的"新建"按钮 🗋，在弹出的"新建
SOLIDWORKS 文件"对话框中先单击"零件"按钮 🪣，再单击"确定"按钮 ✔，创建
一个新的零件文件。

图 3-130　电源插头

■ 绘制草图 1。在左侧的 FeatureManager 设计树中选择"前视基准面"作为绘制图
形的基准面。单击"草图"面板中的"边角矩形"按钮 ▢，绘制一个矩形。

■ 标注草图 1。单击菜单栏中的"工具"→"标注尺寸"→"智能尺寸"命令，
或者单击"草图"面板中的"智能尺寸"按钮 🗲，标注矩形的尺寸，结果如图 3-131 所
示，然后退出草图绘制状态。

■ 添加基准面 1。在左侧的 FeatureManager 设计树中选择"前视基准面"，然后单击
菜单栏中的"插入"→"参考几何体"→"基准面"命令，此时系统弹出图 3-132 所示的"基
准面 1"属性管理器。在"等距距离"文本框 🔁 中输入"30.00mm"，并调整基准面的方向。
按照图 3-132 所示进行设置后，单击"确定"按钮 ✔，添加一个新的基准面 1。

■ 设置视图方向。单击"前导视图"工具栏中的"等轴测"按钮 🧊，将视图以等
轴测方向显示，结果如图 3-133 所示。

图 3-131　标注的草图 1　　图 3-132　"基准面 1"属性管理器　　图 3-133　添加的基准面 1

■ 设置基准面 1。选择第 4 步添加的基准面 1，然后单击"前导视图"工具栏中的
"正视于"按钮 ⊥，将该表面作为绘制图形的基准面。

■ 绘制草图 2。单击"草图"面板中的"边角矩形"按钮 ▢，在上一步设置的基准

面上绘制一个矩形。

⑧ 标注草图 2。单击"草图"面板中的"智能尺寸"按钮 ，标注矩形各边的尺寸，结果如图 3-134 所示，然后退出草图绘制状态。

⑨ 放样实体 1。单击菜单栏中的"插入"→"凸台／基体"→"放样"命令，或者单击"特征"面板中的"放样凸台／基体"按钮 ，此时系统弹出图 3-135 所示的"放样"属性管理器。在"轮廓"选项组中，依次选择大矩形草图和小矩形草图。按照图 3-135 所示进行设置后，单击"确定"按钮 ，结果如图 3-136 所示。

图 3-134 标注的草图 2　　　图 3-135 "放样"属性管理器　　　图 3-136 放样后的实体 1

> 技巧荟萃　　　在选择放样的轮廓时，要先选择大端草图，然后再选择小端草图。注意顺序不要改变，读者可以反选，观察放样的效果。

⑩ 圆角实体 2。单击菜单栏中的"插入"→"特征"→"圆角"命令，或者单击"特征"面板中的"圆角"按钮 ，此时系统弹出"圆角"属性管理器。在"半径"文本框 中设置圆角的半径为 5.00mm，然后选择图 3-136 所示的 4 条斜边线，单击"确定"按钮 ，结果如图 3-137 所示。

⑪ 添加基准面 2。在左侧的 FeatureManager 设计树中选择"右视基准面"，然后单击菜单栏中的"插入"→"参考几何体"→"基准面"命令，或者单击"参考几何体"工具栏中的"基准面"按钮 ，此时系统弹出"基准面 2"属性管理器。在"等距距离"文本框 中输入"7.50mm"，并调整基准面的方向。单击"确定"按钮 ，添加一个新的基准面 2，结果如图 3-138 所示。

⑫ 设置基准面 2。选择上一步添加的基准面 2，然后单击"前导视图"工具栏中的

"正视于"按钮 ⊥，将该表面作为绘制图形的基准面。

⓭ 绘制草图 3。单击菜单栏中的"工具"→"草图绘制实体"→"直线"命令，或者单击"草图"面板中的"直线"按钮 ╱，绘制一系列的直线，结果如图 3-139 所示。

图 3-137　圆角后的实体 2

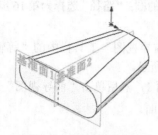
图 3-138　添加的基准面 2

图 3-139　绘制的草图 3

⓮ 旋转实体 3。单击菜单栏中的"插入"→"凸台／基体"→"旋转"命令，或者单击"特征"面板中的"旋转凸台／基体"按钮 ⬢，此时系统弹出图 3-140 所示的"旋转"属性管理器。在"旋转轴"选项组中，选择上一步绘制草图中的水平直线，按照图 3-140 所示进行设置后，单击对话框中的"确定"按钮 ✓，旋转生成实体，结果如图 3-141 所示。

⓯ 设置基准面。选择第 11 步设置的基准面 2，然后单击"前导视图"工具栏中的"正视于"按钮 ⊥，将该基准面作为绘制图形的基准面。

⓰ 绘制草图 4。单击菜单栏中的"工具"→"草图绘制实体"→"样条曲线"命令，或者单击"草图"面板中的"样条曲线"按钮 Ⓝ，绘制一条曲线，结果如图 3-142 所示，然后退出草图绘制状态。

⓱ 设置基准面。选择图 3-142 所示的表面 1，然后单击"前导视图"工具栏中的"正视于"按钮 ⊥，将该表面作为绘制图形的基准面。

图 3-140　"旋转"属性
　　　　　管理器

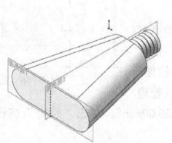
图 3-141　旋转后的实体 3

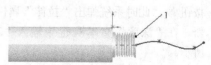
图 3-142　绘制的草图 4

⓲ 绘制草图 5。单击"草图"面板中的"圆"按钮 ⊙，在上一步设置的基准面上绘制一个圆。

⓳ 标注草图 5。单击"草图"面板中的"智能尺寸"按钮 ◈，标注圆的直径，结果

如图 3-143 所示，然后退出草图绘制状态。

20 扫描实体 4。单击菜单栏中的"插入"→"凸台 / 基体"→"扫描"命令，或者单击"特征"面板中的"扫描"按钮 ，此时系统弹出图 3-144 所示的"扫描"属性管理器。"轮廓"选择为第 19 步标注的圆；"路径"选择为第 16 步绘制的样条曲线，单击"确定"按钮 。

21 设置视图方向。单击"前导视图"工具栏中的"等轴测"按钮 ，将视图以等轴测方向显示，结果如图 3-145 所示。

22 设置基准面。选择基准面 1，然后单击"前导视图"工具栏中的"正视于"按钮 ，将该面作为绘制图形的基准面。

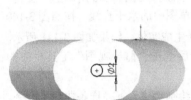

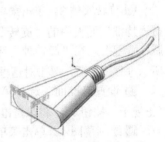

图 3-143 标注的草图 5   图 3-144 "扫描"属性管理器   图 3-145 扫描后的实体 4

23 绘制草图 6。单击"草图"面板中的"边角矩形"按钮 ，在上一步设置的基准面上绘制一个矩形。

24 标注草图 6。单击"草图"面板中的"智能尺寸"按钮 ，标注矩形各边的尺寸及其定位尺寸，结果如图 3-146 所示。

25 拉伸实体 5。单击菜单栏中的"插入"→"凸台 / 基体"→"拉伸"命令，或者单击"特征"面板中的"凸台-拉伸"按钮 ，此时系统弹出"拉伸"属性管理

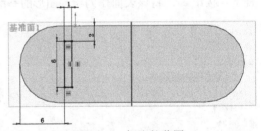

图 3-146 标注的草图 6

器。在"深度"文本框 中输入"20.00mm"。单击"确定"按钮 ，结果如图 3-147 所示。

26 设置基准面。选择图 3-147 所示的表面 1，然后单击"前导视图"工具栏中的"正视于"按钮 ，将该表面作为绘制图形的基准面。

27 绘制草图 7。单击"草图"面板中的"圆"按钮 ，在上一步设置的基准面上绘制一个圆。

28 标注草图 7。单击"草图"面板中的"智能尺寸"按钮 ，标注圆的直径及其定

位尺寸，结果如图 3-148 所示。

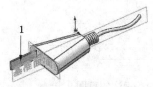

图 3-147　拉伸后的实体 5

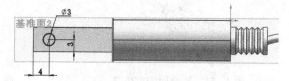

图 3-148　标注的草图 7

[29] 拉伸切除实体 6。单击菜单栏中的"插入"→"切除"→"拉伸"命令，或者单击"特征"面板中的"拉伸切除"按钮 ▣，此时系统弹出"切除-拉伸"属性管理器。在"深度"文本框 ⬙ 中输入"1.00mm"，然后单击"确定"按钮 ✓。

[30] 设置视图方向。单击"前导视图"工具栏中的"等轴测"按钮 ▣，将视图以等轴测方向显示，结果如图 3-149 所示。

[31] 选择基准面 1，然后单击"前导视图"工具栏中的"正视于"按钮 ⬗，将该面作为绘制图形的基准面。

[32] 绘制草图 8。单击"草图"面板中的"边角矩形"按钮 ▢，在上一步设置的基准面上绘制一个矩形。

[33] 标注草图 8。单击"草图"面板中的"智能尺寸"按钮 ⬙，标注矩形各边的尺寸及其定位尺寸，结果如图 3-150 所示。

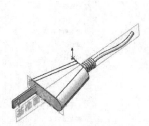

图 3-149　拉伸切除后的实体 6

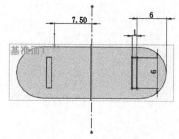

图 3-150　标注的草图 8

[34] 拉伸实体 7。单击菜单栏中的"插入"→"凸台 / 基体"→"拉伸"命令，或者单击"特征"面板中的"凸台-拉伸"按钮 ▣，此时系统弹出"拉伸"属性管理器。在"深度"文本框 ⬙ 中输入"20.00mm"，单击"确定"按钮 ✓，结果如图 3-151 所示。

[35] 选择图 3-151 所示的表面 2，然后单击"前导视图"工具栏中的"正视于"按钮 ⬗，将该表面作为绘制图形的基准面。

[36] 绘制草图 9。单击"草图"面板中的"圆"按钮 ⊙，在上一步设置的基准面上绘制一个圆。

[37] 标注草图 9。单击"草图"面板中的"智能尺寸"按钮 ⬙，标注圆的直径及其定位尺寸，结果如图 3-152 所示。

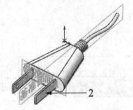

图 3-151　拉伸后的实体 7

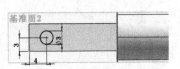

图 3-152　标注的草图 9

38 拉伸切除实体 8。单击菜单栏中的"插入"→"切除"→"拉伸"命令，或者单击"特征"面板中的"拉伸切除"按钮⬛，此时系统弹出"切除-拉伸"属性管理器。在"深度"文本框⬍中输入"1.00mm"，然后单击"确定"按钮✓。

39 设置视图方向。单击"前导视图"工具栏中的"等轴测"按钮⬛，将视图以等轴测方向显示，结果如图 3-153 所示。

40 设置显示属性。单击"视图"→"隐藏/显示"菜单，此时系统弹出图 3-154 所示的下拉菜单，单击"基准面""基准轴"和"临时轴"命令，则视图中的基准面、基准轴和临时轴不再显示，结果如图 3-130 所示。

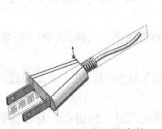

图 3-153　拉伸切除后的实体 8

图 3-154　视图下拉菜单

3.7　综合实例——摇臂

本实例使用草图绘制命令建模，并用"特征"面板中的相关命令进行实体操作，最终完成图 3-155 所示的摇臂的绘制。

图 3-155　摇臂

　绘制步骤

1 新建文件。启动 SOLIDWORKS，单击菜单栏中的"文件"→"新建"命令或单击"标准"工具栏中的"新建"按钮 ⬜，在打开的"新建 SOLIDWORKS 文件"对话框中，单击"零件"按钮 ⬝，单击"确定"按钮 ✓，创建一个新的零件文件。

2 新建草图。在 FeatureManager 设计树中选择"前视基准面"，单击"草图绘制"按钮 ⬛，新建一张草图。

3 绘制中心线。单击"草图"面板中的"中心线"按钮 ⬝，通过原点分别绘制一条水平中心线。

4 绘制轮廓。绘制草图作为拉伸基体特征的轮廓，如图 3-156 所示。

5 拉伸形成实体 1。单击"特征"面板中的"凸台-拉伸"按钮 ⬚，设置拉伸的终止条件为"给定深度"。在"深度"文本框 ⬚中设置"拉伸深度"为"6.00mm"，保持其他选项的系统默认值不变。

6 单击"确定"按钮 ✓，完成基体拉伸特征，如图 3-157 所示。

图 3-156　基体拉伸草图

图 3-157　设置拉伸参数（1）

7 建立基准面。选择 FeatureManager 设计树上的前视视图，然后单击菜单栏中的"插入"→"参考几何体"→"基准面"命令或单击"特征"面板的"参考几何体"工具栏中的"基准面"按钮 ⬜。在"基准面"属性管理器上的"深度"文本框 ⬚中设置"等距距离"为"3.00mm"，如图 3-158 所示。

8 单击"确定"按钮 ✓，添加基准面。

9 选择视图，新建草图。单击"草图绘制"按钮 ⬛，在基准面 1 上打开一张草图。

单击"前导视图"工具栏中的"正视于"按钮⊥，将该面作为绘制图形的基准面。

🔟 绘制圆。单击"草图"面板中的"圆"按钮⊙，绘制两个圆作为凸台轮廓，如图 3-159 所示。

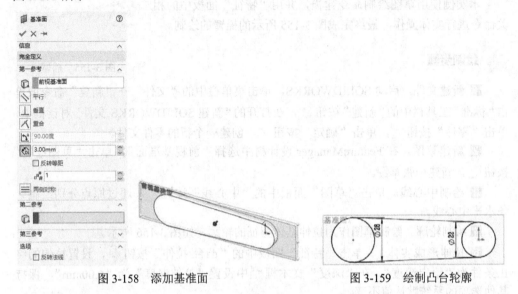

图 3-158　添加基准面　　　　　　　　图 3-159　绘制凸台轮廓

🔢 拉伸形成实体 2。单击"特征"面板中的"凸台-拉伸"按钮🗔，设定拉伸的终止条件为"给定深度"。在"深度"文本框🗘中设置"拉伸深度"为"7.00mm"，保持其他选项的系统默认值不变。

🔢 单击"确定"按钮✓，完成凸台拉伸特征，如图 3-160 所示。

🔢 在 FeatureManager 设计树中，右击基准面 1。在弹出的快捷菜单中单击"隐藏"命令，将基准面 1 隐藏起来。单击"等轴测"按钮◳，用等轴测视图观看图形，如图 3-161 所示。从图中看出两个圆形凸台在基体的一侧，并非对称分布。下面需要对凸台进行重新定义。

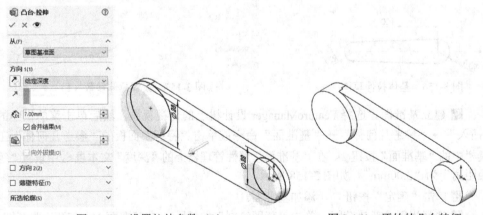

图 3-160　设置拉伸参数（2）　　　　　图 3-161　原始的凸台特征

[14] 拉伸形成实体 3。在 FeatureManager 设计树中，右击特征"拉伸 2"。在弹出的快捷菜单中单击"编辑特征"命令。在"凸台-拉伸"属性管理器中将终止条件改为"两侧对称"，在"深度"文本框 ⚲ 中设置"拉伸深度"为"14.00mm"。

[15] 单击"确定"按钮 ✓，完成凸台拉伸特征的重新定义，如图 3-162 所示。

[16] 新建草图。选择凸台上的一个面，然后单击"草图绘制"按钮 ⌐，在其上打开一张新的草图。

[17] 绘制圆。单击"草图"面板中的"圆"按钮 ⊙，分别在两个凸台上绘制两个同心圆，并标注尺寸，如图 3-163 所示。

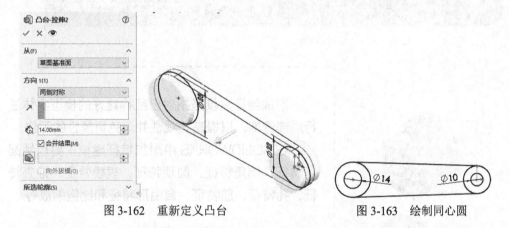

图 3-162　重新定义凸台　　　　　　　　　　图 3-163　绘制同心圆

[18] 切除实体 4。单击"特征"面板中的"拉伸切除"按钮 ▣，设置切除的终止条件为"完全贯穿"。单击"确定" ✓ 按钮，生成切除特征，如图 3-164 所示。

因为这个摇臂零件缺少一个键槽孔，所以下面使用编辑草图的方法对草图重新定义，从而生成键槽孔。

[19] 修改草图。在 FeatureManager 设计树中右击"切除-拉伸 1"，在弹出的快捷菜单中单击"编辑草图"命令，从而打开对应的草图 3。使用绘图工具对草图 3 进行修改，如图 3-165 所示。

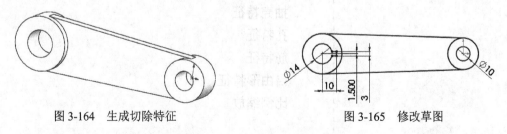

图 3-164　生成切除特征　　　　　　　　　　图 3-165　修改草图

[20] 再次单击"草图绘制"按钮 ⌐，退出草图绘制状态。

[21] 单击"保存"按钮 🖫，将零件保存为"摇臂.SLDPRT"，最后效果如图 3-155 所示。

第 **4** 章
附加特征建模

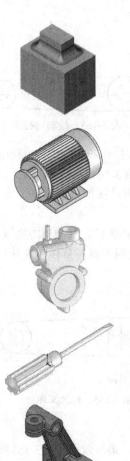

附加特征建模是指对已经构建好的模型实体进行局部修饰，以提高美观性并避免重复性的工作。

在 SOLIDWORKS 中附加特征建模主要包括圆角特征、倒角特征、圆顶特征、拔模特征、抽壳特征、孔特征、筋特征、自由形特征和比例缩放等。

知识点

圆角特征

倒角特征

圆顶特征

拔模特征

抽壳特征

孔特征

筋特征

自由形特征

比例缩放

4.1 圆角特征

使用圆角特征可以在零件上生成内圆角或外圆角。圆角特征在零件设计中起着重要作用。大多数情况下，如果能在零件特征上加入圆角，则有助于形成造型上的变化，或是产生平滑的效果。

SOLIDWORKS 2020 可以为一个面上的多个面、多个边线或边线环创建圆角特征。在 SOLIDWORKS 2020 中有以下几种圆角特征。

  ○ 等半径圆角特征：对所选边线以相同的圆角半径进行倒圆角操作。

  ○ 多半径圆角特征：可以为每条边线选择不同的圆角半径值。

  ○ 圆形角圆角特征：可以控制角部边线之间的过渡，以消除或平滑两条边线会合处的尖锐接合点。

  ○ 逆转圆角特征：可以在混合曲面之间沿着零件边线进入圆角，生成平滑过渡。

  ○ 变半径圆角特征：可以为边线的每个顶点指定不同的圆角半径。

  ○ 混合面圆角特征：可以将不相邻的面混合起来。

图 4-1 所示为几种圆角特征效果。

（a）等半径圆角特征　　　　（b）多半径圆角特征　　　　（c）圆形角圆角特征

（d）逆转圆角特征　　　　（e）变半径圆角特征　　　　（f）混合面圆角特征

图 4-1　几种圆角特征效果

4.1.1 等半径圆角特征

等半径圆角特征是指对所选边线以相同的圆角半径进行倒圆角操作。下面结合实例介绍创建等半径圆角特征的操作步骤。

【实例 4-1】等半径圆角特征

（1）打开源文件"X:\源文件\ch4\原始文件\4.1.SLDPRT"，打开的文件实体如图 4-2 所示。

（2）单击"特征"面板中的"圆角"按钮，或单击菜单栏中的"插入"→"特征"→"圆角"命令。

（3）在弹出的"圆角"属性管理器的"圆角类型"选项组中，选中"等半径"单选

按钮 ，如图 4-3 所示。

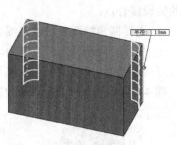

图 4-2 打开的文件实体　　　　图 4-3 "圆角"属性管理器及对应效果

（4）在"要圆角化的项目"选项组的"半径"文本框 中设置圆角的半径。

（5）单击"边线、面、特征和环"按钮 右侧的列表框，然后在右侧的图形区中选择要进行圆角处理的模型边线、面或环。

（6）如果勾选了"切线延伸"复选框，则圆角将延伸到与所选面或边线相切的所有面，切线延伸效果如图 4-4 所示。

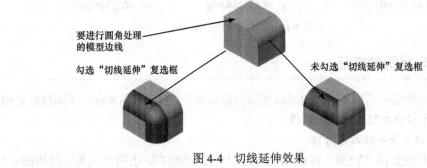

要进行圆角处理
的模型边线

勾选"切线延伸"复选框　　　　　　　　　　未勾选"切线延伸"复选框

图 4-4 切线延伸效果

（7）在"圆角选项"选项组的"扩展方式"组中选择一种扩展方式。

● 默认：系统根据几何条件（进行圆角处理的边线凸起和相邻边线等）默认选择"保持边线"或"保持曲面"选项。

● 保持边线：系统将保持邻近的直线形边线的完整性，但圆角曲面会断裂成分离的曲面。在许多情况下，圆角的顶部边线中会有沉陷，如图 4-5（a）所示。

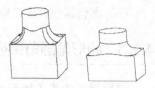

(a) 保持边线　(b) 保持曲面

图 4-5　保持边线与保持曲面

　　● 保持曲面：使用相邻曲面来剪裁圆角。因此圆角边线是连续且光滑的，但是相邻边线会受到影响，如图 4-5(b) 所示。

（8）圆角属性设置完毕后，单击"确定"按钮✓，生成等半径圆角特征。

4.1.2　多半径圆角特征

　　使用多半径圆角特征可以为每条所选边线选择不同的半径值，还可以为不具有公共边线的面指定多个半径。下面结合实例介绍创建多半径圆角特征的操作步骤。

【实例 4-2】多半径圆角特征

（1）打开源文件"X:\源文件\ch4\原始文件\4.2.SLDPRT"。

（2）单击"特征"面板中的"圆角"按钮🔘，或单击菜单栏中的"插入"→"特征"→"圆角"命令。

（3）在弹出的"圆角"属性管理器的"圆角类型"选项组中，选中"等半径"单选按钮🔘。

（4）在"圆角项目"选项组中，勾选"多半径圆角"复选框。

（5）选择图 4-6 所示"圆角"属性管理器中的边线 1，在"半径"文本框🖊中输入"10.00mm"；选择图 4-6 所示"圆角"属性管理器中的边线 2，在"半径"文本框🖊中输入"20.00mm"；选择图 4-6 所示"圆角"属性管理器中的边线 3，在"半径"文本框🖊中输入"30.00mm"。此时图形预览效果如图 4-7 所示。

图 4-6　"圆角"属性管理器

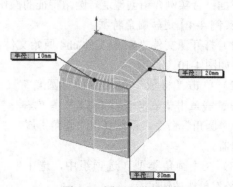

图 4-7　图形预览效果

（6）圆角属性设置完毕后，单击"确定"按钮 ✓，生成多半径圆角特征。

4.1.3 圆形角圆角特征

使用圆形角圆角特征可以控制角部边线之间的过渡，圆形角圆角将混合连接的边线，从而消除或平滑两条边线会合处的尖锐接合点。

下面结合实例介绍创建圆形角圆角特征的操作步骤。

【实例 4-3】圆形角圆角特征

（1）打开源文件"X:\源文件\ch4\原始文件\4.3.SLDPRT"，打开的文件实体如图 4-8 所示。

（2）单击"特征"面板中的"圆角"按钮 ⊗，或单击菜单栏中的"插入"→"特征"→"圆角"命令。

图 4-8 打开的文件实体

（3）在弹出的"圆角"属性管理器的"圆角类型"选项组中，选中"等半径"单选按钮 ⬚。

（4）在"圆角项目"选项组中，取消对"切线延伸"复选框的勾选。

（5）在"圆角项目"选项组的"半径"文本框 ⬚ 中设置圆角半径。

（6）单击"边线、面、特征和环"按钮 ⬚ 右侧的列表框，然后在右侧的图形区中选择两个或更多相邻的模型边线、面或环。

（7）在"圆角选项"选项组中，勾选"圆形角"复选框。

（8）圆角属性设置完毕后，单击"确定"按钮 ✓，生成圆形角圆角特征，如图 4-9 所示。

图 4-9 生成的圆形角圆角特征

4.1.4 逆转圆角特征

使用逆转圆角特征可以在混合曲面之间沿着零件边线生成圆角，从而进行平滑过渡。图 4-10 所示为应用逆转圆角特征的效果。

下面结合实例介绍创建逆转圆角特征的操作步骤。

【实例 4-4】逆转圆角特征

（1）打开源文件"X:\源文件\ch4\原始文件\4.4.SLDPRT"，如图 4-10（a）所示，最终效果如图 4-10（b）所示。

（2）单击"特征"面板中的"圆角"按钮 ⊗，或单击菜单栏中的"插入"→"特征"→"圆角"命令，系统弹出"圆角"属性管理器。

（3）在"圆角类型"选项组中，选中"等半径"单选按钮 ⬚。

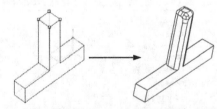

（a）未使用逆转圆角特征　（b）使用逆转圆角特征

图 4-10 逆转圆角特征

（4）在"圆角项目"选项组中，勾选"多半径圆角"复选框。

（5）单击"边线、面、特征和环"按钮📦右侧的列表框，然后在右侧的图形区中选择 3 个或更多具有共同顶点的边线。

（6）在"逆转参数"选项组的"距离"文本框♤中设置距离。

（7）单击"边线、面、特征和环"按钮📦右侧的列表框，然后在右侧的图形区中选择一个或多个顶点作为逆转顶点。

（8）单击"设定所有"按钮，将相等的逆转距离应用到通过每个顶点的所有边线。逆转距离将显示在"逆转距离"按钮 Y 右侧的列表框和图形区的标注中，如图 4-11 所示。

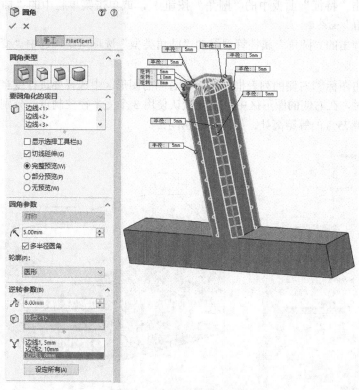

图 4-11　生成逆转圆角特征

（9）如果要对每一条边线分别设定不同的逆转距离，则进行如下操作。

🔘 单击"边线、面、特征和环"按钮📦右侧的列表框，在右侧的图形区中选择多个顶点作为逆转顶点。

🔘 在"逆转参数"选项组的"距离"文本框♤中为每一条边线设置逆转距离。

🔘 在"逆转距离"按钮 Y 右侧的列表框中会显示每条边线的逆转距离。

（10）圆角属性设置完毕后，单击"确定"按钮✓，生成逆转圆角特征，如图 4-10
（b）所示。

4.1.5 变半径圆角特征

变半径圆角特征通过对边线上的多个点（变半径控制点）指定不同的圆角半径来生成圆角，可以制作出另类的效果，变半径圆角特征如图 4-12 所示。

下面结合实例介绍创建变半径圆角特征的操作步骤。

（a）有控制点　　（b）无控制点

图 4-12　变半径圆角特征

【实例 4-5】变半径圆角特征

（1）打开源文件"X:\源文件\ch4\原始文件\4.5.SLDPRT"。

（2）单击"特征"面板中的"圆角"按钮🔲，或单击菜单栏中的"插入"→"特征"→"圆角"命令。

（3）在弹出的"圆角"属性管理器的"圆角类型"选项组中，选中"变半径"单选按钮🔲。

（4）单击图标🗋右侧的列表框，然后在右侧的图形区中选择要进行变半径圆角处理的边线。此时，在右侧的图形区中系统会默认使用 3 个变半径控制点，分别位于沿边线 25%、50% 和 75% 的等距离处，如图 4-13 所示。

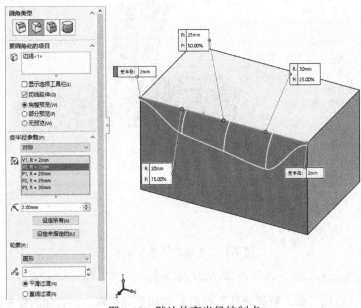

图 4-13　默认的变半径控制点

（5）在"变半径参数"选项组的图标🗾右侧的列表框中选择变半径控制点，然后在"半径"🗋文本框中输入圆角半径值。如果要更改变半径控制点的位置，可以拖动控制点到新的位置。

（6）如果要改变控制点的数量，可以在图标🗋右侧的文本框中设置控制点的数量。

（7）选择过渡类型。

● 平滑过渡：生成一个圆角，当一个圆角边线与一个邻面结合时，圆角半径从一个半径平滑地变化为另一个半径。

● 直线过渡：生成一个圆角，圆角半径从一个半径线性地变化为另一个半径，但是不与邻近圆角的边线相结合。

（8）圆角属性设置完毕后，单击"确定"按钮☑，生成变半径圆角特征。

技巧荟萃　　如果在生成变半径控制点的过程中，只指定两个顶点的圆角半径值，而不指定中间控制点的半径，则可以生成平滑过渡的变半径圆角特征。

在生成圆角时，要注意以下几点。

（1）在添加小圆角之前先添加较大的圆角。当有多个圆角汇聚于一个顶点时，先生成较大的圆角。

（2）如果要生成具有多个圆角边线及拔模面的铸模零件，在大多数的情况下，应在添加圆角之前先添加拔模特征。

（3）应该最后添加装饰用的圆角。在大多数几何体定位后再尝试添加装饰圆角。如果先添加装饰圆角，则系统需要花费很长的时间重建零件。

（4）尽量使用一个"圆角"命令来处理需要相同圆角半径的多条边线，这样可以加快零件重建的速度。但是，当改变圆角的半径时，在同一操作中生成的所有圆角都会随之发生改变。

此外，还可以通过为圆角设置边界或包括控制线来决定混合面的半径和形状。控制线可以是要生成圆角的零件边线或投影到一个面上的分割线。

4.1.6　实例——通气塞

本实例创建的通气塞如图 4-14 所示。通气塞的制作与螺栓非常相似，同样用到了拉伸、切除-拉伸、切除-旋转、切除-扫描和圆角特征。

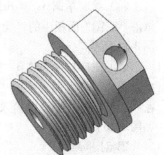

图 4-14　通气塞

　绘制步骤

■ 创建基体。

（1）新建文件。启动 SOLIDWORKS 2020，单击菜单栏中的"文件"→"新建"命令，或单击"标准"工具栏中的"新建"按钮 。在弹出的"新建 SOLIDWORKS 文件"对话框中，单击"零件"按钮 ，然后单击"确定"按钮，创建一个新的零件文件。

（2）绘制草图 1。在 FeatureManager 设计树中选择"前视基准面"作为绘图基准面，单击菜单栏中的"工具"→"草图绘制实体"→"多边形"命令，或单击"草图"面板中的"多边形"按钮 ⊙，绘制一个以原点为中心、内切圆直径为 40mm 的正六边形，如图 4-15 所示。

（3）生成拉伸实体 1。单击菜单栏中的"插入"→"凸台/基体"→"拉伸"命令，或单击"特征"面板中的"凸台-拉伸"按钮 ⓐ，系统弹出"凸台-拉伸"属性管理器；在"深度"文本框 ⓓ 中输入"15.00mm"，然后单击"确定"按钮 ✓，生成拉伸实体 1，如图 4-16 所示。

（4）设置基准面。选择拉伸实体 1 的上表面，然后单击"前导视图"工具栏中的"正视于"按钮 ⬇，将该表面作为绘制图形的基准面，新建一张草图。

（5）绘制草图 2。单击菜单栏中的"工具"→"草图绘制实体"→"圆"命令，或单击"草图"面板中的"圆"按钮 ⊙，绘制一个以原点为圆心、直径为 55mm 的圆，如图 4-17 所示。

（6）生成拉伸实体 2。单击菜单栏中的"插入"→"凸台/基体"→"拉伸"命令，或单击"特征"面板中的"凸台-拉伸"按钮 ⓐ，系统弹出"凸台-拉伸"属性管理器；在"深度"文本框 ⓓ 中输入"6.00mm"，然后单击"确定"按钮 ✓，生成拉伸实体 2，如图 4-18 所示。

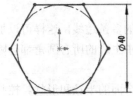

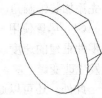

图 4-15　绘制草图 1　　　图 4-16　拉伸实体 1　　图 4-17　绘制草图 2　　图 4-18　拉伸实体 2

（7）设置基准面。选择圆柱体的端面，然后单击"前导视图"工具栏中的"正视于"按钮 ⬇，将该表面作为绘图基准面。

（8）绘制草图 3。单击菜单栏中的"工具"→"草图绘制实体"→"圆"命令，或单击"草图"面板中的"圆"按钮 ⊙，绘制一个以原点为圆心、直径为 40mm 的圆，如图 4-19 所示。

（9）生成拉伸实体 3。单击菜单栏中的"插入"→"凸台/基体"→"拉伸"命令，或单击"特征"面板中的"凸台-拉伸"按钮 ⓐ，系统弹出"凸台-拉伸"属性管理器；在"深度"文本框 ⓓ 中输入"20.00mm"，然后单击"确定"按钮 ✓，生成拉伸实体 3，如图 4-20 所示。

　2 创建螺纹。

（1）设置基准面。在 FeatureManager 设计树中选择"上视基准面"作为绘图基准面，然后单击"前导视图"工具栏中的"正视于"按钮 ⬇，将该表面作为绘图基准面。

（2）绘制草图 4。单击菜单栏中的"工具"→"草图绘制实体"→"直线"命令，或单击"草图"面板中的"直线"按钮 ✎，绘制切除轮廓，并标注尺寸，如图 4-21 所示。

然后单击绘图区右上角的"退出草图"按钮 ，退出草图绘制状态。

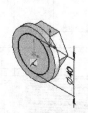

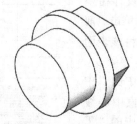

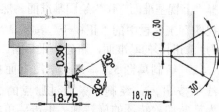

图 4-19 绘制草图 3 图 4-20 拉伸实体 3 图 4-21 绘制草图 4

（3）设置基准面。选择螺柱的底面，单击前导视图"工具栏中的"正视于"按钮 ，将该表面作为绘图基准面。

（4）转换实体引用。单击菜单栏中的"工具"→"草图工具"→"转换实体引用"命令，或单击"草图"面板中的"转换实体引用"按钮 ，将该底面的轮廓圆转换为草图轮廓。

（5）绘制螺旋线。单击菜单栏中的"插入"→"曲线"→"螺旋线/涡状线"命令，或单击"特征"面板的"曲线"工具栏中的"螺旋线/涡状线"按钮 ，弹出"螺旋线/涡状线"属性管理器；设置螺旋线定义方式为"高度和螺距"，设置螺纹高度为"18.00mm"、螺距为"2.50mm"、起始角度为"0.00度"；勾选"反向"复选框，使螺旋线由原来的点向另一个方向延伸，从而沿螺柱向 z 轴反向延伸；选中"顺时针"单选按钮，决定螺旋线的旋转方向为顺时针，如图 4-22 所示；最后单击"确定"按钮 ，生成螺旋线。

（6）生成螺纹。单击菜单栏中的"插入"→"切除"→"扫描"命令，或单击"特征"面板中的"扫描切除"按钮 ，弹出"切除-扫描"属性管理器；单击"轮廓"按钮 ，选择绘图区中的草图；单击"路径"按钮 ，选择螺旋线作为路径草图，单击"确定"按钮 ，生成的螺纹如图 4-23 所示。

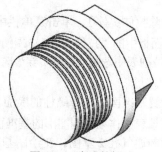

图 4-22 设置螺旋线参数 图 4-23 生成的螺纹

3 退刀槽。

（1）设置基准面。在 FeatureManager 设计树中选择"上视基准面"作为绘图基准面。然后单击"前导视图"工具栏中的"正视于"按钮 ⊥，将该表面作为绘制图形的基准面，新建一张草图。

（2）绘制草图 5。单击"草图"面板中的"中心线"按钮 ⟋，绘制一条通过原点的竖直中心线作为旋转切除特征的旋转轴；单击菜单栏中的"工具"→"草图绘制实体"→"矩形"命令，或单击"草图"面板中的"边角矩形"按钮 □，绘制"矩形"草图，并对其进行标注，效果如图 4-24 所示。

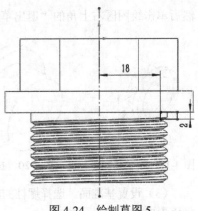

图 4-24　绘制草图 5

（3）旋转切除实体。单击菜单栏中的"插入"→"切除"→"旋转"命令，或单击"特征"面板中的"旋转切除"按钮 ⟲，弹出"切除-旋转"属性管理器，保持系统默认设置；单击"确定"按钮 ✓，生成退刀槽，效果如图 4-25 所示。

（4）创建圆角。单击"特征"面板中的"圆角"按钮 ⟲，弹出"圆角"属性管理器；选择退刀槽的两条边线为倒圆角边，设置圆角半径为 1.00mm，单击"确定"按钮 ✓，创建圆角，效果如图 4-26 所示。

4 创建通气孔。

（1）设置基准面。选择六棱柱的一个侧面，然后单击"前导视图"工具栏中的"正视于"按钮 ⊥，将该表面作为绘制图形的基准面，新建一张草图。

（2）绘制通气孔 1 草图。在绘图基准面上，绘制一个以点（-7.5,0）为圆心、直径为 8mm 的圆，如图 4-27 所示。

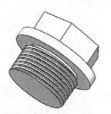

图 4-25　旋转切除实体

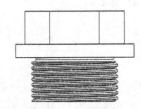

图 4-26　创建圆角

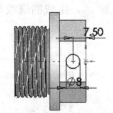

图 4-27　绘制通气孔 1 草图

（3）切除拉伸实体 1。单击菜单栏中的"插入"→"切除"→"拉伸"命令，或单击"特征"面板中的"拉伸切除"按钮 ▣，系统弹出"切除-拉伸"属性管理器；在"终止条件"下拉列表中选择"完全贯穿"选项，其余选项保持系统默认设置；然后单击"确定"按钮 ✓。

（4）设置基准面。选择螺柱的底面，然后单击"前导视图"工具栏中的"正视于"按钮 ⊥，将该表面作为绘制图形的基准面，新建一张草图。

（5）绘制通气孔 2 草图。在绘图基准面上，绘制一个以原点为圆心、直径为 8mm 的圆。

（6）切除拉伸实体 2。单击菜单栏中的"插入"→"切除"→"拉伸"命令，或单击"特征"面板中的"拉伸切除"按钮 🔳，系统弹出"切除-拉伸"属性管理器；在"终止条件"下拉列表中选择"成形到下一面"选项，选择六棱柱上的通气孔；然后单击"确定"按钮 ✓ 。

（7）保存文件。单击菜单栏中的"文件"→"保存"命令，将零件文件保存为"通气塞.SLDPRT"，最后的效果如图 4-28 所示。

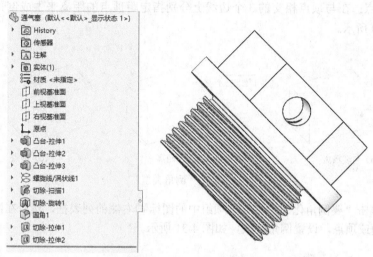

图 4-28　通气塞的最后效果

4.2　倒角特征

上节介绍了圆角特征，本节介绍倒角特征。在零件设计过程中，通常会对锐利的零件边角进行倒角处理，以防止伤人和避免应力集中，便于搬运、装配等。此外，有些倒角特征也是机械加工过程中不可缺少的工艺。与圆角特征类似，倒角特征是对边或角进行倒角。图 4-29 所示是应用倒角特征后的零件实例。

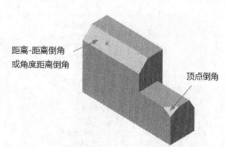

图 4-29　应用倒角特征后的零件实例

4.2.1　创建倒角特征

下面结合实例介绍在零件模型上创建倒角特征的操作步骤。

【实例 4-6】创建倒角特征

（1）打开源文件"X:\源文件\ch4\原始文件\4.6.SLDPRT"。

（2）单击"特征"面板中的"倒角"按钮，或单击菜单栏中的"插入"→"特征"→"倒角"命令，系统弹出"倒角"属性管理器。

（3）在"倒角"属性管理器中选择倒角类型。

○ 角度距离：在所选边线上指定距离和倒角角度来生成倒角特征，如图 4-30（a）所示。

○ 距离 - 距离：在所选边线的两侧分别指定两个距离值来生成倒角特征，如图 4-30（b）所示。

○ 顶点：在与顶点相交的 3 个边线上分别指定距顶点的距离来生成倒角特征，如图 4-30（c）所示。

（a）角度距离　　　　　　　　（b）距离 - 距离　　　　　　　　（c）顶点

图 4-30　倒角类型

（4）单击"要倒角化的项目"选项组中的图标右侧的列表框，然后在图形区中选择边线、面或顶点，设置倒角参数，如图 4-31 所示。

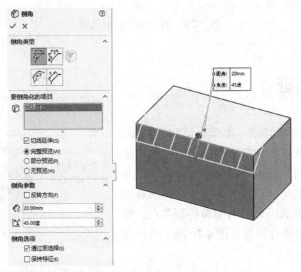

图 4-31　设置倒角参数

（5）在对应的文本框中指定距离或角度值。

（6）如果勾选"保持特征"复选框，则当应用倒角特征时，会保持零件的其他特征，如图 4-32 所示。

（7）倒角参数设置完毕后，单击"确定"按钮，生成倒角特征。

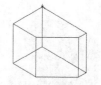

（a）原始零件　　　　（b）未勾选"保持特征"复选框　　　（c）勾选"保持特征"复选框

图 4-32　倒角特征

4.2.2　实例——混合器

本实例绘制水气混合泵混合器，如图 4-33 所示。首先绘制混合器盖的轮廓草图，并拉伸实体；再绘制与电机连接的部分，然后绘制进水口和出水口；最后绘制进气口，并对相应的部分进行倒角和圆角处理。

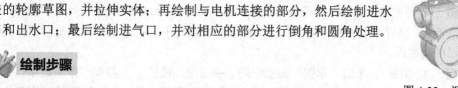

图 4-33　混合器

绘制步骤

1 新建文件。启动 SOLIDWORKS 2020，单击菜单栏中的"文件"→"新建"命令，或者单击"标准"工具栏中的"新建"按钮 ，在弹出的"新建 SOLIDWORKS 文件"对话框中先单击"零件"按钮 ，再单击"确定"按钮，创建一个新的零件文件。

2 绘制盖轮廓草图 1。在左侧的 FeatureManager 设计树"中选择"前视基准面"作为绘制图形的基准面。单击"草图"面板中的"圆"按钮 ，以原点为圆心绘制一个圆。

3 标注草图 1。单击菜单栏中的"工具"→"标注尺寸"→"智能尺寸"命令，或者单击"草图"面板中的"智能尺寸"按钮 ，标注上一步绘制圆的直径，结果如图 4-34 所示。

4 拉伸实体 1。单击菜单栏中的"插入"→"凸台 / 基体"→"拉伸"命令，或者单击"特征"面板中的"凸台-拉伸"按钮 ，此时系统弹出"凸台-拉伸"属性管理器。在"深度"文本框 中输入"20.00mm"，然后单击"确定"按钮 。

5 设置视图方向。单击"前导视图"工具栏中的"等轴测"按钮 ，将视图以等轴测方向显示，结果如图 4-35 所示。

6 设置基准面。单击图 4-35 所示的表面 1，然后单击"前导视图"工具栏中的"正视于"按钮 ，将该表面作为绘制图形的基准面。

7 绘制草图 2。单击"草图"面板中的"圆"按钮 ，以原点为圆心绘制一个直径为 90mm 的圆。

8 拉伸实体 2。单击"特征"面板中的"凸台-拉伸"按钮 ，此时系统弹出"凸台-拉伸"属性管理器。在"深度"文本框 中输入"42.00mm"，然后单击"确定"按钮 。

9 设置视图方向。单击"前导视图"工具栏中的"等轴测"按钮 ，将视图以等轴测方向显示，结果如图 4-36 所示。

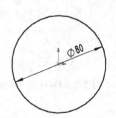

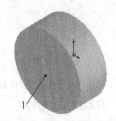

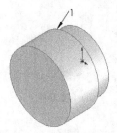

图 4-34 标注的草图 1　　图 4-35 拉伸后的实体 1　　图 4-36 拉伸后的实体 2

⑩ 圆角实体 3。单击菜单栏中的"插入"→"特征"→"圆角"命令，或者单击"特征"面板中的"圆角"按钮 📦，此时系统弹出"圆角"属性管理器。在"半径"文本框 ⟨ 中输入"10.00mm"，然后选择图 4-36 所示的边线 1。单击"确定"按钮 ✓，结果如图 4-37 所示。

⑪ 绘制与电机连接部分。设置基准面。在左侧的 FeatureManager 设计树中选择"前视基准面"，然后单击"前导视图"工具栏中的"正视于"按钮 ↥，将该基准面作为绘制图形的基准面。

⑫ 绘制草图 3。单击"草图"面板中的"中心线"按钮 ⤢，绘制一条通过原点的水平中心线和一条通过原点的斜中心线；单击"草图"面板中的"圆"按钮 ⊙，以斜中心线上的一点为圆心绘制一个圆，结果如图 4-38 所示。

⑬ 标注草图 3。单击"草图"面板中的"智能尺寸"按钮 ⟨，标注上一步绘制草图的尺寸，结果如图 4-38 所示。

⑭ 圆周阵列草图 4。单击菜单栏中的"工具"→"草图绘制工具"→"圆周阵列"命令，或者单击"草图"面板中的"圆周草图阵列"按钮 ❀，此时系统弹出图 4-39 所示的"圆周阵列"属性管理器。在"要阵列的实体"选择组中，选择图 4-38 所示的圆。按照图 4-39 所示进行设置后，单击"确定"按钮 ✓，结果如图 4-40 所示。

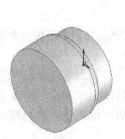

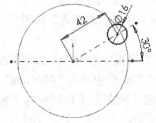

图 4-37 圆角实体 3　　　图 4-38 标注的草图 3　　图 4-39 "圆周阵列"属性管理器

⓯ 拉伸实体 4。单击"特征"面板中的"凸台-拉伸"按钮，系统弹出"凸台-拉伸"属性管理器。在"深度"文本框中输入"32.00mm"，然后单击"确定"按钮。

⓰ 设置视图方向。单击"前导视图"工具栏中的"等轴测"按钮，将视图以等轴测方向显示，结果如图 4-41 所示。

⓱ 设置基准面。单击图 4-41 所示的表面 1，然后单击"前导视图"工具栏中的"正视于"按钮，将该表面作为绘制图形的基准面。

⓲ 绘制草图 5。重复上面绘制草图的命令，并圆周阵列草图，结果如图 4-42 所示。

⓳ 拉伸实体 5。单击"特征"面板中的"凸台-拉伸"按钮，此时系统弹出"凸台-拉伸"属性管理器。在"深度"文本框中输入"32.00mm"，然后单击"确定"按钮。

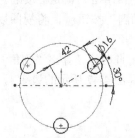
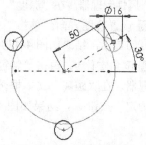

图 4-40　阵列后的草图 4　　　图 4-41　拉伸后的实体 4　　　图 4-42　绘制的草图 5

⓴ 设置视图方向。单击"前导视图"工具栏中的"等轴测"按钮，将视图以等轴测方向显示，结果如图 4-43 所示。

㉑ 圆角实体 6。单击"特征"面板中的"圆角"按钮，此时系统弹出"圆角"属性管理器。在"半径"文本框中输入"2.00mm"，然后选择图 4-43 所示与边线 1 类似的 3 个特征处和与边线 2 类似的 3 个特征处。单击"确定"按钮，结果如图 4-44 所示。

㉒ 绘制顶部轮廓。设置基准面。在左侧的 FeatureManager 设计树中选择"上视基准面"，然后单击"前导视图"工具栏中的"正视于"按钮，将该基准面作为绘制图形的基准面。

㉓ 绘制草图 6。单击"草图"面板中的"矩形"按钮，在上一步设置的基准面上绘制一个矩形。

㉔ 标注草图 6。单击"草图"面板中的"智能尺寸"按钮，标注上一步绘制矩形的尺寸及其约束尺寸，结果如图 4-45 所示。

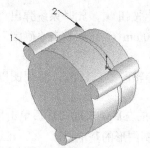
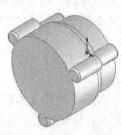
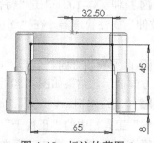

图 4-43　拉伸后的实体 5　　　图 4-44　圆角后的实体 6　　　图 4-45　标注的草图 6

25 拉伸实体 7。单击"特征"面板中的"凸台-拉伸"按钮，此时系统弹出"凸台-拉伸"属性管理器。在"深度"文本框中输入"50.00mm"，然后单击"确定"按钮。

26 设置视图方向。单击"前导视图"工具栏中的"等轴测"按钮，将视图以等轴测方向显示，结果如图 4-46 所示。

27 设置基准面。单击图 4-46 所示的表面 1，然后单击"前导视图"工具栏中的"正视于"按钮，将该表面作为绘制图形的基准面。

28 绘制草图 7。单击"草图"面板中的"圆"按钮，以原点为圆心绘制一个直径为 60mm 的圆。

29 拉伸切除实体 8。单击"特征"面板中的"拉伸切除"按钮，此时系统弹出"切除-拉伸"属性管理器。在"深度"文本框中输入"10.00mm"，然后单击"确定"按钮。

30 设置视图方向。单击"前导视图"工具栏中的"等轴测"按钮，将视图以等轴测方向显示，结果如图 4-47 所示。

31 倒角实体 9。单击"特征"面板中的"圆角"按钮，此时系统弹出"倒角"属性管理器。在"距离"文本框中输入"2.00mm"，然后选择图 4-47 所示的边线 1，单击"确定"按钮，结果如图 4-48 所示。

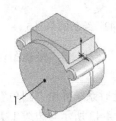 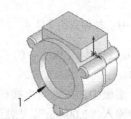 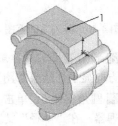

图 4-46　拉伸后的实体 7　　　图 4-47　拉伸切除后的实体 8　　　图 4-48　拉伸后的实体 9

32 设置基准面。单击图 4-48 所示的表面 1，然后单击"前导视图"工具栏中的"正视于"按钮，将该表面作为绘制图形的基准面。

33 绘制草图 8。单击"草图"面板中的"矩形"按钮，在上一步设置的基准面上绘制一个矩形。

34 标注草图 8。单击"草图"面板中的"智能尺寸"按钮，标注上一步绘制矩形的尺寸及其约束尺寸，结果如图 4-49 所示。

35 拉伸实体 10。单击"特征"面板中的"凸台-拉伸"按钮，此时系统弹出"凸台-拉伸"属性管理器。在"深度"文本框中输入"50.00mm"，然后单击"确定"按钮。

36 设置视图方向。单击"前导视图"工具栏中的"等轴测"按钮，将视图以等轴测方向显示，结果如图 4-50 所示。

37 绘制进水口。设置基准面。单击图 4-50 中上面实体的左后侧表面，然后单击"前导视图"工具栏中的"正视于"按钮，将该表面作为绘制图形的基准面。

38 绘制草图 9。单击"草图"面板中的"圆"按钮，在上一步设置的基准面上绘制两个同心圆。

㊴ 标注草图 9。单击"草图"面板中的"智能尺寸"按钮 ，标注上一步绘制圆的直径及其约束尺寸，结果如图 4-51 所示。

㊵ 拉伸实体 11。单击"特征"面板中的"凸台-拉伸"按钮 ，此时系统弹出"凸台-拉伸"属性管理器。在"深度"文本框 中输入"15.00mm"，然后单击"确定"按钮 。

㊶ 设置视图方向。单击"前导视图"工具栏中的"等轴测"按钮 ，将视图以等轴测方向显示，结果如图 4-52 所示。

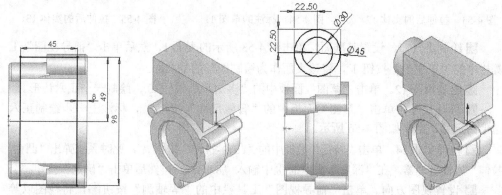

图 4-49　标注的草图 8　图 4-50　拉伸后的实体 10　图 4-51　标注的草图 9　图 4-52　拉伸后的实体 11

㊷ 绘制堵盖，设置基准面。单击图 4-52 中上面实体的右侧表面，然后单击"前导视图"工具栏中的"正视于"按钮 ，将该表面作为绘制图形的基准面。

㊸ 绘制草图 10。单击"草图"面板中的"圆"按钮 ，在上一步设置的基准面上绘制一个直径为 30mm 的圆，并且圆心在右侧表面的中央处。

㊹ 拉伸实体 12。单击"特征"面板中的"凸台-拉伸"按钮 ，此时系统弹出"凸台-拉伸"属性管理器。在"深度"文本框 中输入"5.00mm"，然后单市"确定"按钮 。

㊺ 设置视图方向。单击"前导视图"工具栏中的"等轴测"按钮 ，将视图以等轴测方向显示，结果如图 4-53 所示。

㊻ 绘制出水口，设置基准面。单击图 4-53 所示的表面 1，然后单击"前导视图"工具栏中的"正视于"按钮 ，将该表面作为绘制图形的基准面。

㊼ 绘制草图 11。单击"草图"面板中的"圆"按钮 ，在上一步设置的基准面上绘制两个同心圆。

㊽ 标注草图 11。单击"草图"面板中的"智能尺寸"按钮 ，标注上一步绘制圆的直径及其约束尺寸，结果如图 4-54 所示。

㊾ 拉伸实体 13。单击"特征"面板中的"凸台-拉伸"按钮 ，此时系统弹出"凸台-拉伸"属性管理器。在"深度"文本框 中输入"15.00mm"，然后单击"确定"按钮 。

㊿ 设置视图方向。单击"前导视图"工具栏中的"等轴测"按钮 ，将视图以等轴测方向显示，结果如图 4-55 所示。

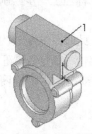

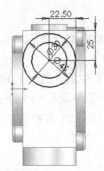

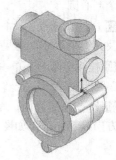

图 4-53　拉伸后的实体 12　　　图 4-54　标注的草图 11　　　图 4-55　拉伸后的实体 13

51 绘制进气口，设置基准面。单击图 4-53 所示的表面 1，然后单击"前导视图"工具栏中的"正视于"按钮 ⬇，将该表面作为绘制图形的基准面。

52 绘制草图 12。单击"草图"面板中的"多边形"按钮 ⊙，绘制一个正六边形。

53 标注尺寸。单击"草图"面板中的"智能尺寸"按钮 ⬧，标注上一步绘制正六边形的尺寸，结果如图 4-56 所示。

54 拉伸实体 14。单击"特征"面板中的"凸台-拉伸"按钮 🗔，此时系统弹出"凸台-拉伸"属性管理器。在"深度"文本框 🔧 中输入"8.00mm"，然后单击"确定"按钮 ✓。

55 设置视图方向。单击"前导视图"工具栏中的"等轴测"按钮 🔷，将视图以等轴测方向显示，结果如图 4-57 所示。

56 设置基准面。单击图 4-57 所示的表面 1，然后单击"前导视图"工具栏中的"正视于"按钮 ⬇，将该表面作为绘制图形的基准面。

57 绘制草图 13。单击"草图"面板中的"圆"按钮 ⊙，在上一步设置的基准面上以正六边形内切圆的圆心为圆心绘制一个直径为 10mm 的圆。

58 拉伸实体 15。单击"特征"面板中的"凸台-拉伸"按钮 🗔，此时系统弹出"凸台-拉伸"属性管理器。在"深度"文本框 🔧 中输入"30.00mm"，然后单击"确定"按钮 ✓。

59 设置视图方向。单击"前导视图"工具栏中的"等轴测"按钮 🔷，将视图以等轴测方向显示，结果如图 4-58 所示。

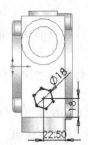

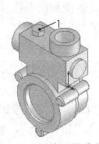

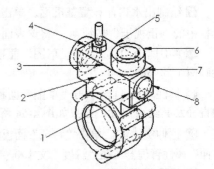

图 4-56　标注的草图 12　　图 4-57　拉伸后的实体 14　　　图 4-58　拉伸后的实体 15

60 圆角实体 16。单击菜单栏中的"插入"→"特征"→"圆角"命令，或者单击

"特征"面板中的"圆角"按钮 ，此时系统弹出"圆角"属性管理器。在"半径"文本框 中输入"2.00mm"，选择图 4-58 所示的边线 1 和边线 2，然后单击"确定"按钮 。重复此命令，将边线 3 和边线 5 修改成圆角为半径为 5mm 的实体；将边线 4 和边线 7 修改成圆角为半径为 1.5mm 的实体；将边线 6 和边线 8 修改成圆角为半径为 1.5mm 的实体，结果如图 4-33 所示。

4.3　圆顶特征

圆顶特征是对模型的一个面进行变形操作，生成圆顶型凸起特征。图 4-59 所示为圆顶特征的几种效果。

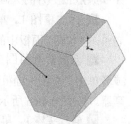

（a）　　　（b）　　　（c）

图 4-59　圆顶特征的几种效果

4.3.1　创建圆顶特征

下面结合实例介绍创建圆顶特征的操作步骤。

【实例 4-7】创建圆顶特征

（1）打开源文件"X:\源文件\ch4\原始文件\4.7.SLDPRT"，如图 4-60 所示。

（2）单击"特征"面板中的"圆顶"按钮 ，或单击菜单栏中的"插入"→"特征"→"圆顶"命令，此时系统弹出"圆顶"属性管理器。

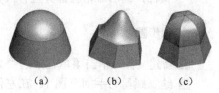

图 4-60　拉伸图形

（3）在"参数"选项组中，单击图 4-60 所示的表面 1，在"距离"文本框 中输入"50.00mm"，勾选"连续圆顶"复选框，"圆角"属性管理器的设置如图 4-61 所示。

（4）单击属性管理器中的"确定"按钮 ，并调整视图的方向，连续圆顶的图形如图 4-62 所示。图 4-63 所示为不勾选"连续圆顶"复选框生成的圆顶图形。

图 4-61　"圆顶"属性管理器

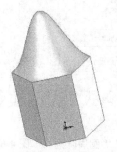

图 4-62　连续圆顶的图形

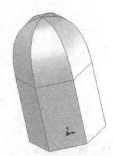

图 4-63　不连续圆顶的图形

在圆柱和圆锥模型上，可以将"距离"设置为0，此时系统会使用
圆弧半径作为圆顶的基础来计算距离。

4.3.2 实例——螺丝刀

本实例绘制的螺丝刀如图 4-64 所示。首先绘制螺丝刀的
手柄部分，然后绘制圆顶和螺丝刀的端部，并拉伸切除生成
"一字"头部，最后对相应部分进行圆角处理。

图 4-64　螺丝刀

绘制步骤

1 新建文件。单击菜单栏中的"文件"→"新建"命令，创建一个新的零件文件。

2 绘制螺丝刀手柄草图 1。在左侧的 FeatureManager 设计树中选择"前视基准面"
作为绘图基准面。单击"草图"面板中的"圆"按钮 ⊙，以原点为圆心绘制一个大圆，
并以原点正上方的大圆上的点为圆心绘制一个小圆。

3 标注草图 1。单击菜单栏中的"工具"→"标注尺寸"→"智能尺寸"命令，或
者单击"草图"面板中的"智能尺寸"按钮 ◇，标注上一步绘制圆的直径，如图 4-65 所示。

4 圆周阵列草图 2。单击菜单栏中的"工具"→"草图工具"→"圆周阵列"命令，
或者单击"草图"面板中的"圆周草图阵列"按钮 ✿，此时系统弹出"圆周阵列"属性管
理器。按照图 4-66 所示进行设置后，单击"确定"按钮 ✓，阵列后的草图如图 4-67 所示。

5 剪裁实体 1。单击菜单栏中的"工具"→"草图工具"→"剪裁"命令，或者单击"草
图"面板中的"剪裁实体"按钮 ✄，剪裁图中相应的圆弧处，剪裁后的草图如图 4-68 所示。

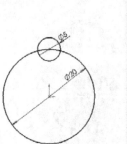

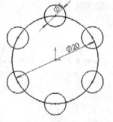

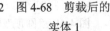

图 4-65　标注草图 1　　　图 4-66　"圆周阵列"　图 4-67　阵列后的草图 2　图 4-68　剪裁后的
　　　　　　　　　　　　　　属性管理器　　　　　　　　　　　　　　　　　　实体 1

⑥ 拉伸实体 2。单击菜单栏中的"插入"→"凸台 / 基体"→"拉伸"命令，或者单击"特征"面板中的"凸台-拉伸"按钮 ⑩，此时系统弹出"凸台-拉伸"属性管理器。在"深度"文本框 ⓐ 中输入"50.00mm"，然后单击"确定"按钮 ✓。

⑦ 设置视图方向。单击"前导视图"工具栏中的"等轴测"按钮 ⑩，将视图以等轴测方向显示，结果如图 4-69 所示。

⑧ 圆顶实体 3。单击菜单栏中的"插入"→"特征"→"圆顶"命令，或者单击"特征"面板中的"圆顶"按钮 ⓐ，此时系统弹出"圆顶"属性管理器。在"参数"选项组中，单击图 4-69 所示的表面 1。按照图 4-70 所示进行设置后，单击"确定"按钮 ✓，圆顶实体如图 4-71 所示。

⑨ 设置基准面。单击图 4-71 所示的后表面，然后单击"前导视图"工具栏中的"正视于"按钮 ⓐ，将该表面作为绘制图形的基准面。

图 4-69 拉伸后的实体 2　　图 4-70 "圆顶"属性管理器　　图 4-71 圆顶实体 3

⑩ 绘制草图 3。单击"草图"面板中的"圆"按钮 ⓞ，以原点为圆心绘制一个圆。

⑪ 标注草图 3。单击"草图"面板中的"智能尺寸"按钮 ⓒ，标注刚绘制圆的直径，如图 4-72 所示。

⑫ 拉伸实体 4。单击菜单栏中的"插入"→"凸台 / 基体"→"拉伸"命令，或者单击"特征"面板中的"凸台-拉伸"按钮 ⑩，此时系统弹出"凸台-拉伸"属性管理器。在"深度"文本框 ⓐ 中输入"16.00mm"，然后单击"确定"按钮 ✓。

⑬ 设置视图方向。单击"前导视图"工具栏中的"等轴测"按钮 ⑩，将视图以等轴测方向显示，结果如图 4-73 所示。

⑭ 设置基准面。单击图 4-73 所示的后表面，然后单击"前导视图"工具栏中的"正视于"按钮 ⓐ，将该表面作为绘制图形的基准面。

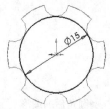

图 4-72 标注草图 3　　　　图 4-73 拉伸后的实体 4

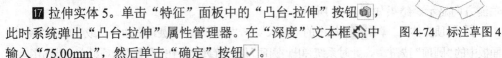

15 绘制草图4。单击"草图"面板中的"圆"按钮 ⊙，以原点为圆心绘制一个圆。

16 标注草图4。单击"草图"面板中的"智能尺寸"按钮 ，标注刚绘制圆的直径，如图4-74所示。

图4-74　标注草图4

17 拉伸实体5。单击"特征"面板中的"凸台-拉伸"按钮 ，此时系统弹出"凸台-拉伸"属性管理器。在"深度"文本框 中输入"75.00mm"，然后单击"确定"按钮 。

18 设置视图方向。单击"前导视图"工具栏中的"等轴测"按钮 ，将视图以等轴测方向显示，结果如图4-75所示。

19 设置基准面。在左侧的 FeatureManager 设计树中选择"右视基准面"，然后单击"前导视图"工具栏中的"正视于"按钮 ，将该基准面作为绘制图形的基准面。

20 绘制草图5。单击"草图"面板中的"直线"按钮 ，绘制两个三角形。

21 标注草图5。单击"草图"面板中的"智能尺寸"按钮 ，标注上一步绘制草图的尺寸，如图4-76所示。

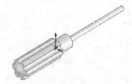

图4-75　拉伸后的实体5

图4-76　标注草图5

22 拉伸切除实体6。单击菜单栏中的"插入"→"切除"→"拉伸"命令，或者单击"特征"面板中的"拉伸切除"按钮 ，此时系统弹出"切除-拉伸"属性管理器。在"方向1"选项组的"终止条件"下拉列表中选择"两侧对称"选项，然后单击"确定"按钮 。

23 设置视图方向。单击"前导视图"工具栏中的"等轴测"按钮 ，将视图以等轴测方向显示，结果如图4-77所示。

24 倒圆角。单击"特征"面板中的"圆角"按钮 ，此时系统弹出"圆角"属性管理器。在"半径"文本框 中输入"3.00mm"，然后单击图4-77所示的边线1，单击"确定"按钮 。

25 设置视图方向。单击"前导视图"工具栏中的"等轴测"按钮 ，将视图以等轴测方向显示，倒圆角后的图形如图4-78所示。

图4-77　拉伸后的实体6

图4-78　倒圆角后的图形

4.4　拔模特征

拔模是零件模型上常见的特征，是以指定的角度斜削模型中所选的面。拔模经常应用于铸造零件，因为拔模角度的存在可以使型腔零件更容易脱出模具。SOLIDWORKS 提供了丰富的拔模功能。用户既可以在现有的零件上插入拔模特征，也可以在拉伸特征的同时进行拔模。本节主要介绍在现有的零件上插入拔模特征。

下面对与拔模特征有关的术语进行说明。

● 拔模面：选择的零件表面，此面将用于生成拔模斜度。

● 中性面：在拔模的过程中大小不变的固定面，用于指定拔模角的旋转轴。如果中性面与拔模面相交，则相交处为旋转轴。

● 拔模方向：用于确定拔模角度的方向。

图 4-79 所示是一个拔模特征的应用实例。

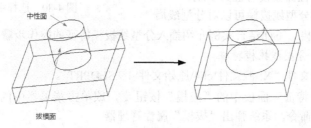

图 4-79　拔模特征的应用实例

4.4.1　创建拔模特征

要在现有的零件上插入拔模特征，从而以特定角度斜削所选的面，可以使用中性面拔模、分型线拔模和阶梯拔模。

下面结合实例介绍使用中性面在模型面上生成拔模特征的操作步骤。

【实例 4-8】创建拔模特征

（1）打开源文件 "X:\源文件\ch4\原始文件\4.8.SLDPRT"。

（2）单击"特征"面板中的"拔模"按钮，或单击菜单栏中的"插入"→"特征"→"拔模"命令，系统弹出"拔模"属性管理器。

（3）在"拔模类型"选项组中，选择"中性面"选项。

（4）在"拔模角度"选项组的"角度"文本框中设定拔模角度。

（5）单击"中性面"选项组中的列表框，然后在图形区中选择面或基准面作为中性面，如图 4-80 所示。

（6）图形区中的控标会显示拔模的方向，如果要向相反的方向生成拔模，则单击"反向"按钮。

（7）单击"拔模面"选项组中的图标右侧的列表框，然后在图形区中选择拔模面。

（8）如果要将拔模面延伸到额外的面，从"拔模沿面延伸"下拉列表中选择以下选项。

● 沿切面：将拔模延伸到所有与所选面相切的面。

● 所有面：所有从中性面拉伸的面都进行拔模。

● 内部的面：所有与中性面相邻的内部面都进行拔模。

● 外部的面：所有与中性面相邻的外部面都进行拔模。

● 无：拔模面不进行延伸。

（9）拔模属性设置完毕后，单击"确定"按钮 ☑，完成中性面拔模特征的生成。

此外，利用分型线拔模可以对分型线周

图 4-80　选择中性面

围的曲面进行拔模。下面结合实例介绍插入分型线拔模特征的操作步骤。

【实例 4-9】分型线拔模特征

（1）打开源文件"X:\源文件\ch4\原始文件\4.9.SLDPRT"。

（2）单击"特征"面板中的"拔模"按钮 🖾，或单击菜单栏中的"插入"→"特征"→"拔模"命令，系统弹出"拔模"属性管理器。

（3）在"拔模类型"选项组中，选择"分型线"选项。

（4）在"拔模角度"选项组的"角度"文本框 🖾 中指定拔模角度。

（5）单击"拔模方向"选项组中的列表框，然后在图形区中选择一条边线或一个面来指示拔模方向。

（6）如果要向相反的方向生成拔模，则单击"反向"按钮 🖾。

（7）单击"分型线"选项组中的图标 🖾 右侧的列表框，在图形区中选择分型线，如图 4-81（a）所示。

（8）如果要为分型线的每一线段指定不同的拔模方向，则单击"分型线"选项组中的图标 🖾 右侧列表框中的边线名称，然后单击"其他面"按钮。

（9）在"拔模沿面延伸"下拉列表中选择拔模沿面延伸类型。

● 无：只在所选面上进行拔模。

● 沿相切面：将拔模延伸到所有与所选面相切的面。

（10）拔模属性设置完毕后，单击"确定"按钮 ☑，完成分型线拔模特征，如图 4-81（b）所示。

技巧荟萃

　　拔模分型线必须满足以下条件：①在每个拔模面上至少有一条分型线与基准面重合；②其他所有分型线处于基准面的拔模方向；③没有分型线与基准面垂直。

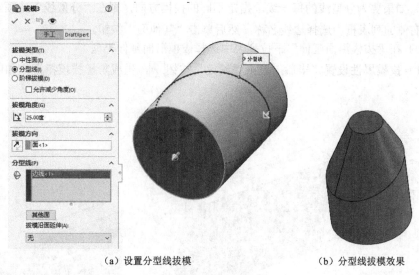

（a）设置分型线拔模　　　　　　　　　　（b）分型线拔模效果

图 4-81　分型线拔模

除了中性面拔模和分型线拔模以外，SOLIDWORKS 还提供了阶梯拔模。阶梯拔模为分型线拔模的变体，它的分型线可以不在同一平面内，如图 4-82 所示。

下面结合实例介绍插入阶梯拔模特征的操作步骤。

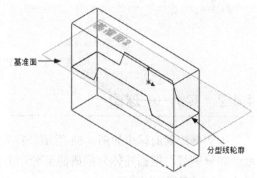

图 4-82　阶梯拔模中的分型线轮廓

【实例 4-10】阶梯拔模特征

（1）打开源文件"X:\源文件\ch4\原始文件\4.10.SLDPRT"。

（2）单击"特征"面板中的"拔模"按钮🗐，或单击菜单栏中的"插入"→"特征"→"拔模"命令，系统弹出"拔模"属性管理器。

（3）在"拔模类型"选项组中，选择"阶梯拔模"选项。

（4）如果想使曲面与锥形曲面一起生成，则勾选"锥形阶梯"复选框；如果想使曲面垂直于原主要面，则勾选"垂直阶梯"复选框。

（5）在"拔模角度"选项组的"角度"文本框🖹中指定拔模角度。

（6）单击"拔模方向"选项组中的列表框，然后在图形区中选择一基准面指示起模方向。

（7）如果要向相反的方向生成拔模，则单击"反向"按钮🡴。

（8）单击"分型线"选项组中的图标🖑右侧的列表框，然后在图形区中选择分型线，如图 4-83（a）所示。

（9）如果要为分型线的每一线段指定不同的拔模方向，则在"分型线"选项组中的图标 ⊕ 右侧的列表框中选择边线名称，然后单击"其他面"按钮。

（10）在"拔模沿面延伸"下拉列表中选择拔模沿面延伸类型。

（11）拔模属性设置完毕后，单击"确定"按钮 ✓，生成阶梯拔模特征，如图 4-83（b）所示。

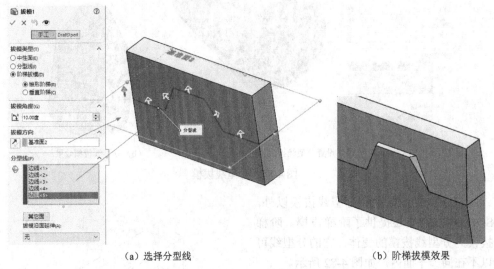

（a）选择分型线　　　　　　　　　　　　　　　　　（b）阶梯拔模效果

图 4-83　创建分型线拔模

4.4.2　实例——球棒

本实例绘制的球棒如图 4-84 所示。首先绘制一个圆柱体，然后绘制分割线，把圆柱体分割成两部分，并将其中一部分进行拔模处理，完成球棒的绘制。

图 4-84　球棒

绘制步骤

1 新建文件。单击菜单栏中的"文件"→"新建"命令，创建一个新的零件文件。

2 绘制草图 1。单击"草图"面板中的"草图绘制"按钮 ⌐，新建一张草图。默认情况下，新的草图在前视基准面上打开。单击"草图"面板中的"圆"按钮 ⊙，绘制一个圆形作为拉伸基体特征的草图轮廓。

3 标注草图 1。单击"草图"面板中的"智能尺寸"按钮 ✧，标注尺寸，如图 4-85 所示。

4 拉伸实体。单击"特征"面板中的"凸台-拉伸"按钮 ▥，或单击菜单栏中的"插入"→"凸台 / 基体"→"拉伸"命令，在弹出的"凸台-拉伸"属性管理器的"方向 1"选项组中设定拉伸"终止条件"为"两侧对称"；在"深度"文本框 ⟳ 中输入"160.00mm"，单击"确定"按钮 ✓，生成的拉伸特征如图 4-86 所示。

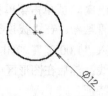

图 4-85　标注草图 1　　　　　　　　　　　　图 4-86　基体拉伸实体

⑤ 创建基准面。单击"参考几何体"工具栏中的"基准面"按钮▥，或单击菜单栏中的"插入"→"参考几何体"→"基准面"命令，系统弹出"基准面"属性管理器。选择"上视基准面"，然后在"基准面"属性管理器的"等距距离"文本框▧中输入"20.00mm"，单击"确定"按钮✓，生成分割线所需的基准面 1。

⑥ 设置基准面。单击"草图"面板中的"草图绘制"按钮▭，在基准面 1 上打开一张草图，即草图 2。单击"前导视图"工具栏中的"正视于"按钮↧，将该基准面作为绘制图形的基准面。

⑦ 绘制草图 2。单击"草图"面板中的"直线"按钮╱，在基准面 1 上绘制一条通过原点的竖直直线。

⑧ 设置视图方向。单击"前导视图"工具栏中的"消除隐藏线"按钮▢，以轮廓线观察模型。单击"前导视图"工具栏中的"等轴测"按钮▨，用等轴测视图观看图形，如图 4-87 所示。

⑨ 创建分割线。单击菜单栏中的"插入"→"曲线"→"分割线"命令，系统弹出"分割线"属性管理器。在"分割类型"选项组中选择"投影"单选按钮，单击图标▭右侧的列表框，在图形区中选择草图 2 作为投影草图；单击图标▨右侧的列表框，然后在图形区中选择圆柱的侧面作为要分割的面，如图 4-88 所示。单击"确定"按钮✓，生成均匀分割圆柱的分割线，如图 4-89 所示。

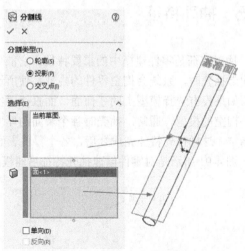

图 4-87　在基准面 1 上生成草图 2　　　　　　图 4-88　"分割线"属性管理器

⑩ 创建拔模特征。单击"特征"面板中的"拔模"按钮◎，或单击菜单栏中的"插入"→"特征"→"拔模"命令，系统弹出"拔模"属性管理器。在"拔模类型"选项组中选择"分型线"单选按钮，在"角度"⚲文本框中输入"1.00 度"；单击"分型线"选项组中的图标●右侧的列表框，选择上一步创建的分割线；然后在图形区中选择圆柱端面为拔模方向。单击"确定"按钮✓，完成分型面拔模特征。

⑪ 创建圆顶特征。选择柱形的底端面（拔模的一端）作为创建圆顶的基面。单击"特征"面板中的"圆顶"按钮◎，或单击菜单栏中的"插入"→"特征"→"圆顶"命令，在弹出的"圆顶"属性管理器中指定圆顶的高度为"5mm"。单击"确定"按钮✓，生成圆顶特征。

⑫ 保存文件。单击"标准"工具栏中的"保存"按钮🖫，将零件保存为"球棒.SLDPRT"。至此该零件就制作完成了，最后的效果（包括FeatureManager设计树）如图4-90所示。

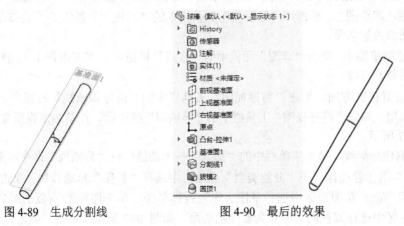

图 4-89 生成分割线　　　　　图 4-90　最后的效果

4.5 抽壳特征

抽壳特征是零件建模中的重要特征，它能使一些复杂工作变得简单。当在零件的一个面上抽壳时，系统会掏空零件的内部，使所选择的面敞开，在剩余的面上生成薄壁特征。如果没有选择模型上的任何面，而直接对实体零件进行抽壳操作，则会生成一个闭合、掏空的模型。通常，抽壳时各个表面的厚度相等。也可以对某些表面的厚度进行单独指定，这样抽壳特征完成之后，各个零件表面的厚度就不相等。

图 4-91 所示是对零件创建抽壳特征后建模的实例。

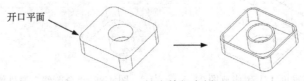

图 4-91　抽壳特征实例

4.5.1　创建抽壳特征

1. 等厚度抽壳特征

下面结合实例介绍生成等厚度抽壳特征的操作步骤。

【实例 4-11】等厚度抽壳特征

（1）打开源文件"X:\源文件\ch4\原始文件\4.11.SLDPRT"。

（2）单击"特征"面板中的"抽壳"按钮 ，或单击菜单栏中的"插入"→"特征"→"抽壳"命令，系统弹出"抽壳"属性管理器。

（3）在"参数"选项组的"厚度"文本框 中指定抽壳的厚度。

（4）单击"等轴测"按钮 右侧的列表框，然后从右侧的图形区中选择一个或多个开口面作为要移除的面。此时在列表框中显示所选的开口面，如图 4-92 所示。

（5）如果勾选了"壳厚朝外"复选框，则会增加零件外部尺寸，从而生成抽壳。

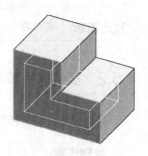

图 4-92　选择要移除的面

（6）抽壳属性设置完毕后，单击"确定"按钮 ，生成等厚度抽壳特征。

技巧荟萃　　　　如果在步骤（4）中没有选择开口面，则系统会生成一个闭合、掏空的模型。

---

2. 具有多厚度面的抽壳特征

下面结合实例介绍生成具有多厚度面抽壳特征的操作步骤。

【实例 4-12】多厚度抽壳特征

（1）打开源文件"X:\源文件\ch4\原始文件\4.12.SLDPRT"。

（2）单击"特征"面板中的"抽壳"按钮 ，或单击菜单栏中的"插入"→"特征"→"抽壳"命令，系统弹出"抽壳"属性管理器。

（3）单击"多厚度设定"选项组中的图标 右侧的列表框，激活多厚度设定。

（4）在图形区中选择开口面，这些面会在该列表框中显示出来。

（5）在列表框中选择开口面，然后在"多厚度设定"选项组的"厚度"文本框 中输入对应的壁厚。

（6）重复步骤（5），直到为所有选择的开口面都指定了厚度。

（7）如果要使壁厚添加到零件外部，则勾选"壳厚朝外"复选框。

（8）抽壳属性设置完毕后，单击"确定"按钮 ，生成多厚度抽壳特征，其剖视图如图 4-93 所示。

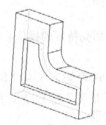

图 4-93　多厚度抽壳（剖视图）

如果想在零件上添加圆角特征，应当在生成抽壳之前对零件进行圆角处理。

4.5.2　实例——移动轮支架

本实例绘制的移动轮支架如图 4-94 所示。

绘制步骤

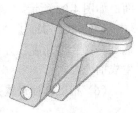

图 4-94　移动轮支架

1 单击"标准"工具栏中的"新建"按钮 🔲，创建一个新的零件文件。在弹出的"新建 SOLIDWORKS 文件"对话框中单击"零件"按钮 🔖，然后单击"确定"按钮，创建一个新的零件文件。

2 绘制草图 1。在左侧的 FeatureManager 设计树中选择"前视基准面"作为绘制图形的基准面。单击"草图"面板中的"圆"按钮 ⊙，以原点为圆心绘制一个直径为 58mm 的圆；单击"草图"面板中的"直线"按钮 ∕，在相应的位置绘制 3 条直线。

3 标注草图 1。单击"草图"面板中的"智能尺寸"按钮 ◇，标注上一步绘制草图的尺寸，结果如图 4-95 所示。

4 剪裁实体 1。单击"草图"面板中的"裁剪实体"按钮 ⅀，裁剪直线之间的圆弧，结果如图 4-96 所示。

5 拉伸实体 2。单击"特征"面板中的"凸台-拉伸"按钮 📦，此时系统弹出"凸台-拉伸"属性管理器。在"深度"文本框 ⬦ 中输入"65.00mm"，然后单击"确定"按钮 ✔。

6 设置视图方向。单击"视图定向"工具栏中的"等轴测"按钮 🧊，将视图以等轴测方向显示，结果如图 4-97 所示。

7 抽壳实体 3。单击"特征"面板中的"抽壳"按钮 📖，此时系统弹出图 4-98 所示的"抽壳"属性管理器。在"深度"文本框 ⬦ 中输入"3.50mm"，单击"确定"按钮 ✔，结果如图 4-99 所示。

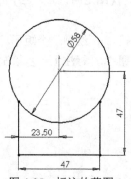

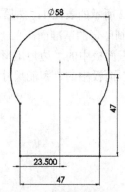

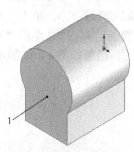

图 4-95　标注的草图 1　　　图 4-96　裁剪后的实体 1　　　图 4-97　拉伸后的实体 2

8 设置基准面。在左侧的 FeatureManager 设计树中选择"右视基准面",然后单击"视图定向"工具栏中的"正视于"按钮 ⬇,将该基准面作为绘制图形的基准面。

9 绘制草图 2。单击"草图"面板中的"直线"按钮 ✏,绘制 3 条直线;单击"草图"面板中的"3 点圆弧"按钮 ⌒,绘制一个圆弧。

10 标注草图 2。单击"草图"面板中的"智能尺寸"按钮 ✎,标注上一步绘制草图的尺寸,结果如图 4-100 所示。

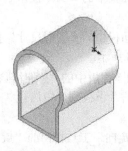

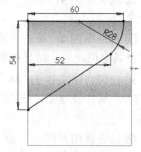

图 4-98　"抽壳"属性管理器　　　图 4-99　抽壳后的实体 3　　　图 4-100　标注的草图 2

11 拉伸切除实体 4。单击"特征"面板中的"拉伸切除"按钮 ▣,此时系统弹出"切除-拉伸"属性管理器。在方向 1 和方向 2 的"终止条件"下拉列表中选择"完全贯穿"选项,单击"确定"按钮 ✓。

12 设置视图方向。单击"视图定向"工具栏中的"等轴测"按钮 ⬡,将视图以等轴测方向显示,结果如图 4-101 所示。

13 圆角实体 5。单击"特征"面板中的"圆角"按钮 ▣,此时系统弹出"圆角"属性管理器。在"半径"文本框 ⬠ 中输入"15.00mm",然后选择图 4-101 所示的边线 1 以及左侧对应的边线。单击"确定"按钮 ✓,结果如图 4-102 所示。

14 设置基准面。单击图 4-102 所示的表面 1，然后单击"视图定向"工具栏中的"正视于"按钮 ⊥，将该表面作为绘制图形的基准面。

15 绘制草图 3。单击"草图"面板中的"边角矩形"按钮 □，绘制一个矩形。

16 标注草图 3。单击"草图"面板中的"智能尺寸"按钮 ✎，标注上一步绘制矩形的尺寸，结果如图 4-103 所示。

图 4-101　拉伸切除后的实体 4

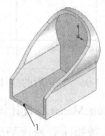

图 4-102　圆角后的实体 5

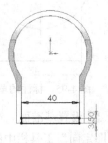

图 4-103　标注的草图 3

17 拉伸切除实体 6。单击"特征"面板中的"拉伸切除"按钮 ▣，此时系统弹出"切除-拉伸"属性管理器。在"深度"文本框 ⟷ 中输入"61.50mm"，然后单击"确定"按钮 ✓。

18 设置视图方向。单击"视图定向"工具栏中的"等轴测"按钮 ▣，将视图以等轴测方向显示，结果如图 4-104 所示。

19 绘制连接孔。设置基准面。单击图 4-104 所示的表面 1，然后单击"视图定向"工具栏中的"正视于"按钮 ⊥，将该表面作为绘制图形的基准面。

20 绘制草图 4。单击"草图"面板中的"圆"按钮 ⊙，在上一步设置的基准面上绘制一个圆。

21 标注草图 4。单击"草图"面板中的"智能尺寸"按钮 ✎，标注上一步绘制圆的直径及其定位尺寸，结果如图 4-105 所示。

22 拉伸切除实体 7。单击"特征"面板中的"拉伸切除"按钮 ▣，此时系统弹出"切除-拉伸"属性管理器。在"终止条件"下拉列表中选择"完全贯穿"选项。单击"确定"按钮 ✓。

23 设置视图方向。单击"视图定向"工具栏中的"旋转视图"按钮 ↻，将视图以合适的方向显示，结果如图 4-106 所示。

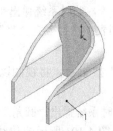

图 4-104　拉伸切除后的实体 6

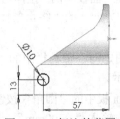

图 4-105　标注的草图 4

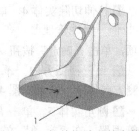

图 4-106　拉伸切除后的实体 7

24 设置基准面。单击图 4-106 所示的表面 1，然后单击"视图定向"工具栏中的"正视于"按钮⏚，将该表面作为绘制图形的基准面。

25 绘制草图 5。单击"草图"面板中的"圆"按钮⊙，在上一步设置的基准面上绘制一个直径为 65mm 的圆。

26 拉伸实体 8。单击"特征"面板中的"凸台-拉伸"按钮，此时系统弹出"凸台-拉伸"属性管理器。在"深度"文本框中输入"3.00mm"，然后单击"确定"按钮✓。

27 设置视图方向。单击"视图定向"工具栏中的"旋转视图"按钮，将视图以合适的方向显示，结果如图 4-107 所示。

28 圆角实体 9。单击"特征"面板中的"圆角"按钮，此时系统弹出"圆角"属性管理器。在"半径"文本框中输入"3.00mm"，然后选择图 4-107 所示的边线 1。单击"确定"按钮✓，结果如图 4-108 所示。

29 绘制轴孔，设置基准面。单击图 4-108 所示的表面 1，然后单击"视图定向"工具栏中的"正视于"按钮⏚，将该表面作为绘制图形的基准面。

30 绘制草图 6。单击"草图"面板中的"圆"按钮⊙，在上一步设置的基准面上绘制一个直径为 16mm 的圆。

31 拉伸切除实体 10。单击"特征"面板中的"拉伸切除"按钮，此时系统弹出"切除-拉伸"属性管理器。在"终止条件"下拉列表中选择"完全贯穿"选项，单击"确定"按钮✓。

32 设置视图方向。单击"视图定向"工具栏中的"等轴测"按钮，将视图以等轴测方向显示，结果如图 4-109 所示。

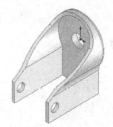

图 4-107　拉伸后的实体 8　　　图 4-108　圆角后的实体 9　　　图 4-109　拉伸切除后的实体 10

4.6　孔特征

钻孔特征是指在已有的零件上生成各种类型的孔特征。SOLIDWORKS 提供了两大类孔特征：简单直孔和异型孔。下面结合实例介绍创建不同孔特征的操作步骤。

4.6.1　创建简单直孔

简单直孔是指在确定的平面上，设置孔的直径和深度。孔深度的"终止条件"类型与拉伸切除的"终止条件"类型基本相同。

下面结合实例介绍创建简单直孔的操作步骤。

【实例4-13】创建简单直孔

（1）打开源文件"X:\源文件\ch4\原始文件\4.13.SLDPRT"，如图4-110所示。

图4-110 打开的实体

（2）单击如图4-110所示的表面1，单击"特征"面板中的"简单直孔"按钮，或单击菜单栏中的"插入"→"特征"→"孔"→"简单直孔"命令，此时系统弹出"孔"属性管理器。

（3）设置属性管理器。在"终止条件"下拉列表中选择"完全贯穿"选项，在"孔直径"文本框中输入"30.00mm"，"孔"属性管理器的设置如图4-111所示。

（4）单击"孔"属性管理器中的"确定"按钮，钻孔后的实体如图4-112所示。

（5）在FeatureManager设计树中，右击步骤（4）中添加的孔特征选项，此时系统弹出的快捷菜单如图4-113所示，单击其中的"编辑草图"按钮，编辑草图如图4-114所示。

图4-111 "孔"属性管理器

图4-112 钻孔实体

图4-113 快捷菜单

（6）按住<Ctrl>键，单击图4-114所示的圆弧1和边线弧2，此时系统弹出的"属性"属性管理器如图4-115所示。

（7）单击"现有几何关系"选项组中的"同心"按钮，此时"同心"几何关系显示在"现有几何关系"选项组中。为圆弧1和边线弧2添加"同心"几何关系，再单击"确定"按钮。

（8）单击绘图区右上角的"退出草图"按钮，创建的简单直孔特征如图4-116所示。

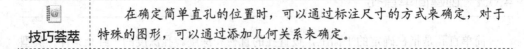

技巧荟萃　　　在确定简单直孔的位置时，可以通过标注尺寸的方式来确定，对于特殊的图形，可以通过添加几何关系来确定。

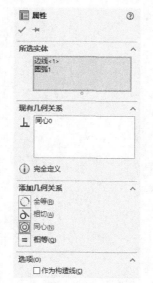

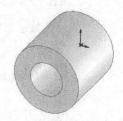

图 4-114　编辑草图　　图 4-115　"属性"属性管理器　　图 4-116　创建的简单直孔特征

4.6.2　创建异型孔

异型孔即具有复杂轮廓的孔，主要包括柱形沉头孔、锥形沉头孔、孔、螺纹孔、管螺纹孔、旧制孔柱孔槽口、锥孔槽口等类型。异型孔的类型和位置都是在"孔规格"属性管理器中设置。

下面结合实例介绍创建异型孔的操作步骤。

【实例 4-14】创建异型孔

（1）打开源文件"X:\源文件\ch4\原始文件\4.14.SLDPRT"，打开的文件实体如图 4-117 所示。

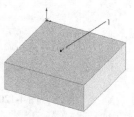

（2）单击图 4-117 所示的表面 1，单击"特征"面板中的"异形孔向导"按钮 ，或单击菜单栏中的"插入"→"特征"→"孔"→"向导"命令，此时系统弹出"孔规格"属性管理器。

图 4-117　打开的文件实体

（3）"孔类型"选项组按照图 4-118 所示进行设置，然后单击"位置"选项卡，此时单击"3D 草图"按钮，在图 4-117 所示的表面 1 上添加 4 个点。

（4）单击"草图"面板中的"智能尺寸"按钮 ，标注 4 个点的定位尺寸，即标注孔的位置，如图 4-119 所示。

（5）单击"孔规格"属性管理器中的"确定"按钮 ，添加的孔如图 4-120 所示。

（6）单击菜单栏中的"视图"→"修改"→"旋转视图"命令，将视图以合适的方向显示，旋转视图后的图形如图 4-121 所示。

图 4-118 "孔规格"属性管理器

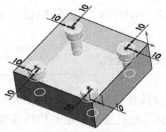

图 4-119 标注孔的位置

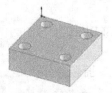

图 4-120 添加的孔

图 4-121 旋转视图后的图形

4.6.3 实例——锁紧件

本实例绘制的锁紧件如图 4-122 所示。首先绘制锁紧件的主体轮廓草图并拉伸实体，然后绘制固定螺纹孔以及锁紧螺纹孔。

 绘制步骤

 新建文件。单击菜单栏中的"文件"→"新建"命令，创建一个新的零件文件。

图 4-122 锁紧件

2 绘制锁紧件主体的草图 1。在左侧的 FeatureManager 设计树中选择"前视基准面"作为绘制图形的基准面。单击"草图"面板中的"圆"按钮⊙，以原点为圆心绘制一个圆；单击"草图"面板中的"直线"按钮╱，绘制一系列的直线；单击"草图"面板中的"3 点圆弧"按钮⌒，绘制圆弧；单击"草图"面板中的"中心线"按钮┊，绘制一条通过原点的水平中心线。

3 标注草图 1。单击菜单栏中的"工具"→"标注尺寸"→"智能尺寸"命令，或者单击"草图"面板中的"智能尺寸"按钮✎，标注上一步绘制草图的尺寸，如图 4-123 所示。

4 拉伸实体 1。单击菜单栏中的"插入"→"凸台／基体"→"拉伸"命令，或者单击"特征"面板中的"凸台-拉伸"按钮⬚，此时系统弹出"凸台-拉伸"属性管理器。在"深度"文本框⬚中输入"60.00mm"，然后单击"确定"按钮✓。

5 设置视图方向。单击"前导视图"工具栏中的"等轴测"按钮⬢，将视图以等轴测方向显示，结果如图 4-124 所示。

6 设置基准面。单击图 4-124 所示的表面 1，然后单击"前导视图"工具栏中的"正视于"按钮⊥，将该表面作为绘制图形的基准面。

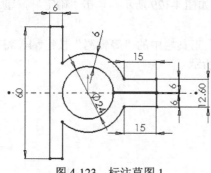

图 4-123　标注草图 1

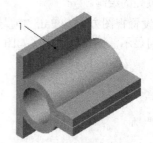

图 4-124　拉伸的实体 1

7 绘制草图 2。单击"草图"面板中的"圆"按钮⊙，在上一步中设置的基准面上绘制 4 个圆。

8 标注草图 2。单击"草图"面板中的"智能尺寸"按钮✎，标注上一步中绘制圆的直径及其定位尺寸，如图 4-125 所示。

9 拉伸切除实体 2。单击菜单栏中的"插入"→"切除"→"拉伸"命令，或者单击"特征"面板中的"拉伸切除"按钮⬚，此时系统弹出"切除-拉伸"属性管理器。在"终止条件"下拉列表中选择"完全贯穿"选项，如图 4-126 所示，单击"确定"按钮✓。

10 设置视图方向。单击"前导视图"工具栏中的"等轴测"按钮⬢，将视图以等轴测方向显示，结果如图 4-127 所示。

11 设置基准面。单击图 4-127 所示的表面 1，然后单击"前导视图"工具栏中的"正视于"按钮⊥，将该表面作为绘制图形的基准面。

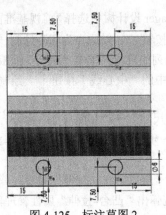

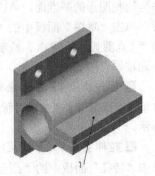

图 4-125　标注草图 2　　　　图 4-126　"切除 - 拉伸"　　　图 4-127　拉伸的实体 2
属性管理器

⓬ 添加柱形沉头孔。单击菜单栏中的"插入"→"特征"→"孔向导"命令，或者单击"特征"面板中的"异型孔向导"按钮 ⚙，此时系统弹出"孔规格"属性管理器。按照图 4-128 所示设置"类型"选项卡，然后单击"位置"选项卡，在步骤 11 中设置的基准面上添加两个点，并标注点的位置，如图 4-129 所示。单击"确定"按钮 ✓，完成柱形沉头孔的绘制。

⓭ 设置视图方向。单击"前导视图"工具栏中的"等轴测"按钮 🧊，将视图以等轴测方向显示，钻孔后的图形如图 4-130 所示。

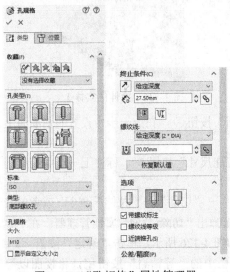

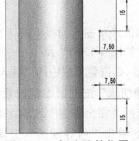

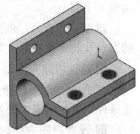

图 4-128　"孔规格"属性管理器　　　图 4-129　标注孔的位置　　图 4-130　钻孔后的图形

技巧荟萃　　　常用的异型孔有柱形沉头孔、锥形沉头孔、孔、螺纹孔和管螺纹孔等。"孔规格"属性管理器中集成了机械设计中所有孔的类型，单击"异型孔向导"按钮可以很方便地绘制各种类型的孔。

4.7　筋特征

筋是零件上增加强度的部分，它是一种从开环或闭环草图轮廓生成的特殊拉伸实体，它可以在草图轮廓与现有零件之间添加指定方向和厚度的材料。

在 SOLIDWORKS 2020 中，筋实际上是由开环的草图轮廓生成的特殊类型的拉伸特征。图 4-131 所示为筋特征的几种效果。

图 4-131　筋特征的几种效果

4.7.1　创建筋特征

下面结合实例介绍创建筋特征的操作步骤。

【实例 4-15】创建筋特征

（1）打开源文件"X:\源文件\ch4\原始文件\4.15.SLDPRT"，如图 4-132 所示。

（2）选择"前视基准面"作为筋的草图绘制平面，绘制图 4-133 所示的草图。

（3）单击"特征"面板中的"筋"按钮，或单击菜单栏中的"插入"→"特征"→"筋"命令。

（4）此时系统弹出"筋 1"属性管理器。按照图 4-134 所示进行参数设置，然后单击"确定"按钮。

（5）单击"前导视图"工具栏中的"等轴测"按钮，将视图以等轴测方向显示，添加的筋如图 4-135 所示。

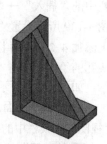

图 4-132　打开的　图 4-133　绘制的草图　图 4-134　"筋 1"属性管理器　图 4-135　添加的筋
　文件实体

4.7.2　实例——轴承座

本实例绘制的轴承座如图 4-136 所示。首先绘制轴承座底座草图并拉伸实体，然后在底座上添加柱形沉头孔，再绘制支架肋板和轴孔，最后对相应部分进行圆角处理。

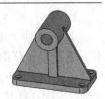

图 4-136　轴承座

绘制步骤

1 新建文件。单击菜单栏中的"文件"→"新建"命令，创建一个新的零件文件。

2 绘制底座的草图 1。在左侧 FeatureManager 设计树中选择"前视基准面"作为绘制图形的基准面。单击"草图"面板中的"中心矩形"按钮 ▣，以原点为角点绘制一个矩形。

3 标注草图 1。单击"草图"面板中的"智能尺寸"按钮 ❖，标注上一步绘制矩形的尺寸，如图 4-137 所示。

4 拉伸实体 1。单击菜单栏中的"插入"→"凸台 / 基体"→"拉伸"命令，或者单击"特征"面板中的"凸台-拉伸"按钮 ⬛，此时系统弹出"凸台-拉伸"属性管理器。在"方向 1"选项组中选择"两侧对称"选项，在"深度"文本框 ✧ 中输入"20.00mm"，然后单击"确定"按钮 ✓，结果如图 4-138 所示。

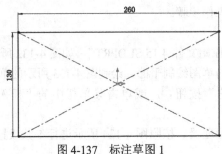

图 4-137　标注草图 1

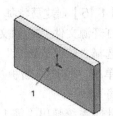

图 4-138　拉伸实体 1

5 设置基准面。单击图 4-138 所示的表面 1，然后单击"前导视图"工具栏中的"正视于"按钮 ⬍，将该表面作为绘制图形的基准面。

6 添加柱形沉头孔。单击"特征"面板中的"异形孔向导"按钮 ⬡，或单击菜单栏中的"插入"→"特征"→"孔向导"命令，系统弹出"孔规格"属性管理器。按照图 4-139 所示设置"类型"选项卡，然后单击"位置"选项卡，在上一步设置的基准面上添加 4 个点，并标注点的位置，如图 4-140 所示。单击"确定"按钮 ✓，完成柱形沉头孔的绘制。单击"前导视图"工具栏中的"等轴测"按钮 🧊，将视图以等轴测方向显示，如图 4-141 所示。

7 设置基准面。在左侧的 FeatureManager 设计树中选择"上视基准面"，然后单击"视图"工具栏中的"正视于"按钮 ⬍，将该基准面作为绘制图形的基准面。

8 绘制草图 2。单击"草图"面板中的"圆"按钮 ◉，以竖直中心线上的一点为圆心绘制一个圆。

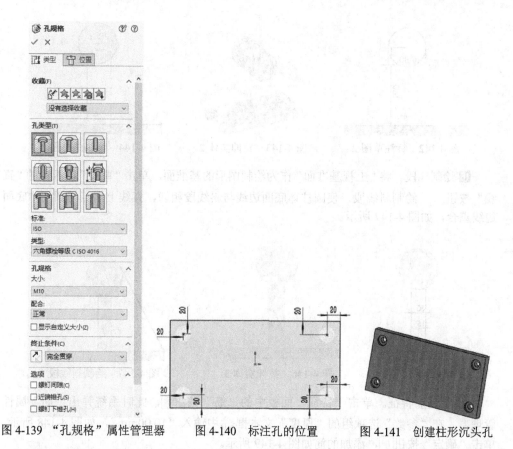

图 4-139　"孔规格"属性管理器　　图 4-140　标注孔的位置　　图 4-141　创建柱形沉头孔

⑨ 标注草图 2。单击"草图"面板中的"智能尺寸"按钮 ，标注上一步绘制草图的尺寸，如图 4-142 所示。

⑩ 拉伸实体 2。单击"特征"面板中的"拉伸凸台 / 基体"按钮，此时系统弹出"凸台-拉伸"属性管理器。在"方向 1"选项组中选择"两侧对称"选项，在"深度"文本框中输入"130.00mm"，单击"确定"按钮。

⑪ 设置视图方向。单击"前导视图"工具栏中的"等轴测"按钮，将视图以等轴测方向显示，结果如图 4-143 所示。

⑫ 设置基准面。先选择"上视基准面"，然后单击"视图"工具栏中的"正视于"按钮，将该基准面作为绘制图形的基准面。

⑬ 绘制草图 3。利用"直线"命令和"实体转换"命令，绘制图 4-144 所示的草图。

⑭ 标注草图 3。单击"草图"面板中的"智能尺寸"按钮，标注上一步绘制草图的尺寸，如图 4-145 所示。

⑮ 拉伸实体 3。单击"特征"面板中的"拉伸凸台 / 基体"按钮，此时系统弹出"凸台-拉伸"属性管理器。在"方向 1"选项组中选择"两侧对称"选项，在"深度"文本框中输入"30.00mm"，单击"确定"按钮，创建的拉伸 3 特征如图 4-146 所示。

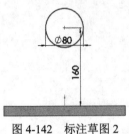

图 4-142　标注草图 2

图 4-143　拉伸实体 2

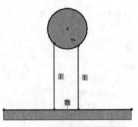

图 4-144　绘制的草图 3

16 绘制线段。将"上视基准面"作为绘制图形的基准面。单击"草图"面板中的"直线"按钮 ✐，绘制斜线段，使圆柱体底面边线与斜线段相切，直线上端点与圆柱体底面边线重合，如图 4-147 所示。

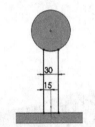

图 4-145　标注草图 3

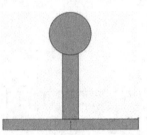

图 4-146　拉伸实体 3

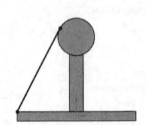

图 4-147　绘制斜线段

17 绘制筋特征。单击"特征"面板中的"筋"按钮 ◣，此时系统弹出"筋"属性管理器。在"参数"选项组的"厚度"文本框 ⌄ 中输入"10.00mm"，如图 4-148 所示。单击"确定"按钮 ✓，添加的筋如图 4-149 所示。

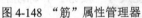

图 4-148　"筋"属性管理器

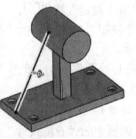

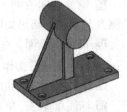

图 4-149　添加的筋

18 镜向筋。单击"特征"面板中的"镜向"按钮 ▸◂，以右视基准平面作为镜向面，将上一步绘制的筋镜向，如图 4-150 所示。

19 绘制通孔。以圆柱体底面为绘图平面，绘制一个直径为 40mm 的圆，并与底面圆同心。单击"特征"面板中的"拉伸切除"按钮 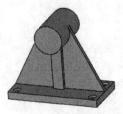，系统弹出"切除-拉伸"属性管理器。在"方向 1"选项组中选择"完全贯穿"选项，然后单击"确定"按钮，结果如图 4-151 所示。

⑳ 实体倒圆角。单击"特征"面板中的"圆角"按钮，或单击菜单栏中的"插入"→"特征"→"圆角"命令，此时系统弹出"圆角"属性管理器。在"半径"文本框中输入"20.00mm"，单击图 4-151 所示底座的 4 条竖直边线，然后单击"确定"按钮。绘制完成的轴承座如图 4-136 所示。

图 4-150　镜向筋

图 4-151　绘制通孔

4.8　自由形特征

自由形特征与圆顶特征类似，也是针对模型表面进行变形操作，但是具有更多的控制选项。自由形特征通过展开、约束或拉紧所选曲面在模型上生成一个变形曲面。变形曲面灵活可变，很像一层膜，可以使用"自由形特征"属性管理器中"控制"标签上的滑块将之展开、约束或拉紧。

下面通过实例介绍创建自由形特征的操作步骤。

【实例 4-16】自由形特征

（1）打开源文件"X:\源文件\ch4\原始文件\4.16.SLDPRT"，打开的文件实体如图 4-152 所示。

（2）单击菜单栏中的"插入"→"特征"→"自由形"命令，此时系统弹出图 4-153 所示的"自由形"属性管理器。

（3）设置属性管理器。在"面设置"选项组中，单击图 4-152 所示的表面 1，单击"添加曲线"按钮。在表面 1 上单击生成一条曲线，右击结束曲线的添加。选择该曲线，拖动曲线上的箭头或圆点均可改变曲面形状。"自由形"属性管理器的设置如图 4-153 所示。

（4）确定特型特征。单击属性管理器中的"确定"按钮，结果如图 4-154 所示。

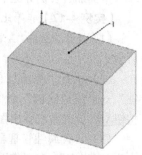

图 4-152　打开的文件实体

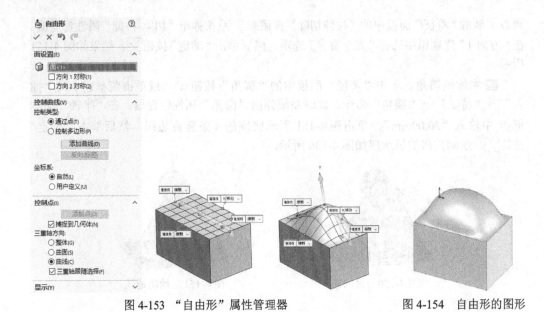

图 4-153 "自由形"属性管理器   图 4-154 自由形的图形

4.9 比例缩放

比例缩放是指相对于零件或者曲面模型的重心或模型原点来进行缩放。比例缩放仅缩放模型几何体，常在数据输出、型腔等中使用。它不会缩放尺寸、草图或参考几何体。对于多实体零件，可以缩放其中一个或多个模型的比例。

比例缩放分为统一比例缩放和非等比例缩放，统一比例缩放即等比例缩放，该缩放比较简单，这里不详述。

下面通过实例介绍非等比例缩放的操作步骤。

【实例 4-17】非等比例缩放

（1）打开源文件"X:\源文件\ch4\原始文件\4.17.SLDPRT"，如图 4-155 所示。

（2）执行"缩放比例"命令。单击菜单栏中的"插入"→"特征"→"缩放比例"命令，或者单击"特征"面板中的"缩放比例"按钮 ，此时系统弹出图 4-156 所示的"缩放比例"属性管理器。

（3）设置属性管理器。取消"统一比例缩放"复选框的勾选，并为 X 比例因子、Y 比例因子及 Z 比例因子单独设定数值，如图 4-157 所示。

（4）确定缩放比例。单击"缩放比例"属性管理器中的"确定"按钮 ✓，结果如图 4-158 所示。

图 4-155 打开的
文件实体

图 4-156　"缩放比例"属性管理器　　图 4-157　设置的比例因子　　图 4-158　缩放比例的图形

4.10　综合实例——支撑架

本实例绘制的支撑架如图 4-159 所示。支撑架主要起支撑和连接作用，其形状结构按功能的不同一般分为 3 个部分：工作部分、安装固定部分和连接部分。

图 4-159　支撑架

绘制步骤

1 新建文件。单击"标准"工具栏中的"新建"按钮 □，在弹出的"新建 SOLIDWORKS 文件"对话框中单击"零件"按钮 🐾，然后单击"确定"按钮，创建一个新的零件文件。

2 绘制草图 1。选择"前视基准面"作为草图绘制平面，然后单击菜单栏中的"工具"→"草图绘制实体"→"矩形"命令，或者单击"草图"面板中的"边角矩形"按钮 □，以坐标原点为中心绘制一矩形。不必追求绝对的中心，只要几何关系大致正确就行。

3 标注草图 1。单击"草图"面板中的"智能尺寸"按钮 ⚡，标注上一步绘制矩形的尺寸，如图 4-160 所示。

4 拉伸实体 1。单击"特征"面板中的"拉伸凸台 / 基体"按钮 🐿，系统弹出"凸台-拉伸"属性管理器。设置拉伸的"终止条件"为"给定深度"，在"深度"文本框 ⚡中输入"24.00mm"，单击"确定"按钮 ✓，结果如图 4-161 所示。

5 绘制草图 2。选择"右视基准面"作为草图绘制平面，然后单击"草图"面板中的"圆"按钮 ⊙，绘制一个圆。

6 标注草图 2。单击"草图"面板中的"智能尺寸"按钮 ⚡，为圆标注直径尺寸及定位尺寸，如图 4-162 所示。

7 拉伸实体 2。单击"特征"面板中的"拉伸凸台 / 基体"按钮 🐿，系统弹出"凸台-拉伸"属性管理器。设置拉伸的"终止条件"为"两侧对称"，在"深度"文本框 ⚡中输入"50.00mm"，如图 4-162 所示，单击"确定"按钮 ✓。

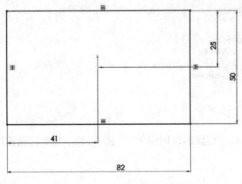

图 4-160　标注矩形草图 1

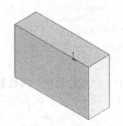

图 4-161　拉伸实体 1

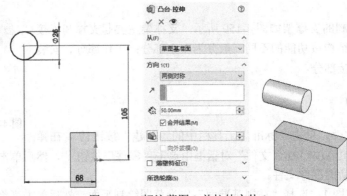

图 4-162　标注草图 2 并拉伸实体 2

8 创建基准面。单击"特征"面板中的"基准面"按钮🔲，选择"上视基准面作为参考平面，在"基准面"属性管理器的"等距距离"文本框🔽中输入"105.00mm"，如图 4-163 所示，单击"确定"按钮✅。

9 设置基准面。选择刚创建的"基准面 1"，单击"草图"面板中的"草图绘制"按钮◻，在其上新建一张草图。单击"前导视图"工具栏中"正视于"按钮⤵，将该表面作为绘制图形的基准面。

10 绘制草图 3。单击"草图"面板中的"圆按钮⊙，绘制一个圆，使其圆心的 x 坐标为 0。

11 标注草图 3。单击"草图"面板中的"智能尺寸"按钮◁，标注圆的直径尺寸并对其进行定位，如图 4-164 所示。

12 拉伸实体 3。单击"特征"面板中的"拉伸凸台 / 基体"按钮🔳，系统弹出"凸台-拉伸"属性管理器。在"方向 1"选项组中设置拉伸的"终止条件"为"给定深度"，在"深度"文本框🔽中输入"12.00mm"；在"方向 2"选项组中设置拉伸的"终止条件"为"给定深度"，在"深度"文本框🔽中输入"9.00mm"，如图 4-164 所示，单击"确定"按钮✅。

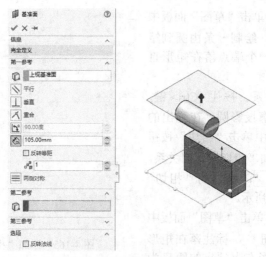

图 4-163　设置基准面参数

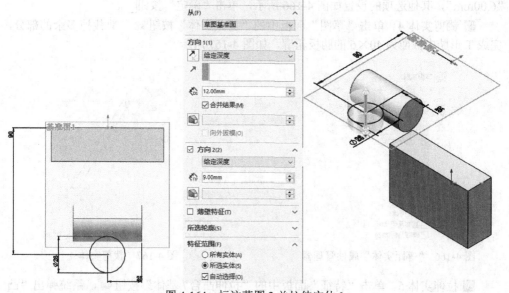

图 4-164　标注草图 2 并拉伸实体 3

⓭ 设置基准面。选择"右视基准面",单击"草图"面板中的"草图绘制"按钮 ┗ ,在其上新建一张草图。单击"前导视图"工具栏中的"正视于"按钮 ↧ ,将该表面作为绘制图形的基准面。

⓮ 投影轮廓。单击"草图"面板中的"转换实体引用"按钮 ⓗ ,选择固定部分的轮廓(投影形状为矩形)和工作部分中的支撑孔基体(投影形状为圆形),将该轮廓投影到草图上。

⑮ 绘制草图 4。单击"草图"面板中的"直线"按钮，绘制一条由圆到矩形的直线，直线的一个端点落在矩形直线上。

⑯ 添加几何关系。按住 <Ctrl> 键，选择所绘直线和轮廓投影圆。在弹出的"属性"属性管理器中单击"相切"按钮，为所选元素添加"相切"几何关系，单击"确定"按钮，添加的"相切"几何关系如图 4-165 所示。

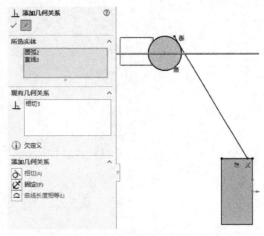

图 4-165　添加"相切"几何关系

⑰ 标注草图 4。单击"草图"面板中的"智能尺寸"按钮，标注落在矩形上的直线端点到矩形右上顶点的距离为"4.00mm"。

⑱ 设置属性管理器。选择所绘直线，在"等距实体"属性管理器中设置等距距离为"6.00mm"，其他选项的设置如图 4-166 所示，单击"确定"按钮。

⑲ 裁剪实体 4。单击"草图"面板中的"剪裁实体"按钮，剪裁掉多余的部分，完成 T 形肋中截面为 40×6 的肋板轮廓，如图 4-167 所示。

图 4-166　"等距实体"属性管理器

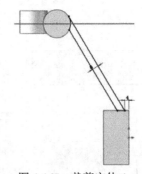

图 4-167　裁剪实体 4

⑳ 拉伸实体 5。单击"特征"面板中的"拉伸凸台 / 基体"按钮，系统弹出"凸台-拉伸"属性管理器。设置拉伸的"终止条件"为"两侧对称"，在"深度"文本框中输入"40.00mm"，其他选项的设置如图 4-168 所示，单击"确定"按钮。

㉑ 设置基准面。选择"右视基准面"作为草图绘制基准面，单击"草图"面板中的"草图绘制"按钮，在其上新建一张草图。单击"前导视图"工具栏中的"正视于"按钮，将该表面作为绘制图形的基准面。

㉒ 投影轮廓。单击"草图"面板中的"转换实体引用"按钮，选择固定部分（投影形状为矩形）左上角的两条边线、工作部分中的支撑孔基体（投影形状为圆形）和肋

板中内侧的边线，将该轮廓投影到草图上。

[23] 绘制草图 5。单击"草图"面板中的"直线"按钮 ✏，绘制一条由圆到矩形的直线，直线的一个端点落在矩形的左侧边线上，另一个端点落在投影圆上。

[24] 标注草图 5。单击"草图"面板中的"智能尺寸"按钮 ✦，为所绘直线标注定位尺寸，如图 4-169 所示。

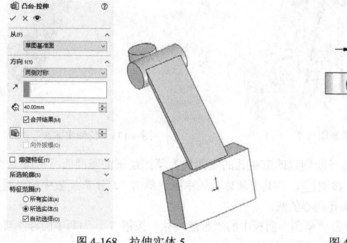

图 4-168　拉伸实体 5

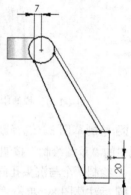

图 4-169　标注草图 5

[25] 剪裁实体 6。单击"草图"面板中的"剪裁实体"按钮 ，剪裁掉多余的部分，完成 T 形肋中另一肋板。

[26] 拉伸实体 7。单击"特征"面板中的"拉伸凸台 / 基体"按钮 ，系统弹出"凸台-拉伸"属性管理器。设置拉伸的"终止条件"为"两侧对称"，在"深度"文本框 中输入"8.00mm"，其他选项的设置如图 4-170 所示，单击"确定"按钮 。

[27] 绘制草图 6。选择固定部分基体的侧面作为草图绘制的基准面，单击"草图"面板中的"草图绘制"按钮 ，在其上新建一张草图。单击"草图"面板中的"边角矩形"按钮 ，绘制一个矩形作为拉伸切除的草图轮廓。

[28] 标注草图 6。单击"草图"面板中的"智能尺寸"按钮 ，标注矩形定位尺寸。

[29] 拉伸实体 8。单击"特征"面板中的"拉伸切除"按钮 ，系统弹出"切除-拉伸"属性管理器。选择"终止条件"为"完全贯穿"，其他选项的设置如图 4-171 所示，单击"确定"按钮 。

[30] 绘制草图 7。选择支撑架固定部分的正面作为草图绘制的基准面，单击"草图"面板中的"草图绘制"按钮 ，在其上新建一张草图。单击"草图"面板中的"圆"按钮 ，绘制两个圆。

[31] 标注草图 7。单击"草图"面板中的"智能尺寸"按钮 ，为两个圆标注尺寸及定位尺寸。

[32] 拉伸实体 9。单击"特征"面板中的"拉伸切除"按钮 ，系统弹出"切除-拉伸"

属性管理器。选择"终止条件"为"给定深度"，在"深度"文本框 ↙中输入"3.00mm"，其他选项的设置如图 4-172 所示，单击"确定"按钮 ✓。

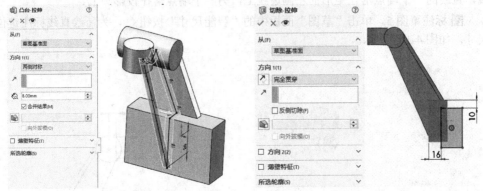

图 4-170　拉伸实体 7　　　　　　　　　　图 4-171　拉伸实体 8

33 绘制草图 8。选择新创建的沉头孔的底面作为草图绘制的基准面，单击"草图"面板中的"草图绘制"按钮 └，在其上新建一张草图。单击"草图"面板中的"圆"按钮 ⊙，绘制两个与沉头孔同心的圆。

34 标注草图 8。单击"草图"面板中的"智能尺寸"按钮 ◆，为两个圆标注直径尺寸，如图 4-173 所示，单击"确定"按钮 ✓。

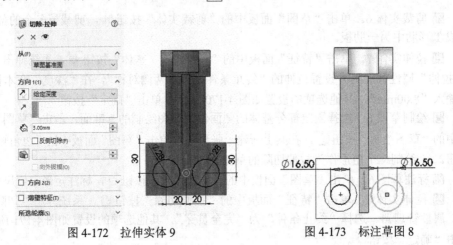

图 4-172　拉伸实体 9　　　　　　　　　　图 4-173　标注草图 8

35 拉伸实体 10。单击"特征"面板中的"拉伸切除"按钮 ◙，弹出"切除-拉伸"属性管理器。选择"终止条件"为"完全贯穿"，其他选项的设置如图 4-174 所示，单击"确定"按钮 ✓。

36 绘制草图 9。选择工作部分中高度为 50mm 的圆柱的一个侧面作为草图绘制的基准面，单击"草图"面板中的"草图绘制"按钮 └，在其上新建一张草图。单击"草图"面板中的"圆"按钮 ⊙，绘制一个与圆柱轮廓同心的圆。

㊲ 标注草图 9，单击"草图"面板中的"智能尺寸"按钮，标注圆的直径尺寸。

㊳ 拉伸实体 11。单击"特征"面板中的"拉伸切除"按钮，弹出"切除-拉伸"属性管理器。选择"终止条件"为"完全贯穿"，其他选项的设置如图 4-175 所示，单击"确定"按钮。

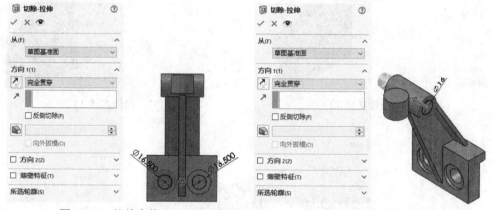

图 4-174　拉伸实体 10　　　　　图 4-175　拉伸实体 11

㊴ 绘制草图 10。选择工作部分的另一个圆柱段的上端面作为草图绘制的基准面，单击"草图"面板中的"草图绘制"按钮，新建草图。单击菜单栏中的"工具"→"草图绘制实体"→"圆"命令，或者单击"草图"面板中的"圆"按钮，绘制一个与圆柱轮廓同心的圆。

㊵ 标注草图 10。单击"草图"面板中的"智能尺寸"按钮，标注圆的直径尺寸为"11mm"。

㊶ 拉伸实体 12。单击"特征"面板中的"拉伸切除"按钮，系统弹出"切除-拉伸"属性管理器。选择"终止条件"为"完全贯穿"，其他选项的设置如图 4-176 所示，单击"确定"按钮。

㊷ 绘制草图 11。选择"基准面 1"作为草图绘制的基准面，单击"草图"面板中的"草图绘制"按钮，在其上新建一张草图。单击"草图"面板中的"边角矩形"按钮，绘制一矩形，覆盖特定区域。

㊸ 拉伸实体 13。单击"特征"面板中的"拉伸切除"按钮，系统弹出"切除-拉伸"属性管理器。选择"终止条件"为"两侧对称"，在"深度"文本框中输入"3.00mm"，其他选项的设置如图 4-177 所示，单击"确定"按钮。

㊹ 创建圆角。单击"特征"面板中的"圆角"按钮，打开"圆角"属性管理器。在右侧的图形区域中选择所有非机械加工边线，在"半径"文本框中输入"2.00mm"；其他选项的设置如图 4-178 所示，单击"确定"按钮。

㊺ 保存文件。单击菜单栏中的"文件"→"保存"命令，将零件文件保存，文件名为"支撑架.SLDPRT"，完成的支撑架如图 4-159 所示。

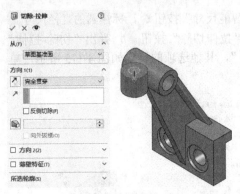

图 4-176　拉伸实体 12

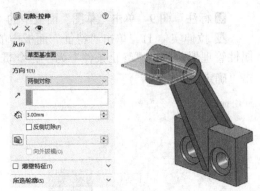

图 4-177　拉伸实体 13

图 4-178　设置圆角参数

第 5 章
特征编辑

在复杂的建模过程中，单一的特征命令有时不能满足某些需求，这时需要利用一些特征编辑工具来完成模型的绘制或提高绘制的效率和规范性。这些特征编辑工具包括阵列特征、镜向特征、特征的复制与删除和参数化设计工具。

本章简要介绍这些工具的使用方法。

知识点

阵列特征

镜向特征

特征的复制与删除

参数化设计

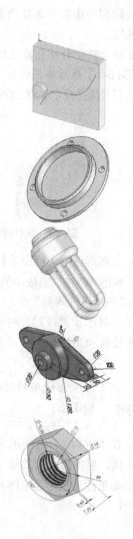

5.1　阵列特征

特征阵列用于将任意特征作为原始样本特征，通过指定阵列尺寸产生多个类似的子样本特征。特征阵列完成后，原始样本特征和子样本特征成为一个整体，用户可将它们作为一个特征进行相关的操作，如删除、修改等。如果修改了原始样本特征，则阵列中的所有子样本特征也将随之更改。

SOLIDWORKS 2020 提供了线性阵列、圆周阵列、草图阵列、曲线驱动阵列、表格驱动阵列和填充阵列 6 种阵列方式。下面详细介绍前 5 种常用的阵列方式。

5.1.1　线性阵列

线性阵列是指沿一条或两条直线路径生成多个子样本特征。图 5-1 所示为线性阵列的零件模型。

下面结合实例介绍创建线性阵列特征的操作步骤。

【实例 5-1】线性阵列特征

（1）打开源文件"X:\源文件\ch5\原始文件\5.1.SLDPRT"，打开的文件实体如图 5-2 所示。

图 5-1　线性阵列的零件模型　　　　图 5-2　打开的文件实体

（2）在图形区中选择原始样本特征（切除、孔或凸台等）。

（3）单击"特征"面板中的"线性阵列"按钮 ，或单击菜单栏中的"插入"→"阵列 / 镜向"→"线性阵列"命令，系统弹出"线性阵列"属性管理器。在"要阵列的特征"选项组中将显示步骤（2）中所选择的特征。如果要选择多个原始样本特征，则在选择特征时需按住 <Ctrl> 键。

技巧荟萃　　　当使用特型特征来生成线性阵列时，所有阵列的特征都必须在相同的面上。

（4）在"方向 1"选项组中单击第一个列表框，然后在图形区中选择模型的一条边线或尺寸线，以指出阵列的第一个方向。所选边线或尺寸线的名称出现在该列表框中。

（5）如果图形区中表示阵列方向的箭头不正确，则单击"反向"按钮 ，可以反转阵列方向。

（6）在"方向1"选项组的"距离"文本框中指定阵列特征之间的距离。

（7）在"方向1"选项组的"实例数"文本框中指定该方向下阵列的特征数（包括原始样本特征）。此时在图形区中可以预览阵列效果，如图 5-3 所示。

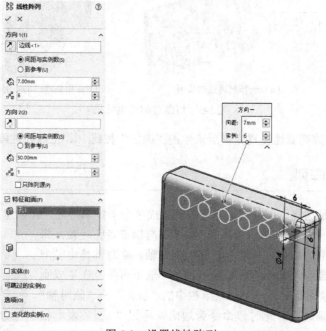

图 5-3　设置线性阵列

（8）如果要在另一个方向上同时生成线性阵列，则仿照步骤（2）～步骤（7）中的操作，对"方向2"选项组进行设置。

（9）在"方向2"选项组中有一个"只阵列源"复选框。如果勾选该复选框，则在"方向2"中只复制原始样本特征，而不复制"方向1"中生成的其他子样本特征，如图 5-4 所示。

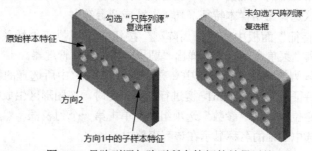

图 5-4　只阵列源与阵列所有特征的效果对比

（10）在阵列中如果要跳过某个阵列子样本特征，则单击"可跳过的实例"选项组中图标右侧的列表框，并在图形区中选择想要跳过的某个阵列特征，这些特征将显示在该列表框中。图 5-5 所示为可跳过的实例效果。

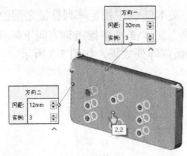

（a）选择要跳过的实例　　　　　　（b）应用要跳过的实例

图 5-5　可跳过的实例效果

（11）线性阵列属性设置完毕后，单击"确定"按钮 ✓，生成线性阵列。

5.1.2　圆周阵列

　　圆周阵列是指绕一个轴心以圆周路径生成多个子样本特征。在创建圆周阵列特征之前，先要选择一个中心轴，这个轴可以是基准轴或者临时轴。每一个圆柱和圆锥面都有一条轴线，称为临时轴。临时轴是由模型中的圆柱和圆锥隐含生成的，在图形区中一般不可见。在生成圆周阵列时需要使用临时轴，单击菜单栏中的"视图"→"临时轴"命令可以显示临时轴。此时该命令旁边出现标记"√"，表示临时轴可见。此外，还可以生成基准轴作为中心轴。

　　下面结合实例介绍创建圆周阵列特征的操作步骤。

图 5-6　打开的文件实体

【实例 5-2】圆周阵列特征

　　（1）打开源文件"X:\源文件\ch5\原始文件\5.2.SLDPRT"，如图 5-6 所示。

　　（2）单击菜单栏中的"视图"→"临时轴"命令，显示临时轴。

　　（3）在图形区选择原始样本特征（切除、孔或凸台等）。

　　（4）单击"特征"面板中的"圆周阵列"按钮 🎯，或执行"插入"→"阵列/镜向"→"圆周阵列"菜单命令，系统弹出"圆周阵列"属性管理器。

　　（5）在"要阵列的特征"选项组中高亮显示步骤（3）中所选择的特征。如果要选择多个原始样本特征，需按住 <Ctrl> 键进行选择。此时，在图形区生成一个中心轴，作为圆周阵列的圆心位置。在"参数"选项组中，单击第一个列表框，然后在图形区中选择中心轴，则所选中心轴的名称显示在该列表框中。

　　（6）如果图形区中阵列的方向不正确，则单击"反向"按钮 🔄，可以反转阵列方向。

　　（7）在"参数"选项组的"角度"文本框 🔼 中指定阵列特征之间的角度。

　　（8）在"参数"选项组的"实例数"文本框 ❋ 中指定阵列的特征数（包括原始样本特征）。此时在图形区中可以预览圆周阵列效果，如图 5-7 所示。

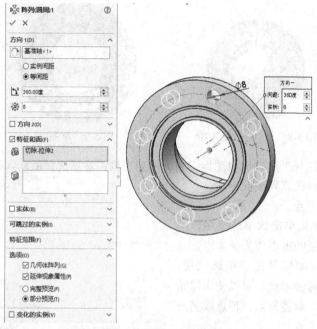

图 5-7　预览圆周阵列效果

（9）选择"等间距"单选按钮，则总角度将默认为 360 度，所有的阵列特征会等角度均匀分布。

（10）勾选"几何体阵列"复选框，则只复制原始样本特征而不对它进行求解，这样可以加快生成及重建模型的速度。但是如果某些特征的面与零件的其余部分合并在一起，则不能为这些特征生成几何体阵列。

（11）圆周阵列属性设置完毕后，单击"确定"按钮 ✓，生成圆周阵列。

5.1.3　草图阵列

SOLIDWORKS 2020 还可以根据草图上的草图点来安排特征的阵列。用户只要控制草图上的草图点，就可以将整个阵列扩散到草图中的每个点。

下面结合实例介绍创建草图阵列特征的操作步骤。

【实例 5-3】草图阵列特征

（1）打开源文件"X:\源文件\ch5\原始文件\5.3.SLDPRT"，如图 5-8 所示。

（2）选择图 5-8 所示的图形表面 1 作为草图绘制平面，单击"草图绘制"按钮 。

（3）单击"草图"面板中的"点"按钮 ，绘制驱动阵列的草图点，如图 5-9 所示。

（4）单击"退出草图"按钮 ，退出草图绘制状态。

（5）单击"特征"面板中的"草图驱动的阵列"按钮 ，或者单击菜单栏中的"插入"→"阵列/镜向"→"草图驱动的阵列"命令，系统弹出"由草图驱动的阵列"属性管理器。

图 5-8　打开的文件实体

图 5-9　草图

（6）单击"选择"选项组中图标右侧的列表框，然后选择驱动阵列的草图，则所选草图的名称显示在该列表框中。

（7）选择参考点。

● 重心：如果单击该单选按钮，则使用原始样本特征的重心作为参考点。

● 所选点：如果单击该单选按钮，则在图形区中选择参考点。可以使用原始样本特征的重心、草图原点、顶点或另一个草图点作为参考点。

（8）单击"要阵列的特征"选项组中图标右侧的列表框，然后选择要阵列的特征。此时在图形区中可以预览阵列效果，如图 5-10 所示。

（9）勾选"几何体阵列"复选框，则只复制原始样本特征而不对它进行求解，这样可以加快生成及重建模型的速度。但是如

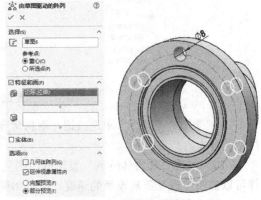

图 5-10　预览阵列效果

果某些特征的面与零件的其余部分合并在一起，则不能为这些特征生成几何体阵列。

（10）草图阵列属性设置完毕后，单击"确定"按钮，生成草图驱动的阵列。

5.1.4　曲线驱动阵列

曲线驱动阵列是指沿平面曲线或者空间曲线生成的阵列实体。

下面结合实例介绍创建曲线驱动阵列特征的操作步骤。

【实例 5-4】曲线驱动阵列特征

（1）打开源文件"X:\源文件\ch5\原始文件\5.4.SLDPRT"，如图 5-11 所示。

（2）设置基准面。选择图 5-11 所示的表面 1，然后单击"前导视图"工具栏中的"正视于"按钮，将该表面作为绘制图形的基准面。

（3）绘制草图。选择菜单栏中的"工具"→"草图绘制实体"→"样条曲线"命令，绘制图 5-12 所示的样条曲线，然后退出草图绘制状态。

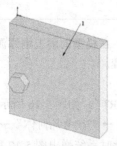

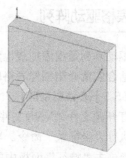

图 5-11　打开的文件实体　　　　　　　　　图 5-12　拉伸的实体

（4）执行"曲线驱动的阵列"命令。单击菜单栏中的"插入"→"阵列 / 镜向"→"曲线驱动的阵列"命令，或者单击"特征"面板中的"曲线驱动的阵列"按钮，此时系统弹出图 5-13 所示的"曲线驱动的阵列"属性管理器。

（5）设置属性管理器。"要阵列的特征"选择图 5-12 所示的拉伸实体；"阵列方向"选择为样条曲线。其他选项的设置如图 5-13 所示。

（6）确定曲线驱动阵列的特征。单击"曲线驱动的阵列"属性管理器中的"确定"按钮，结果如图 5-14 所示。

（7）取消视图中草图的显示。单击菜单栏中的"视图"→"隐藏 / 显示"→"草图"命令，取消视图中草图的显示，结果如图 5-15 所示。

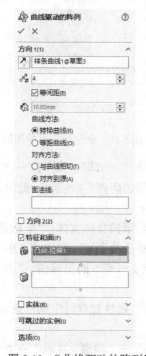

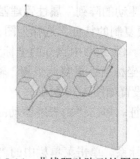

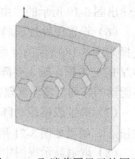

图 5-13　"曲线驱动的阵列"　图 5-14　曲线驱动阵列的图形　图 5-15　取消草图显示的图形
　　　　属性管理器

5.1.5 表格驱动阵列

表格驱动阵列是指添加或检索以前生成的 $X\text{-}Y$ 坐标，在模型的面上增添源特征。

下面结合实例介绍创建表格驱动阵列特征的操作步骤。

【实例 5-5】 表格驱动阵列

（1）打开源文件"X:\源文件\ch5\原始文件\5.5.SLDPRT"，如图 5-16 所示。

（2）执行"坐标系"命令。单击菜单栏中的"插入"→"参考几何体"→"坐标系"命令，或者单击"特征"面板中的"坐标系"按钮 $\overset{\star}{\downarrow}$，此时系统弹出图 5-17 所示的"坐标系"属性管理器，创建一个新的坐标系。

（3）设置属性管理器。"原点"选择为图 5-16 所示的点 A；"X 轴参考方向"选择为图 5-16 的边线 1；"Y 轴参考方向"选择为图 5-16 所示的边线 2；"Z 轴参考方向"选择为图 5-16 所示的边线 3。

（4）确定创建的坐标系。单击"坐标系"属性管理器中的"确定"按钮 $\boxed{\checkmark}$，结果如图 5-18 所示。

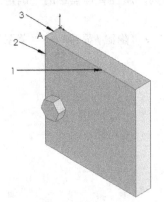

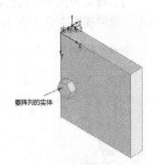

图 5-16 绘制的图形　　　图 5-17 "坐标系"属性管理器　　图 5-18 创建坐标系的图形

（5）执行"表格驱动的阵列"命令。单击菜单栏中的"插入"→"阵列 / 镜向"→"表格驱动的阵列"命令，或者单击"特征"面板中的"表格驱动的阵列"按钮 $\boxed{}$，此时系统弹出图 5-19 所示的"由表格驱动的阵列"属性管理器。

（6）设置属性管理器。"要复制的特征"选择为图 5-18 所示的拉伸实体；"坐标系"选择为图 5-18 所示的坐标系 2。图 5-20 中点 0 的坐标为源特征的坐标，双击点 1 的 X 和 Y 的文本框，输入要阵列的坐标值；重复此步骤，输入点 2～点 5 的坐标值，"由表格驱动的阵列"属性管理器的设置如图 5-20 所示。

（7）确定表格驱动阵列特征。单击"由表格驱动的阵列"属性管理器中的"确定"按钮 $\boxed{\checkmark}$，结果如图 5-21 所示。

（8）取消显示视图中的坐标系。单击菜单栏中的"视图"→"隐藏 / 显示"→"坐标系"命令，取消视图中坐标系的显示，结果如图 5-22 所示。

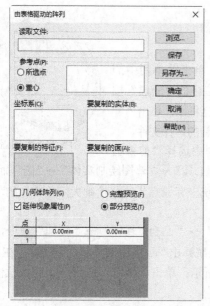 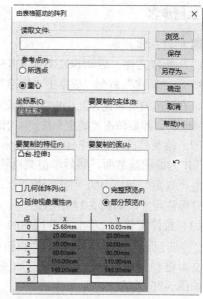

图 5-19 "由表格驱动的阵列"属性管理器   图 5-20 设置"由表格驱动的阵列"属性管理器

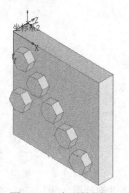 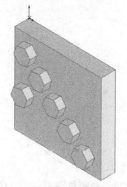

图 5-21 阵列的图形   图 5-22 取消坐标系显示的图形

技巧荟萃

在输入阵列的坐标值时，可以使用正或者负坐标。如果要输入负坐标，在数值前添加负号即可。如果输入了阵列表或文本文件，就不需要输入 X 和 Y 坐标值。

5.1.6 实例——大闷盖

本实例创建的大闷盖如图 5-23 所示。大闷盖是变速箱中的另一类重要零件。通常情况下，大闷盖的结构较简单，在变速箱中可以用来固定轴承等零件，同时也可以起到一定的密封作用。

绘制步骤

1 创建基体。

（1）新建文件。启动 SOLIDWORKS 2020，单击菜单栏中的"文件"→"新建"命令，或单击"标准"工具栏中的"新建"按钮 □，在弹出的"新建 SOLIDWORKS 文件"对话框中，单击"零件"按钮 ◈，然后单击"确定"按钮，创建一个新的零件文件。

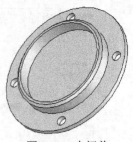

图 5-23 大闷盖

（2）绘制草图 1。在 FeatureManager 设计树中选择"前视基准面"作为绘图基准面，然后单击菜单栏中的"工具"→"草图绘制实体"→"圆"命令，或单击"草图"面板中的"圆"按钮 ⊙，以系统坐标原点为圆心绘制大闷盖实体的草图轮廓并标注尺寸，如图 5-24 所示。

（3）拉伸实体 1。单击菜单栏中的"插入"→"凸台/基体"→"拉伸"命令，或单击"特征"面板中的"凸台-拉伸"按钮 ◉，系统弹出"凸台-拉伸"属性管理器；在"深度"文本框 ⬩ 中输入"10.00mm"，如图 5-25 所示；单击"确定"按钮 ✓，完成拉伸实体，如图 5-26 所示。

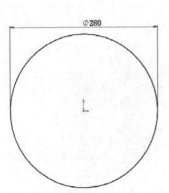

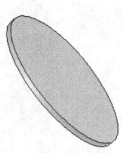

图 5-24　绘制草图 1　　　图 5-25　"凸台-拉伸"属性管理器　　图 5-26　拉伸实体 1

（4）设置基准面。选择上一步中创建的实体上表面为草图绘制平面，然后单击"前导视图"工具栏中的"正视于"按钮 ↨，将该表面作为绘制图形的基准面。

（5）绘制草图 2。单击菜单栏中的"工具"→"草图绘制实体"→"圆"命令，或单击"草图"面板中的"圆"按钮 ⊙，以系统坐标原点为圆心绘制直径为 200mm 的圆，如图 5-27 所示。

（6）拉伸实体 2。单击菜单栏中的"插入"→"凸台/基体"→"拉伸"命令，或单击"特征"面板中的"凸台-拉伸"按钮 ◉，在弹出的"凸台-拉伸"属性管理器中设置"终止条件"为"给定深度"，在"深度"文本框 ⬩ 中输入"27.50mm"，单击"确定"按钮 ✓，完成大闷盖基础实体的创建，如图 5-28 所示。

（7）设置基准面。单击大闷盖基础实体小端面，然后单击"前导视图"工具栏中的"正视于"按钮⏏，将该表面作为绘制图形的基准面。

（8）绘制草图3。单击菜单栏中的"工具"→"草图绘制实体"→"圆"命令，或单击"草图"面板中的"圆"按钮⊙，以大闷盖中心为圆心绘制直径为180mm的圆，如图5-29所示。

（9）切除拉伸实体3。单击菜单栏中的"插入"→"切除"→"拉伸"命令，或单击"特征"面板中的"拉伸切除"按钮▣，系统弹出"切除-拉伸"属性管理器；在"深度"文本框ᐸ中输入"27.50mm"，其他选项保持系统默认设置，单击"确定"按钮✓，完成切除特征的创建，如图5-30所示。

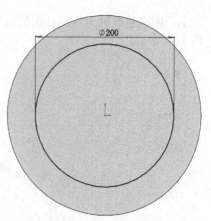

图 5-27　绘制草图 2

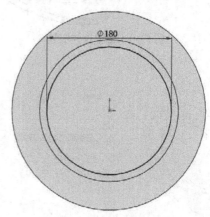

图 5-29　绘制草图 3

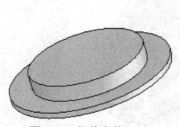

图 5-28　拉伸实体 2

2 创建安装孔。

（1）设置基准面。单击大闷盖基础实体大端面，然后单击"前导视图"工具栏中的"正视于"按钮⏏，将该表面作为绘制图形的基准面，新建一张草图。

（2）绘制草图4。单击菜单栏中的"工具"→"草图绘制实体"→"圆"命令，或单击"草图"面板中的"圆"按钮⊙，在大闷盖基础实体大端面上绘制端盖安装孔，孔的直径为20mm，位置如图5-31所示。

（3）切除拉伸实体4。单击菜单栏中的"插入"→"切除"→"拉伸"命令，或单击"特征"面板中的"拉伸切除"按钮▣，系统弹出"切除-拉伸"属性管理器；设置"终止条件"为"完全贯穿"，其他选项保持系统默认设置，单击"确定"按钮✓，生成端盖安装孔特征，如图5-32所示。

（4）创建基准轴。单击菜单栏中的"插入"→"参考几何体"→"基准轴"命令，系统弹出"基准轴"属性管理器，如图5-33（a）所示；在"基准轴"属性管理器中，单击"圆柱/圆锥面"按钮🗌，在图形区中选择大闷盖凸沿的外圆柱面，如图5-33（b）

所示，创建基准轴为外圆柱面的轴线；单击"确定"按钮 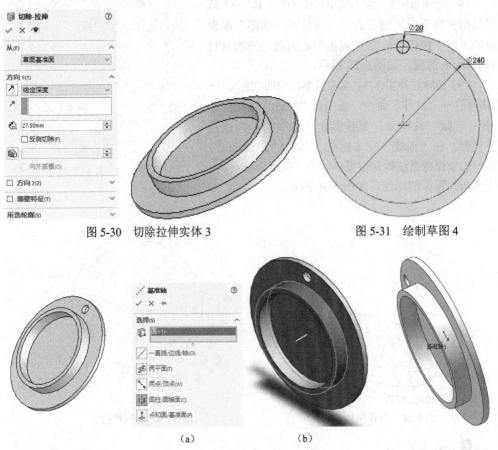，完成基准轴的创建，如图 5-34 所示。

图 5-30　切除拉伸实体 3　　　　　　　　图 5-31　绘制草图 4

图 5-32　切除拉伸实体 4　　　图 5-33　"基准轴"属性管理器　　　图 5-34　创建基准轴

（5）阵列特征。单击菜单栏中的"插入"→"阵列/镜向"→"圆周阵列"命令，或单击"特征"面板中的"圆周阵列"按钮 ，系统弹出"圆周阵列"属性管理器；在"方向 1"选项组的"阵列轴"列表框中选择步骤（4）创建的基准轴，输入角度值"360.00 度"、实例数"4"，勾选"等间距"复选框，对于"要阵列的特征"，通过 FeatureManager 设计树选择安装孔特征，其他选项保持系统默认设置，如图 5-35 所示，单击"确定"按钮 ，完成阵列特征，如图 5-36 所示。

（6）创建倒角特征。单击菜单栏中的"插入"→"特征"→"倒角"命令，或单击"特征"面板中的"倒角"按钮 ，系统弹出"倒角"属性管理器；设置"倒角类型"为"角度距离"，在"距离"文本框 中输入倒角的距离值为"1.00mm"，在"角度"文本框中输入角度值为"45.00 度"，选择生成倒角特征的大闷盖小端外棱边，如图 5-37 所示，其他选项保持系统默认设置；单击"确定"按钮 ，完成倒角特征的创建，如图 5-38 所示。

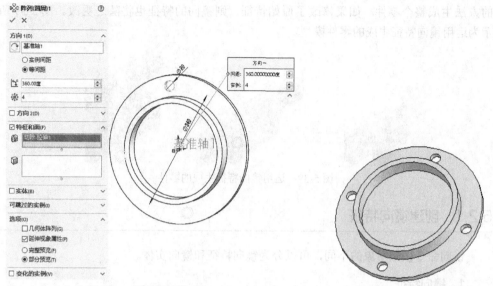

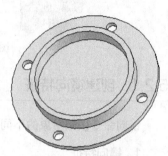

图 5-35　设置阵列参数

图 5-36　阵列特征

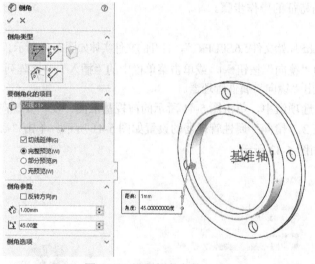

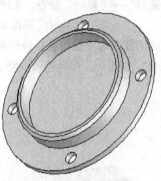

图 5-37　设置倒角参数

图 5-38　创建倒角特征

（7）保存文件。单击菜单栏中的"文件"→"保存"命令，将零件文件保存为"大闷盖.SLDPRT"。

5.2　镜向特征

如果零件结构是对称的，那么用户可以只创建零件模型的一半，然后使用镜向特征的方法生成整个零件。如果修改了原始特征，则镜向的特征也将随之更改。图5-39所示为运用镜向特征生成的零件模型。

图5-39　运用镜向特征生成的零件

5.2.1　创建镜向特征

镜向命令按照对象的不同，可以分为镜向特征和镜向实体。

1. 镜向特征

镜向特征是指以某一平面或基准面作为参考面，对称复制一个或者多个特征。

下面结合实例介绍创建镜向特征的操作步骤。

【实例5-6】创建镜向特征

（1）打开源文件"X:\源文件\ch5\原始文件\5.6.SLDPRT"，打开的文件实体如图5-40所示。

（2）单击"特征"面板中的"镜向"按钮，或单击菜单栏中的"插入"→"阵列/镜向"→"镜向"命令，系统弹出"镜向"属性管理器。

（3）在"镜向面/基准面"选项组中，单击图5-41所示的前视基准面；在"要镜向的特征"选项组中选择拉伸特征2，"镜向"属性管理器的设置如图5-41所示。单击"确定"按钮，创建的镜向特征如图5-42所示。

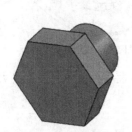

图5-40　打开的文件实体

图5-41　"镜向"属性管理器

图5-42　镜向特征

2. 镜向实体

镜向实体是指以某一平面或基准面作为参考面，对称复制视图中的整个模型实体。

下面结合实例介绍创建镜向实体的操作步骤。

【**实例 5-7**】镜向实体

（1）打开源文件"X:\源文件\ch5\原始文件\5.7.SLDPRT"，打开的文件实体如图 5-43 所示。

（2）单击"特征"面板中的"镜向"按钮╫，或单击菜单栏中的"插入"→"阵列 / 镜向"→"镜向"命令，系统弹出"镜向"属性管理器。

（3）在"镜向面 / 基准面"选项组中，单击图 5-43 所示的面 1；在"要镜向的实体"选项组中，选择【实例 5-6】中生成的镜向特征。"镜向"属性管理器的设置如图 5-44 所示。单击"确定"按钮☑，创建的镜向实体如图 5-45 所示。

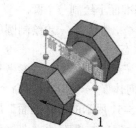

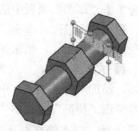

图 5-43　打开的文件实体　　　图 5-44　"镜向"属性管理器　　　图 5-45　镜向实体

5.2.2　实例——台灯灯泡

本实例绘制台灯灯泡，如图 5-46 所示。首先绘制灯泡底座的外形草图，拉伸为实体轮廓；然后绘制灯管草图，扫描为实体；最后绘制灯尾。

图 5-46　台灯灯泡

 绘制步骤

❶ 新建文件。单击菜单栏中的"文件"→"新建"命令，或者单击"标准"工具栏中的"新建"按钮▯，在弹出的"新建 SOLIDWORKS 文件"对话框中先单击"零件"按钮▧，再单击"确定"按钮☑，创建一个新的零件文件。

❷ 绘制底座的草图 1。在左侧的 FeatureMannger 设计树中选择"前视基准面"作为绘制图形的基准面。单击"草图"面板中的"圆"按钮◉，绘制一个圆心在原点的圆。

❸ 标注草图 1。单击菜单栏中的"工具"→"标注尺寸"→"智能尺寸"命令，或者单击"草图"面板中的"智能尺寸"按钮◈，标注圆的直径，结果如图 5-47 所示。

4 拉伸实体1。单击菜单栏中的"插入"→"凸台/基体"→"拉伸"命令，或者单击"特征"面板中的"凸台-拉伸"按钮 ，此时系统弹出"凸台-拉伸"属性管理器。在"深度"文本框 中输入"40.00mm"，然后单击对话框中的"确定"按钮 ，结果如图5-48所示。

5 设置基准面。单击图5-48所示的外表面1，然后单击"前导视图"工具栏中的"正视于"按钮 ，将该表面作为绘制图形的基准面，结果如图5-49所示。

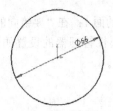
图 5-47 绘制的草图 1

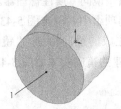
图 5-48 拉伸后的实体 1

图 5-49 设置的基准面

6 绘制灯管的草图2。单击菜单栏中的"工具"→"草图绘制实体"→"圆"命令，或者单击"草图"面板中的"圆"按钮 ，在上一步设置的基准面上绘制一个圆。

7 标注草图。单击"草图"面板中的"智能尺寸"按钮 ，标注上一步绘制圆的直径及其定位尺寸，结果如图5-50所示，然后退出草图绘制状态。

8 添加基准面。在左侧的FeatureManager设计树中选择"右视基准面"作为参考基准面，添加新的基准面。单击菜单栏中的"插入"→"参考几何体"→"基准面"命令，或者单击"特征"面板中"基准面"按钮 ，此时系统弹出图5-51所示的"基准面"属性管理器。在"偏移距离"文本框 中输入"13.00mm"，并调整基准面的方向。按照图5-51所示进行设置后，单击"确定"按钮 ，结果如图5-52所示。

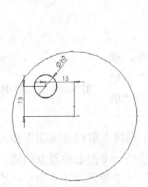
图 5-50 标注的草图 2

图 5-51 "基准面"属性管理器

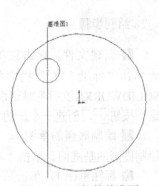
图 5-52 添加的基准面

9 设置基准面。在左侧的 FeatureManager 设计树中选择上一步添加的基准面，然后单击"前导视图"工具栏中的"正视于"按钮 ⊥，将该基准面作为绘制图形的基准面，结果如图 5-53 所示。

10 绘制草图 3。单击"草图"面板中的"直线"按钮 ✏，绘制起点为图 5-52 所示小圆的圆心的直线，单击"草图"面板中的"中心线"按钮 ✏，绘制一条通过原点的水平中心线，结果如图 5-54 所示。

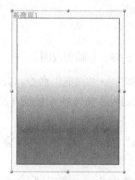 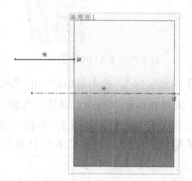

图 5-53　设置的基准面　　　　　　　　图 5-54　绘制的草图 3

11 镜向实体 2。单击菜单栏中的"工具"→"草图绘制工具"→"镜向"命令，或者单击"草图"面板中的"镜向实体"按钮 ㈱，此时系统弹出"镜向"属性管理器。"要镜向的实体"选择为第 10 步绘制的直线；"镜向轴"选择为第 10 步绘制的水平中心线。单击"确定"按钮 ✓，结果如图 5-55 所示。

12 绘制草图 4。单击"草图"面板中的"切线弧"按钮 ⊃，绘制一个端点为两条直线端点的圆弧，结果如图 5-56 所示。

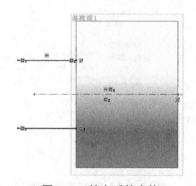 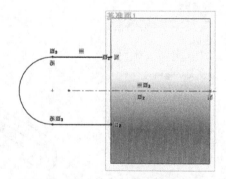

图 5-55　镜向后的实体 2　　　　　　　图 5-56　绘制的草图 4

13 标注草图 4。单击"草图"面板中的"智能尺寸"按钮 ❤，标注尺寸，结果如图 5-57 所示，然后退出草图绘制状态。

14 设置视图方向。单击"前导视图"工具栏中的"等轴测"按钮 📦，将视图以等轴测方向显示，结果如图 5-58 所示。

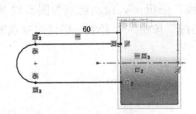

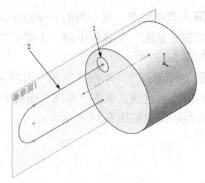

图 5-57　标注的草图 4　　　　　　　　　　　　图 5-58　等轴测视图

15 扫描实体 3。单击菜单栏中的"插入"→"凸台 / 基体"→"扫描"命令，此时系统弹出图 5-59 所示的"扫描"属性管理器，在"轮廓"栏中选择图 5-58 所示的圆 1，"路径"栏中选择图 5-58 所示的草图 2，单击"确定"按钮 ✓。

16 隐藏基准面。单击菜单栏中的"视图"→"基准面"命令，视图中就不会显示基准面，结果如图 5-60 所示。

17 镜向实体 4。单击菜单栏中的"插入"→"阵列 / 镜向"→"镜向"命令，或者单击"特征"面板中的"镜向"按钮 ⊮⊮，此时系统弹出图 5-61 所示的"镜向"属性管理器。在"镜向面 / 基准面"，选项组中，选择"右视基准面"；在"要镜向的特征"选项组中，选择扫描的实体。单击"确定"按钮 ✓，结果如图 5-62 所示。

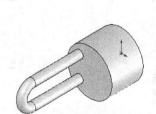

图 5-59　"扫描"属性管理器　　　　图 5-60　扫描后的实体 3　　　　图 5-61　"镜向"属性管理器

18 圆角实体 5。单击"特征"面板中的"圆角"按钮 ⬤，此时系统弹出图 5-63 所示的"圆角"属性管理器。在"半径"文本框 ⌒ 中输入"10.00mm"，然后选择图 5-62 所示的边线 1 和边线 2。调整视图方向，将视图以合适的方向显示，结果如图 5-64 所示。

19 绘制灯尾。设置基准面。选择图 5-64 所示的表面 1，然后单击"前导视图"工具栏中的"正视于"按钮⊥，将该表面作为绘制图形的基准面，结果如图 5-65 所示。

⑳ 绘制草图 5。单击"草图"面板中的"圆"按钮⊙，以原点为圆心绘制一个圆。

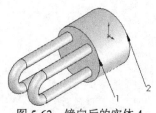

图 5-62　镜向后的实体 4

图 5-63　"圆角"属性管理器

图 5-64　圆角后的实体 5

㉑ 标注草图 5。单击"草图"面板中的"智能尺寸"按钮，标注上一步绘制圆的直径，结果如图 5-66 所示。

㉒ 拉伸实体 6。单击"特征"面板中的"凸台-拉伸"按钮，系统弹出图 5-67 所示的"凸台-拉伸"属性管理器。在"深度"文本框中输入"10.00mm"，按照图 5-67 所示进行设置后，单击"确定"按钮。

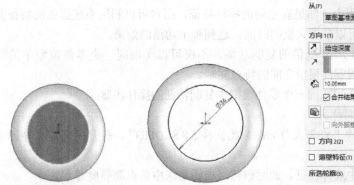

图 5-65　设置的基准面　　图 5-66　标注的草图 5　　图 5-67　"凸台-拉伸"属性管理器

23 设置视图方向。单击"前导视图"工具栏中的"旋转视图"按钮 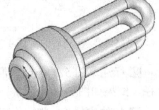，调整视图，将视图以合适的方向显示，结果如图 5-68 所示。

24 圆角实体 7。单击"特征"面板中的"圆角"按钮 ，系统弹出图 5-69 所示的"圆角"属性管理器。在"半径"文本框 中输入"5.00mm"，然后选择图 5-68 所示的边线 1 和边线 2。按照图 5-69 所示进行设置后，单击"确定"按钮 ，结果如图 5-70 所示。

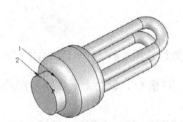

图 5-68　拉伸后的实体 6　　图 5-69　"圆角"属性管理器　　图 5-70　圆角后的实体 7

5.3　特征的复制与删除

在零件建模过程中，如果有相同的零件特征，用户可以利用系统提供的特征复制功能进行复制。这样可以节省大量的时间，达到事半功倍的效果。

SOLIDWORKS 2020 提供的复制功能，不仅可以实现同一个零件模型中的特征复制，还可以实现不同零件模型之间的特征复制。

下面结合实例介绍在同一个零件模型中复制特征的操作步骤。

【实例 5-8】复制特征

（1）打开源文件 "X:\源文件\ch5\原始文件\5.8.SLDPRT"，打开的文件实体如图 5-71 所示。

（2）在图形区中选择特征，此时该特征在图形区中将以高亮度显示。

（3）按住 <Ctrl> 键，拖动特征到所需的位置上（同一个面或其他的面上）。

（4）如果特征具有限制其移动的定位尺寸或几何关系，则系统会弹出"复制确认"对话框，如图 5-72 所示，询问对该操作的处理。

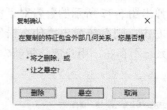

图 5-71 打开的文件实体（1）　　　图 5-72 "复制确认"对话框（1）

- 单击"删除"按钮，将删除限制特征移动的几何关系和定位尺寸。
- 单击"悬空"按钮，将不对尺寸标注、几何关系进行求解。
- 单击"取消"按钮，将取消复制操作。

（5）如果在步骤（4）中单击"悬空"按钮，则系统会弹出"什么错"对话框，如图 5-73 所示，警告在模型中的尺寸和几何关系已不存在，用户应该重新定义悬空尺寸。

（6）要重新定义悬空尺寸，首先应在 FeatureManager 设计树中右击对应特征的草图，在弹出的快捷菜单中单击"编辑草图"命令。此时悬空尺寸将以灰色显示，尺寸的旁边还有对应的红色控标，如图 5-74 所示。然后按住鼠标左键，将红色控标拖动到新的附加点。释放鼠标左键，将尺寸重新附加到新的边线或顶点上，即完成悬空尺寸的重新定义。

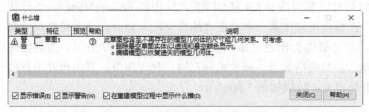

图 5-73 "什么错"对话框（1）　　　图 5-74 显示悬空尺寸（1）

下面结合举例介绍将特征从一个零件复制到另一个零件上的操作步骤。

【实例 5-9】两零件间复制特征

（1）打开两个源文件"X:\源文件\ch5\原始文件\5.9.SLDPRT"及"X:\源文件\ch5\5.8.SLDPRT"，打开的文件实体如图 5-75 所示。

（2）单击菜单栏中的"窗口"→"横向平铺"命令，以平铺方式显示多个文件。

（3）在 5.8.SLDPRT 文件中的 FeatureManager 设计树中选择要复制的特征。

（4）单击菜单栏中的"编辑"→"复制"命令，或单击"标准"工具栏中的"复制"按钮 。

图 5-75 打开的文件实体（2）

195

（5）在 5.9.SLDPRT 文件中，单击菜单栏中的"编辑"→"粘贴"命令，或单击"标准"工具栏中的"粘贴"按钮 。

系统弹出"复制确认"对话框，如图 5-76 所示，询问对该操作的处理。单击"悬空"按钮，系统弹出图 5-77 所示的警告对话框，单击"继续（忽略错误）"按钮，选择要复制的特征并右击，则系统弹出"什么错"对话框，如图 5-78 所示，警告在模型中的尺寸和几何关系已不存在，用户应该重新定义悬空尺寸，单击"关闭"按钮。

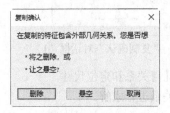

图 5-76 "复制确认"对话框（2）

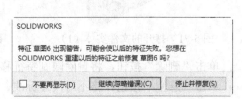

图 5-77 警告对话框

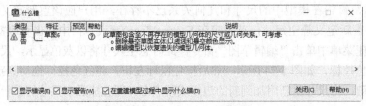

图 5-78 "什么错"对话框（2）

（6）要重新定义悬空尺寸，首先应在 5.9.SLDPRT 文件中的 FeatureManager 设计树中右击对应特征的草图，在弹出的快捷菜单中单击"编辑草图"命令。此时悬空尺寸将以灰色显示，选择尺寸，尺寸旁边会出现对应的红色控标，如图 5-79 所示。然后按住鼠标左键，将红色控标拖动到新的附加点，释放鼠标左键，尺寸改变，双击尺寸进行修改，即完成悬空尺寸的重新定义，结果如图 5-80 所示。

图 5-79 显示悬空尺寸（2）

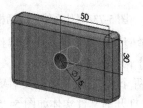

图 5-80 结果图

5.4 参数化设计

在设计的过程中，可以通过设置参数之间的关系或事先建立参数的规范达到参数化或智能化建模的目的，下面简要介绍参数化设计相关内容。

5.4.1　方程式驱动尺寸

连接尺寸只能控制特征中不属于草图部分的数值，即特征定义尺寸，而方程式可以驱动任何尺寸。当在模型尺寸之间生成方程式后，特征尺寸成为变量，它们之间必须满足方程式的要求，互相牵制。当删除方程式中使用的尺寸或尺寸所在的特征时，方程式也将一起被删除。

下面结合实例介绍生成方程式驱动尺寸的操作步骤。

【实例 5-10】方程式驱动尺寸

（1）为尺寸添加变量名。

① 打开源文件"X:\源文件\ch5\原始文件\5.10.SLDPRT"，打开的文件实体如图 5-81 所示。

② 在 FeatureManager 设计树中，右击"注解"文件夹 A，在弹出的快捷菜单中单击"显示特征尺寸"命令，此时在图形区中零件的所有特征尺寸都将显示出来。

③ 在图形区中，单击尺寸值，系统弹出"尺寸"属性管理器。

④ 在"数值"选项卡的"主要值"选项组的文本框中输入尺寸名称，如图 5-82 所示，单击"确定"按钮 ✓。

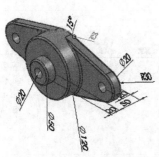

图 5-81　打开的文件实体

图 5-82　"尺寸"属性管理器

（2）建立方程式驱动尺寸。

① 单击菜单栏中的"工具"→"方程式"命令，系统弹出"方程式、整体变量、及尺寸"对话框。单击"添加"按钮，弹出新的"方程式、整体变量、及尺寸"对话框。

② 在图形区中依次单击左上角按钮 Σ、 👁、 📊，分别显示"方程式视图""尺寸视图"和"按序排列的视图"，如图 5-83（a）、图 5-83（b）、图 5-83（c）所示。

（a）"方程式视图"

（b）"尺寸视图"

（c）"按序排列的视图"

图 5-83 "方程式、整体变量、及尺寸"对话框

③单击对话框中的"重建模型"按钮 **8**，或单击菜单栏中的"编辑"→"重建模型"命令来更新模型，所有被方程式驱动的尺寸会立即更新。此时在 FeatureManager设计树中会出现"方程式"文件夹 ∑，右击该文件夹即可对方程式进行编辑、删除、添加等操作。

技巧荟萃 ｜ 被方程式驱动的尺寸无法在模型中以编辑尺寸值的方式来改变。

为了更好地表达设计意图，还可以在方程式中添加注释文字，也可以像编程那样将某个方程式注释掉，避免该方程式的运行。

下面介绍在方程式中添加注释文字的操作步骤。

（1）可直接在"方程式"下方空白单元格中输入内容，如图 5-83（a）所示。

（2）单击图 5-83 所示"方程式、整体变量、及尺寸"对话框中的"输入"按钮，在弹出的图 5-84 所示的"打开"对话框中选择要添加注释的方程式，即可添加外部方程式文件。

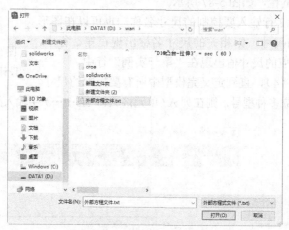

图 5-84　"打开"对话框

（3）同理，单击"输出"按钮，输出外部方程式文件。

5.4.2　系列零件设计表

如果用户的计算机上同时安装了 Microsoft Excel，就可以使用 Excel 在零件文件中直接嵌入新的配置。配置是指由一个零件或一个部件派生而成的形状相似、大小不同的一系列零件或部件集合。在 SOLIDWORKS 中大量使用的配置是系列零件设计表，用户可以利用该表很容易地生成一系列形状相似、大小不同的标准零件，如螺母、螺栓等，从而形成一个标准零件库。

使用系列零件设计表具有如下优点。

- 可以采用简单的方法生成大量的相似零件，对标准化零件管理有很大帮助。
- 不必一一创建相似零件，可以节省大量时间。
- 在零件装配中可以很容易地实现零件的互换。

生成的系列零件设计表保存在模型文件中，不会连接到原来的 Excel 文件，在模型中所进行的更改不会影响原来的 Excel 文件。

下面结合实例介绍在模型中插入一个新的空白的系列零件设计表的操作步骤。

【实例 5-11】系列零件设计表

（1）打开源文件"X:\源文件\ch5\原始文件\5.11.SLDPRT"。

（2）单击菜单栏中的"插入"→"表格"→"设计表"命令，系统弹出"系列零件设计表"属性管理器，如图 5-85 所示。在"源"选项组中单击"空白"单选按钮，然后单击"确定"按钮 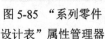。

（3）系统弹出图 5-86 所示的"添加行和列"对话框和一个 Excel 工作表，单击"确定"按钮，这时 Excel 工具栏取代了 SOLIDWORKS 工具栏，如图 5-87 所示。

（4）在表的第 2 行输入要控制的尺寸名称，也可以在图形区中双击要控制的尺寸，则相关的尺寸名称出现在第 2 行中，同时该尺寸名称对应的尺寸值出现在"第一实例"行中。

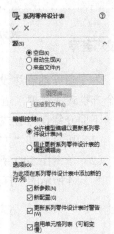

图 5-85 "系列零件设计表"属性管理器

（5）重复步骤（4），直到定义完模型中所有要控制的尺寸。

（6）如果要建立多种型号，则在列 A（单元格 A4、A5……）中输入想生成的型号名称。

图 5-86 "添加行和列"对话框   图 5-87 插入的 Excel 工作表

（7）在对应的单元格中输入型号对应控制尺寸的尺寸值，如图 5-88 所示。

（8）向工作表中添加完信息后，在表格外单击，将其关闭。

（9）此时，系统会显示一条信息，如图 5-89 所示，包括所生成的型号，单击"确定"按钮。当用户创建完成一个系列零件设计表后，其原始样本零件就是其他所有型号的样板，原始零件的所有特征、尺寸、参数等均有可能被系列零件设计表中的型号复制使用。

下面介绍将系列零件设计表应用于零件设计中的操作步骤。

图 5-88　输入控制尺寸的尺寸值

（1）单击图形区左侧面板顶部的"ConfigurationManager 设计树"选项卡图。

（2）ConfigurationManager 设计树中显示了该模型中系列零件设计表生成的所有型号。

（3）右击要应用的型号，在弹出的快捷菜单中单击"显示配置"命令，如图 5-90 所示。

图 5-89　信息对话　　　　　　　　图 5-90　快捷菜单

（4）系统就会按照系列零件设计表中该型号的模型尺寸重建模型。

下面介绍对已有的系列零件设计表进行编辑的操作步骤。

（1）单击图形区左侧面板顶部的"ConfigurationManager 设计树"选项卡图。

（2）在 FeatureManager 设计树中，右击"系列零件设计表"按钮图。

（3）在弹出的快捷菜单中单击"编辑表格"命令。

（4）如果要删除该系列零件设计表，则单击"删除"命令。

在任何时候，用户均可在原始样本零件中加入或删除特征。如果是加入特征，则加入后的特征将是系列零件设计表中所有型号成员的共有特征。若某个型号成员正在被使用，则系统将会依照所加入的特征自动更新该型号成员。如果是删除原始样本零件中的某个特征，则系列零件设计表中该特征的所有型号成员都将被删除。若某个型号成员正在被使用，则系统会将工作窗口自动切换到现在的工作窗口，并更新被使用的型号成员。

5.5 综合实例——螺母紧固件系列

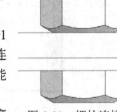

在机器或仪器中，有些大量使用的机件，如螺栓、螺母、螺钉、键、销、轴承等，它们的结构和尺寸均已标准化，设计时可根据有关标准选用。

螺栓和螺母是最常用的紧固件之一，其连接形式如图 5-91 所示。这种连接形式构造简单、成本较低、安装方便、不受连接材料限制，因而应用广泛，一般用于连接厚度尺寸较小或能从被连接件两边进行安装的场合。

图 5-91　螺栓连接形式

螺纹的加工方法有车削、铣削、攻丝、套丝、滚压及磨削等，应根据螺纹的使用功能与使用量不同，尺寸大小、牙型等不同而选择不同的加工方法。

本节创建符合标准 QJ3146.3/2-2002H（中华人民共和国航天行业标准）的 M12、M14、M16、M18、M20 的一系列六角薄螺母，如图 5-92 所示。

螺纹规格		S		m		L	D1	D2	W
公称直径 D	螺距	基本尺寸	极限偏差	基本尺寸	极限偏差				
M12	1.5	19		7.2	0		18		2.6
M14	1.5	22		8.4			21		3.1
M16	1.5	24	0 −0.33	9.6	−0.36	1.2	23	1.5	3.6
M18	1.5	27		10.8	0		26		4.1
M20	1.5	30		12	−0.43		29		4.6

图 5-92　QJ3146.3/2-2002H 螺母

建模的过程是首先建立一个符合标准的 M12 螺母，然后利用系列零件设计表来生成一系列大小相同、形状相似的标准零件。

绘制步骤

1 新建文件。单击菜单栏中的"文件"→"新建"命令，或者单击"标准"工具栏中的"新建"按钮 ⬜，在弹出的"新建 SOLIDWORKS 文件"对话框中，先单击"零件"
按钮 ⬜，再单击"确定"按钮，创建一个新的零件文件。

❷ 绘制螺母外形轮廓。选择"前视基准面"作为草图绘制平面，单击"草图绘
制" ⬜ 按钮，进入草图绘制状态。单击"草图"面板中的"多边形"按钮 ⬤，以坐标
原点为多边形内切圆的圆心绘制一个正六边形，根据 SOLIDWORKS 提供的自动跟踪功
能将正六边形的一个顶点放置到水平位置。

❸ 标注尺寸。单击菜单栏中的"工具"→"标注尺寸"→"智能尺寸"命令，或者
单击"草图"面板中的"智能尺寸"按钮 ⬅，标注圆的直径尺寸为 19mm。

❹ 拉伸螺母基体。单击菜单栏中的"插入"→"凸台 / 基体"→"拉伸"命令，或
者单击"特征"面板中的"凸台-拉伸"按钮 ⬜，设置"终止条件"为"两侧对称"；在"深
度"文本框 ⬡ 中设置拉伸深度为"7.20mm"；其余选项的设置如图 5-93 所示。单击"确
定"按钮 ☑，生成螺母基体。

❺ 绘制边缘倒角。选择"上视基准面"，单击"草图绘制"按钮 ⬜，在其上新建一
张草图。

❻ 绘制草图 1。单击"草图"面板中的"中心线"按钮 ⬜，绘制一条通过坐标原点
的水平中心线；单击"草图"面板中的"点"按钮 ⬛，绘制两个点；单击"草图"面板
中的"直线"按钮 ⬜，绘制螺母两侧的两个三角形。

❼ 标注草图 1。单击"草图"面板中的"智能尺寸"按钮 ⬅，标注尺寸，如图 5-94
所示。

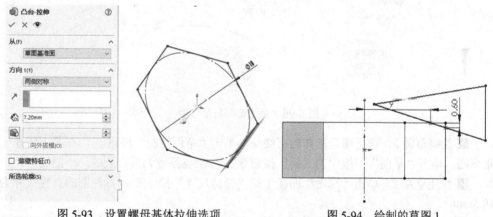

　　　图 5-93　设置螺母基体拉伸选项　　　　　　　图 5-94　绘制的草图 1

❽ 旋转切除实体 1。单击菜单栏中的"插入"→"切除"→"旋转"命令，或者单
击"特征"面板中的"旋转切除"按钮 ⬜，在图形区中选择通过坐标原点的竖直中心线
作为旋转的中心轴，其他选项的设置如图 5-95 所示。单击"确定"按钮 ☑，生成旋转
切除特征。

❾ 单击"特征"面板中的"镜向"按钮 ⬜，或单击菜单栏中的"插入"→"阵列 /
镜向"→"镜向"命令，选择 FeatureManager 设计树中的"前视基准面"作为镜向面；

选择刚生成的"切除-旋转1"特征作为要镜向的特征，其他选项的设置如图 5-96 所示。
单击"确定"按钮 ✓，创建镜向特征。

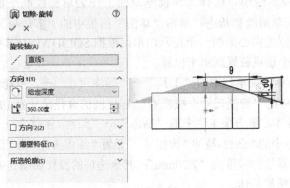

图 5-95　设置旋转切除选项

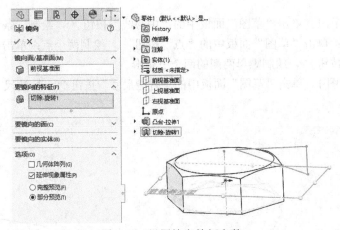

图 5-96　设置镜向特征参数

🔟 绘制草图 2。选择螺母基体的上端面，单击"草图绘制"按钮 ┗，在其上新建一张草图。单击"草图"面板中的"圆"按钮 ⊙，以坐标原点为圆心绘制一个圆。

⓫ 标注草图 2。单击"草图"面板中的"智能尺寸"按钮 ✦，标注圆的直径尺寸为10.5mm。

⓬ 拉伸切除实体 2。单击菜单栏中的"插入"→"切除"→"拉伸"命令，或者单击"特征"面板中的"拉伸切除"按钮 🔲，设置"终止条件"为"完全贯穿"，具体的设置如图 5-97 所示。单击"确定"按钮 ✓，完成拉伸切除特征。

⓭ 生成螺纹线。选择菜单栏中的"插入"→"注解"→"装饰螺纹线"命令，单击螺纹孔的边线作为"螺纹设定"中的圆形边线；选择"终止条件"为"通孔"；在按钮 ⊘ 右侧的文本框中设置"次要直径"为"12.00mm"；具体的设置如图 5-98 所示。单击"确定"按钮 ✓，完成螺纹孔的创建。

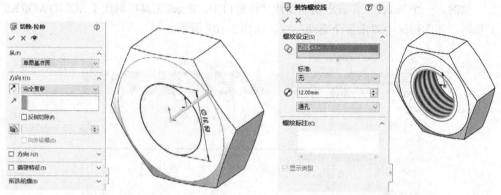

图 5-97 设置拉伸切除类型　　　　图 5-98 设置装饰螺纹线选项

14 生成系列零件设计表。生成系列零件设计表的主要步骤如下。

（1）创建一个原始样本零件模型。

（2）选择系列零件设计表中的零件成员要包含的特征或变化尺寸，选择时要按照特征或尺寸的重要程度依次选择。在此应注意，原始样本零件中没有被选择的特征或尺寸，将是系列零件设计表中所有成员共同具有的特征或尺寸，即系列零件设计表中各成员的共性部分。

（3）利用 Microsoft Excel 编辑、添加系列零件设计表的成员包含的特征或变化尺寸。

下面就以 M12 的螺母作为原始样本零件创建系列零件设计表，从而创建一系列的零件。

（1）右击 FeatureManager 设计树中的注解文件夹，在打开的快捷菜单中单击"显示特征尺寸"命令。这时，在图形区中零件的所有特征尺寸都将显示出来，如图 5-99 所示。注意：作为特征定义尺寸，它们的颜色是蓝色的，而对应特征中的草图尺寸则显示为黑色。

（2）单击菜单栏中的"插入"→"表格"→"设计表"命令。在"系列零件设计表"属性管理器中的"源"选项组中选择"空白"单选按钮。单击"确定"按钮，在出现的"添加行和列"对话框中，单击"确定"按钮，如图 5-100 所示。

图 5-99 显示特征尺寸与草图尺寸　　　图 5-100 选择添加到系列零件设计表中的尺寸

这时，一个 Excel 工作表出现在零件文件窗口中，Excel 工具栏取代了 SOLIDWORKS 工具栏，在图形区中双击各个驱动尺寸，如图 5-101 所示。

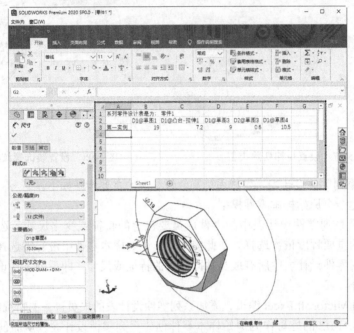

图 5-101　系列零件设计表

（3）在系列零件设计表中，输入图 5-102 所示的数据。

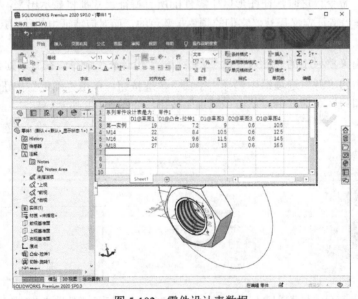

图 5-102　零件设计表数据

（4）单击图形的空白区域，从而生成 M12、M14、M16、M18 的螺母，单击图 5-103 所示的"确定"按钮完成系列零件设计表的制作。

图 5-103　提示生成的配置

（5）单击 SOLIDWORKS 窗口左边面板顶部的"ConfigurationManager 设计树"选项卡 。在 Configuration-Manager 设计树中显示了该模型中系列零件设计表生成的所有型号。

右击要应用的型号，在打开的快捷菜单中单击"显示配置"命令，如图 5-104 所示。系统就会按照系列零件设计表中该型号的模型尺寸重建模型。

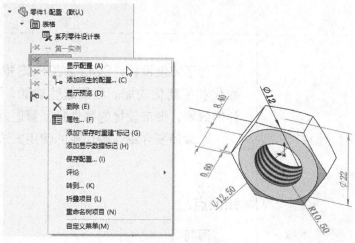

图 5-104　设置配置

（6）完成模型的构建后，单击"保存"按钮 ，将零件文件保存为"螺母系列表.SLDPRT"。

第 6 章
特征管理

为了方便设计，SOLIDWORKS 提供了一些参数化和智能化功能。利用这些功能，可以提高设计的效率，形成便捷的零件特征管理方式。

本章简要介绍这些功能的使用方法。

知识点

库特征

查询

零件的特征管理

零件的外观

6.1 库特征

　　SOLIDWORKS 2020 允许用户将常用的特征或特征组（如具有公用尺寸的孔或槽等）保存到库中，便于日后使用。用户可以将几个库特征组合在一起生成一个零件，这样既可以节省时间，又有助于保持模型中的统一性。

　　用户可以编辑插入零件的库特征。当库特征添加到零件后，目标零件与库特征零件就没有关系了，对目标零件中库特征的修改不会影响到包含该库特征的其他零件。

　　库特征只能应用于零件，不能添加到装配体中。

技巧荟萃　　　大多数类型的特征可以作为库特征使用，但不包括基体特征本身。系统无法将包含基体特征的库特征添加到已经具有基体特征的零件中。

6.1.1　库特征的创建与编辑

　　如果要创建一个库特征，首先要创建一个基体特征来承载作为库特征的其他特征，也可以将零件中的其他特征保存为库特征。

　　下面结合实例介绍创建库特征的操作步骤。

【实例 6-1】库特征

　　（1）打开源文件 "X:\源文件\ch6\原始文件\6.1.SLDPRT"。

　　（2）在基体上创建包括库特征的特征。如果要用尺寸来定位库特征，则必须在基体上标注特征的尺寸。

　　（3）在 FeatureManager 设计树中，选择作为库特征的特征。如果要同时选择多个特征，则在选择特征的同时按住 <Ctrl> 键。

　　（4）单击菜单栏中的"文件"→"另存为"命令，系统弹出"另存为"对话框。选择"保存类型"为"Lib Feat Part（*.SLDPRT）"，并输入文件名称，如图 6-1 所示。单击"保存"按钮，保存库特征。

　　此时，在 FeatureManager 设计树中，零件按钮将变为库特征图标，如图 6-2 所示。在库特征零件文件中（.SLDPRT）还可以对库特征进行编辑。如果要添加另一个特征，则右击要添加的特征，在弹出的快捷菜单中单击"添加到库"命令。

　　如果要从库特征中移除一个特征，则右击该特征，在弹出的快捷菜单中单击"从库中删除"命令。

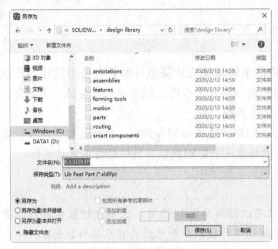

图 6-1 保存库特征

图 6-2 库特征图标

6.1.2 将库特征添加到零件中

库特征创建完成后，就可以将库特征添加到零件中去。下面结合实例介绍将库特征添加到零件中的操作步骤。

【实例 6-2】将库特征添加到零件中

（1）打开源文件"X:\源文件\ch6\原始文件\6.2.SLDPRT"。

（2）在图形区右侧单击"设计库"按钮⬚，系统弹出"设计库"对话框，如图 6-3 所示。这些是 SOLIDWORKS 2020 安装时预设的库特征。

（3）浏览库特征所在目录，从下方窗格中选择库特征，然后将其拖动到零件的面上，即可将库特征添加到目标零件中。打开的库特征文件如图 6-4 所示。

将库特征添加到零件中后，可以用下列方法编辑库特征。

◯ 单击"编辑特征"按钮⬚或"编辑草图"命令编辑库特征。

◯ 通过修改定位尺寸将库特征移动到目标零件的另一位置。

此外，还可以将库特征分解为该库特征中包含的每个单个特征。只需在 FeatureManager 设计树中右击"库特征"按钮，然后在弹出的快捷菜单中单击"解散库特征"命令，则"库特征"按钮被移除，且库特征中包含的所有特征都在 FeatureManager 设计树中单独列出。

图 6-3 "设计库"对话框

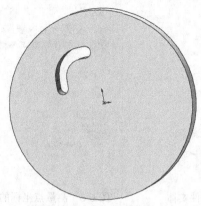

图 6-4 打开的库特征文件

6.2 查询

查询功能主要是查询所建模型的表面积、体积及质量等相关信息，从而计算和设计零部件的结构强度、安全因子等。SOLIDWORKS 提供了 3 种查询功能，即测量、质量属性与截面属性。这 3 个按钮位于"工具"工具栏中。

6.2.1 测量

测量功能可以测量草图、三维模型、装配体或者工程图中直线、点、曲面、基准面的距离、角度、半径、大小，以及它们之间的距离、角度、半径或尺寸。当测量的是两个实体之间的距离时，DeltaX、DeltaY 和 DeltaZ 的距离会显示出来。当选择一个顶点或草图点时，显示其 X、Y 和 Z 坐标值。

下面结合实例介绍测量点坐标、测量距离、测量面积与周长的操作步骤。

【实例 6-3】测量

（1）打开源文件 "X:\源文件\ch6\原始文件\6.3.SLDPRT"，打开的文件实体如图 6-5 所示。

（2）单击"工具"菜单栏中的"评估"→"测量"命令，或者单击"工具"工具栏中的"测量"按钮 ，系统弹出"测量"对话框。

（3）测量点坐标。测量点坐标主要用来测量草图中的点或模型中的顶点坐标。单击图 6-5 所示的点 1，在"测量"对话框中便会显示该点的坐标值，如图 6-6 所示。

（4）测量距离。测量距离主要用来测量两点、两边或两面之间的距离。单击图 6-5 所示的点 1 和点 2，在"测量"对话框中便会显示所选两点的绝对距离以及 X、Y 和 Z 坐标的差值，如图 6-7 所示。

（5）测量面积与周长。测量面积与周长主要用来测量实体某一表面的面积与周长。单击图 6-5 所示的面 3，在"测量"对话框中便会显示该面的面积与周长，如图 6-8 所示。

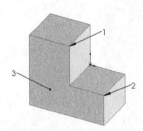

图6-5　打开的文件实体

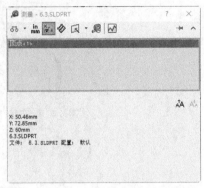

图6-6　测量点坐标的"测量"对话框

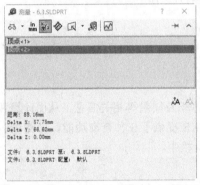

图6-7　测量距离的"测量"对话框

图6-8　测量面积与周长的"测量"对话框

技巧荟萃　　执行"测量"命令时，切换不同的文件可以不必关闭对话框。当前激活的文件名会出现在"测量"对话框的顶部，如果选择了已激活文件中的某一测量项目，则对话框中的测量信息会自动更新。

6.2.2　质量属性

质量特性功能可以测量模型实体的质量、体积、表面积与惯性矩等。

下面结合实例介绍质量特性的操作步骤。

【实例6-4】质量属性

（1）打开源文件"X:\源文件\ch6\原始文件\6.4.SLDPRT"，打开的文件实体如图6-5所示。

（2）单击"工具"菜单栏中的"评估"→"质量属性"命令，或者单击"工具"工具栏中的"质量属性"按钮，系统弹出的"质量属性"对话框如图6-9所示。该对话框会自动计算出该模型实体的质量、体积、表面积与惯性矩等，模型实体的主轴和质量中心显示在视图中，如图6-10所示。

（3）单击"质量属性"对话框中的"选项"按钮，系统弹出"质量/剖面属性选项"属性管理器，如图6-11所示。选择"使用自定义设定"单选按钮，在"材料属性"选项组的"密度"文本框中可以设置模型实体的密度。

图6-9 "质量属性"对话框

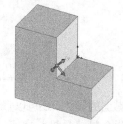

图6-10 显示主轴和质量中心

图6-11 "质量/剖面
属性选项"对话框

技巧荟萃　　　在计算另一个零部件的质量属性时，不需要关闭"质量属性"对话框，选择需要计算的零部件，然后单击"重算"按钮即可。

6.2.3　截面属性

截面属性可以查询草图、模型实体中平面或者剖面的某些特性，如截面面积、截面重心的坐标、在重心的面惯性矩、在重心的面惯性极力矩、位于主轴和零件轴之间的角度以及面心的二次矩等。下面结合实例介绍截面属性的操作步骤。

【实例6-5】截面属性

（1）打开源文件"X:\源文件\ch6\原始文件\6.5.SLDPRT"，打开的文件实体如图6-12所示。

（2）单击"工具"菜单栏中的"评估"→"截面属性"命令，或者单击"工具"工具栏中的"截面属性"按钮 ，系统弹出"截面属性"对话框。

（3）单击图6-12所示的面1，然后单击"截面属性"对话框中的"重算"按钮，计算结果出现在该对话框中，如图6-13所示。所选截面的主轴和重心显示在视图中，如图6-14所示。

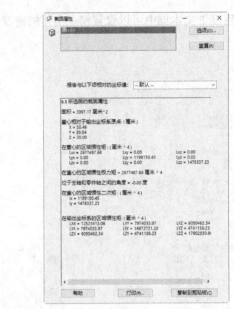

图 6-13 "截面属性"对话框（1）

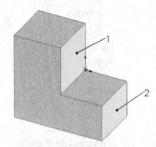

图 6-12 打开的文件实体

截面属性不仅可以查询单个截面的属性，还可以查询多个平行截面的联合属性。图 6-15 所示为图 6-12 中面 1 和面 2 的联合属性，图 6-16 所示为面 1 和面 2 的主轴和重心。

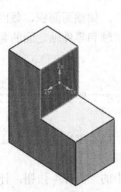

图 6-14 显示主轴和
重心的图形（1）

图 6-15 "截面属性"对话框（2）

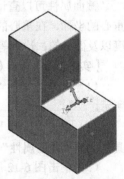

图 6-16 显示主轴和
重心的图形（2）

6.3 零件的特征管理

零件的建模过程实际上是创建和管理特征的过程。本节介绍零件的特征管理，即退回与插入特征、压缩与解除压缩特征、动态修改特征。

6.3.1 退回与插入特征

退回特征命令可以查看某一特征生成前后模型的状态，插入特征命令用于在某一特征之后插入新的特征。

1. 退回特征

退回特征有两种方式，一种为使用"退回控制棒"，另一种为使用快捷菜单。在 FeatureManager 设计树的最底端有一条粗实线，该线就是"退回控制棒"。

下面结合实例介绍退回特征的操作步骤。

【实例 6-6】退回特征

（1）打开源文件"X:\源文件\ch6\原始文件\6.6.SLDPRT"，打开的文件实体如图 6-17 所示。基座的 FeatureManager 设计树如图 6-18 所示。

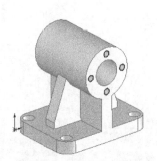

图 6-17 打开的文件实体

图 6-18 基座的 FeatureManager 设计树

（2）将光标放置在"退回控制棒"上时，光标变为 形状。单击，此时"退回控制棒"以蓝色显示，然后按住鼠标左键，拖动光标到欲查看的特征上，并释放鼠标左键。操作后的 FeatureManager 设计树如图 6-19 所示，退回的零件模型如图 6-20 所示。

从图 6-20 中可以看出，查看特征及其后的特征在零件模型上没有显示，表明该零件模型退回到该特征以前的状态。

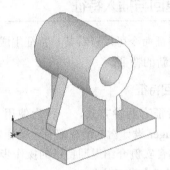

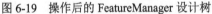

图 6-19 操作后的 FeatureManager 设计树　　　　图 6-20 退回的零件模型

退回特征还可以使用快捷菜单进行操作，右击 FeatureManager 设计树中的"M10 六角凹头螺钉的柱形沉头孔 1"特征，系统弹出的快捷菜单如图 6-21 所示，单击"退回"按钮 ↰，此时该零件模型退回到该特征以前的状态，如图 6-20 所示。也可以在退回特征状态下，使用图 6-22 所示的退回快捷菜单，根据需要选择退回操作。

图 6-21 快捷菜单　　　　　　　　　图 6-22 退回快捷菜单

在退回快捷菜单中，"向前推进"命令表示退回到下一个特征；"退回到前"命令表示退回到上一退回特征状态；"退回到尾"命令表示退回到特征模型的末尾，即处于模型的原始状态。

技巧荟萃

（1）当零件模型处于退回特征状态时，将无法访问该零件的工程图和基于该零件的装配图。

（2）不能保存处于退回特征状态的零件图，在保存零件时，系统将自动退出退回特征状态。

（3）在重新创建零件的模型时，处于退回状态的特征不会被考虑，即视其处于压缩状态。

2．插入特征

插入特征是零件设计中一项非常实用的操作，其操作步骤如下。

【实例 6-7】插入特征

（1）打开源文件"X:\源文件\ch6\原始文件\6.7.SLDPRT"，打开的文件实体及 FeatureManager 设计树如图 6-23 所示。

（2）将 FeatureManager 设计树中的"退回控制棒"拖到需要插入特征的位置。

（3）根据设计需要生成新的拉伸切除特征。

（4）将"退回控制棒"拖动到 FeatureManager 设计树的最后位置，完成特征插入，结果如图 6-24 所示。

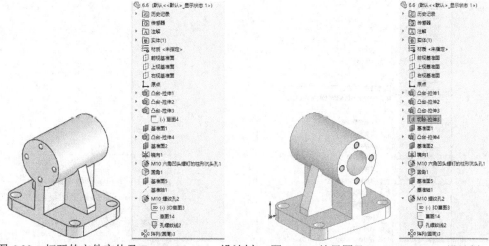

图 6-23　打开的文件实体及 FeatureManager 设计树　　图 6-24　结果图及 FeatureManager 设计树

6.3.2　压缩与解除压缩特征

1．压缩特征

可以从 FeatureManager 设计树中选择需要压缩的特征，也可以从视图中选择需要压缩特征的一个面。压缩特征的方式有以下几种。

下面通过实例介绍这几种方式的操作步骤。

【实例 6-8】压缩特征

（1）打开源文件"X:\源文件\ch6\原始文件\6.8.SLDPRT"，打开的文件实体及 FeatureManager 设计树如图 6-23 所示。

（2）工具栏方式：选择要压缩的特征，然后单击"特征"面板中"压缩"按钮 ↓⁸。

（3）菜单栏方式：选择要压缩的特征，然后单击菜单栏中的"编辑"→"压缩"→"此配置"命令。

（4）快捷菜单方式：在 FeatureManager 设计树中，右击需要压缩的特征，在弹出的快捷菜单中单击"压缩"按钮 ↓⁸，如图 6-25 所示。

（5）对话框方式：在 FeatureManager 设计树中，右击需要压缩的特征，在弹出的快捷菜单中单击"特征属性"命令，在弹出的"特征属性"对话框中勾选"压缩"复选框，然后单击"确定"按钮，如图 6-26 所示。

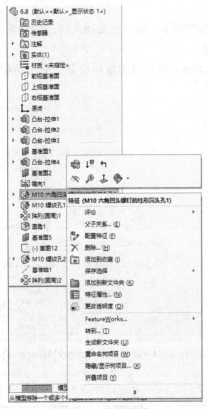

图 6-25　快捷菜单

图 6-26　"特征属性"对话框

特征被压缩后，在模型中不再显示，但是并没有被删除，被压缩的特征在 FeatureManager 设计树中以灰色显示。图 6-27 所示为基座镜向特征后面的特征被压缩后的图形，图 6-28 所示为进行压缩操作后的 FeatureManager 设计树。

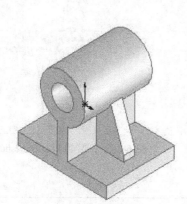

图 6-27 压缩特征后的基座 图 6-28 进行压缩操作后的 FeatureManager 设计树

2．解除压缩特征

需要解除压缩的特征必须从 FeatureManager 设计树中选择，而不能从视图中选择该特征的某一个面，因为视图中该特征不显示。与压缩特征相对应，解除压缩特征的方式也有几种。下面通过实例介绍这几种方式的操作步骤。

【实例 6-9】解除压缩特征

（1）打开源文件"X:\源文件\ch6\原始文件\6.9.SLDPRT"，打开的文件实体及 FeatureManager 设计树如图 6-29 所示。

（2）工具栏方式：选择要解除压缩的特征，然后单击"特征"面板中的"解除压缩"按钮 ↑⁰。

（3）菜单栏方式：选择要解除压缩的特征，然后单击菜单栏中的"编辑"→"解除压缩"→"此配置"命令。

（4）快捷菜单方式：在 FeatureManager 设计树中，右击要解除压缩的特征，在弹出的快捷菜单中单击"解除压缩"按钮 ↑⁰。

（5）对话框方式：在 FeatureManager 设计树中，右击要解除压缩的特征，在弹出的快捷菜单中单击"特征属性"命令，在弹出的"特征属性"对话框中取消对"压缩"复选框的勾选，然后单击"确定"按钮。

压缩的特征被解除以后，视图中将显示该特征，FeatureManager 设计树中该特征将以正常模式显示，如图 6-30 所示。

图 6-29　打开的文件实体及 FeatureManager 设计树　　图 6-30　正常的 FeatureManager 设计树

6.3.3　Instant3D

Instant3D 可以使用户通过拖动控标或标尺来快速生成和修改模型几何体。动态修改特征是指系统不需要退回编辑特征的位置，直接对特征进行动态修改。动态修改是通过移动、旋转控标来调整拉伸及旋转特征的大小。动态修改可以修改草图，也可以修改特征。

下面结合实例介绍动态修改特征的操作步骤。

【实例 6-10】动态修改特征

1. 修改草图

（1）打开源文件"X:\源文件\ch6\原始文件\6.10.SLDPRT"。

（2）单击"特征"面板中的"Instant3D"按钮，开始动态修改特征操作。

（3）选择 FeatureManager 设计树中的"拉伸 1"下的"草图 1"作为要修改的特征，视图中该特征高亮显示，同时出现该特征的修改控标，如图 6-31 所示。

（4）拖动直径为 80mm 的控标，屏幕出现标尺，如图 6-32 所示。使用屏幕上的标尺可以精确地修改草图，修改后的草图如图 6-33 所示。

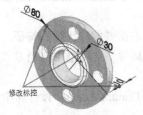

图 6-31　选择需要修改的特征（1）

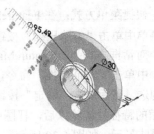

图 6-32　标尺

（5）单击"特征"面板中的"Instant3D"按钮 ，结束动态修改特征操作，修改后的模型如图 6-34 所示。

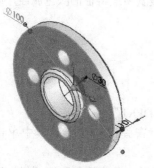

图 6-33　修改后的草图

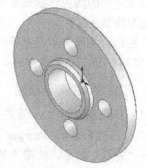

图 6-34　修改后的模型（1）

2. 修改特征

（1）单击"特征"面板中的"Instant3D"按钮 ，开始动态修改特征操作。

（2）选择 FeatureManager 设计树中的"拉伸 2"作为要修改的特征，视图中该特征高亮显示，同时出现该特征的修改控标，如图 6-35 所示。

（3）拖动距离为 5mm 的修改控标，调整拉伸的长度，如图 6-36 所示。

（4）单击"特征"面板中的"Instant3D"按钮 ，结束动态修改特征操作，修改后的模型如图 6-37 所示。

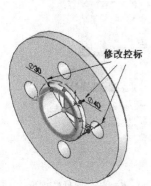

图 6-35　选择需要修改的特征（2）

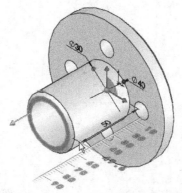

图 6-36　拖动修改控标

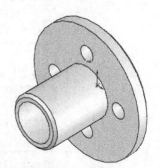

图 6-37　修改后的模型（2）

6.4　零件的外观

　　零件建模时，SOLIDWORKS 提供了外观显示。可以根据实际需要设置零件的颜色与透明度，使设计的零件更加接近实际情况。

6.4.1 设置零件的颜色

设置零件的颜色包括设置整个零件的颜色属性、设置所选特征的颜色属性，以及设置所选面的颜色属性。

下面结合实例介绍设置零件颜色的操作步骤。

【实例 6-11】设置零件的颜色

1. 设置零件的颜色属性

（1）打开源文件"X:\源文件\ch6\原始文件\6.11.SLDPRT"。

（2）右击 FeatureManager 设计树中的文件名称，在弹出的快捷菜单中单击"外观"→"外观"命令，如图 6-38 所示。

（3）系统弹出的"颜色"属性管理器如图 6-39 所示，在"颜色"选项组中选择需要的颜色，然后单击"确定"按钮，整个零件将以设置的颜色显示。

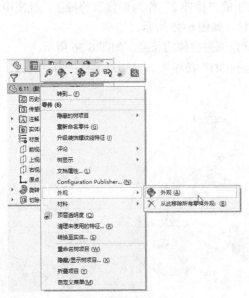

图 6-38　快捷菜单（1）

图 6-39　"颜色"属性管理器

2. 设置所选特征的颜色属性

（1）在 FeatureManager 设计树中选择需要改变颜色的特征，可以在按住 <Ctrl> 键的同时选择多个特征。

（2）右击所选特征，在弹出的快捷菜单中单击"外观"按钮，在下拉菜单中选择步骤（1）中选中的特征，如图 6-40 所示。

（3）系统弹出的"颜色"属性管理器如图 6-39 所示，在"颜色"选项组中选择需要的颜色，然后单击"确定"按钮 ✓，设置颜色后的特征如图6-41所示。

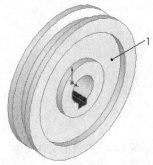

图 6-40　快捷菜单（2）　　　　　　图 6-41　设置颜色后的特征

3. 设置所选面的颜色属性

（1）右击图 6-41 所示的面 1，在弹出的快捷菜单中单击"外观"按钮 🎨·，在下拉菜单中选择刚选中的面，如图 6-42 所示。

（2）系统弹出的"颜色"属性管理器如图 6-39 所示。在"颜色"选项组中选择需要的颜色，然后单击"确定"按钮 ✓，设置颜色后的面如图 6-43 所示。

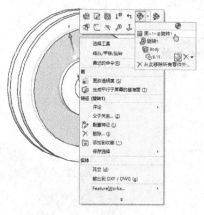

图 6-42　快捷菜单（3）　　　　　　图 6-43　设置颜色后的面

6.4.2　设置零件的透明度

在装配体零件中，外面零件遮挡内部的零件时会给零件的选择造成困难。设置零件的透明度后，可以透过透明零件选择非透明零件。

下面结合实例介绍设置零件透明度的操作步骤。

【实例 6-12】设置零件的透明度

（1）打开源文件 "X:\源文件\ch6\原始文件\6.12\ 传动装配体.SLDASM"，打开的文件实体如图 6-44 所示。传动装配体的 FeatureManager 设计树如图 6-45 所示。

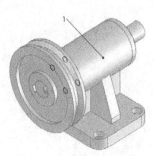

图 6-44　打开的文件实体　　　图 6-45　传动装配体的 FeatureManager 设计树

（2）右击 FeatureManager 设计树中文件名称 "（固定）基座 <1>"，或右击视图中的基座 1，弹出快捷菜单。单击 "外观" 按钮 🔮，在下拉菜单中选择刚选中的 "基座 1" 零件，如图 6-46 所示。

（3）系统弹出的 "颜色" 属性管理器如图 6-47 所示，在 "高级"→"照明度" 选项组的 "透明度" 文本框中，调节所选零件的透明度。单击 "确定" 按钮 ✓，设置透明度后的图形如图 6-48 所示。

图 6-46　快捷菜单　　　　图 6-47　"颜色" 属性管理器　　　图 6-48　设置透明度后的图形

6.4.3 实例——木质音箱

本实例绘制的木质音箱如图 6-49 所示。首先绘音箱的底座草图并拉伸，然后绘制主体草图并拉伸，将主体的前表面作为基准面，在其上绘制旋钮和指示灯等，最后设置各表面的外观。

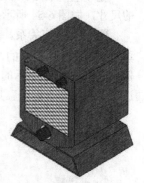

图 6-49 木质音箱

绘制步骤

1 新建文件。单击菜单栏中的"文件"→"新建"命令，创建一个新的零件文件。

2 绘制音箱底座草图 1。在左侧的 FeatureManager 设计树中选择"前视基准面"作为草图绘制的基准面。单击"草图"面板中的"中心线"按钮 ，绘制通过原点的竖直中心线；单击"草图"面板中的"直线"按钮 ，绘制 3 条直线。

3 标注草图 1。单击菜单栏中的"工具"→"标注尺寸"→"智能尺寸"命令，或者单击"草图"面板中的"智能尺寸"按钮 ，标注上一步绘制各直线的尺寸，如图 6-50 所示。

4 镜向草图 2。单击菜单栏中的"工具"→"草图绘制工具"→"镜向"命令，或者单击"草图"面板中的"镜向实体"按钮 ，系统弹出"镜向"属性管理器。在"要镜向的实体"选项组中，选择图 6-50 所示的 3 条直线；在"镜向轴"选项组中，选择竖直中心线，单击"确定"按钮 ，镜向后的草图如图 6-51 所示。

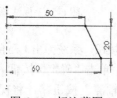

图 6-50 标注草图 1

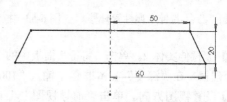

图 6-51 镜向草图 2

5 拉伸薄壁实体 1。单击菜单栏中的"插入"→"凸台/基体"→"拉伸"命令，或者单击"特征"面板中的"凸台-拉伸"按钮 ，系统弹出"凸台-拉伸"属性管理器。在"深度"文本框 中输入"100.00mm"，在"厚度"文本框 中输入"2.00mm"。其他选项的设置如图 6-52 所示，单击"确定"按钮 。

6 设置视图方向。单击"前导视图"工具栏中的"等轴测"按钮 ，将视图以等轴测方向显示，结果如图 6-53 所示。

7 设置基准面。在左侧的 FeatureManager 设计树中选择"前视基准面"，然后单击"前导视图"工具栏中的"正视于"按钮 ，将该基准面作为草图绘制的基准面。

8 绘制草图 3。单击"草图"面板中的"中心线"按钮 ，绘制通过原点的竖直中心线；单击"草图"面板中的"3 点圆弧"按钮 ，绘制一个原点在中心线上的圆弧；

单击"草图"面板中的"直线"按钮 ╱，绘制 3 条直线。

⑨ 标注草图 3。单击"草图"面板中的"智能尺寸"按钮 ┮，标注上一步绘制草图的尺寸，如图 6-54 所示。

⑩ 添加几何关系。单击菜单栏中的"工具"→"几何关系"→"添加"命令，或者单击"草图"面板中的"添加几何关系"按钮 ┴，系统弹出"添加几何关系"属性管理器。单击图 6-54 所示的原点 1 和中心线 2，将其约束为"重合"几何关系，将边线 3 和边线 4 约束为"相切"几何关系。

图 6-52 "凸台-拉伸"属性管理器　　图 6-53 拉伸实体 1　　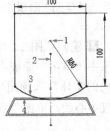

图 6-54 标注草图 3

⑪ 拉伸实体 2。单击"特征"面板中的"凸台-拉伸"按钮，系统弹出"凸台-拉伸"属性管理器。在"深度"文本框 ╱ 中输入"100.00mm"，然后单击"确定"按钮 ✓。

⑫ 设置视图方向。单击"前导视图"工具栏中的"等轴测"按钮 ⬡，将视图以等轴测方向显示，结果如图 6-55 所示。

⑬ 设置基准面。单击图 6-55 所示的表面 1，然后单击"前导视图"工具栏中的"正视于"按钮 ↓，将该表面作为草图绘制的基准面。

⑭ 绘制草图 4。单击"草图"面板中的"边角矩形"按钮 □，在上一步设置的基准面上绘制一个矩形。

⑮ 标注草图 4。单击"草图"面板中的"智能尺寸"按钮 ┮，标注上一步绘制矩形的尺寸及其定位尺寸，如图 6-56 所示。

⑯ 拉伸实体 3。单击"特征"面板中的"凸台-拉伸"按钮，系统弹出"凸台-拉伸"属性管理器。在"深度"文本框 ╱ 中输入"1.00mm"，然后单击"确定"按钮 ✓。

⑰ 设置视图方向。单击"前导视图"工具栏中的"等轴测"按钮 ⬡，将视图以等轴测方向显示，结果如图 6-57 所示。

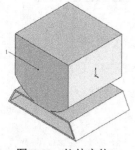

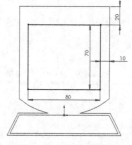

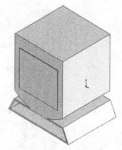

图 6-55　拉伸实体 2　　　　图 6-56　标注草图 4　　　　图 6-57　拉伸实体 3

18 设置外观属性。单击第 16 步中拉伸的实体，然后右击，此时系统弹出图 6-58 所示的快捷菜单。单击"外观"按钮 ，在下拉菜单中选择刚选中的"凸台-拉伸"特征，打开"颜色"属性管理器，如图 6-59 所示。单击"高级"按钮，在图 6-60 所示的"外观"选项组中单击"浏览"按钮，系统弹出"打开"对话框，如图 6-61 所示，在下部的"文件类型"下拉列表中选择"外观文件"。选择并打开"grid15"图片。单击"保存外观"按钮，在弹出的"另存为"对话框中单击"保存"按钮，将图片保存为".p2m"格式。此时显示器屏幕如图 6-62 所示，将图片调整到合适的大小。单击"确定"按钮 ✓，结果如图 6-63 所示。

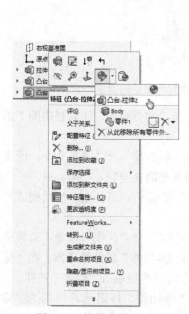

图 6-58　快捷菜单（1）　　　图 6-59　"颜色"属性管理器　　　图 6-60　"外观"选项组

技巧荟萃

在 SOLIDWORKS 中，外观设置的对象有很多种，如面、曲面、实体、特征、零部件等。其外观库是系统预定义的，通过对话框既可以设置纹理的比例和角度，也可以设置其混合颜色。

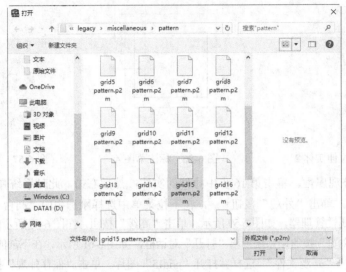

图 6-61　"打开"对话框

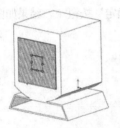

图 6-62　放置图片

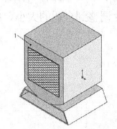

图 6-63　设置外观后的图形

19 设置基准面。单击图 6-63 所示的表面 1，然后单击"前导视图"工具栏中的"正视于"按钮 ⬥，将该表面作为草图绘制的基准面。

20 绘制草图 5。单击菜单栏中的"工具"→"草图绘制实体"→"圆"命令，或者单击"草图"面板中的"圆"按钮 ⊙，在上一步设置的基准面上绘制 4 个圆。

21 标注草图 5。单击"草图"面板中的"智能尺寸"按钮 ⟍，标注上一步绘制圆的直径及其定位尺寸，标注的草图如图 6-64 所示。

22 拉伸切除实体 4。单击菜单栏中的"插入"→"切除"→"拉伸"命令，或者单击"特征"面板中的"拉伸切除"按钮 ▣，系统弹出"切除-拉伸"属性管理器。在"深度"文本框 ⟷ 中输入"10.00mm"，并调整切除拉伸的方向，然后单击"确定"按钮 ✓。

23 设置视图方向。单击"前导视图"工具栏中的"等轴测"按钮 ▣，将视图以等轴测方向显示，结果如图 6-65 所示。

24 设置基准面。单击图 6-65 所示的表面 1，然后单击"前导视图"工具栏中的"正视于"按钮 ⬥，将该表面作为草图绘制的基准面。

25 绘制草图 6。单击菜单栏中的"工具"→"草图绘制实体"→"圆"命令，或者单击"草图"面板中的"圆"按钮 ⊙，在上一步设置的基准面上绘制 3 个圆，并且要求这 3 个圆与拉伸切除的实体同圆心。

⠖ 标注草图 6。单击"草图"面板中的"智能尺寸"按钮⬦，然后标注步骤 25 中绘制的圆的直径及其定位尺寸，如图 6-66 所示。

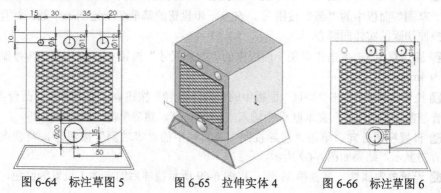

图 6-64　标注草图 5　　　　图 6-65　拉伸实体 4　　　　图 6-66　标注草图 6

⠗ 拉伸实体 5。单击"特征"面板中的"凸台-拉伸"按钮⬦，系统弹出"凸台-拉伸"属性管理器。在"深度"文本框⬦中输入"20.00mm"，然后单击"确定"按钮⬦。

⠘ 设置视图方向。单击"前导视图"工具栏中的"等轴测"按钮⬦，将视图以等轴测方向显示，结果如图 6-67 所示。

⠙ 设置颜色属性。在 FeatureManager 设计树中，右击拉伸 5 特征，在弹出的快捷菜单中单击"外观"按钮⬦，在下拉菜单中选择刚选中的实体，系统弹出的"颜色"属性管理器如图 6-68 所示。在其中选择蓝色，然后单击"确定"按钮⬦。

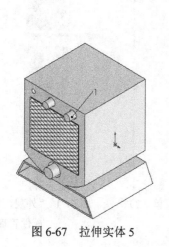

图 6-67　拉伸实体 5　　　　　　　图 6-68　"颜色"属性管理器

229

30 设置基准面。单击图 6-67 所示的左上角左侧拉伸切除实体的底面，然后单击"前导视图"工具栏中的"正视于"按钮 ⏚，将该表面作为草图绘制的基准面。

31 绘制草图 7。单击菜单栏中的"工具"→"草图绘制实体"→"圆"命令，或者单击"草图"面板中的"圆"按钮 ⊙，在上一步设置的基准面上绘制一个圆，并且要求其与拉伸切除的实体同圆心。

32 标注草图 7。单击"草图"面板中的"智能尺寸"按钮 ◇，标注上一步绘制圆的直径为 4mm。

33 拉伸实体 6。单击"特征"面板中的"凸台-拉伸"按钮 ⬚，系统弹出"凸台-拉伸"属性管理器。在"深度"文本框 ◇ 中输入"16.00mm"，然后单击"确定"按钮 ✓。

34 设置视图方向。单击"前导视图"工具栏中的"等轴测"按钮 ⬗，将视图以等轴测方向显示，结果如图 6-69 所示。

35 设置外观属性。重复第 29 步，将图 6-69 所示拉伸后的实体 1 设置为红色，作为指示灯。

36 设置外观属性。在零件上右击，在系统弹出的快捷菜单中单击"外观"按钮 ◈，选择"零件"→"添加外观"，如图 6-70 所示。此时系统弹出"颜色"属性管理器和"外观、布景和贴图"属性管理器，如图 6-71 所示。选择"外观"→"有机"→"木材"→"山毛榉"→"粗制山毛榉横切面"选项，然后单击"确定"按钮 ✓，结果如图 6-49 所示。

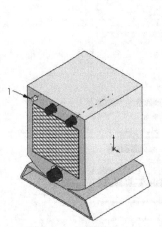

图 6-69　拉伸实体 6

图 6-70　快捷菜单（2）

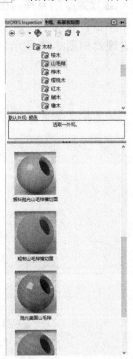

图 6-71　"外观、布景和贴图"
属性管理器

6.5　综合实例——大齿轮

本实例创建的大齿轮如图 6-72 所示。齿轮是现代机械制造和仪表制造等工业制造中的重要零件。齿轮传动应用很广，类型也很多，主要有渐开线齿轮传动、圆柱齿轮传动、圆锥齿轮传动、齿轮齿条传动和蜗杆传动等，最常用的是渐开线齿轮传动与圆柱齿轮传动（包括直齿、斜齿和人字齿齿轮）。

齿轮传动是瞬时速比恒定的传动。齿轮传动的功率范围很大，能传递的功率可达 2500kW，传动的速度可达 150m/s 甚至更高；单级齿轮传动比可达 8 ～ 10，两级齿轮可达 45，三级齿轮可达 75；传动效率高，一对齿轮可达 98% ～ 99.5%；使用寿命长，装配方便，结构紧凑，体积较小。

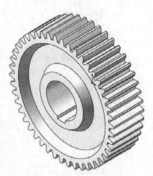

图 6-72　大齿轮

本节讲述减速箱中的一对啮合的齿轮，这对齿轮的基本参数如表 6-1 所示。

表 6-1　齿轮的基本参数

参数	齿轮类型	
	大齿轮（mm）	小齿轮（mm）
模数	10	10
齿数	46	20
分度圆直径	460	200
齿顶圆直径	480	220
齿根圆直径	435	175
齿轮厚度	140	75

操作步骤

1 创建基体。

（1）新建文件。启动 SOLIDWORKS 2020，单击菜单栏中的"文件"→"新建"命令，或单击"标准"工具栏中的"新建"按钮 ，在弹出的"新建 SOLIDWORKS 文件"对话框中，单击"零件"按钮 ，然后单击"确定"按钮，创建一个新的零件文件。

（2）绘制草图 1。在 FeatureManager 设计树中选择"前视基准面"作为绘图基准面，然后单击菜单栏中的"工具"→"草图绘制实体"→"圆"命令，或单击"草图"面板中的"圆"按钮 ，绘制直径为 435mm 的圆，圆的圆心为原点，如图 6-73 所示。

（3）拉伸实体 1。单击菜单栏中的"插入"→"凸台 / 基体"→"拉伸"命令，或单击"特征"面板中的"凸台-拉伸"

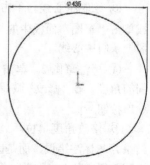

图 6-73　绘制草图 1

按钮 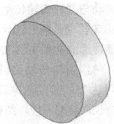，系统弹出"凸台-拉伸"属性管理器；在"深度"文本框 🗖 中输入"140.00mm"，如图 6-74 所示；然后单击"确定"按钮 ✔，结果如图 6-75 所示。

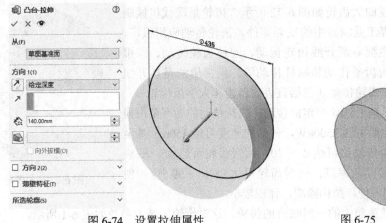

图 6-74　设置拉伸属性　　　　　　　　图 6-75　拉伸实体 1

2 创建齿轮特征。

（1）设置基准面。在 FeatureManager 设计树中选择"前视基准面"作为绘图基准面，然后单击"前导视图"工具栏中的"正视于"按钮 ↓，将该基准面作为绘制图形的基准面，新建一张草图。

（2）绘制齿轮轮廓草图。

① 转换实体引用。单击菜单栏中的"工具"→"草图工具"→"转换实体引用"命令，或单击"草图"面板中的"转换实体引用"按钮 ⬛，将拉伸实体的边线转换为草图轮廓，作为齿轮的齿根圆。

② 绘制草图 2。单击菜单栏中的"工具"→"草图绘制实体"→"圆"命令，或单击"草图"面板中的"圆"按钮 ⊙，以坐标原点为圆心绘制一个直径为 480mm 的圆，作为齿顶圆；重复执行"圆"命令，以坐标原点为圆心绘制一个直径为 460mm 的圆，作为分度圆（分度圆在齿轮中是一个非常重要的参考几何体）。选择分度圆，在出现的"圆"属性管理器的"选项"选项组中，选择"作为构造线"单选按钮；单击"确定"按钮 ✔，将其作为构造线，从图 6-76 中可以看出分度圆成为虚线。

③ 绘制中心线。单击菜单栏中的"工具"→"草图绘制实体"→"中心线"命令，或单击"草图"面板中的"中心线"按钮 ✐。绘制一条通过坐标原点竖直向上的中心线和一条斜中心线。

④ 标注草图 2。单击"草图"面板中的"智能尺寸"按钮 ✔，标注两条中心线之间的角度，在"修改"微调框中输入夹角的角度值为"1.957"，如图 6-77 所示，单击"确定"按钮 ✔。

⑤ 修改角度单位。此时在图中可以看到显示的角度是 1.96°，并非 1.957°。这样的结果并非标注错误，而是因为"文件属性"选项卡中对标注文字的有效数字的设定；单击菜单栏中的"工具"→"选项"命令，在出现的"系统选项"对话框中单击"文档属性"

选项卡，单击左侧的"单位"，设定标注单位的属性，如图 6-78 所示；在"角度"行中将"小数"设置为".123"，从而在文件中显示角度值小数点后的 3 位数字；单击"确定"按钮，关闭对话框，此时的草图如图 6-79 所示。

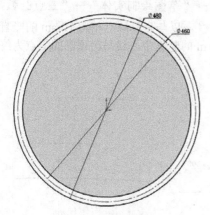

图 6-76　绘制草图 2

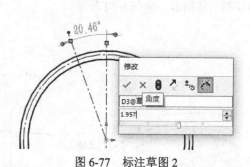

图 6-77　标注草图 2

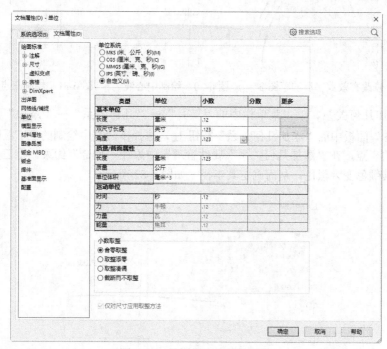

图 6-78　设置标注单位的属性

⑥ 绘制点。单击菜单栏中的"工具"→"草图绘制实体"→"点"命令，或单击"草图"面板中的"点"按钮 ▫，在分度圆和与通过坐标原点的竖直中心线成 1.957º 的中心线的交点上绘制一点。

⑦ 绘制中心线。单击菜单栏中的"工具"→"草图绘制实体"→"中心线"命令，或单击"草图"面板中的"中心线"按钮 ⌁，绘制两条竖直中心线并标注尺寸，如图6-80所示。

⑧ 绘制三点圆弧。单击菜单栏中的"工具"→"草图绘制实体"→"三点圆弧"命令，或单击"草图"面板中的"三点圆弧"按钮 ⌒，以与坐标原点相距10mm的竖直中心线与齿根圆的交点为起点，以与原点相距3.5mm的竖直中心线与齿顶圆的交点为终点绘制三点圆弧，如图6-81所示。

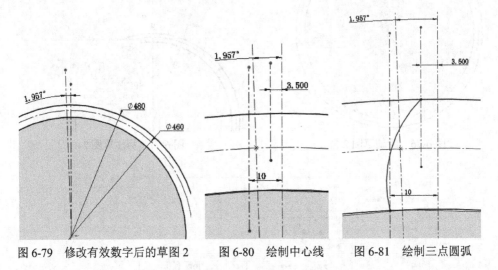

图 6-79 修改有效数字后的草图 2 　　图 6-80 绘制中心线 　　图 6-81 绘制三点圆弧

⑨ 添加几何关系。单击菜单栏中的"工具"→"几何关系"→"添加"命令，或单击"草图"面板中的"添加几何关系"按钮 ⊥，选择步骤⑧中绘制的三点圆弧和步骤⑥中绘制的交点，在"添加几何关系"属性管理器中添加"重合"约束，将三点圆弧完全定义，其颜色变为黑色，从而确定其半径，如图6-82所示。

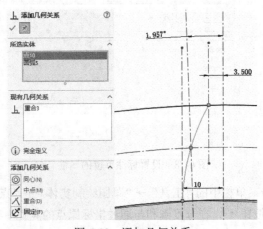

图 6-82 添加几何关系

⑩ 镜向图形。单击"草图"面板中的"镜向实体"按钮 ，将三点圆弧以竖直中心线为镜向轴进行镜向，如图 6-83 所示。

⑪ 剪裁图形。单击菜单栏中的"工具"→"草图工具"→"剪裁"命令，或单击"草图"面板中的"剪裁实体"按钮 ，将齿形草图的多余线条裁剪掉，最后的效果如图 6-84 所示。

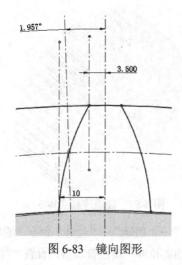

图 6-83　镜向图形　　　　　　图 6-84　剪裁图形

（3）拉伸实体 2。单击菜单栏中的"插入"→"凸台 / 基体"→"拉伸"命令，或单击"特征"面板中的"凸台-拉伸"按钮 ，系统弹出"凸台-拉伸"属性管理器；在"深度"文本框 中输入"140.00mm"，单击"确定"按钮 ，生成的单齿如图 6-85 所示。

③ 阵列齿。

① 显示临时轴。单击菜单栏中的"视图"→"隐藏 / 显示"→"临时轴"命令，显示出零件实体的临时轴。

② 圆周阵列实体 3。单击菜单栏中的"插入"→"阵列 / 镜向"→"圆周阵列"命令，或单击"特征"面板中的"圆

图 6-85　拉伸实体 2

周阵列"按钮 ，弹出"阵列（圆周）1"属性管理器；选择"阵列轴"为圆柱基体的临时轴，在"实例数"文本框 中输入"46"，选择"等间距"单选按钮，"要阵列的特征"选择为齿形实体，即"凸台拉伸 3"特征，进行圆周阵列，如图 6-86 所示；最后单击"确定"按钮 ，再将临时轴隐藏，结果如图 6-87 所示。

④ 创建轴孔和键槽。

（1）设置基准面。选择图 6-87 中的圆柱齿轮端面，然后单击"前导视图"工具栏中的"正视于"按钮 ，将该基准面转为正视方向。

（2）绘制草图 3。分别单击菜单栏中的"工具"→"草图绘制实体"→"圆"和"直线"命令，在基准面上绘制图 6-88 所示的草图，将其作为切除拉伸草图。

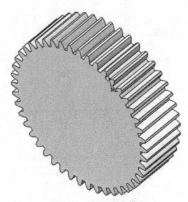

图 6-86　"阵列（圆周）1"属性管理器　　　　　图 6-87　圆周阵列实体 3

（3）切除拉伸实体 4。单击菜单栏中的"插入"→"切除"→"拉伸"命令，或单击"特征"面板中的"拉伸切除"按钮 ⧉，系统弹出"切除-拉伸"属性管理器，设置"终止条件"为"完全贯穿"，如图 6-89 所示，然后单击"确定"按钮 ✓，得到的圆柱齿轮如图 6-90 所示。

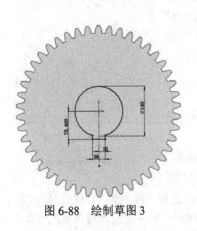

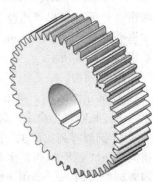

图 6-88　绘制草图 3　　　　图 6-89　"切除-拉伸"　　　图 6-90　切除拉伸实体 4
　　　　　　　　　　　　　　属性管理器（1）

▌5▐ 创建减重槽。

（1）设置基准面。选择图 6-90 中的圆柱齿轮端面，然后单击"前导视图"工具栏中的"正视于"按钮 ↧，将该基准面转为正视方向。

（2）绘制草图 4。单击菜单栏中的"工具"→"草图绘制实体"→"圆"命令，或单击"草图"面板中的"圆"按钮 ⊙，绘制以坐标原点为圆心、直径分别为 200mm 和 400mm 的圆作为切除拉伸草图，如图 6-91 所示。

（3）创建切除拉伸实体 5。单击菜单栏中的"插入"→"切除"→"拉伸"命令，或单击"特征"面板中的"拉伸切除"按钮 ，系统弹出"切除-拉伸"属性管理器；在"深度"文本框 中输入"30.00mm"，单击"拔模开 / 关"按钮 ，输入拔模角度为"30.000度"，如图 6-92 所示；单击"确定"按钮 ，完成切除拉伸实体的创建，如图 6-93 所示。

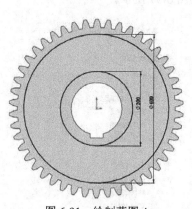

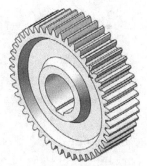

图 6-91　绘制草图 4　　　　　　图 6-92　"切除-拉伸"　　　　　图 6-93　切除拉伸实体 5
　　　　　　　　　　　　　　　　属性管理器（2）

（4）创建基准平面。在 FeatureManager 设计树中选择"前视基准面"，单击菜单栏中的"插入"→"参考几何体"→"基准面"命令，或单击"特征"面板中的"基准面"按钮 ，系统弹出"基准面"属性管理器，在"深度"文本框 中输入"70.00mm"，如图 6-94 所示；单击"确定"按钮 ，创建的基准面如图 6-95 所示。

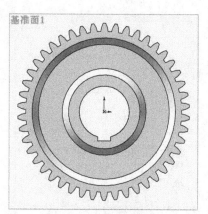

图 6-94　设置等距基准面　　　　　　　　　图 6-95　创建的基准面

（5）镜向实体 6。单击菜单栏中的"插入"→"阵列 / 镜向"→"镜向"命令，或单击"特征"面板中的"镜向"按钮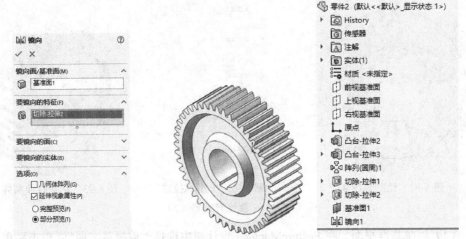，系统弹出"镜向"属性管理器；选择作为镜向面的"基准面 1"，在图形区域模型树中选择要镜向的特征，即"切除-拉伸 2"特征，如图 6-96 所示；最后单击"确定"按钮 ✓，完成特征的镜向。

（6）保存文件。单击菜单栏中的"文件"→"保存"命令，将零件文件保存为"大齿轮.SLDPRT"，最后的效果及 FeatureManger 设计树如图 6-97 所示。

图 6-96　设置镜向特征属性　　图 6-97　"大齿轮.SLDPRT"的最后效果及 FeatureManger 设计树

第 7 章
曲线创建

复杂和不规则的实体模型通常是由曲线和曲面组成的，所以曲线和曲面是三维曲面实体模型建模的基础。

三维曲线的引入，使 SOLIDWORKS 的三维草图绘制能力显著提高。用户可以通过三维操作命令绘制各种三维曲线，也可以通过三维样条曲线控制三维空间中的任何一点，从而直接控制空间草图的形状。三维草图通常用于管路设计和线缆设计，以及作为其他复杂三维模型的扫描路径。

知识点

三维草图
创建曲线

7.1 三维草图

在学习曲线生成方式之前，先要了解三维草图的绘制，因为它是生成空间曲线的基础。

SOLIDWORKS 可以直接在基准面上或者在三维空间的任意点绘制三维草图，绘制的三维草图可以作为扫描路径、扫描的引导线，也可以作为放样路径、放样中心线等。

7.1.1 绘制三维草图

1. 绘制三维空间直线

【实例 7-1】绘制三维空间直线

（1）新建一个文件。单击"前导视图"工具栏中的"等轴测"按钮 ⬡ ，设置视图方向为等轴测方向。在该视图方向下，X、Y、Z 3 个方向均可见，可以比较方便地绘制三维草图。

（2）单击菜单栏中的"插入"→"3D 草图"命令，或者单击"草图"面板中的"3D 草图"按钮 ⬛ ，进入三维草图绘制状态。

（3）单击"草图"面板中需要绘制的草图工具，本实例单击"草图"面板中的"直线"按钮 ✏ ，或单击菜单栏中的"工具"→"草图绘制实体"→"直线"命令，开始绘制三维空间直线，注意此时在绘图区中出现了空间控标，如图 7-1 所示。

（4）以原点为起点绘制草图，基准面为控标提示的基准面，方向由控标拖动决定，图 7-2 所示为在 XY 基准面上绘制草图。

图 7-1 空间控标

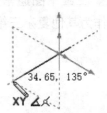

图 7-2 在 XY 基准面上绘制草图

（5）步骤（4）是在 XY 基准面上绘制直线，当继续绘制直线时，控标会显示出来。按 <Tab> 键，可以改变绘制的基准面，依次为 XY、YZ、ZX 基准面。图 7-3 所示为在 YZ 基准面上绘制草图。按 <Tab> 键依次绘制其他基准面上的草图，绘制完的三维草图如图 7-4 所示。

技巧荟萃　　　在绘制三维草图时，绘制的基准面要以控标显示为准，不要主观判断，按 <Tab> 键可以变换视图的基准面。

（6）再次单击"草图"面板中的"3D 草图"按钮 ⬛ ，或者在绘图区右击，在弹出的快捷菜单中，单击"退出草图"命令，退出三维草图绘制状态。

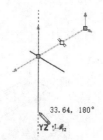

33.64, 180°

图 7-3　在 YZ 基准面上绘制草图

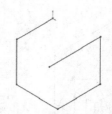

图 7-4　绘制完的三维草图

二维草图和三维草图既有相似之处，又有不同之处。在绘制三维草图时，二维草图中的所有圆、弧、矩形、直线、样条曲线和点等工具都可用，曲面上的样条曲线工具只能用在三维草图中。在添加几何关系时，二维草图中大多数几何关系都可用于三维草图中，但是对称、阵列、等距和等长线除外。

另外需要注意的是，二维草图中的草图实体是所有几何体在草绘基准面上的投影，而三维草图是空间实体。

在绘制三维草图时，除了使用系统默认的坐标系外，用户还可以定义自己的坐标系，此坐标系将同测量、质量属性等工具一起使用。

2. 建立坐标系

【实例 7-2】建立坐标系

（1）打开源文件"X:\源文件\ch7\原始文件\7.2.SLDPRT"，打开的文件实体如图 7-5 所示。

（2）单击"特征"面板中的"坐标系"按钮，或单击菜单栏中的"插入"→"参考几何体"→"坐标系"命令，系统弹出"坐标系"属性管理器。

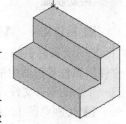

图 7-5　打开的文件实体

（3）单击图标右侧的"原点"列表框，然后选择图 7-6 所示的点 A，设置点 A 为新坐标系的原点；单击"X 轴"下面的"X轴参考方向"列表框，然后选择图 7-6 所示的边线 1，设置边线 1 为 X 轴；依次设置图 7-6所示的边线 2 为 Y 轴，边线 3 为 Z 轴，"坐标系"属性管理器的设置如图 7-6 所示。

（4）单击"确定"按钮，完成坐标系的设置，添加坐标系后的图形如图 7-7 所示。

技巧荟萃　　在设置坐标系的过程中，如果坐标轴的方向不是用户想要的方向，可以单击"坐标系"属性管理器中的"反转方向"按钮进行设置。

在设置坐标系时，X 轴、Y 轴和 Z 轴的参考方向可为以下实体。

- 顶点、点或者中点：将轴向的参考方向与所选点对齐。
- 线性边线或者草图直线：将轴向的参考方向与所选边线或者直线平行。
- 非线性边线或者草图实体：将轴向的参考方向与所选实体上的所选位置对齐。
- 平面：将轴向的参考方向与所选面的垂直方向对齐。

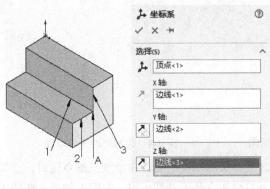

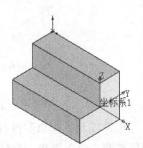

图 7-6　"坐标系"属性管理器　　　　图 7-7　添加坐标系后的图形

7.1.2　实例——办公椅

本实例绘制的办公椅如图 7-8 所示。在建模过程当中要先绘制支架部分，再分别绘制椅垫和椅背。

绘制步骤

1 新建文件。选择菜单栏中的"文件"→"新建"命令，或者单击"标准"工具栏中的"新建"按钮 ，在弹出的"新建 SOLIDWORKS 文件"属性管理器中单击"零件"按钮 ，然后单击"确定"按钮，创建一个新的零件文件。

2 绘制草图 1。选择菜单栏中的"插入"→"3D 草图"命令，然后单击"草图"面板中的"直线"按钮 ，并按 <Tab> 键，改变绘制的基准面，绘制图 7-9 所示的草图。

图 7-8　办公椅

3 标注尺寸及添加几何关系。标注的草图 1 如图 7-10 所示。

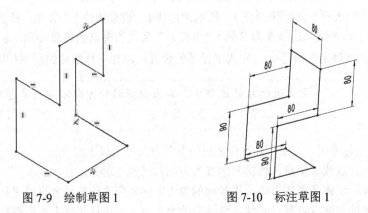

图 7-9　绘制草图 1　　　　　　　图 7-10　标注草图 1

4 绘制圆角。单击"草图"面板中的"绘制圆角"按钮 ，系统弹出"绘制圆角"属性管理器。依次选择图 7-11 所示的每个直角处的两条直线段,设置圆角半径为 20.00mm,如图 7-11 所示。单击"确定"按钮 ✓ ,绘制圆角后的图形如图 7-12 所示。

图 7-11 "绘制圆角"属性管理器

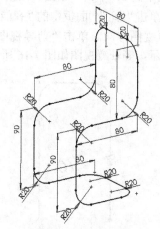

图 7-12 绘制圆角

技巧荟萃　　在绘制三维草图时,先将视图方向设置为等轴测。另外,空间坐标的控制很关键,空间坐标会提示视图的绘制方向。

5 添加基准面。在左侧的 FeatureMannger 设计树中选择"右视基准面",然后单击"特征"面板中的"基准面"按钮 ▥ ,系统弹出"基准面"属性管理器。在"等距距离"文本框 ⬡ 中输入"40.00mm",如图 7-13 所示,单击"确定"按钮 ✓ ,添加的基准面 1 如图 7-14 所示。

图 7-13 "基准面"属性管理器(1)

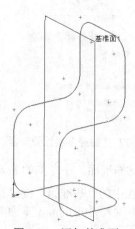

图 7-14 添加基准面 1

⑥ 设置基准面。在左侧的 FeatureMannger 设计树中，单击上一步添加的基准面 1，然后单击"前导视图"工具栏中的"正视于"按钮⊥，将该基准面设置为草图绘制的基准面。

⑦ 绘制草图 2。单击"草图"面板中的"圆"按钮⊙，绘制一个圆，圆心自动捕获在直线上。单击"草图"面板中的"智能尺寸"按钮◆，标注圆的直径，如图 7-15 所示。

⑧ 设置视图方向。单击"前导视图"工具栏中的"等轴测"按钮⬢，将视图以等轴测方向显示，等轴测视图如图 7-16 所示，然后退出草图绘制状态。

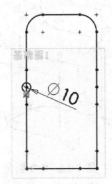

图 7-15　标注草图 2

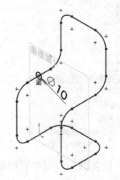

图 7-16　等轴测视图（1）

⑨ 扫描实体 1。单击菜单栏中的"插入"→"凸台 / 基体"→"扫描"命令，或者单击"特征"面板中的"扫描"按钮🖌，系统弹出"扫描"属性管理器。在"轮廓"列表框⊙中，单击并选择第 7 步中绘制的圆；在"路径"列表框⊂中，单击并选择第 2 步中绘制圆角后的三维草图，如图 7-17 所示。单击"确定"按钮✓，扫描后的实体如图 7-18 所示。

图 7-17　"扫描"属性管理器

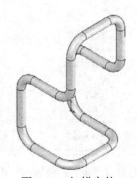

图 7-18　扫描实体 1

⑩ 添加基准面。在左侧的 FeatureMannger 设计树中选择"上视基准面"，然后单击"特征"面板中的"基准面"按钮▥，系统弹出"基准面"属性管理器。在"等距距离"文本框⬓中输入"95.00mm"，如图 7-19 所示。单击"确定"按钮✓，添加的基准面 2 如图 7-20 所示。

图 7-19　"基准面"属性管理器（2）

图 7-20　添加基准面 2

[11] 设置基准面。在左侧的 FeatureMannger 设计树中，单击上一步添加的基准面 2，然后单击"前导视图"工具栏中的"正视于"按钮，将该基准面作为草图绘制的基准面。

[12] 绘制草图 3。单击"草图"面板中的"边角矩形"按钮，绘制一个矩形，然后单击"中心线"按钮，绘制通过扫描实体的中心线，如图 7-21 所示。

[13] 标注草图 3。单击"草图"面板中的"智能尺寸"按钮，标注上一步绘制矩形的尺寸，如图 7-22 所示。

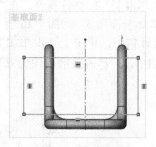

图 7-21　绘制草图 3

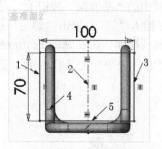

图 7-22　标注草图 3

[14] 添加几何关系。单击菜单栏中的"工具"→"几何关系"→"添加"命令，或者单击"草图"面板中的"添加几何关系"按钮，系统弹出"添加几何关系"属性管理器。依次选择图 7-22 所示的直线 1、直线 3 和中心线 2，注意选择的顺序，此时这 3 条直线出现在"添加几何关系"属性管理器中。单击"对称"按钮，按照图 7-23 所示进行设置，然后单击"确定"按钮，则图中的直线 1 和直线 3 关于中心线 2 对称。重复执行该命令，将图 7-22 所示的直线 4 和直线 5 设置为"共线"几何关系，添加几何关系后的图形如图 7-24 所示。

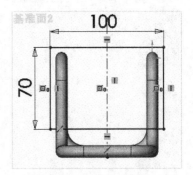

图 7-23 "添加几何关系"属性管理器   图 7-24 添加几何关系

⑮ 拉伸实体 2。单击菜单栏中的"插入"→"凸台 / 基体"→"拉伸"命令，或者单击"特征"面板中的"凸台-拉伸"按钮，系统弹出"凸台-拉伸"属性管理器。在"深度"文本框中输入"10.00mm"，单击"确定"按钮，实体拉伸完毕。

⑯ 设置视图方向。单击"前导视图"工具栏中的"等轴测"按钮，将视图以等轴测方向显示，等轴测视图如图 7-25 所示。

⑰ 添加基准面。在左侧的 FeatureMannger 设计树中选择"前视基准面"，然后单击"特征"面板中的"基准面"按钮，系统弹出"基准面"属性管理器。在"等距距离"文本框中输入"75"，单击"确定"按钮，添加基准面 3，如图 7-26 所示。

⑱ 设置基准面。在左侧的 FeatureMannger 设计树中，单击上一步添加的基准面 3，然后单击"前导视图"工具栏中的"正视于"按钮，将该基准面作为草图绘制的基准面。

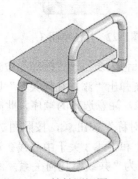

图 7-25 等轴测视图（2）   图 7-26 添加基准面 3

246

⑲ 绘制草图 4。单击"草图"面板中的"边角矩形"按钮 ⬚，绘制一个矩形。单击"中心线"按钮 ⟋，绘制通过扫描实体的中心线。标注草图尺寸和添加几何关系，如图 7-27 所示。

⑳ 设置视图方向。单击"前导视图"工具栏中的"等轴测"按钮 ⬡，将视图以等轴测方向显示。

㉑ 拉伸实体 3。单击菜单栏中的"插入"→"凸台/基体"→"拉伸"命令，或者单击"特征"面板中的"凸台-拉伸"按钮 ⬚，系统弹出"凸台-拉伸"属性管理器。在"深度"文本框 ⬚ 中输入"10.00mm"，由于系统默认的拉伸方向是坐标轴的正方向，所以需要改变拉伸方向，单击"反向"按钮 ⬚ 改变拉伸方向。单击"确定"按钮 ✓，实体拉伸完毕，拉伸后的图形如图 7-28 所示。

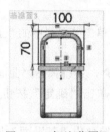

图 7-27 标注草图 4

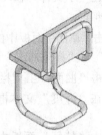

图 7-28 拉伸实体 3

㉒ 设置视图方向。单击"前导视图"工具栏中的"旋转视图"按钮 ↻，调整视图，将视图以合适的方向显示。

㉓ 实体倒圆角。单击菜单栏中的"插入"→"特征"→"圆角"命令，或者单击"特征"面板中的"圆角"按钮 ⬚，系统弹出"圆角"属性管理器。在"半径"文本框 ⬚ 中输入"20.00mm"，然后依次选择椅垫外侧的两条竖直边，单击"确定"按钮 ✓。重复执行"圆角"命令，对椅背上面的两条直边倒圆角，半径也为"20.00mm"，倒圆角后的实体如图 7-8 所示。

7.2 创建曲线

曲线是构建复杂实体的基本要素，SOLIDWORKS 提供了专用的"曲线"工具栏，如图 7-29 所示。

在"特征"面板的"曲线"工具栏中，SOLIDWORKS 创建曲线的方式主要有分割线、投影曲线、组合曲线、通过 XYZ 点的曲线、通过参考点的曲线、螺旋线/涡状线等。本节主要介绍曲线的不同创建方式。

图 7-29 "特征"面板的"曲线"工具栏

7.2.1 投影曲线

在 SOLIDWORKS 中，投影曲线主要有两种创建方式。一种方式是将绘制的曲线投影到模型面上，生成一条三维曲线；另一种方式是在两个相交的基准面上分别绘制草图，此时系统会将每一个草图沿所在平面的垂直方向投影得到一个曲面，这两个曲面在空间中相交，生成一条三维曲线。下面分别介绍采用这两种方式创建曲线的操作步骤。

1. 利用绘制曲线投影到模型面上生成投影曲线

【实例 7-3】利用绘制曲线投影到模型面上生成投影曲线

（1）新建一个文件，在左侧的 FeatureManager 设计树中选择"前视基准面"作为草图绘制的基准面。

（2）单击"草图"面板中的"样条曲线"按钮 $\mathbb{N}$，或单击菜单栏中的"工具"→"草图绘制实体"→"样条曲线"命令，绘制样条曲线。

（3）单击"曲面"工具栏中的"曲面 - 拉伸"按钮 $\mathbb{S}$，系统弹出"曲面 - 拉伸"属性管理器。在"深度"文本框 $\mathbb{S}$ 中输入"120.00mm"，单击"确定"按钮 $\checkmark$，生成拉伸曲面。

（4）单击"特征"面板中的"基准面"按钮 $\mathbb{I}$，系统弹出"基准面"属性管理器。选择"上视基准面"作为参考面，单击"确定"按钮 $\checkmark$，添加基准面 1。

（5）在新平面上绘制样条曲线，如图 7-30 所示。绘制完毕后，退出草图绘制状态。

（6）单击菜单栏中的"插入"→"曲线"→"投影曲线"命令，或者单击"特征"面板的"曲线"工具栏中的"投影曲线"按钮 $\mathbb{I}$，系统弹出"投影曲线"属性管理器。

（7）选择"面上草图"单选按钮，在"要投影的草图"列表框 $\mathbb{L}$ 中，单击并选择图 7-30 所示的样条曲线 1；在"投影面"列表框 $\mathbb{I}$ 中，单击并选择图 7-31 所示的曲面 2；在视图中观测投影曲线的方向，以及是否投影到曲面，可勾选"反转投影"复选框，使曲线投影到曲面上。"投影曲线"属性管理器的设置如图 7-31 所示。

（8）单击"确定"按钮 $\checkmark$，生成的投影曲线如图 7-32 所示。

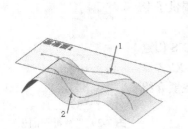

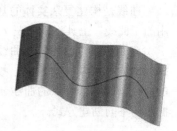

图 7-30　绘制样条曲线（1）　图 7-31　"投影曲线"属性管理器（1）　图 7-32　投影曲线（1）

2. 利用两个相交的基准面上的曲线生成投影曲线

【实例 7-4】利用两个相交的基准面上的曲线生成投影曲线

（1）新建一个文件，在左侧的 FeatureManager 设计树中选择"前视基准面"作为草图绘制的基准面。

（2）单击菜单栏中的"工具"→"草图绘制实体"→"样条曲线"命令，在上一步设置的基准面上绘制一个样条曲线，如图 7-33 所示，然后退出草图绘制状态。

（3）在左侧的 FeatureManager 设计树中选择"上视基准面"作为草图绘制的基准面。

（4）单击菜单栏中的"工具"→"草图绘制实体"→"样条曲线"命令，在上一步设置的基准面上绘制一个样条曲线，如图 7-34 所示，然后退出草图绘制状态。

图 7-33　绘制样条曲线（2）　　　　　　图 7-34　绘制样条曲线（3）

（5）单击菜单栏中的"插入"→"曲线"→"投影曲线"命令，系统弹出"投影曲线"属性管理器。

（6）选择"草图上草图"单选按钮，在"要投影的草图"列表框 中，单击并选择图 7-34 所示的两条样条曲线，如图 7-35 所示。

（7）单击"确定"按钮 ，生成的投影曲线如图 7-36 所示。

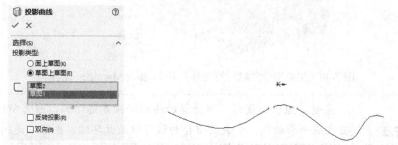

图 7-35　"投影曲线"属性管理器（2）　　　　图 7-36　投影曲线（2）

技巧荟萃　　　如果在执行"投影曲线"命令之前，先选择了生成投影曲线的草图，则在执行"投影曲线"命令后，"投影曲线"属性管理器会自动选择合适的投影类型。

7.2.2　组合曲线

组合曲线是指将曲线、草图几何和模型边线组合为一条单一曲线，生成的组合曲线可以作为生成放样或扫描的引导曲线、轮廓线。

下面结合实例介绍创建组合曲线的操作步骤。

【**实例 7-5**】组合曲线

（1）打开源文件"X:\源文件\ch7\原始文件\7.5.SLDPRT"，打开的文件实体如图 7-37 所示。

（2）单击菜单栏中的"插入"→"曲线"→"组合曲线"命令，或者单击"特征"面板的"曲线"工具栏中的"组合曲线"按钮 ，系统弹出"组合曲线"属性管理器。

（3）在"要连接的实体"选项组中，选择图 7-37 所示的边线 1、边线 2、边线 3 和边线 4，如图 7-38 所示。

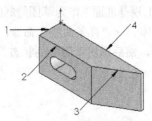
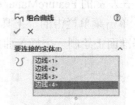

图 7-37　打开的文件实体　　　　　图 7-38　"组合曲线"属性管理器

（4）单击"确定"按钮 ，生成所需要的组合曲线。生成组合曲线后的图形及其 FeatureManager 设计树如图 7-39 所示。

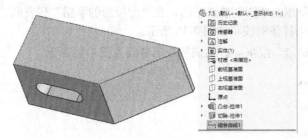

图 7-39　生成组合曲线后的图形及其 FeatureManager 设计树

	在创建组合曲线时，所选择的曲线必须是连续的，因为所选择的曲线要生成一条曲线。生成的组合曲线可以是开环的，也可以是闭合的。
技巧荟萃	

7.2.3　螺旋线和涡状线

螺旋线和涡状线通常在零件中生成，这种曲线可以被当成一条路径或者引导曲线用在扫描的特征上，或作为放样特征的引导曲线，通常用来生成螺纹、弹簧和发条等零件。下面结合实例分别介绍绘制这两种曲线的操作步骤。

1. 创建螺旋线

【**实例 7-6**】创建螺旋线

（1）新建一个文件，在左侧的 FeatureManager 设计树中选择"前视基准面"作为草图绘制基准面。

（2）单击"草图"面板中"圆"按钮 ⊙，在上一步设置的基准面上绘制一个圆，然后单击"草图"面板中"智能尺寸"按钮 ，标注绘制圆的尺寸，如图 7-40 所示。

（3）单击"特征"面板的"曲线"工具栏中的"螺旋线"按钮 ，或单击菜单栏中的"插入"→"曲线"→"螺旋线/涡状线"命令，系统弹出"螺旋线/涡状线"属性管理器。

（4）在"定义方式"选项组中，选择"螺距和圈数"选项，选择"恒定螺距"单选按钮，在"螺距"文本框中输入"15.00mm"；在"圈数"文本框中输入"6"；在"起始角度"文本框中输入"135.00 度"，其他选项的设置如图 7-41 所示。

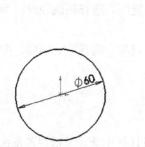

图 7-40　标注尺寸（1）　　　　图 7-41　"螺旋线/涡状线"属性管理器（1）

（5）单击"确定"按钮 ，生成所需要的螺旋线。

（6）单击鼠标右键，在弹出的快捷菜单中单击"旋转视图"按钮 ，调整视图，将视图以合适的方向显示。生成的螺旋线及其 FeatureManager 设计树如图 7-42 所示。

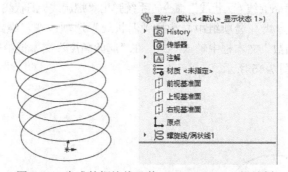

图 7-42　生成的螺旋线及其 FeatureManager 设计树

该命令还可以生成锥形螺纹线。如果要绘制锥形螺纹线，则在图 7-41 所示的"螺旋线/涡状线"属性管理器中勾选"锥形螺纹线"复选框。

图 7-43 所示为取消对"锥度外张"复选框的勾选后生成的内张锥形螺纹线。图 7-44 所示为勾选"锥度外张"复选框后生成的外张锥形螺纹线。

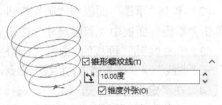

图 7-43 内张锥形螺纹线　　　　　　图 7-44 外张锥形螺纹线

在创建螺纹线时，有螺距和圈数、高度和圈数、高度和螺距等几种定义方式，这些定义方式可以在"螺旋线／涡状线"属性管理器的"定义方式"选项组中进行选择。下面简单介绍这几种方式。

● 螺距和圈数：创建由螺距和圈数所定义的螺旋线，选择该选项时，参数相应发生改变。

● 高度和圈数：创建由高度和圈数所定义的螺旋线，选择该选项时，参数相应发生改变。

● 高度和螺距：创建由高度和螺距所定义的螺旋线，选择该选项时，参数相应发生改变。

2. 创建涡状线

【实例 7-7】创建涡状线

（1）新建一个文件，在左侧的 FeatureManager 设计树中选择"前视基准面"作为草图绘制的基准面。

（2）单击"草图"面板中的"圆"按钮 ⊙，在上一步设置的基准面上绘制一个圆，然后单击"草图"面板中的"智能尺寸"按钮 ◆，标注绘制圆的尺寸，如图 7-45 所示。

（3）单击"特征"面板的"曲线"工具栏中的"螺旋线"按钮 ⅛，或单击菜单栏中的"插入"→"曲线"→"螺旋线／涡状线"命令，系统弹出"螺旋线／涡状线"属性管理器。

（4）在"定义方式"选项组中，选择"涡状线"选项；在"螺距"文本框中输入"15.00mm"；在"圈数"文本框中输入"5"；在"起始角度"文本框中输入"135.00 度"，其他选项的设置如图 7-46 所示。

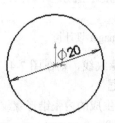

图 7-45 标注尺寸（2）

图 7-46 "螺旋线／涡状线"属性管理器（2）

（5）单击"确定"按钮 ✓，生成的涡状线及其 FeatureManager 设计树如图 7-47 所示。

SOLIDWORKS 既可以生成顺时针涡状线，也可以生成逆时针涡状线。在执行命令时，系统默认的生成方式为顺时针方式，顺时针涡状线如图 7-48 所示。在"螺旋线 / 涡状线"属性管理器中选择"逆时针"单选按钮，就可以生成逆时针涡状线，如图 7-49 所示。

图 7-47　生成的涡状线及其
FeatureManager 设计树

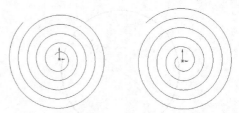

图 7-48　顺时针涡状线　　图 7-49　逆时针涡状线

7.2.4　实例——弹簧

本实例绘制的弹簧如图 7-50 所示。首先绘制一个圆形草图，然后生成螺旋线，作为弹簧的外形路径；再绘制一个圆，作为弹簧的外形轮廓；然后执行"扫描"命令，生成弹簧实体。

图 7-50　弹簧

 绘制步骤

1 新建文件。单击菜单栏中的"文件"→"新建"命令，或者单击"标准"工具栏中的"新建"按钮 ▢，在弹出的"新建 SOLIDWORKS 文件"对话框中先单击"零件"按钮 🗊，再单击"确定"按钮，创建一个新的零件文件。

2 绘制草图。在左侧的 FeatureManager 设计树中选择"前视基准面"作为绘制图形的基准面。单击"草图"面板中的"圆"按钮 ⊙，以原点为圆心绘制一个圆。

3 标注尺寸。单击"草图"面板中的"智能尺寸"按钮 ⟨，标注上一步绘制圆的直径，结果如图 7-51 所示。

4 生成螺旋线。单击"特征"面板的"曲线"工具栏中的"螺旋线"按钮 ⟨⟨，或单击菜单栏中的"插入"→"曲线"→"螺旋线 / 涡状线"命令，系统弹出图 7-52 所示的"螺旋线 / 涡状线"属性管理器。按照图 7-52 所示进行设置后，单击对话框中的"确定"按钮 ✓。

5 设置视图方向。单击"前导视图"工具栏中的"等轴测"按钮 🔲，将视图以等轴测方向显示，结果如图 7-53 所示。

6 设置基准面。在左侧的 FeatureManager 设计树中选择"右视基准面"，然后单击

"前导视图"工具栏中的"正视于"按钮 ，将该基准面作为绘制图形的基准面。

7 绘制草图。单击"草图"面板中的"圆"按钮 ⊙，以螺旋线右上端点为圆心绘制一个圆。

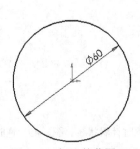

图 7-51 标注的草图（1）

图 7-52 "螺旋线 / 涡状线"属性管理器

8 标注尺寸。单击"草图"面板中的"智能尺寸"按钮 ✐，标注上一步绘制圆的直径，结果如图 7-54 所示，然后退出草图绘制状态。

9 扫描实体。单击"特征"面板中的"扫描"按钮 ✐，或单击菜单栏中的"插入"→"凸台 / 基体"→"扫描"命令，此时系统弹出"扫描"属性管理器。在"轮廓"列表框中选择图 7-54 中绘制的圆；在"路径"列表框中选择图 7-53 生成的螺旋线。单击"确定"按钮 ✓，扫描后的图形如图 7-55 所示。

10 设置视图方向。单击"前导视图"工具栏中的"等轴测"按钮 ⬡，将视图以等轴测方向显示，结果如图 7-55 所示。

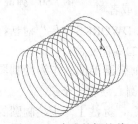

图 7-53 生成的螺旋线

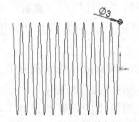

图 7-54 标注的草图（2）

图 7-55 扫描后的图形

7.2.5 分割线

分割线工具将草图投影到曲面或平面上，它可以将所选的面分割为多个分离的面，从而可以选择操作其中一个分离面，也可将草图投影到曲面实体上生成分割线。分割线可用来创建拔模特征、混合面圆角，并可延展曲面来切除模具。创建分割线有以下几种方式。

● 投影：将一条草图线投影到一个表面上创建分割线。

- 侧影轮廓线：在一个圆柱形零件上生成一条分割线。

- 交叉：以交叉实体、曲面、面、基准面或曲面样条曲线分割面。

下面结合实例介绍以投影方式创建分割线的操作步骤。

【实例 7-8】分割线

（1）打开源文件"X:\源文件\ch7\原始文件\7.8.SLDPRT"，打开的文件实体如图 7-56 所示。

（2）单击菜单栏中的"插入"→"参考几何体"→"基准面"命令，系统弹出"基准面"属性管理器。在"参考实体"列表框 ⬡ 中，单击并选择图 7-56 所示的面 1；在"等距距离"文本框 ↗ 中输入"30.00mm"，并调整基准面的方向，"基准面"属性管理器的设置如图 7-57 所示；单击"确定"按钮 ✓，创建一个新的基准面，创建基准面后的图形如图 7-58 所示。

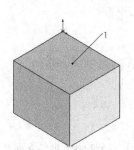

图 7-56 打开的文件实体

图 7-57 "基准面"属性管理器

（3）单击上一步添加的基准面，然后单击"前导视图"工具栏中的"正视于"按钮 ⬦，将该基准面作为草图绘制的基准面。

（4）单击菜单栏中的"工具"→"草图绘制实体"→"样条曲线"命令，在步骤（2）中设置的基准面上绘制一条样条曲线，如图 7-59 所示，然后退出草图绘制状态。

（5）单击"前导视图"工具栏中的"等轴测"按钮 ⬢，将视图以等轴测方向显示，如图 7-60 所示。

（6）单击菜单栏中的"插入"→"曲线"→"分割线"命令，或者单击"特征"面板的"曲线"工具栏中的"分割线"按钮 ⬚，系统弹出"分割线"属性管理器。

（7）在"分割类型"选项组中，选择"投影"单选按钮；在"要投影的草图"列表框 ⬛ 中，单击并选择图 7-60 所示的草图 2；在"要分割的面"列表框 ⬡ 中，单击并选择图 7-60 所示的面 1，具体设置如图 7-61 所示。

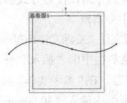

图 7-58 创建基准面   图 7-59 绘制样条曲线

在使用投影方式绘制投影草图时，绘制的草图在投影面上的投影必须穿过要投影的面，否则系统会提示错误，从而不能生成分割线。

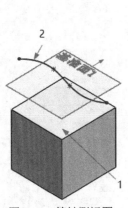

图 7-60 等轴测视图

图 7-61 "分割线"属性管理器

（8）单击"确定"按钮 ✓，生成的分割线及其 FeatureManager 设计树如图 7-62 所示。

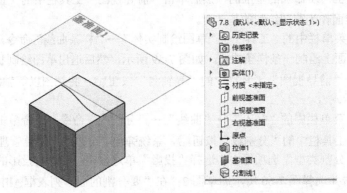

图 7-62 生成的分割线及其 FeatureManager 设计树

7.2.6　实例——茶杯

本实例绘制的茶杯如图 7-63 所示，主要利用"放样"和"分割线"命令完成绘制。

图 7-63　茶杯

绘制步骤

1 新建文件。单击菜单栏中的"文件"→"新建"命令，或者单击"标准"工具栏中的"新建"按钮 ，在弹出的"新建 SOLIDWORKS 文件"对话框中先单击"零件"按钮 ，再单击"确定"按钮，创建一个新的零件文件。

2 新建草图。在 FeatureManager 设计树中选择"前视基准面"，单击"草图绘制"按钮 ，新建一张草图。

3 绘制轮廓。单击"草图"面板中的"中心线"按钮 ，绘制一条通过原点的竖直中心线。单击"草图"面板中的"直线"按钮 和"切线弧"按钮 ，绘制旋转的轮廓。

4 单击"草图"面板中的"智能尺寸"按钮 ，对旋转轮廓进行尺寸标注，如图 7-64 所示。

5 单击"特征"面板中的"旋转凸台 / 基体"按钮 。在弹出的图 7-65 所示的询问对话框中单击"否"按钮。系统弹出"旋转"属性管理器，在"角度"文本框 中设置旋转角度为 360°。单击薄壁拉伸的"反向"按钮 ，使薄壁向内部拉伸，并在"厚度"文本框 中设置薄壁的厚度为 1mm。单击"确定"按钮 ，从而生成薄壁旋转特征，如图 7-66 所示。

图 7-64　旋转草图轮廓　　　图 7-65　询问对话框　　　图 7-66　旋转特征

6 选择 FeatureManager 设计树上的"前视基准面"，单击"草图绘制"按钮 ，在前视视图上再打开一张草图。

7 单击"前导视图"工具栏中的"正视于"按钮 ，正视于前视视图。

8 单击"草图"面板中的"三点圆弧"按钮 ，绘制一条与轮廓边线相交的圆弧，作为放样的中心线并标注尺寸，如图 7-67 所示。

9 单击"草图"面板中的"退出草图"按钮 ，退出草图绘制状态。

10 单击"特征"面板中的"基准面"按钮 。第一参考框中选择 FeatureManager 设计树上的"上视基准面"，在"基准面"属性管理器上的"深度"文本框 中设置等距距离为 48mm。单击"确定"按钮 生成基准面 1，如图 7-68 所示。

11 单击"草图绘制"按钮□，在基准面1视图上再打开一张草图。

12 单击"前导视图"工具栏中的"正视于"按钮↓，以正视于基准面1视图。

13 单击"草图"面板中的"圆"按钮⊙，绘制一个直径为8mm的圆。注意在第8步中绘制的中心线要通过圆心，如图7-69所示。

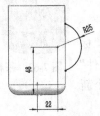 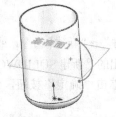 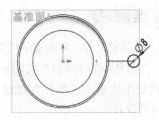

图 7-67　绘制放样轮廓（1）　　图 7-68　生成基准面　　图 7-69　绘制放样轮廓（2）

14 单击"退出草图"按钮↪，退出草图绘制状态。

15 单击"特征"面板中的"基准面"按钮▣，第一参考框中选择 FeatureManager 设计树上的"右视基准面"。在属性管理器的"深度"文本框⬡中设置等距距离为50mm。单击"确定"按钮✓生成基准面2。

16 单击"前导视图"工具栏中的"等轴测"按钮▣，用等轴测视图观看图形，如图7-70所示。

17 单击"前导视图"工具栏中的"正视于"按钮↓，正视于基准面2视图。

18 单击"草图"面板中的"椭圆"按钮⊘，绘制椭圆。椭圆圆心为中心线的上端点。

19 单击"草图"面板中的"添加几何关系"按钮⊥，为椭圆的两个长轴端点添加水平几何关系。

20 标注椭圆的尺寸，如图7-71所示。

21 单击"退出草图"按钮，退出草图绘制状态。

22 单击菜单栏中的"插入"→"曲线"→"分割线"命令，在"分割线"属性管理器中设置分割类型为"投影"。选择要分割的面为旋转特征的轮廓面。单击"确定"按钮✓生成分割线，如图7-72所示。

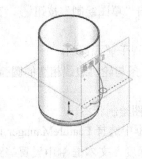 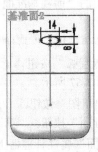 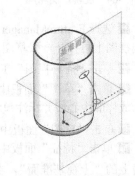

图 7-70　等轴测视图下的模型　　图 7-71　标注椭圆　　图 7-72　绘制的放样轮廓（3）

㉓ 因为分割线不允许在同一草图上存在两个闭环轮廓，所以要仿照第 17 ～ 22 步再生成一个分割线。不同的是，这个轮廓在中心线的另一端，如图 7-73 所示。

㉔ 单击"特征"面板中的"放样凸台 / 基体"按钮 🛎，或单击菜单栏中的"插入"→"凸台 / 基体"→"放样"命令。

㉕ 单击"放样"属性管理器中的放样轮廓列表框 ☷，然后在图形区中依次单击轮廓 1、轮廓 2 和轮廓 3。单击中心线参数列表框 🛈，在图形区中单击中心线。单击"确定"按钮 ✓，生成沿中心线的放样特征。

㉖ 单击"保存"按钮 🖫，将零件保存为"杯子.SLDPRT"。至此该零件就制作完成了，最后的效果及其 FeatureManager 设计树如图 7-74 所示。

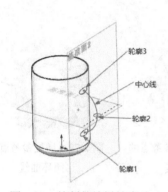

图 7-73　绘制的放样轮廓（4）

图 7-74　最后的效果及其 FeatureManager 设计树

7.2.7　通过参考点的曲线

通过参考点的曲线是指生成一个或者多个平面上点的曲线。

下面结合实例介绍创建通过参考点的曲线的操作步骤。

【实例 7-9】通过参考点的曲线

（1）打开源文件 "X:\源文件\ch7\原始文件\7.9.SLDPRT"，打开的文件实体如图 7-75 所示。

（2）单击菜单栏中选择"插入"→"曲线"→"通过参考点的曲线"命令，或者单击"特征"面板的"曲线"工具栏中的"通过参考点的曲线"按钮 🗗，系统弹出"通过参考点的曲线"属性管理器。

（3）在"通过点"选项组中，依次单击图 7-75 所示的点，如图 7-76 所示。

（4）单击"确定"按钮 ✓，生成通过参考点的曲线。生成曲线后的图形及其FeatureManager 设计树如图 7-77 所示。

在生成通过参考点的曲线时，系统默认生成的是开环曲线，如图 7-78 所示。如果在"通过参考点的曲线"属性管理器中勾选"闭环曲线"复选框，则执行命令后，会自动生成闭环曲线，如图 7-79 所示。

图 7-75　打开的文件实体　　　　　　图 7-76　"通过参考点的曲线"属性管理器

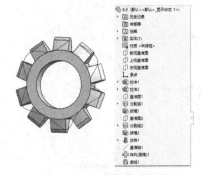

图 7-77　生成曲线后的图形　　　图 7-78　通过参考点的　　图 7-79　通过参考点的
　　及其 FeatureManager 设计树　　　　　开环曲线　　　　　　　闭环曲线

7.2.8　通过 XYZ 点的曲线

通过 XYZ 点的曲线是指生成通过用户定义的点的样条曲线。在 SOLIDWORKS 中，用户既可以自定义样条曲线通过的点，也可以利用点坐标文件生成样条曲线。

1. 通过 XYZ 点创建曲线

下面结合实例介绍创建通过 XYZ 点的曲线的操作步骤。

【实例 7-10】通过 XYZ 点创建曲线

（1）单击菜单栏中的"插入"→"曲线"→"通过 XYZ 点的曲线"命令，或者单击"特征"面板的"曲线"工具栏中的"通过 XYZ 点的曲线"按钮 ，系统弹出的"曲线文件"对话框如图 7-80 所示。

图 7-80　"曲线文件"对话框

（2）单击 X、Y 和 Z 坐标列各单元格并在每个单元格中输入一个点坐标。

（3）在最后一行的单元格中双击时，系统会自动增加一个新行。

（4）如果要在行的上面插入一个新行，只要单击该行，然后单击"曲线文件"对话框中的"插入"按钮即可；如果要删除某一行的坐标，单击该行，然后按 <Delete> 键即可。

（5）设置好的曲线文件可以保存下来。单击"曲线文件"对话框中的"保存"按钮或者"另存为"按钮，系统弹出"另存为"对话框，选择合适的路径，输入文件名称，单击"保存"按钮即可。

（6）图 7-81 所示为一个设置好的"曲线文件"对话框，单击对话框中的"确定"按钮，即可生成需要的曲线，如图 7-82 所示。

保存曲线文件时，SOLIDWORKS 默认文件的扩展名为".SLDCRV"。

图 7-81　设置好的"曲线文件"对话框　　　　　图 7-82　通过 XYZ 点的曲线

在 SOLIDWORKS 中，除了在"曲线文件"对话框中输入坐标来定义曲线外，还可以通过文本编辑器、Excel 等应用程序生成坐标文件，将其保存为".txt"文件，然后导入系统即可。

技巧荟萃　　　　在使用文本编辑器、Excel 等应用程序生成坐标文件时，文件中必须只包含坐标数据，而不能是 X、Y、Z 的标号及其他无关数据。

2．通过导入坐标文件创建曲线

下面介绍通过导入坐标文件创建曲线的操作步骤。

【实例 7-11】通过导入坐标文件创建曲线

（1）单击菜单栏中的"插入"→"曲线"→"通过 XYZ 点的曲线"命令，或者单击"特征"面板的"曲线"工具栏中的"通过 XYZ 点的曲线"按钮，系统弹出的"曲线文件"对话框如图 7-83 所示。

（2）单击"曲线文件"对话框中的"浏览"按钮，弹出"打开"对话框，查找需要输入的文件名称，然后单击"打开"按钮。

（3）插入文件后，文件名称显示在"曲线文件"对话框中，并且在图形区中可以预览显示效果，如图 7-84 所示。双击其中的坐标可以修改坐标值。

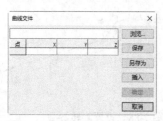

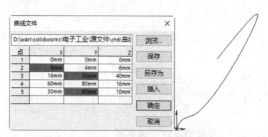

图 7-83　"曲线文件"对话框　　　　　图 7-84　插入的文件及其预览效果

（4）单击"曲线文件"对话框中的"确定"按钮，生成需要的曲线。

7.3 综合实例——螺钉

本实例绘制的螺钉如图 7-85 所示，螺钉尺寸如图 7-86 所示。基本绘制方法是结合"螺旋线"命令、"旋转"命令以及"扫描切除"命令来完成模型的创建。

图 7-85 螺钉

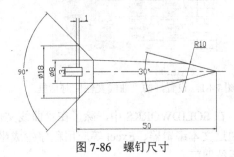

图 7-86 螺钉尺寸

绘制步骤

1 新建文件。

单击菜单栏中的"文件"菜单栏中的"新建"命令，或者单击"标准"工具栏中的"新建"按钮，在弹出的"新建 SOLIDWORKS 文件"对话框中先单击"零件"按钮，再单击"确定"按钮，创建一个新的零件文件。

2 创建外观。

（1）选择"前视基准面"，单击"草图绘制"按钮，新建一张草图。

（2）利用草图绘制工具绘制零件的旋转轮廓草图，并标注尺寸和添加几何关系，如图 7-87 所示。单击"特征"面板中的"旋转"按钮，打开"旋转"属性管理器。SOLIDWORKS 会自动将草图中唯一的中心线作为旋转轴，在"角度"文本框中设置旋转的角度为"360.00 度"，如图 7-88 所示。单击"确定"按钮，从而旋转生成零件的基体。

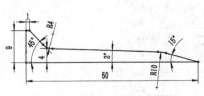

图 7-87 零件的旋转轮廓草图

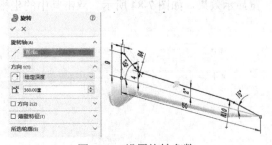

图 7-88 设置旋转参数

（3）单击"特征"面板中的"基准面"按钮◍，选择零件基体上的左端面，设置基准面与左端面相距 20.00mm，如图 7-89 所示。单击"确定"按钮✓，从而生成平行于零件左端面 20.00mm 的基准面。

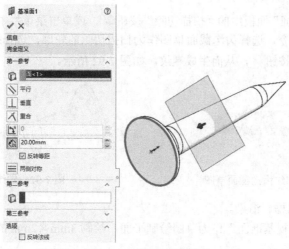

图 7-89　生成基准面

（4）单击"草图绘制"按钮凵，在新生成的基准面上新建一张草图。单击"草图"面板中的"圆"按钮⊙，绘制一个圆，并标注直径尺寸为 4.00mm，作为螺旋线的基圆。

（5）选择菜单栏中的"插入"→"曲线"→"螺旋线 / 涡状线"命令，或单击"螺旋线 / 涡状线"按钮ℰ，在"螺旋线 / 涡状线"属性管理器中设置高度为"30.00mm"，螺距为"2.50mm"，起始角度为"0.00 度"，其他选项的设置如图 7-90 所示。单击"确定"按钮✓，生成螺旋线。

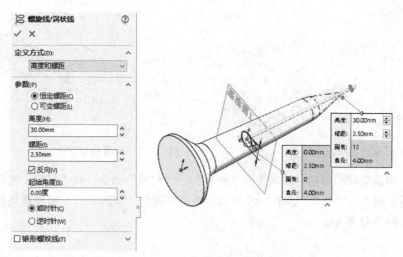

图 7-90　作为螺旋线的基圆

（6）选择"前视基准面"，单击"草图绘制"按钮，新建一张草图。绘制螺纹齿沟截面草图，如图 7-91 所示。值得注意的是齿沟槽的顶点应和螺旋线和草图的交点重合，这可以利用 SOLIDWORKS 提供的自动跟踪功能实现。单击"退出草图"按钮，退出草图绘制状态。

（7）单击"特征"面板中的"扫描切除"按钮，或单击菜单栏中的"插入"→"切除"→"扫描"命令，选择齿沟截面草图作为扫描切除的轮廓，选择螺旋线作为扫描路径。单击"确定"按钮，从而生成螺纹，如图 7-92 所示。

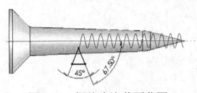

图 7-91　螺纹齿沟截面草图

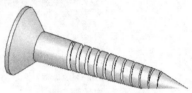

图 7-92　螺纹效果

3 开螺丝刀用槽、渲染。

（1）选择"前视基准面"作为草图绘制平面，绘制 3mm×2mm 的螺丝刀用槽草图，如图 7-93 所示。

（2）单击"特征"面板中的"拉伸切除"按钮，设置"终止条件"为"两侧对称"；拉伸深度为"30.00mm"；其他选项保持不变，如图 7-94 所示。单击"确定"按钮，从而生成螺丝刀用槽。

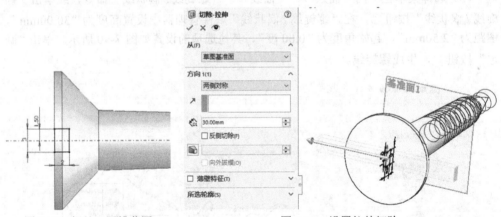

图 7-93　螺丝刀用槽草图

图 7-94　设置拉伸切除

（3）单击菜单栏中的"编辑"→"外观"→"材质"命令，在"材料"对话框中选择"其他金属"→"钛"，如图 7-95 所示。单击"确定"按钮，完成材质的指定。最后结果如图 7-85 所示。

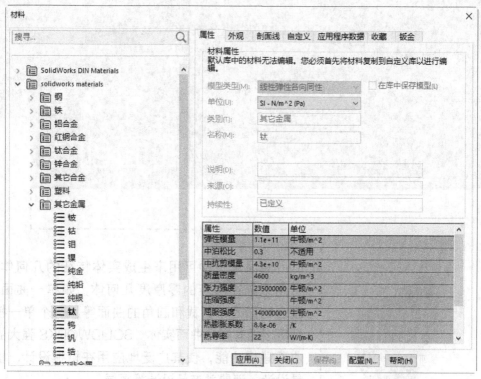

图 7-95　指定钛金属材质

第 8 章
曲面创建

　　曲面是一种可用来生成实体特征的几何体，它用来描述相连的零厚度几何体，如单一曲面、缝合的曲面、剪裁和圆角的曲面等。一个单一模型可以拥有多个曲面实体。SOLIDWORKS 强大的曲面建模功能，使其广泛地应用在机械设计、模具设计、消费类产品设计等领域。

　　本章介绍曲面创建和曲面编辑的相关功能，以及相应的实例。

知识点

　　创建曲面
　　编辑曲面

8.1　创建曲面

一个零件中可以有多个曲面实体。SOLIDWORKS 提供了专门的"曲面"面板，如图 8-1 所示。利用该面板中的按钮既可以生成曲面，也可以对曲面进行编辑。

图 8-1　"曲面"面板

SOLIDWORKS 提供了多种方式来创建曲面，主要有以下几种。

⬤ 由草图或基准面上的一组闭环边线插入一个平面。

⬤ 由草图拉伸、旋转、扫描或者放样生成曲面。

⬤ 由现有面或者曲面生成等距曲面。

⬤ 从其他程序（如 CATIA、ACIS、Pro/E、UnigraphicsNX、SolidEdge、Autodesk Inverntor 等）导入曲面文件。

⬤ 由多个曲面组合成新的曲面。

8.1.1　拉伸曲面

拉伸曲面是指将一条曲线拉伸为曲面。拉伸曲面可以从以下几种情况开始拉伸，分别为从草图所在的基准面拉伸、从指定的曲面 / 面 / 基准面开始拉伸、从草图的顶点开始拉伸，以及从与当前草图基准面等距的基准面上开始拉伸等。

下面结合实例介绍拉伸曲面的操作步骤。

【实例 8-1】拉伸曲面

（1）新建一个文件，在左侧的 FeatureManager 设计树中选择"前视基准面"作为草图绘制的基准面。

（2）单击"草图"面板中的"样条曲线"按钮 Ⓝ，或单击菜单栏中的"工具"→"草图绘制实体"→"样条曲线"命令，在步骤（1）设置的基准面上绘制一条样条曲线，如图 8-2 所示。

（3）单击"曲面"面板中的"拉伸曲面"按钮 ⬧，或单击菜单栏中的"插入"→"曲面"→"拉伸曲面"命令，系统弹出"曲面-拉伸"属性管理器。

（4）按照图 8-3 所示进行设置，注意设置曲面拉伸的方向，然后单击"确定"按钮 ✓，完成曲面拉伸，得到的拉伸曲面如图 8-4 所示。

在"曲面 - 拉伸"属性管理器中，"方向 1"选项组的"终止条件"下拉列表用来设置拉伸的终止条件，其各选项的意义如下。

⬤ 给定深度：从草图的基准面拉伸特征到指定距离处形成拉伸曲面。

⬤ 成形到一顶点：从草图基准面拉伸特征到模型的一个顶点所在的平面，这个平面平行于草图基准面且穿越指定的顶点。

⬤ 成形到一面：从草图基准面拉伸特征到指定的面或者基准面。

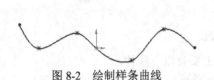

图 8-2 绘制样条曲线   图 8-3 "曲面-拉伸"   图 8-4 拉伸曲面
                            属性管理器

○ 到离指定面指定的距离：从草图基准面拉伸特征到离指定面的指定距离处生成拉伸曲面。

○ 成形到实体：从草图基准面拉伸特征到指定实体处。

○ 两侧对称：以指定的距离拉伸曲面，并且拉伸的曲面关于草图基准面对称。

8.1.2 旋转曲面

旋转曲面是指将交叉或者不交叉的草图，用所选轮廓指针生成旋转曲面。旋转曲面主要由 3 部分组成，即旋转轴、旋转类型和旋转角度。

下面结合实例介绍旋转曲面的操作步骤。

【实例 8-2】旋转曲面

（1）打开源文件 "X:\源文件\ch8\原始文件\8.2.SLDPRT"，如图 8-5 所示。

（2）单击"曲面"面板中的"旋转曲面"按钮 ，或单击菜单栏中的"插入"→"曲面"→"旋转曲面"命令，系统弹出"曲面-旋转"属性管理器。

（3）按照图 8-6 所示进行设置，注意设置曲面拉伸的方向，然后单击"确定"按钮 ，完成曲面旋转，得到的旋转曲面如图 8-7 所示。

技巧荟萃   生成旋转曲面时，绘制的样条曲线可以和中心线交叉，但是不能穿越。

在"曲面-旋转"属性管理器中，"方向"选项组的"旋转类型"下拉列表用来设置旋转的终止条件，其各选项的意义如下。

○ 给定深度：草图沿一个方向旋转生成旋转曲面。如果要改变旋转的方向，单击左侧的 （反向）按钮即可。

○ 成形到一顶点：从草图基准面旋转特征到模型的一个顶点所在的平面。

○ 成形到一面：从草图基准面旋转特征到指定的面或者基准面。

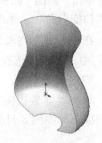

图 8-5　源文件　　　图 8-6　"曲面-旋转"属性管理器　　　图 8-7　得到的旋转曲面

● 到离指定面指定的距离：从草图基准面旋转特征到离指定面的指定距离处生成旋转曲面。

● 两侧对称：草图以所在平面为中面分别向两个方向旋转，并且关于中面对称。

8.1.3　扫描曲面

扫描曲面是指通过轮廓和路径的方式生成曲面，与扫描特征类似，也可以通过引导线扫描曲面。

下面结合实例介绍扫描曲面的操作步骤。

【实例 8-3】扫描曲面

（1）新建一个文件，在左侧的 FeatureManager 设计树中选择"前视基准面"作为草图绘制的基准面。

（2）单击"草图"面板中的"样条曲线"按钮 Λ，或单击菜单栏中的"工具"→"草图绘制实体"→"样条曲线"命令，在步骤（1）设置的基准面上绘制一条样条曲线，作为扫描曲面的轮廓，如图 8-8 所示，然后退出草图绘制状态。

（3）在左侧的 FeatureManager 设计树中选择"右视基准面"，将右视基准面作为草图绘制的基准面。

（4）单击"草图"面板中的"样条曲线"按钮 Λ，或单击菜单栏中的"工具"→"草图绘制实体"→"样条曲线"命令，在步骤（3）设置的基准面上绘制一条样条曲线，作为扫描曲面的路径，如图 8-9 所示，然后退出草图绘制状态。

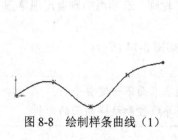
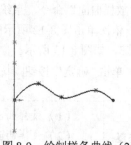

图 8-8　绘制样条曲线（1）　　　图 8-9　绘制样条曲线（2）

269

（5）单击"曲面"面板中的"扫描曲面"按钮 ，或单击菜单栏中的"插入"→"曲面"→"扫描"命令，系统弹出"曲面-扫描"属性管理器。

（6）在"轮廓"列表框 中，单击并选择步骤（2）中绘制的样条曲线；在"路径"列表框 中，单击并选择步骤（4）中绘制的样条曲线，如图 8-10 所示。单击"确定"按钮，完成曲面扫描。

（7）单击"前导视图"工具栏中的"等轴测"按钮，将视图以等轴测方向显示，创建的扫描曲面如图 8-11 所示。

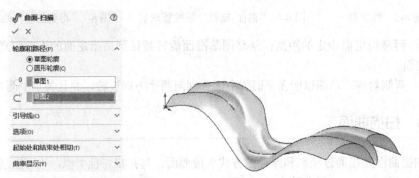

图 8-10 "曲面-扫描"属性管理器　　　　图 8-11 扫描曲面

技巧荟萃　　　　在使用引导线扫描曲面时，引导线必须贯穿轮廓草图，通常需要在引导线和轮廓草图之间建立重合和穿透几何关系。

8.1.4 放样曲面

放样曲面是指通过曲线之间的平滑过渡而生成曲面的方法。放样曲面主要由放样的轮廓曲线组成，如果有必要可以使用引导线。

下面结合实例介绍放样曲面的操作步骤。

【实例 8-4】放样曲面

（1）打开源文件"X:\源文件\ch8\原始文件\8.4.SLDPRT"，如图 8-12 所示。

（2）单击"曲面"面板中的"放样曲面"按钮，或单击菜单栏中的"插入"→"曲面"→"放样曲面"命令，系统弹出"曲面-放样"属性管理器。

（3）依次单击图 8-12 所示的三条曲线，在"轮廓"选项组中则会出现草图 1、草图 2 和草图 3，如图 8-13 所示。

（4）单击"确定"按钮，创建的放样曲面如图 8-14 所示。

技巧荟萃　　　　（1）放样曲面时，轮廓曲线的基准面不一定要平行。
　　　　　　　　（2）放样曲面时，可以应用引导线控制放样曲面的形状。

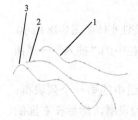

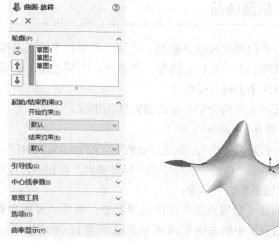

图 8-12　源文件　　　图 8-13　"曲面-放样"属性管理器　　　图 8-14　放样曲面

8.1.5　等距曲面

等距曲面是指将已经存在的曲面以指定的距离生成另一个曲面，该曲面可以是模型的轮廓面，也可以是绘制的曲面。

下面结合实例介绍等距曲面的操作步骤。

【实例 8-5】等距曲面

（1）打开源文件"X:\源文件\ch8\原始文件\8.5.SLDPRT"，打开的文件实体如图 8-15 所示。

（2）单击"曲面"面板中的"等距曲面"按钮 🖾 ，或单击菜单栏中的"插入"→"曲面"→"等距曲面"命令，系统弹出"等距曲面"属性管理器。

（3）在"要等距的曲面或面"列表框 🖈 中，单击并选择图 8-15 所示的面 1；在"等距距离"文本框 📐 中输入"70.00mm"，并注意调整等距曲面的方向，如图 8-16 所示。

（4）单击"确定"按钮 ✓ ，生成的等距曲面如图 8-17 所示。

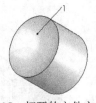

图 8-15　打开的文件实体　　　图 8-16　"等距曲面"属性管理器　　　图 8-17　等距曲面

技巧荟萃　　　可以生成距离为 0 的等距曲面，即一个独立的轮廓面。

8.1.6 延展曲面

用户可以通过延展分割线、边线，并平行于所选基准面来生成曲面。延展曲面在拆模时最常用。当零件进行模塑，产生凸、凹模之前，必须先生成模块与分模面，延展曲面就可以用来生成分模面。

下面结合实例介绍延展曲面的操作步骤。

【实例 8-6】延展曲面

（1）打开源文件"X:\源文件\ch8\原始文件\8.6.SLDPRT"，打开的文件实体如图 8-18 所示。

（2）单击"曲面"面板中的"延展曲面"按钮 ，或单击菜单栏中的"插入"→"曲面"→"延展曲面"命令。

（3）在"延展曲面"属性管理器中，单击"延展参数"选项组中的第一个列表框，然后在图形区中单击图 8-18 所示的模型面 1；单击按钮 右侧的列表框，然后在右面的图形区中单击图 8-18 所示延展的边线 2。"延展曲面"属性管理器如图 8-19 所示。

（4）单击"确定"按钮 ，生成的延展曲面如图 8-20 所示。

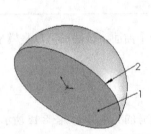
图 8-18　打开的文件实体

图 8-19　"延展曲面"属性管理器

图 8-20　延展曲面

8.1.7 缝合曲面

缝合曲面是将两个或者多个平面或者曲面组合成一个面。

下面结合实例介绍缝合曲面的操作步骤。

【实例 8-7】缝合曲面

（1）打开源文件"X:\源文件\ch8\原始文件\8.7.SLDPRT"，打开的文件实体如图 8-21 所示。

（2）单击"曲面"面板中的"缝合曲面"按钮 ，或单击菜单栏中的"插入"→"曲面"→"缝合曲面"命令，系统弹出"缝合曲面"属性管理器。

（3）单击"要缝合的曲面和面"列表框 ，选择图 8-21 所示的面 1、曲面 2 和面 3。

（4）单击"确定"按钮 ，生成缝合曲面。

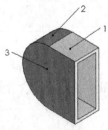
图 8-21　打开的文件实体

技巧荟萃

进行曲面缝合时，要注意以下几项。

（1）曲面的边线必须相邻并且不重叠。

（2）曲面不必处于同一基准面上。

（3）缝合的曲面实体可以是一个或多个相邻曲面实体。

（4）缝合曲面不吸收用于生成它们的曲面。

（5）在缝合曲面形成一闭合体或保留为曲面实体时生成一实体。

（6）在使用基准面缝合曲面时，必须使用延展曲面。

（7）曲面缝合前后，曲面和面的外观没有任何变化。

8.1.8 实例——花盆

本实例绘制的花盆如图 8-22 所示。花盆由盆体和边沿部分组成。绘制该模型的命令主要有"旋转曲面""延展曲面"和"圆角"等。

图 8-22 花盆

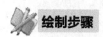

1 新建文件。单击菜单栏中的"文件"→"新建"命令，或者单击"标准"工具栏中的"新建"按钮 ，此时系统弹出图 8-23 所示的"新建 SOLIDWORKS 文件"对话框，在其中单击"零件"按钮 ，然后单击"确定"按钮，创建一个新的零件文件。

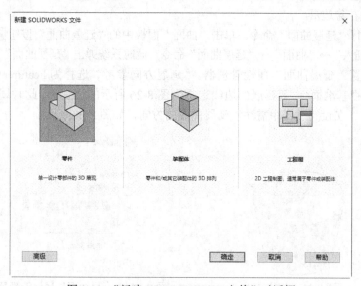

图 8-23 "新建 SOLIDWORKS 文件"对话框

2 绘制花盆盆体。

（1）设置基准面。在左侧 FeatureManager 设计树中选择"上视基准面"，然后单击"前导视图"工具栏中的"正视于"按钮 ，将该基准面作为绘制图形的基准面。

（2）绘制草图。单击菜单栏中的"工具"→"草图绘制实体"→"中心线"命令，绘制一条通过原点的竖直中心线，然后单击"草图"面板中的"直线"按钮 ✏，绘制两条直线。

（3）标注尺寸。单击"草图"面板中的"智能尺寸"按钮 ✎，标注步骤（2）绘制的草图，结果如图 8-24 所示。

（4）旋转曲面。单击"曲面"面板中的"旋转曲面"按钮 ❀，或单击菜单栏中的"插入"→"曲面"→"旋转曲面"命令，此时系统弹出图 8-25 所示的"曲面-旋转"属性管理器。

在"旋转轴"选项组中，单击图 8-24 所示的竖直中心线，其他选项的设置如图 8-25 所示。单击"确定"按钮 ✔，完成曲面旋转。

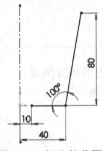

图 8-24　标注的草图

图 8-25　"曲面-旋转"属性管理器

（5）生成花盆盆体。观测视图区域中的预览图形，然后单击"确定"按钮 ✔，生成花盆盆体，结果如图 8-26 所示。

3 绘制花盆边沿。

（1）执行"延展曲面"命令。单击"曲面"面板中的"延展曲面"按钮 ◔，或单击菜单栏中的"插入"→"曲面"→"延展曲面"命令，此时系统弹出"延展曲面"属性管理器。

（2）设置"延展曲面"属性管理器。"延展方向参考"选择为 FeatureManager 设计树中的"前视基准面"；要延展的边线选择为图 8-26 所示的边线 1，此时属性管理器如图 8-27 所示。在设置过程中需注意延展曲面的方向，如图 8-28 所示。

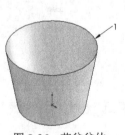

图 8-26　花盆盆体

图 8-27　"延展曲面"属性管理器

（3）生成延展曲面。单击"确定"按钮 ✔，生成延展曲面，如图 8-29 所示。

（4）缝合曲面。单击"曲面"面板中的"缝合曲面"按钮 ▦，或单击菜单栏中的"插入"→"曲面"→"缝合曲面"命令，此时系统弹出图 8-30 所示的"缝合曲面"属性管理器。

"要缝合的曲面和面"选择为图 8-29 所示的曲面 1 和曲面 2，然后单击"确定"按钮 ，完成曲面缝合，结果如图 8-31 所示。

图 8-28　延展曲面方向图示　　　　　图 8-29　生成的图延展曲面

技巧荟萃	曲面缝合后，外观没有任何变化，只是将多个面组合成一个面。此处缝合的意义是为了将两个面的交线进行圆角处理，因为面的边线不能进行圆角处理，所以将两个面缝合为一个面。

（5）圆角曲面。单击"特征"工具栏中的"圆角"按钮，系统弹出"圆角"属性管理器。在"要圆角化的项目"选项组的"边线、面、特征和环"列表框中，单击图 8-31 所示的边线 1；在"半径"文本框中输入"10.00mm"，其他选项的设置如图 8-32 所示。单击"确定"按钮，完成圆角处理，结果如图 8-33 所示。

图 8-30　"缝合曲面"　　图 8-31　缝合曲面　　图 8-32　"圆角"　　图 8-33　圆角后的图形
　　　　属性管理器　　　　　　后的图形　　　　　　属性管理器

8.2 编辑曲面

8.2.1 延伸曲面

延伸曲面是指将现有曲面的边缘，沿着切线方向，以直线或者随曲面的弧度方向所产生的曲面的延展。

下面结合实例介绍延伸曲面的操作步骤。

【实例 8-8】延伸曲面

（1）打开源文件"X:\源文件\ch8\原始文件\8.8.SLDPRT"，打开的文件实体如图 8-34 所示。

（2）单击"曲面"面板中的"延伸曲面"按钮 ⬦，或单击菜单栏中的"插入"→"曲面"→"延伸曲面"命令，系统弹出"延伸曲面"属性管理器。

（3）单击"所选面/边线"列表框 ⬦，选择图 8-34 所示的边线 1；选择"距离"单选按钮，在"距离"文本框 ⬦ 中输入"60.00mm"；在"延伸类型"选项组中，选择"同一曲面"单选按钮，如图 8-35 所示。

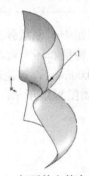

图 8-34 打开的文件实体

图 8-35 "延伸曲面"属性管理器

（4）单击"确定"按钮 ⬦，生成的延伸曲面如图 8-36 所示。

延伸曲面的延伸方式有两种：一种是同一曲面类型，是指沿曲面的几何体来延伸曲面；另一种是线性类型，是指沿边线相切于原有曲面来延伸曲面。图 8-37 所示是使用同一曲面类型生成的延伸曲面，图 8-38 所示是使用线性类型生成的延伸曲面。

图 8-36 延伸曲面

图 8-37 同一曲面类型生成的
延伸曲面

图 8-38 线性类型生成的
延伸曲面

在"曲面 - 延伸"属性管理器的"终止条件"选项组中，各单选按钮的意义如下。

- 距离：按照在"距离"文本框 中指定的数值延伸曲面。
- 成形到某一点：将曲面延伸到"顶点"列表框 中选择的顶点或者点。
- 成形到某一面：将曲面延伸到"曲面 / 面"列表框 中选择的曲面或者面。

8.2.2　剪裁曲面

剪裁曲面是指使用曲面、基准面或者草图作为剪裁工具来剪裁相交曲面，也可以将曲面和其他曲面联合使用，作为相互的剪裁工具。

剪裁曲面有标准和相互两种类型。标准类型是指使用曲面、草图实体、曲线、基准面等来剪裁曲面；相互类型是指根据曲面本身来剪裁多个曲面。

下面结合实例介绍这两种类型的操作步骤。

1. 标准类型剪裁曲面

【实例 8-9】标准类型剪裁曲面

（1）打开源文件"X:\源文件\ch8\原始文件\8.9.SLDPRT"，打开的文本实体如图 8-39 所示。

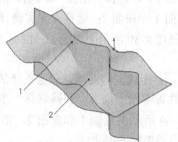

图 8-39　打开的文件实体

（2）单击"曲面"面板中的"剪裁曲面"按钮 ，或单击菜单栏中的"插入"→"曲面"→"剪裁"命令，系统弹出"剪裁曲面"属性管理器。

（3）在"剪裁类型"选项组中，选择"标准"单选按钮；单击"剪裁工具"列表框，选择图 8-39 所示的曲面 1；选择"保留选择"单选按钮，在"保留的部分"列表框 中，单击并选择图 8-39 所示的曲面 2，其他选项的设置如图 8-40 所示。

（4）单击"确定"按钮 ，生成剪裁曲面。保留选择的剪裁图形如图 8-41 所示。

如果在"剪裁曲面"属性管理器中选择"移除选择"单选按钮，在"要移除的部分"列表框 中，单击并选择图 8-39 所示的曲面 2，则会移除曲面 1 前面的曲面 2 部分，移除选择的剪裁图形如图 8-42 所示。

2. 相互类型剪裁曲面

【实例 8-10】相互类型剪裁曲面

（1）打开源文件"X:\源文件\ch8\原始文件\8.10.SLDPRT，如图 8-39 所示。

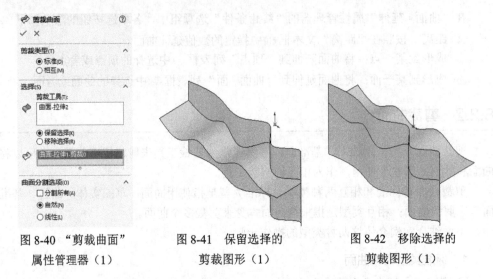

图 8-40　"剪裁曲面"
属性管理器（1）

图 8-41　保留选择的
剪裁图形（1）

图 8-42　移除选择的
剪裁图形（1）

（2）单击"曲面"面板中的"剪裁曲面"按钮 ，或单击菜单栏中的"插入"→"曲面"→"剪裁"命令，系统弹出"剪裁曲面"属性管理器。

（3）在"剪裁类型"选项组中，选择"相互"单选按钮；在"剪裁工具"列表框中，单击并选择图 8-39 所示的曲面 1 和曲面 2；选择"保留选择"单选按钮，并在"保留的部分"列表框 中，单击选择图 8-39 所示的曲面 1 和曲面 2，其他选项的设置如图 8-43所示。

（4）单击"确定"按钮 ，生成剪裁曲面。保留选择的剪裁图形如图 8-44 所示。

如果在"剪裁曲面"属性管理器中选择"移除选择"单选按钮，并在"要移除的部分"列表框 中，单击图 8-39 所示的曲面 1 和曲面 2，则会移除曲面 1 和曲面 2 的所选择部分，移除选择的剪裁图形如图 8-45 所示。

 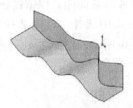 

图 8-43　"剪裁曲面"
属性管理器（2）

图 8-44　保留选择的
剪裁图形（2）

图 8-45　移除选择的
剪裁图形（2）

8.2.3　填充曲面

填充曲面是指在现有模型边线、草图或者曲线定义的边界内构成带任意边数的曲面修补。填充曲面通常用在以下几种情况中。

- 纠正没有正确输入 SOLIDWORKS 中的零件，如该零件有丢失的面。
- 填充型心和型腔造型零件中的孔。
- 构建用于工业设计的曲面。
- 生成实体模型。
- 用于包括作为独立实体的特征或合并这些特征。

下面结合实例介绍填充曲面的操作步骤。

【实例 8-11】填充曲面

（1）打开源文件"X:\源文件\ch8\原始文件\8.11.SLDPRT"，打开的文本实体如图 8-46 所示。

（2）单击菜单栏中的"插入"→"曲面"→"填充"命令，或者单击"曲面"面板中的"填充曲面"按钮 ◈，系统弹出"填充曲面"属性管理器。

（3）单击"修补边界"选项组的列表框，依次选择图 8-46 所示的边线 1、边线 2、边线 3 和边线 4，其他选项的设置如图 8-47 所示。

（4）单击"确定"按钮 ✓，生成的填充曲面如图 8-48 所示。

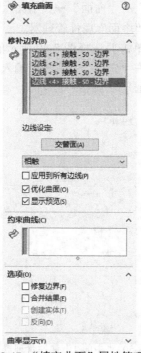

图 8-46　打开的文件实体　　图 8-47　"填充曲面"属性管理器　　图 8-48　填充曲面

技巧荟萃	进行拉伸切除实体时，一定要注意调整拉伸切除的方向，否则系统会提示，所进行的切除不与模型相交，或者切除的实体与所需要的切除相反。

8.2.4　中面

中面工具可让在实体上合适的所选双对面之间生成中面。合适的双对面应该处处等距，并且必须属于同一实体。

与所有在 SOLIDWORKS 中生成的曲面相同，中面包括所有曲面的属性。中面通常有以下几种情况。

● 单个：从图形区中选择单个等距面生成中面。

● 多个：从图形区中选择多个等距面生成中面。

● 所有：单击"曲面 - 中间面"属性管理器中的"查找双对面"按钮，让系统选择模型上所有合适的等距面，用于生成所有等距面的中面。

下面结合实例介绍生成中面的操作步骤。

【实例 8-12】中面

（1）打开源文件"X:\源文件\ch8\原始文件\8.12.SLDPRT"，打开的文本实体如图 8-49 所示。

（2）单击菜单栏中的"插入"→"曲面"→"中面"命令，或者单击"曲面"面板中的"中面"按钮 ，系统弹出"中面"属性管理器。

（3）在"面 1"列表框中，单击并选择图 8-49 所示的面 1；在"面 2"列表框中，单击并选择图 8-49 所示的面 2；在"定位"文本框中输入"50.000000%"，"中面 1"属性管理器的设置如图 8-50 所示。单击"确定"按钮 ，生成的中面如图 8-51 所示。

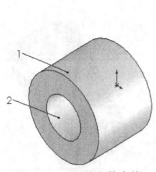

图 8-49　打开的文件实体　　　图 8-50　"中面 1"属性管理器　　　图 8-51　中面

技巧荟萃　　　　生成中面的定位值从面 1 的位置开始，位于面 1 和面 2 之间。

8.2.5　替换面

替换面是指以新曲面实体来替换曲面或者实体中的面。替换曲面实体不必与旧的面有相同的边界。在替换面时，原来实体中的相邻面自动延伸并剪裁到替换曲面实体。

替换面通常有以下几种情况。

- 以一曲面实体替换另一个或者一组相连的面。
- 在单一操作中，用一相同的曲面实体替换一组以上相连的面。
- 在实体或曲面实体中替换面。

比较常用的是用一曲面实体替换另一个曲面实体中的一个面。下面结合实例介绍替换面的操作步骤。

【实例 8-13】 替换面

（1）打开源文件 "X:\源文件\ch8\原始文件\8.13.SLDPRT"，打开的文本实体如图 8-52 所示。

（2）单击菜单栏中的 "插入" → "面" → "替换" 命令，或者单击 "曲面" 面板中的 "替换面" 按钮 ，系统弹出 "替换面 1" 属性管理器。

（3）在 "替换的目标面" 列表框 中，单击并选择图 8-52 所示的面 2；在 "替换曲面" 列表框 中，单击并选择图 8-52 所示的曲面 1，如图 8-53 所示。

（4）单击 "确定" 按钮 ，生成的替换面如图 8-54 所示。

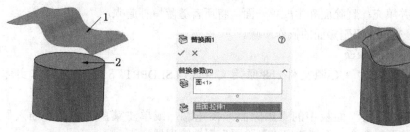

图 8-52　打开的文件实体　图 8-53　"替换面 1" 属性管理器　图 8-54　替换面

（5）右击图 8-54 所示的曲面 1，在系统弹出的快捷菜单中单击 "隐藏" 按钮 ，如图 8-55 所示，隐藏目标面后的实体，结果如图 8-56 所示。

在替换面中，替换的面有两个特点：一是必须替换，必须相连；二是不必相切。替换曲面实体可以是以下几种类型之一。

- 可以是任何类型的曲面特征，如拉伸、放样等。
- 可以是缝合曲面实体或者复杂的输入曲面实体。

● 通常比要替换的面要宽和长，但在某些情况下，当替换曲面实体比要替换的面小的时候，替换曲面实体会自动延伸至相邻面。

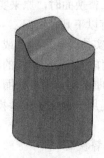

图 8-55 快捷菜单   图 8-56   隐藏目标面后的实体

8.2.6 删除面

删除面通常有以下几种情况。

● 删除：从曲面实体删除面，或者从实体中删除一个或多个面来生成曲面。

● 删除并修补：从曲面实体或者实体中删除一个面，并自动对实体进行修补和剪裁。

● 删除并填充：删除面并生成单一面，将所有缝隙填补起来。

下面结合实例介绍删除面的操作步骤。

【实例 8-14】删除面

（1）打开源文件"X:\源文件\ch8\原始文件\8.14.SLDPRT"，打开的文本实体如图 8-57 所示。

（2）单击"曲面"面板中的"删除面"按钮 🞕，或单击菜单栏中的"插入"→"面"→"删除面"命令，系统弹出"删除面"属性管理器。

（3）在"要删除的面"列表框 🞖 中，单击并选择图 8-57 所示的面 1；在"选项"选项组中选择"删除"单选按钮，如图 8-58 所示。

（4）单击"确定"按钮 ✅，将选择的面删除，删除面后的实体如图 8-59 所示。

执行"删除面"命令，可以将指定的面删除并修补。以图 8-57 所示的实体为例，执行"删除面"命令时，在"删除面"属性管理器的"要删除的面"列表框 🞖 中，单击并选择图 8-57 所示的面 1；在"选项"选项组中选择"删除并修补"单选按钮，然后单击"确定"按钮 ✅，面 1 被删除并修补，删除并修补面后的实体如图 8-60 所示。

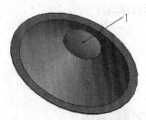

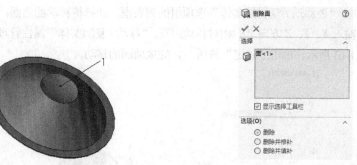

图 8-57　打开的文件实体　　　　　　　图 8-58　"删除面"属性管理器（1）

执行"删除面"命令，可以将指定的面删除并填充删除面后的实体。以图 8-57 所示的实体为例，执行"删除面"命令时，在"删除面"属性管理器的"要删除的面"列表框中，单击并选择图 8-57 所示的面 1；在"选项"选项组中选择"删除并填补"单选按钮，并勾选"相切填充"复选框，"删除面"属性管理器的设置如图 8-61 所示。单击"确定"按钮，面 1 被删除并相切填充。删除并填充面后的实体如图 8-62 所示。

图 8-59　删除面后　　　图 8-60　删除并修补　　　图 8-61　"删除面"属性　　　图 8-62　删除并填充
　的实体　　　　　　　面后的实体　　　　　　　管理器（2）　　　　　　面后的实体

8.2.7　移动 / 复制 / 旋转曲面

用户可以像对拉伸特征、旋转特征那样对曲面特征进行移动、复制和旋转等操作。

1. 移动曲面

下面结合实例介绍移动曲面的操作步骤。

【实例 8-15】移动曲面

（1）打开源文件"X:\源文件\ch8\原始文件\8.15.SLDPRT"。

（2）单击"曲面"面板中的"移动 / 复制"按钮，或单击菜单栏中的"插入"→"曲面"→"移动 / 复制"命令，系统弹出"移动 / 复制实体"属性管理器。

（3）单击"要移动/复制的实体"选项组的列表框，选择待移动的曲面，在"平移"选项组中分别输入 X、Y、Z 方向上的相对移动距离，"移动/复制实体"属性管理器的设置及预览效果如图 8-63 所示。单击"确定"按钮 ，完成曲面的移动。

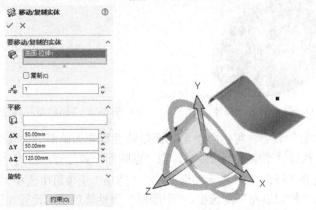

图 8-63 "移动/复制实体"属性管理器的设置及预览效果（1）

2. 复制曲面

下面结合实例介绍复制曲面的操作步骤。

【实例 8-16】复制曲面

（1）打开源文件"X:\源文件\ch8\原始文件\8.16.SLDPRT"。

（2）单击"曲面"面板中的"移动/复制"按钮 ，或单击菜单栏中的"插入"→"曲面"→"移动/复制"命令，系统弹出"移动/复制实体"属性管理器。

（3）单击"要移动/复制的实体"选项组的列表框，选择待移动和复制的曲面；勾选"复制"复选框，并在"复制数"文本框 中输入"4"；然后在"平移"选项组中分别输入 X、Y、Z 方向上的相对复制距离，"移动/复制实体"属性管理器的设置及预览效果如图 8-64 所示。

（4）单击"确定"按钮 ，复制的曲面如图 8-65 所示。

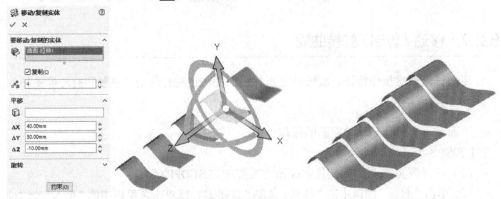

图 8-64 "移动/复制实体"属性管理器的设置及预览效果（2）　　　　图 8-65 复制后的曲面

3. 旋转曲面

下面结合实例介绍旋转曲面的操作步骤。

【实例 8-17】旋转曲面

（1）打开源文件"X:\源文件\ch8\原始文件\8.17.SLDPRT"。

（2）单击"曲面"面板中的"移动/复制"按钮，或单击菜单栏中的"插入"→"曲面"→"移动/复制"命令，系统弹出"移动/复制实体"属性管理器。

（3）单击"要移动/复制的实体"选项的列表框，选择符旋转的曲面；在"旋转"选项组中，分别输入 X 旋转原点、Y 旋转原点、Z 旋转原点、X 旋转角度、Y 旋转角度和 Z 旋转角度值，"移动/复制实体"属性管理器的设置及预览效果如图 8-66 所示。

（4）单击"确定"按钮 ✓，旋转后的曲面如图 8-67 所示。

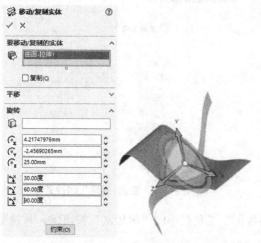

图 8-66　"移动/复制实体"属性管理器的设置及预览效果（3）　　图 8-67　旋转后的曲面

8.3　综合实例——茶壶模型

茶壶模型如图 8-68 所示。绘制该模型的命令主要有"旋转曲面""放样曲面""剪裁曲面""填充曲面"等命令。

8.3.1　绘制壶身

图 8-68　茶壶模型

绘制步骤

❶ 新建文件。单击菜单栏中的"文件"→"新建"命令，或者单击"标准"工具栏中的"新建"按钮 □，在弹出的"新建 SOLIDWORKS 文件"对话框中先单击"零件"

按钮 ，再单击"确定"按钮，创建一个新的零件文件。

2 绘制壶体。

（1）设置基准面。在左侧 FeatureManager 设计树中选择"前视基准面"，然后单击"前导视图"工具栏中的"正视于"按钮 ，将该基准面作为绘制图形的基准面。

（2）绘制草图 1。单击"草图"面板中的"中心线"按钮 ，绘制一条通过原点的竖直中心线；单击"草图"面板中的"样条曲线"按钮 和"直线"按钮 ，绘制图 8-69 所示的草图并标注尺寸。

（3）旋转曲面。单击"曲面"面板中的"旋转曲面"按钮 ，或者单击菜单栏中的"插入"→"曲面"→"旋转曲面"命令，系统弹出图 8-70 所示的"曲面-旋转"属性管理器。在"旋转轴"选项组中，选择图 8-69 所示的竖直中心线，其他选项的设置如图 8-70 所示。单击"确定"按钮 ，完成曲面的旋转。

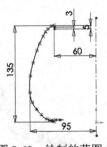

图 8-69 绘制的草图 1

图 8-70 "曲面-旋转"属性管理器

（4）设置视图方向。单击"前导视图"工具栏中的"等轴测"按钮 ，将视图以等轴测方向显示，结果如图 8-71 所示。

3 绘制壶嘴。

（1）设置基准面。在左侧 FeatureManager 设计树中选择"前视基准面"，然后单击"前导视图"工具栏中的"正视于"按钮 ，将该基准面作为绘制图形的基准面。

（2）绘制草图 2。单击"草图"面板中的"样条曲线"按钮 和"直线"按钮 ，绘制图 8-72 所示的草图并标注尺寸。注意在绘制过程中要将某些线段作为构造线，然后退出草图绘制状态。

图 8-71 旋转曲面后的图形

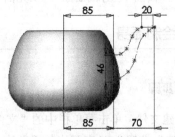

图 8-72 绘制的草图 2

（3）添加基准面。单击"特征"面板中的"基准面"按钮 🗐，或者单击菜单栏中的"插入"→"参考几何体"→"基准面"命令，系统弹出图 8-73 所示的"基准面"属性管理器。选择 FeatureManager 设计树中的"右视基准面"和图 8-72 所示长为 46 mm 直线的一个端点。单击"确定"按钮 ✓，添加一个基准面。

（4）设置视图方向。单击"前导视图"工具栏中的"等轴测"按钮 🗐，将视图以等轴测方向显示，结果如图 8-74 所示。

图 8-73　"基准面"属性管理器（1）

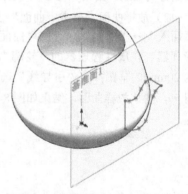

图 8-74　设置视图方向后的草图 2

（5）设置基准面。在左侧 FeatureManager 设计树中选择"基准面 1"，然后单击"前导视图"工具栏中的"正视于"按钮 ↓，将该基准面作为绘制图形的基准面。

（6）绘制草图 3。单击"草图"面板中的"圆"按钮 ⊙，以图 8-72 所示长为 46mm 直线的中点为圆心，以长为直径绘制一个圆，然后退出草图绘制状态。

（7）设置视图方向。单击"前导视图"工具栏中的"等轴测"按钮 🗐，将视图以等轴测方向显示，结果如图 8-75 所示。

（8）添加基准面。单击"特征"面板中的"基准面"按钮 🗐，或者单击菜单栏中的"插入"→"参考几何体"→"基准面"命令，系统弹出"基准面"属性管理器。选择 FeatureManager 设计树中的"上视基准面"和图 8-72 所示长为 20mm 直线的一个端点。单击"确定"按钮 ✓，添加一个基准面，结果如图 8-76 所示。

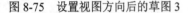

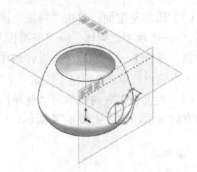

图 8-75　设置视图方向后的草图 3　　　　　　图 8-76　添加基准面 2 后的草图 4

（9）设置基准面。在左侧 FeatureManager 设计树中选择"基准面 2"，然后单击"前导视图"工具栏中的"正视于"按钮，将该基准面作为绘制图形的基准面。

（10）绘制草图 4。单击"草图"面板中的"圆"按钮，以图 8-72 所示长为 20mm直线的中点为圆心，以长为直径绘制一个圆，然后退出草图绘制状态。

（11）设置视图方向。单击"前导视图"工具栏中的"等轴测"按钮，将视图以等轴测方向显示，结果如图 8-77 所示。

（12）放样曲面。单击"曲面"面板中的"放样曲面"按钮，或者单击菜单栏中的"插入"→"曲面"→"放样曲面"命令，系统弹出图 8-78 所示的"曲面-放样"属性管理器。在属性管理器的"轮廓"选项组中依次选择图 8-77 所示直径为 46mm 和直径为 20mm 的草图；在"引导线"选项组中选择图 8-72 所示绘制的草图。单击"确定"按钮，生成放样曲面，结果如图 8-79 所示。

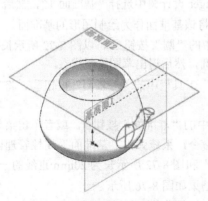

图 8-77　设置视图方向后的草图 4　　　　图 8-78　"曲面-放样"属性管理器

4 绘制壶把手。

（1）添加基准面。单击"特征"面板中的"基准面"按钮 ，或者单击菜单栏中的"插入"→"参考几何体"→"基准面"命令，系统弹出图 8-80 所示"基准面"属性管理器。在"选择"列表框 中，单击并选择 FeatureManager 设计树中的"右视基准面"；在"距离"文本框 中输入"70.00mm"，并注意基准面的方向。单击"确定"按钮 ，添加一个基准面，结果如图 8-81 所示。

图 8-79 放样曲面后的草图 4

图 8-80 "基准面"属性管理器（2）

（2）设置基准面。在左侧 FeatureManager 设计树中选择"基准面 3"，然后单击"前导视图"工具栏中的"正视于"按钮 ，将该基准面作为绘制图形的基准面。

（3）绘制草图 5。单击"草图"面板中的"椭圆"按钮 ，绘制图 8-82 所示的草图并标注尺寸，然后退出草图绘制状态。

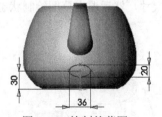

图 8-81 添加基准面 2 后的草图 4

图 8-82 绘制的草图 5

（4）设置基准面。在左侧 FeatureManager 设计树中选择"基准面 3"，然后单击"前导视图"工具栏中的"正视于"按钮 ，将该基准面作为绘制图形的基准面。

（5）绘制草图 6。单击"草图"面板中的"椭圆"按钮 ，绘制图 8-83 所示的草图并标注尺寸，然后退出草图绘制状态。

（6）添加基准面。单击"特征"面板中的"基准面"按钮🗐，或者单击菜单栏中的"插入"→"参考几何体"→"基准面"命令，系统弹出图 8-84 所示的"基准面"属性管理器。在"选择"列表框🗐中，单击并选择 FeatureManager 设计树中的"上视基准面"；在"距离"文本框🗐中输入"70.00mm"，并注意基准面的方向。单击"确定"按钮✓，添加一个基准面。

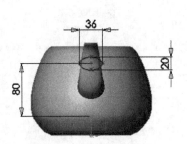

图 8-83 绘制的草图 6　　　　　　　　图 8-84 "基准面"属性管理器（3）

（7）设置视图方向。单击"前导视图"工具栏中的"等轴测"按钮🗐，将视图以等轴测方向显示，结果如图 8-85 所示。

（8）设置基准面。在左侧 FeatureManager 设计树中选择"基准面 4"，然后单击"前导视图"工具栏中的"正视于"按钮↧，将该基准面作为绘制图形的基准面。

（9）绘制草图 7。单击"草图"面板中的"椭圆"按钮⊘，绘制图 8-86 所示的草图并标注尺寸，然后退出草图绘制状态。

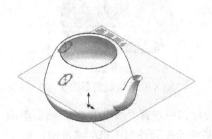

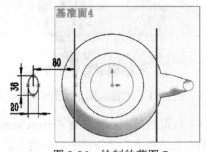

图 8-85 添加基准面后的草图 6　　　　　图 8-86 绘制的草图 7

（10）设置基准面。在左侧 FeatureManager 设计树中选择"前视基准面"，然后单击"前导视图"工具栏中的"正视于"按钮 ⬦，将该基准面作为绘制图形的基准面。

（11）绘制草图 8。单击"草图"面板中的"样条曲线"按钮 ∿，绘制图 8-87 所示的草图，然后退出草图绘制状态。

技巧荟萃　　　绘制样条曲线时，样条曲线的起点和终点分别位于椭圆草图的圆心，并且中间点也通过另一个椭圆草图的圆心。

（12）设置视图方向。单击"前导视图"工具栏中的"等轴测"按钮 ⬡，将视图以等轴测方向显示，结果如图 8-88 所示。

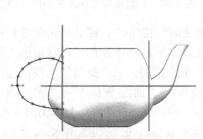
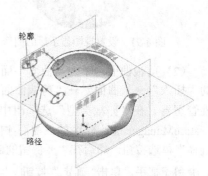

图 8-87　绘制的草图 8　　　　　　　　图 8-88　设置视图方向后的草图 8

（13）扫描曲面。单击"曲面"面板中的"扫描曲面"按钮 ♪，或者单击菜单栏中的"插入"→"曲面"→"扫描曲面"命令，系统弹出图 8-89 所示的"曲面-扫描"属性管理器。"轮廓"和"路径"的选择如图 8-88 所示。单击"确定"按钮 ✓，完成曲面扫描，结果如图 8-90 所示。

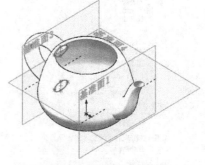

图 8-89　"曲面-扫描"属性管理器　　　　图 8-90　扫描曲面后的草图 8

技巧荟萃　　　用户可以再绘制通过 3 个椭圆草图的引导线，执行"放样曲面"命令，生成壶把手，这样可以使把手更加细腻。

（14）设置视图显示。单击菜单栏中的"视图"→"隐藏 / 显示"→"基准面"和"草图"命令，取消视图中基准面和草图的显示，结果如图 8-91 所示。

▊5 编辑壶身。

（1）设置视图方向。单击"前导视图"工具栏中的"旋转视图"按钮 ，将视图以合适的方向显示，结果如图 8-92 所示。

图 8-91　设置视图显示后的图形　　　　图 8-92　设置视图方向后的图形（1）

（2）剪裁曲面。单击"曲面"面板中的"剪裁曲面"按钮 ，或者单击菜单栏中的"插入"→"曲面"→"剪裁曲面"命令，系统弹出图 8-93 所示的"剪裁曲面"属性管理器。在"剪裁类型"选项组中选择"相互"单选按钮；在"曲面"选项组选择 FeatureManager 设计树中的"曲面-扫描 1""曲面-旋转 1""曲面-放样 1"；选择"保留选择"单选按钮，然后在"要保留的部分"列表框 中，选择视图中壶身外侧的壶体、壶嘴和壶把手。单击"确定"按钮 ，将壶身内部多余部分剪裁，结果如图 8-94 所示。

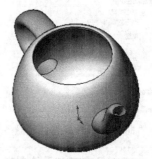

图 8-93　"剪裁曲面"属性管理器　　　　图 8-94　剪裁曲面后的图形

（3）设置视图方向。单击"前导视图"工具栏中的"旋转视图"按钮 ，将视图以合适的方向显示，结果如图 8-95 所示。

（4）填充曲面。单击"曲面"面板中的"填充曲面"按钮  ，或者单击菜单栏中的"插入"→"曲面"→"填充"命令，系统弹出图 8-96 所示的"填充曲面"属性管理器。单击"修补边界"选项组中的列表框，选择图 8-95 所示的边线 1。单击"确定"按钮 ，填充壶底曲面，结果如图 8-97 所示。

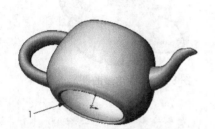

图 8-95 设置视图方向后的图形（2）

图 8-96 "填充曲面"属性管理器

（5）设置视图方向。单击"前导视图"工具栏中的"旋转视图"按钮 ，将视图以合适的方向显示，结果如图 8-98 所示。

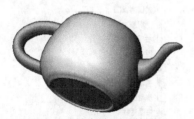

图 8-97 填充曲面后的图形

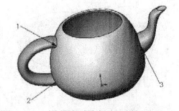

图 8-98 设置视图方向后的图形（3）

（6）圆角处理。单击"特征"工具栏中的"圆角"按钮 ，或单击菜单栏中的"插入"→"特征"→"圆角"命令，系统弹出图 8-99 所示的"圆角"属性管理器。在"圆角类型"选项组中单击"等半径"按钮 ；在"边、线、面、特征和环"列表框 中，单击并选择图 8-98 所示的边线 1、边线 2 和边线 3；在"半径"文本框 中输入"10.00mm"。单击"确定"按钮 ，完成圆角处理，结果如图 8-100 所示。壶身及其 FeatureManager 设计树如图 8-101 所示。

图 8-99 "圆角"属性管理器

图 8-100 圆角后的图形

图 8-101 壶身及其 FeatureManager 设计树

8.3.2　绘制壶盖

绘制步骤

■ 新建文件。单击菜单栏中的"文件"→"新建"命令，或者单击"标准"工具栏中的"新建"按钮 □，在弹出的"新建 SOLIDWORKS 文件"对话框中，先单击"零件"按钮 ◈，再单击"确定"按钮，创建一个新的零件文件。

② 绘制壶盖。

（1）设置基准面。在左侧 FeatureManager 设计树中选择"前视基准面"，然后单击"前导视图"工具栏中的"正视于"按钮 ⬦，将该基准面作为绘制图形的基准面。

（2）绘制草图。单击"草图"面板中的"中心线"按钮 ⬈，绘制一条通过原点的竖直中心线；单击"草图"面板中的"样条曲线"按钮 Ⓝ、"直线"按钮 ╱ 和"绘制圆角"按钮 ⅂，绘制图 8-102 所示的草图并标注尺寸。

（3）旋转曲面。单击"曲面"面板中的"旋转曲面"按钮 ⬙，或者单击菜单栏中的"插入"→"曲面"→"旋转曲面"命令，系统弹出图 8-103 所示的"曲面-旋转"属性管理器。在"旋转轴"选项组中选择图 8-102 所示的竖直中心线，其他选项的设置如图 8-103 所示。单击"确定"按钮 ✓，完成曲面旋转。

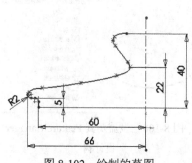

图 8-102　绘制的草图

图 8-103　"曲面-旋转"属性管理器

（4）设置视图方向。单击"前导视图"工具栏中的"等轴测"按钮 ⬡，将视图以等轴测方向显示，结果如图 8-104 所示。

（5）填充曲面。单击"曲面"面板中的"填充曲面"按钮 ⬢，或者单击菜单栏中的"插入"→"曲面"→"填充"命令，系统弹出图 8-105 所示的"填充曲面"属性管理器。

单击"修补边界"选项组中的列表框，选择图 8-104 所示的边线 1，其他选项的设置如图 8-105 所示。单击"确定"按钮 ✓，填充壶盖曲面，结果如图 8-106 所示。

（6）设置视图方向。单击"前导视图"工具栏中的"旋转视图"按钮 ⟳，调整视图方向，将视图以合适的方向显示，结果如图 8-107 所示。壶盖及其 FeatureManager 设计树如图 8-108 所示。

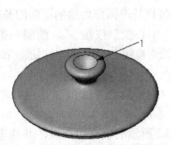

图 8-104　设置视图方向后的图形　　　　图 8-105　"填充曲面"属性管理器

图 8-106　填充曲面后的　　　图 8-107　调整视图　　　图 8-108　壶盖及其 FeatureManager
　　　　　图形　　　　　　　　　方向后的图形　　　　　　　　设计树

第 9 章
钣金设计

SOLIDWORKS 钣金设计功能较强，而且简单易学，用户可以在较短的时间内完成较复杂钣金零件的设计。

本章向读者介绍 SOLIDWORKS 软件钣金设计的功能特点、系统设置方法、基本特征工具的使用方法及其设计步骤等入门常识。了解这些基本内容之后，可以为以后进行钣金零件设计的具体操作打下基础。同时，熟练掌握本章内容可以大大提高后续操作的工作效率。

知识点

钣金特征工具与钣金菜单
转换钣金特征
钣金特征
钣金成形

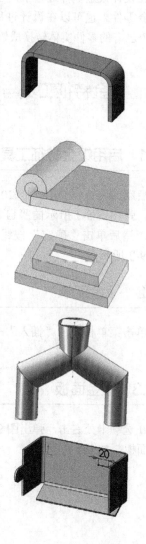

9.1　概述

使用 SOLIDWORKS 2020 进行钣金零件设计时，常用的方法基本上可以分为以下两种。

○　使用钣金特有的特征来生成钣金零件。

这种设计方法直接将目标作为钣金零件来开始建模：从最初的基体法兰特征开始，利用了钣金设计软件的所有功能和特殊工具、命令和选项。对于几乎所有的钣金零件而言，这都是一个不错的方法。因为用户从最初设计阶段开始就生成零件作为钣金零件，所以消除了多余步骤。

○　将实体零件转换成钣金零件。

在设计钣金零件过程中，也可以按照常见的设计方法设计零件实体，然后将其转换为钣金零件。也可以在设计过程中，先将零件展开，以便于应用钣金零件的特定特征。将一个已有的零件实体转换成钣金零件是本方法的典型应用。

9.2　钣金特征工具与钣金菜单

9.2.1　启用钣金特征工具栏

启动 SOLIDWORKS 2020 并新建零件后，单击菜单栏中的"工具"→"自定义"命令，弹出图 9-1 所示的"自定义"对话框。在对话框中，勾选工具栏中"钣金"复选框，然后单击"确定"按钮。在 SOLIDWORKS 用户界面将显示钣金特征工具栏，如图 9-2 所示。

9.2.2　钣金菜单

单击菜单栏中的"插入"→"钣金"命令，可以找到"钣金"下拉菜单，如图 9-3 所示。

9.2.3　钣金面板

在选项卡处右击，弹出图 9-4 所示的快捷菜单。然后用单击"钣金"命令，弹出"钣金"面板，如图 9-5 所示。

图 9-1 "自定义"对话框

图 9-2 钣金特征工具栏

图 9-3 "钣金"下拉菜单

图 9-4 快捷菜单

图 9-5 "钣金"面板

9.3 转换钣金特征

9.3.1 使用基体−法兰特征

执行"基体-法兰" 命令生成一个钣金零件后，钣金特征将出现在图 9-6 所示的 FeatureManager 设计树中。

在 FeatureManager 设计树中包含 3 个特征，它们分别代表钣金的 3 个基本操作。

● 钣金特征：包含了钣金零件的定义。此特征保存了整个零件的默认折弯参数信息，如折弯半径、折弯系数、自动切释放槽（预切槽）比例等。

● 基体-法兰特征：该项是此钣金零件的第一个实体特征，包括深度和厚度等信息。

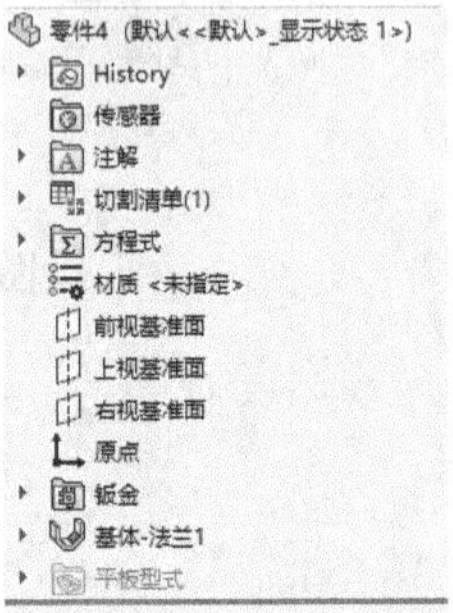

图 9-6 使用基体-法兰特征

● 平板型式特征：在默认情况下，当零件处于折弯状态时，平板型式特征是被压缩的，将该特征解除压缩即展开钣金零件。

在 FeatureManager 设计树中，当平板型式特征被压缩时，添加到零件的所有新特征均自动插入平板型式特征上方。

在 FeatureManager 设计树中，当平板型式特征解除压缩后，新特征插入平板型式特征下方，并且不在折叠零件中显示。

9.3.2 用零件转换为钣金的特征

利用已经生成的零件转换为钣金特征时，首先在 SOLIDWORKS 中生成一个零件，然后通过"插入折弯"按钮 生成钣金零件，这时在 FeatureManager 设计树中有 3 个特征，如图 9-7 所示。

这 3 个特征分别代表钣金的 3 个基本操作。

● 钣金特征：包含了钣金零件的定义。此特征保存了整个零件的默认折弯参数信息，如折弯半径、折弯系数、自动切释放槽（预切槽）比例等。

图 9-7 用零件转换为钣金的特征

● 展开-折弯特征：该项代表展开的钣金零件。此特征包含将尖角或圆角转换成折弯的有关信息，每个由模型生成的折弯作为单独的特征列出在展开-折弯特征下。

![技巧荟萃]	展开-折弯特征中列出的尖角-草图包含由系统生成的所有尖角和圆角折弯的折弯线，此草图无法编辑，但可以隐藏或显示。

● 加工-折弯特征：该特征包含的是将展开的零件转换为成形零件的过程，由在展开状态中指定的折弯线所生成的折弯列在此特征中。

![技巧荟萃]	FeatureManager 设计树中的加工-折弯特征下方列出的特征不会在零件展开视图中出现。读者可以通过将 FeatureManager 设计树退回到加工-折弯特征之前可以展开零件的视图。

9.4　钣金特征

在 SOLIDWORKS 软件系统中，钣金零件是实体模型中结构比较特殊的一种，其具有带圆角的薄壁特征，整个零件的壁厚都相同，折弯半径都是选定的半径值；在设计过程中还可根据需要添加释放槽。SOLIDWORKS 为满足这类需求添加了特殊的钣金工具用于钣金设计。

9.4.1　法兰特征

SOLIDWORKS 具有 4 种不同的法兰特征工具来生成钣金零件，使用这些法兰特征可以按预定的厚度给零件增加材料。这 4 种法兰特征依次是：基体法兰、薄片（凸起法兰）、边线法兰、斜线法兰。

1. 基体法兰

基体法兰是新钣金零件的第一个特征。基体法兰被添加到 SOLIDWORKS 零件后，系统就会将该零件标记为钣金零件，折弯会被添加到适当位置，并且特定的钣金特征会被添加到 FeatureManager 设计树中。

基体法兰特征是从草图生成的。草图可以是单一开环轮廓、单一闭环轮廓或多重封闭轮廓，分别如图 9-8（a）、图 9-8（b）、图 9-8（c）所示。

● 单一开环轮廓：单一开环轮廓可用于拉伸、旋转、剖面、路径、引导线以及钣金，典型的开环轮廓以直线或其草图实体绘制。

● 单一闭环轮廓：单一闭环轮廓可用于拉伸、旋转、剖面、路径、引导线以及钣金，典型的单一闭环轮廓是用圆、方形、闭环样条曲线以及其他封闭的几何形状绘制的。

● 多重封闭轮廓：多重封闭轮廓可用于拉伸、旋转以及钣金。如果有一个以上的轮廓,其中一个轮廓必须包含其他轮廓。典型的多重封闭轮廓是用圆、矩形以及其他封闭的几何形状绘制的。

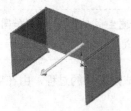

(a) 单一开环轮廓生成的基体法兰

(b) 单一闭环轮廓生成的基体法兰

(c) 多重封闭轮廓生成的基体法兰

图 9-8　基体法兰图例

技巧荟萃　　在一个 SOLIDWORKS 零件中,只能有一个基体法兰特征,且样条曲线对包含开环轮廓的钣金为无效的草图实体。

在进行基体法兰特征设计的过程中,开环草图作为拉伸薄壁特征来处理,闭环草图则作为展开的轮廓来处理。如果用户需要从钣金零件的展开状态开始设计钣金零件,可以使用闭环草图来建立基体法兰特征。下面结合实例介绍相关操作。

【实例 9-1】基体法兰

(1) 单击"钣金"面板中的"基体法兰/薄片"按钮，或单击菜单栏中的"插入"→"钣金"→"基体法兰"命令,系统弹出"基体法兰"属性管理器。

(2) 绘制草图。在左侧的 FeatureMannger 设计树中选择"前视基准面"作为绘图基准面,绘制草图,然后单击"退出草图"按钮，结果如图 9-9 所示。

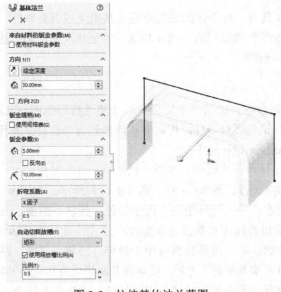

图 9-9　拉伸基体法兰草图

（3）修改基体法兰参数。在"基体法兰"属性管理器中，修改"深度"文本框 中的数值为"30.00mm"；"厚度"文本框 中的数值为"5.00mm"；"折弯半径"文本框 中的数值为"10.00mm"，然后单击"确定"按钮 。生成的基体法兰实体如图 9-10 所示。

基体法兰在 FeatureMannger 设计树中显示为基体-法兰，注意同时添加了其他两种特征（钣金和平板型式），如图 9-11 所示。

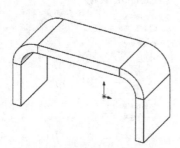

图 9-10　生成的基体法兰实体

图 9-11　FeatureMannger 设计树

2. 钣金特征

在生成基体法兰特征时，同时生成钣金特征，如图 9-11 所示。对钣金特征进行编辑，可以设置钣金零件的参数。

在 FeatureMannger 设计树中右击钣金特征，在弹出的快捷菜单中单击"编辑特征"按钮 ，如图 9-12 所示。系统弹出"钣金"属性管理器，如图 9-13 所示。钣金特征中包含用来设计钣金零件的参数，这些参数可以在其他法兰特征生成的过程中设置，也可以在钣金特征中编辑定义来改变它们。

（1）折弯参数。

　● 固定的面和边：该选项被选中的面或边在展开时保持不变。在使用基体法兰特征建立钣金零件时，该选项不可选。

　● 折弯半径：该选项定义了建立其他钣金特征时默认的折弯半径，也可以针对不同的折弯给定不同的半径值。

（2）折弯系数。

在"折弯系数"选项中，用户可以选择 4 种类型的折弯系数，如图 9-14 所示。

　● 折弯系数表：折弯系数表是一种指定材料（如钢、铝等）的表格，它包含基于板厚和折弯半径的折弯运算，折弯系数表是 Execl 表格文件，其扩展名为"*.xls"。可以单击菜单栏中的"插入"→"钣金"→"折弯系数表"→"从文件"命令，在当前的钣金零件中添加折弯系数表。也可以在"钣金"属性管理器中的"折弯系数"下拉列表中选择"折弯系数表"，并选择指定的折弯系数表，或单击"浏览"按钮使用其他折弯系数表，如图 9-15 所示。

图 9-12 快捷菜单

图 9-13 "钣金"属性管理器

图 9-14 "折弯系数"类型

图 9-15 选择"折弯系数表"

　　● K 因子：K 因子在折弯计算中是一个常数，它是内表面到中性面的距离与材料厚度的比率。

　　● 折弯系数和折弯扣除：可以根据用户的经验和工厂实际情况给定一个实际的数值。

（3）自动切释放槽。

　　在"自动切释放槽"下拉列表中可以选择 3 种不同的释放槽类型。

　　● 矩形：在需要进行折弯释放的边上生成一个矩形切除，如图 9-16（a）所示。

　　● 撕裂形：在需要撕裂的边和面之间生成一个撕裂口，而不是切除，如图 9-16（b）所示。

　　● 矩圆形：在需要进行折弯释放的边上生成一个矩圆形切除，如图 9-16（c）所示。

304

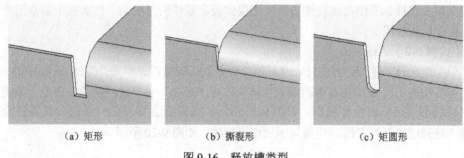

(a) 矩形　　　　　　　　(b) 撕裂形　　　　　　　　(c) 矩圆形

图 9-16　释放槽类型

3. 薄片

薄片特征可为钣金零件添加薄片。系统会自动将薄片特征的深度设置为钣金零件的厚度。至于深度的方向，系统会自动将其设置为与钣金零件重合，从而避免实体脱节。

在生成薄片特征时，需要注意的是，草图可以是单一闭环、多重闭环或多重封闭轮廓。草图必须位于垂直于钣金零件厚度方向的基准面或平面上。可以编辑草图，但不能编辑定义，其原因是已将深度、方向及其他参数设置为与钣金零件参数相匹配。

具体操作步骤如下。

（1）单击"钣金"面板中的"基体法兰 / 薄片"按钮🔽，或单击菜单栏中的"插入"→"钣金"→"基体法兰"命令。系统提示，要求绘制草图或者选择已绘制好的草图。

（2）选择零件表面作为草图绘制的基准面，如图 9-17 所示。

（3）在选择的基准面上绘制草图，如图 9-18 所示。然后单击"退出草图"按钮↩，生成薄片特征，如图 9-19 所示。

技巧荟萃　　也可以先绘制草图，然后再单击"钣金"面板中的"基体法兰 / 薄片"按钮🔽来生成薄片特征。

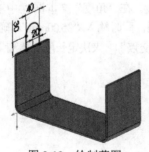

图 9-17　选择草图绘制的基准面　　　图 9-18　绘制草图　　　图 9-19　生成薄片特征

9.4.2　边线法兰

使用边线法兰特征工具可以将法兰添加到一条或多条边线。添加边线法兰时，所选边线必须为线性。系统自动将褶边厚度连接到钣金零件的厚度上。轮廓的一条草图直线必须位于所选边线上。

【实例 9-2】边线法兰

（1）打开源文件"X:\源文件\ch9\原始文件\9.2.SLDPRT"。单击"钣金"面板中的"边线法兰"按钮◣，或单击菜单栏中的"插入"→"钣金"→"边线法兰"命令。系统弹出"边线-法兰 1"属性管理器，如图 9-20 所示。选择钣金零件的一条边，在属性管理器的"选择边线"列表框◪中将显示所选边线，如图 9-20 所示。

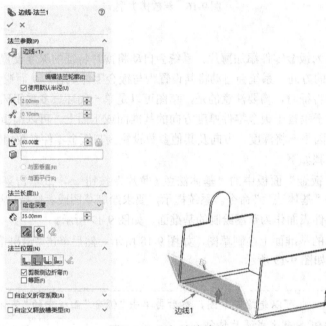

图 9-20　添加边线法兰

（2）设定法兰角度和长度。在"角度"文本框◪中输入"60.00 度"。在"法兰长度"选项组中选择"给定深度"选项，同时输入"35.00mm"。确定法兰长度有两种方式，即以"外部虚拟交点"◪或"内部虚拟交点"◪来决定长度开始测量的位置，如图 9-21 和图 9-22 所示。

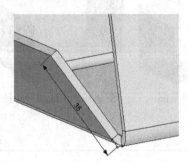

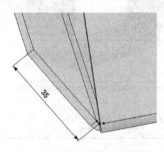

图 9-21　采用"外部虚拟交点"确定法兰长度　　图 9-22　采用"内部虚拟交点"确定法兰长度

（3）设定法兰位置。法兰位置有 4 种选项可供选择，即"材料在内"选项⌐、"材料在外"选项⌐、"折弯向外"选项⌐和"虚拟交点中的折弯"选项⌐，不同的选项产生的法兰位置不同，如图 9-23 ～图 9-26 所示。在本实例中，选择"材料在外"选项，最后结果如图 9-27 所示。

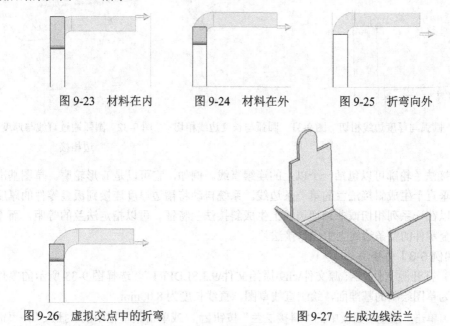

图 9-23　材料在内　　　　图 9-24　材料在外　　　　图 9-25　折弯向外

图 9-26　虚拟交点中的折弯　　　　　　　图 9-27　生成边线法兰

在生成边线法兰时，如果要剪裁侧边折弯的多余材料，在属性管理器中选择"剪裁侧边折弯"，结果如图 9-28 所示。欲从钣金实体等距法兰，则在属性管理器中选择"等距"，然后，设定等距终止条件及其相应参数，如图 9-29 所示。

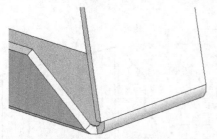

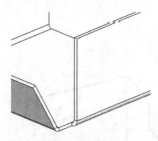

图 9-28　生成边线法兰时剪裁侧边折弯　　　　图 9-29　生成边线法兰时生成等距法兰

9.4.3　斜接法兰

斜接法兰特征可将一系列法兰添加到钣金零件的一条或多条边线上。生成斜接法兰特征之前先要绘制法兰草图，斜接法兰的草图可以是直线或圆弧。使用圆弧绘制草图生成斜接法兰，圆弧不能与钣金零件厚度边线相切，如图 9-30 所示，此圆弧不能生成斜接法兰；圆弧可与长边线相切，或通过在圆弧和厚度边线之间放置一小段的草图直线，如图 9-31、图 9-32 所示，这样可以生成斜接法兰。

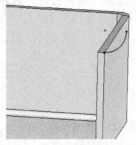 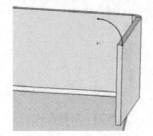 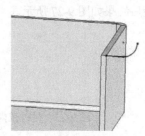

图 9-30　圆弧与厚度边线相切　图 9-31　圆弧与长度边线相切　图 9-32　圆弧通过直线与厚度
边相接

斜接法兰轮廓可以包括一个以上的连续直线。例如，它可以是 L 形轮廓。草图基准面必须垂直于生成斜接法兰的第一条边线。系统自动将褶边厚度连接到钣金零件的厚度上。可以在一系列相切或非相切边线上生成斜接法兰特征。可以指定法兰的等距，而不是在钣金零件的整条边线上生成斜接法兰。

【实例 9-3】斜接法兰

（1）打开源文件"X:\源文件\ch9\原始文件\9.3.SLDPRT"。选择图 9-33 所示的零件表面作为草图绘制的基准面，绘制直线草图，直线长度为 8.00mm。

（2）单击"钣金"面板中的"斜接法兰"按钮，或单击菜单栏中的"插入"→"钣金"→"斜接法兰"命令。系统弹出"斜接法兰"属性管理器，如图 9-34 所示。系统随即会选定"斜接法兰"特征的第一条边线，且图形区中出现斜接法兰的预览效果。

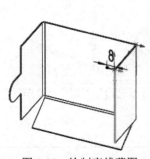 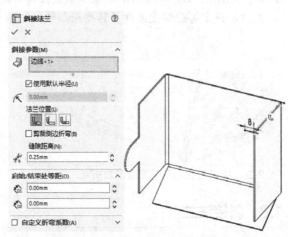

图 9-33　绘制直线草图　　　　　图 9-34　添加"斜接法兰"特征

（3）选择钣金零件的其他边线，结果如图 9-35 所示，然后单击"确定"按钮，最后结果如图 9-36 所示。

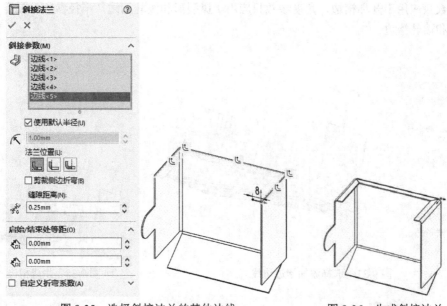

图 9-35　选择斜接法兰的其他边线　　　图 9-36　生成斜接法兰

技巧荟萃

如有必要，可以为部分斜接法兰指定等距距离。在"斜接法兰"属性管理器的"启始 / 结束处等距"选项组中输入"开始等距距离"和"结束等距距离"数值（如果想使斜接法兰跨越模型的整个边线，将这些数值设置到零。）其他参数设置可以参考前文中边线法兰的讲解。

9.4.4　褶边特征

褶边工具可将褶边添加到钣金零件的所选边线上。生成褶边特征时所选边线必须为直线，斜接边角会被自动添加到交叉褶边上。如果选择多个要添加褶边的边线，则这些边线必须在同一个面上。

【实例 9-4】褶边特征

（1）打开源文件"X:\源文件\ch9\原始文件\9.4.SLDPRT"。单击"钣金"面板中的"褶边"按钮 🥄，或单击菜单栏中的"插入"→"钣金"→"褶边"命令。系统弹出"褶边"属性管理器。在图形区中选择想添加褶边的边线，如图 9-37 所示。

（2）在"褶边"属性管理器中，选择"材料在内"选项 🖪，在"类型和大小"选项组中，选择"开环"选项 🖪，其他设置保持默认，然后单击"确定"按钮 ✓，最后结果如图 9-38 所示。

褶边类型共有 4 种，分别是："闭合"选项 🖃，如图 9-39 所示；"开环"选项 🖪，如图 9-40 所示；"撕裂形"选项 🖾，如图 9-41 所示；"滚轧"选项 🖾，如图 9-42 所示。每种类型褶边都有其对应的尺寸设置参数。长度参数只应用于闭合和开环褶边，间隙距离参数只应用于开环褶边，角度参数只应用于撕裂形和滚轧褶边，半径参数只应用于撕裂形和滚轧褶边。

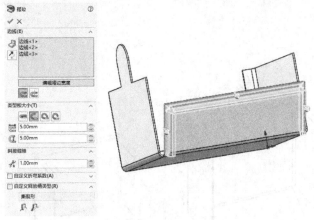

图 9-37　选择添加褶边边线

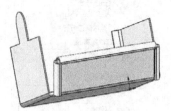

图 9-38　生成褶边

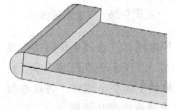
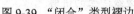

图 9-39　"闭合"类型褶边

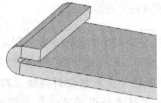

图 9-40　"打开"类型褶边

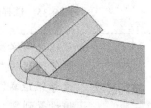

图 9-41　"撕裂形"类型褶边

选择多条边线添加褶边时，在属性管理器中可以通过设置"斜接缝隙"选项组中的"斜接缝隙"文本框 中的数值来设定这些褶边之间的缝隙，斜接边角会被自动添加到交叉褶边上。例如输入"3"，上述实例将更改为图 9-43 所示的效果。

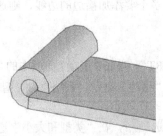

图 9-42　"滚轧"类型褶边

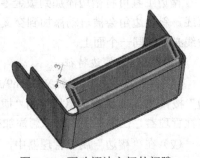

图 9-43　更改褶边之间的间隙

9.4.5　绘制的折弯特征

绘制的折弯特征可以在钣金零件处于折叠状态时绘制草图，并将折弯线添加到零件中。草图中只允许使用直线，可为每个草图添加多条直线。折弯线长度不一定非得与被折弯的面的长度相同。

【实例 9-5】绘制的折弯特征

（1）打开源文件"X:\源文件\原始文件\ch9\9.5.SLDPRT"。单击"钣金"面板中的"绘制的折弯"按钮🗄，或单击菜单中的"插入"→"钣金"→"绘制的折弯"命令。系统提示选择平面来生成折弯线和选择现有草图为特征所用。如果没有绘制好草图，可以先选择基准面绘制一条直线；如果已经绘制好了草图，可以选择绘制好的直线，系统弹出"绘制的折弯"属性管理器，如图 9-44 所示。

（2）在图形区域中，选择图 9-45 所示的面作为固定面，选择折弯位置选项中的"折弯中心线"选项⏸，角度设为"120.00 度"，"半径"设为"5.00mm"，单击"确定"按钮✔。

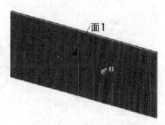

图 9-44　"绘制的折弯"属性管理器　　　　　　图 9-45　选择固定面

（3）右击 FeatureMannger 设计树中绘制的折弯 1 特征的草图，单击"显示"按钮👁，如图 9-46 所示。绘制的直线将显示出来，可以直观观察到以"折弯中心线"⏸选项生成的折弯特征的效果，如图 9-47 所示。其他选项生成折弯特征效果可以参考前文中的讲解。

图 9-46　显示草图　　　　　　图 9-47　生成绘制的折弯

9.4.6 闭合角特征

使用闭合角特征工具可以在钣金法兰之间添加闭合角，即在钣金特征之间添加材料。闭合角特征工具可以完成以下功能：通过选择面来为钣金零件同时闭合多个边角；关闭非垂直边角；将闭合边角应用到带有 90°以外折弯的法兰；调整缝隙距离，由边界角特征所添加的两个材料截面之间的距离；调整重叠/欠重叠比率（重叠的材料与欠重叠材料之间的比率，数值 1 表示重叠和欠重叠相等）；闭合或打开折弯区域。

【实例 9-6】闭合角特征

（1）打开源文件"X:\源文件\ch9\原始文件\9.6.SLDPRT"。单击"钣金"面板中的"闭合角"按钮 📇，或单击菜单栏中的"插入"→"钣金"→"闭合角"命令。弹出"闭合角"属性管理器，选择需要延伸的面，如图 9-48 所示。

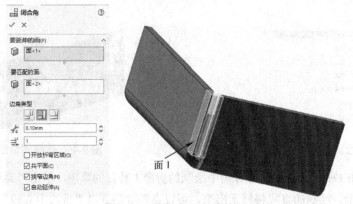

图 9-48　选择需要延伸的面

（2）选择"边角类型"选项组中的"重叠"选项 📐，单击"确定"按钮 ✓。在"缝隙距离"文本框 ⚙ 中输入的数值过小时系统会提示错误，如图 9-49 所示，不能生成闭合角。

（3）在"缝隙距离"文本框 ⚙ 中，更改缝隙距离为 0.50mm，单击"确定"按钮 ✓，生成的重叠闭合角如图 9-50 所示。

图 9-49　错误提示

图 9-50　生成"重叠"类型闭合角

使用其他边角类型选项可以生成不同形式的闭合角。图 9-51 所示是选择"边角类型"选项组中"对接"选项 ⊔ 生成的闭合角；图 9-52 所示是选择"边角类型"中"欠重叠"选项 ⊔ 生成的闭合角。

图 9-51　对接类型闭合角　　　　　　图 9-52　欠重叠类型闭合角

9.4.7　放样折弯特征

使用放样折弯特征工具可以在钣金零件中生成放样的折弯。放样的折弯和零件实体设计中的放样特征相似，需要两个草图才可以进行放样操作。草图必须为开环轮廓，轮廓开口应同向对齐，以使平板型式更精确。草图不能有尖锐边线。

【实例 9-7】放样折弯特征

（1）首先绘制第一个草图。在左侧的 FeatureMannger 设计树中选择"上视基准面"作为绘图基准面，然后单击"草图"面板中的"多边形"按钮 ⊙，或单击菜单栏中的"工具"→"草图绘制实体"→"多边形"命令，绘制一个六边形，标注六边形内接圆直径为 80mm。将六边形尖角进行圆角，半径为 10mm，如图 9-53 所示。绘制一条竖直的构造线，然后绘制两条与构造线平行的直线，单击"草图"面板中的"添加几何关系"按钮 ⊥，为内条竖直直线和构造线添加"对称"几何关系，然后标注两条竖直直线距离为 0.1mm，如图 9-54 所示。

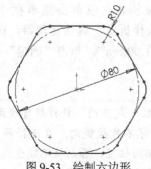

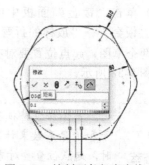

图 9-53　绘制六边形　　　　　　图 9-54　绘制两条竖直直线

（2）单击"草图"面板中的"剪裁实体"按钮 ，对竖直直线和六边形进行剪裁，最后使六边形具有 0.1mm 宽的缺口，从而使草图为开环，如图 9-55 所示，然后单击"退出草图"按钮 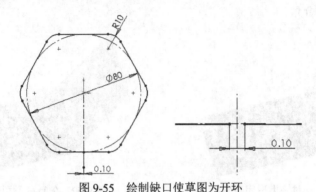。

图 9-55　绘制缺口使草图为开环

（3）绘制第二个草图。单击"钣金"面板中的"基准面"按钮，或单击菜单栏中的"插入"→"参考几何体"→"基准面"命令，弹出"基准面"属性管理器，在属性管理器中选择上视基准面，输入距离值"80.00mm"，生成与上视基准面平行的基准面，如图 9-56 所示。使用上述相似的操作方法，在圆草图上绘制一个 0.1mm 宽的缺口，使圆草图为开环，如图 9-57 所示，然后单击"退出草图"按钮 。

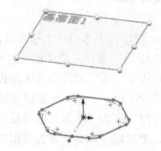

图 9-56　生成基准面

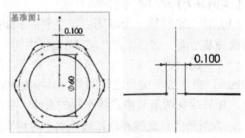

图 9-57　绘制开环的圆草图

（4）单击"钣金"面板中的"放样折弯"按钮，或单击菜单栏中的"插入"→"钣金"→"放样的折弯"命令，弹出"放样折弯"属性管理器，在图形区中选择两个草图，起点位置要对齐。输入厚度值"1.00mm"，单击"确定"按钮，结果如图 9-58 所示。

技巧荟萃　　基体法兰特征不与放样的折弯特征一起使用。放样折弯使用 K- 因子和折弯系数来计算折弯。放样的折弯不能被镜向。在选择两个草图时，起点位置要对齐，即要在草图的相同位置，否则将不能生成放样折弯。图 9-59 中箭头所选起点错误，不能生成放样折弯。

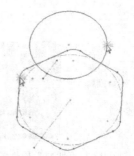

图 9-58　生成的放样折弯特征　　　　　图 9-59　错误地选择草图起点

9.4.8　切口特征

使用切口特征工具可以在钣金零件或者其他任意的实体零件上生成切口特征。能够生成切口特征的零件，应该具有一个相邻平面且厚度一致。这些相邻平面形成一条或多条线性边线或一组连续的线性边线，而且是通过平面的单一线性实体。

在零件上生成切口特征时，可以沿所选内部或外部模型边线生成，或者从线性草图实体生成；也可以通过组合模型边线和单一线性草图实体生成切口特征。下面在图 9-60 所示的壳体零件上生成切口特征。

【实例 9-8】切口特征

（1）打开源文件"X:\源文件\ch9\原始文件\9.8.SLDPRT"。选择壳体零件的上表面作为绘图基准面。然后单击"前导视图"工具栏中的"正视于"按钮 ↓，单击"草图"面板中的"直线"按钮 ╱，绘制一条直线，如图 9-61 所示。

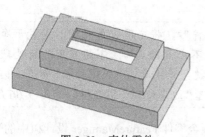

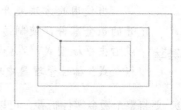

图 9-60　壳体零件　　　　　　　　　图 9-61　绘制直线

（2）单击"钣金"面板中的"切口"按钮 📄，或单击菜单栏中的"插入"→"钣金"→"切口"命令，弹出"切口"属性管理器，选择绘制的直线和一条边线来生成切口，如图 9-62 所示。

（3）在属性管理器中的"切口缝隙"文本框 ✄ 中输入"0.1mm"，单击"改变方向"按钮，将可以改变切口的方向，每单击一次，切口方向将切换到另一个方向，接着是另外一个方向，然后返回到两个方向，单击"确定"按钮 ，结果如图 9-63 所示。

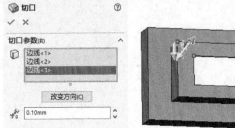
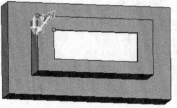
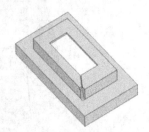

图 9-62　"切口"属性管理器　　　　　　　　　　图 9-63　生成切口特征

技巧荟萃　　　　　在钣金零件上生成切口特征的操作方法与上文中的讲解相同。

9.4.9　展开钣金折弯

展开钣金零件的折弯的方式有两种；一种是将钣金零件整个展开；另一种是将钣金零件中的部分折弯有选择性地展开。下面分别讲解。

1. 将整个钣金零件展开

【实例 9-9】将整个钣金零件展开

（1）打开源文件"X；/源文件\ch9\原始文件\9.9.SLDPRT"。要展开整个零件，如果钣金零件的 FeatureManager 设计树中的平板型式特征存在，可以右击平板型式 1 特征，在弹出的快捷菜单中单击"解除压缩"按钮 ，如图 9-64 所示，或者单击"钣金"面板中的"展开"按钮 ，结果如图 9-65 所示。

技巧荟萃　　　　　当使用此方法展开整个零件时，将应用边角处理以生成干净、展开的钣金零件，使制造过程中不会出错。如果不想应用边角处理，可以右击平板型式，在弹出的快捷菜单中单击"编辑特征"命令，在"平板型式"属性管理器中取消勾选"边角处理"复选框，如图 9-66 所示。

（2）要将整个钣金零件折叠，可以右击钣金零件 FeatureMannger 设计树中的平板型式特征，在弹出的快捷菜单中单击"压缩"按钮 ，或者单击"钣金"面板中的"折叠"按钮 ，使此按钮弹起。

2. 将钣金零件部分展开

要展开或折叠钣金零件的一个、多个或所有折弯，可使用展开 和折叠 特征工具。使用此展开特征工具可以沿折弯上添加切除特征。首先添加一展开特征来展开折弯，然后添加切除特征，最后添加一折叠特征将折弯返回到其折叠状态。

图 9-64　解除平板特征的压缩　图 9-65　展开整个钣金零件　图 9-66　取消勾选"边角处理"
复选框

【实例 9-10】将钣金零件部分展开

（1）打开源文件"X:\源文件\ch9\原始文件\9.10.
SLDPRT"。单击"钣金"面板中的"展开"按钮，或单
击菜单栏中的"插入"→"钣金"→"展开"命令，弹出"展
开"属性管理器，如图 9-67 所示。

（2）在图形区中选择箭头所指的面作为固定面，选择箭
头所指的折弯作为要展开的折弯，如图 9-68 所示。单击"确
定"按钮，结果如图 9-69 所示。

图 9-67　"展开"属性管理器

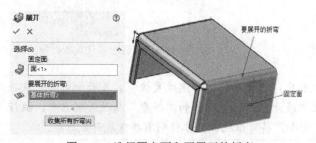

图 9-68　选择固定面和要展开的折弯　　　图 9-69　展开一个折弯

（3）选择钣金零件上箭头所指表面作为绘图基准面，如图 9-70 所示。然后单击"前
导视图"工具栏中的"正视于"按钮，单击"草图"面板中的"矩形"按钮，绘制矩
形草图，如图 9-71 所示。单击"特征"面板中的"拉伸切除"按钮，或单击菜单栏中
的"插入"→"切除"→"拉伸"命令，在弹出的"切除拉伸"属性管理器中，"终止条件"
选择为"完全贯穿"，然后单击"确定"按钮，生成切除拉伸特征，如图 9-72 所示。

图 9-70 设置基准面

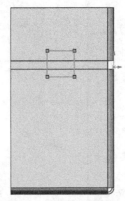

图 9-71 绘制矩形草图

（4）单击"钣金"面板中的"折叠"按钮 ，或单击菜单栏中的"插入"→"钣金"→"折叠"命令，弹出"折叠"属性管理器。

（5）在图形区中选择在展开操作中选择的面作为固定面，选择展开的折弯作为要折叠的折弯，单击"确定"按钮 ，结果如图 9-73 所示。

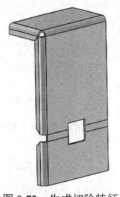

图 9-72 生成切除特征

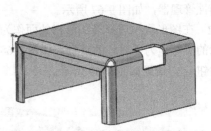

图 9-73 将钣金零件重新折叠

技巧荟萃

在设计过程中，为使系统运行速度更快，只展开和折叠正在操作项目的折弯。在"展开"属性管理器和"折叠"属性管理器中，执行"收集所有折弯"命令，将可以把钣金零件所有折弯展开或折叠。

9.4.10 断开边角 / 边角剪裁特征

使用断开边角特征工具可以从折叠的钣金零件的边线或面切除材料。使用边角剪裁特征工具可以从展开的钣金零件的边线或面切除材料。

1. 断开边角

断开边角操作只能在折叠的钣金零件中操作。

【实例 9-11】断开边角

（1）打开源文件"X:\源文件\ch9\原始文件\9.11.SLDPRT"。单击"钣金"面板中的"断开边角 / 边角剪裁"按钮，或者单击菜单栏中的"插入"→"钣金"→"断开边角"命令，系统弹出"断开边角"属性管理器。在图形区中选择想要断开的边角边线或法兰面，如图 9-74 所示。

（2）在"折断类型"中选择"倒角"按钮，输入距离值"5.00mm"，单击"确定"按钮，结果如图 9-75 所示。

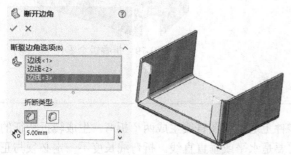
图 9-74　选择要断开边角的边线和面

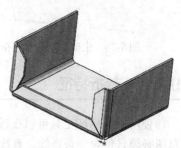
图 9-75　生成断开边角特征

2. 边角剪裁

边角剪裁操作只能在展开的钣金零件中操作，在零件被折叠时边角剪裁特征将被压缩。

【实例 9-12】边角剪裁

（1）打开源文件"X:\源文件\ch9\原始文件\9.12.SLDPRT"。单击"钣金"面板中的"展开"按钮，或单击菜单栏中的"插入"→"钣金"→"展开"命令，将整个钣金零件展开，如图 9-76 所示。

（2）单击"钣金"面板中的"断开边角 / 边角剪裁"按钮，单击菜单栏中的"插入"→"钣金"→"边角剪裁"命令，系统弹出"边角剪裁"属性管理器。在图形区中选择要折断边角边线或法兰面，如图 9-77 所示。

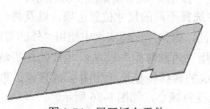
图 9-76　展开钣金零件

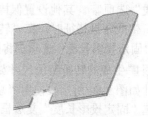
图 9-77　选择要折断边角的边线和面

（3）在"折断类型"中选择"倒角"按钮，输入距离值"5.00mm"，单击"确定"

按钮 ✓ ，结果如图 9-78 所示。

（4）右击钣金零件 FeatureMannger 设计树中的平板型式特征，在弹出的快捷菜单中单击"压缩"命令，或者单击"钣金"面板中的"折叠"按钮 ▧ ，使此按钮弹起，将钣金零件折叠。边角剪裁特征将被压缩，如图 9-79 所示。

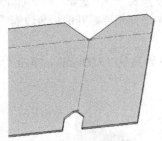

图 9-78　生成边角剪裁特征

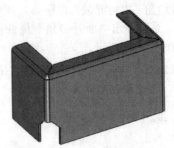

图 9-79　折叠钣金零件

9.4.11　转折特征

使用转折特征工具可以在钣金零件上通过草图直线生成两个折弯。生成转折特征的草图必须只包含一条直线。直线不需要是水平或垂直直线。折弯线长度不一定必须与正折弯面的长度相同。

【实例 9-13】转折特征

（1）打开源文件"X:\源文件\ch9\原始文件\9.13.SLDPRT"。在生成转折特征之前先绘制草图，选择钣金零件的上表面作为绘图基准面，绘制一条直线，如图 9-80 所示。

（2）在绘制的草图被打开状态下，单击"钣金"面板中的"转折"按钮 ▧ ，或单击菜单栏中"插入"→"钣金"→"转折"命令。弹出"转折"属性管理器，选择箭头所指的面作为固定面，如图 9-81 所示。

（3）取消勾选"使用默认半径"复选框，输入半径值"5.00mm"，在"转折等距"选项组中选择"给定深度"，文本框 ▧ 中输入"30.00mm"。选择"尺寸位置"中的"外部等距"选项 ▧ ，并且勾选"固定投影长度"复选框。在"转折位置"中选择"折弯中心线"选项 ▧ 。其他设置保持默认，单击"确定"按钮 ✓ ，结果如图 9-82 所示。

生成转折特征时，在"转折"属性管理器中选择不同的尺寸位置选项，以及是否选择"固定投影长度"选项都将生成不同的转折特征。例如，上述实例中使用"外部等距"选项 ▧ 生成的转折特征尺寸如图 9-83 所示。使用"内部等距"选项 ▧ 生成的转折特征尺寸如图 9-84 所示。使用"总尺寸"选项 ▧ 生成的转折特征尺寸如图 9-85 所示。取消勾选"固定投影长度"复选框生成的转折投影长度将减小，如图 9-86 所示。

在"转折位置"中还有不同的选项可供选择，在前面的特征工具中已经讲解过，这里不再赘述。

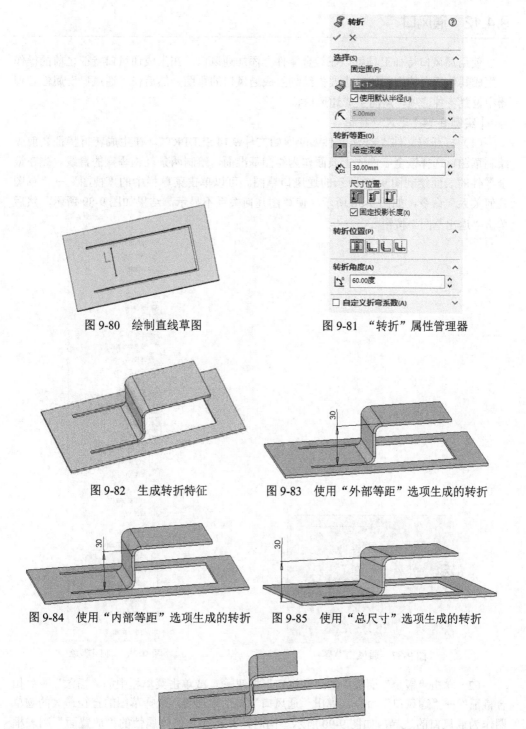

图 9-80　绘制直线草图

图 9-81　"转折"属性管理器

图 9-82　生成转折特征

图 9-83　使用"外部等距"选项生成的转折

图 9-84　使用"内部等距"选项生成的转折

图 9-85　使用"总尺寸"选项生成的转折

图 9-86　取消勾选"固定投影长度"复选框生成的转折

9.4.12 通风口

使用通风口特征工具可以在钣金零件上添加通风口。在生成通风口特征之前的操作与生成其他钣金特征相似，也要先绘制生成通风口的草图，然后在"通风口"属性管理器中设置各种选项，从而生成通风口特征。

【实例9-14】通风口特征

（1）打开源文件"X:\源文件\ch9\原始文件\9.14.SLDPRT"。在生成转折特征之前先绘制草图，选择钣金零件的上表面作为绘图基准面，绘制两条互相垂直的直线。先在钣金零件的表面绘制图9-87所示的通风口草图。可以单击菜单栏中的"视图"→"草图几何关系"命令，如图9-88所示，使草图几何关系不显示，结果如图9-89所示，然后单击"退出草图"按钮↵。

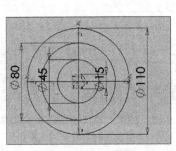

图9-87　通风口草图　　　　　　　　　　图9-88　视图菜单

（2）单击"钣金"面板中的"通风口"按钮▨，或单击菜单栏中的"插入"→"扣合特征"→"通风口"命令，弹出"通风口"属性管理器，选择草图的直径最大的圆草图作为通风口的边界，如图9-90所示。同时，补充在几何体属性的"放置面"列表框中自动输入绘制草图的基准面作为放置通风口的表面。

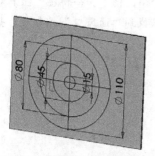

图 9-89　使草图几何关系不显示

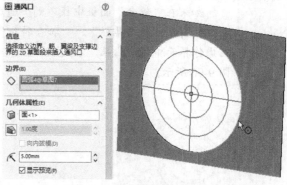

图 9-90　选择通风口的边界

（3）在"圆角半径"文本框 中输入相应的圆角半径数值，本实例输入"5.00mm"。这些值将应用于边界、筋、翼梁和填充边界之间的所有相交处产生圆角，如图 9-91 所示。

（4）在"筋"列表框中选择通风口草图中的两个互相垂直的直线作为筋轮廓，在"筋宽度"文本框 中输入"5.00mm"，如图 9-92 所示。

（5）在"翼梁"列表框中选择通风口草图中的两个同心圆作为翼梁轮廓，在"翼梁宽度"文本框 中输入"5.00mm"，如图 9-93 所示。

（6）在"填充边界"列表框中选择通风口草图中的最小圆作为填充边界轮廓，如图 9-94 所示。最后单击"确定"按钮 ，结果如图 9-95 所示。

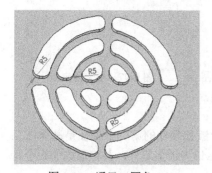

图 9-91　通风口圆角

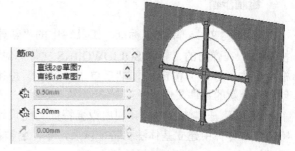

图 9-92　选择筋草图

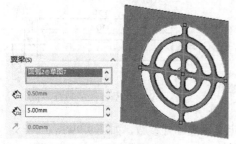

图 9-93　选择翼梁草图

图 9-94　选择填充边界草图

如果在"钣金"面板中找不到"通风口"按钮，可以单击菜单栏的"视图"→"工具栏"→"扣合特征"命令，使"扣合特征"工具栏在操作界面中显示出来，在此工具栏中可以找到"通风口"按钮，如图 9-96 所示。

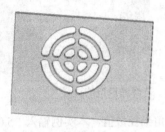

图 9-95　生成通风口特征

图 9-96　"扣合特征"工具栏

9.4.13　实例——板卡固定座

接下来，我们以实例进一步讲解钣金设计。下面是某型号的计算机板卡固定座效果图，如图 9-97 所示。

 绘制步骤

1 新建文件。单击"标准"工具栏中的"新建"按钮，在弹出的"新建 SOLIDWORKS 文件"对话框中单击"零件"按钮，然后单击"确定"按钮，创建一个新的零件文件。

图 9-97　板卡固定座

2 创建基体法兰特征。利用钣金特征功能设计钣金零件的第一个特征是基体法兰特征，在零件中建立基体法兰特征以后，零件会被标记为钣金零件，并将形成的钣金特征添加到 FeatureManager 设计树中。

基体法兰特征开始于草图绘制，作为基体法兰特征的草图可以是单一开环、单一闭环或多重封闭轮廓。

（1）在 FeatureManager 设计树中选择"前视基准面"，单击"草图绘制"按钮，将其作为草图绘制平面，绘制图 9-98 所示的草图，并标注尺寸。

（2）单击"钣金"面板中的"基体法兰 / 薄片"按钮或单击菜单栏中"插入"→"钣金"→"基体法兰"命令，在"基体法兰"属性管理器中定义钣金零件参数，如图 9-99 所示。

基体法兰特征建立后，会自动形成 3 个特征："钣金""基体 - 法兰"和"平板型式"。

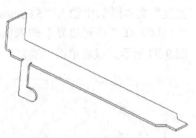

图 9-98　基体法兰特征草图

钣金从图形区的显示来看，这和建立一个拉伸深度为 1.00mm 的拉伸凸台特征并无区别，但在零件的 FeatureManager 设计树中，零件被标记为了钣金零件，并生成了钣金零件特定的一些特征，如图 9-100 所示。

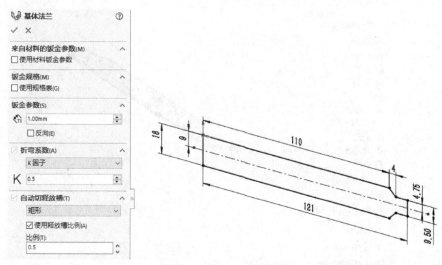

图 9-99　定义钣金零件参数

钣金零件和其他实体零件的不同之处就是钣金零件具有钣金零件的标识，并且具有钣金零件所有的特征。钣金零件的 FeatureManager 设计树中有：

⬤ "钣金"包含了默认的折弯参数，如折弯半径、折弯系数等；

⬤ "基体 - 法兰"定义了钣金零件的厚度以及基体法兰特征的轮廓草图；

⬤ "平板型式"表示了钣金零件在展开状态下的形状。建立基体法兰特征以后，该特征默认为压缩状态。解除该特征压缩即显示钣金零件的展开状态。

图 9-100　钣金零件的 FeatureManager 设计树

3 创建边线法兰特征。利用边线法兰特征可以利用钣金零件的一条直线边线自动生成法兰特征。边线法兰特征的草图应为封闭的草图，要求草图的一条边线必须和钣金零件的一条边线具有重合关系。

（1）选择基体法兰特征的边线，单击"钣金"面板中的"边线法兰"按钮🗏，或单击菜单栏中的"插入"→"钣金"→"边线法兰"命令。在打开的"边线-法兰"属性管理器中定义边线法兰的参数，如图 9-101 所示，单击"确认"按钮✔。

（2）单击"钣金"面板中的"边线法兰"按钮🗏，或单击菜单栏中的"插入"→"钣金"→"边线法兰"命令，打开"边线-法兰"属性管理器。选择基体法兰的一条边线，然后单击"编辑法兰轮廓"按钮，如图 9-102 所示。

325

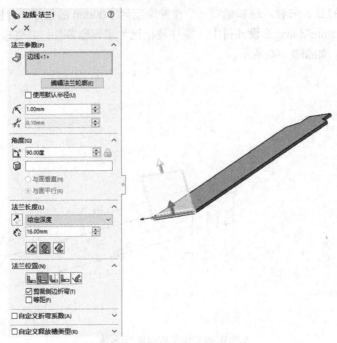

图 9-101　定义边线法兰的参数

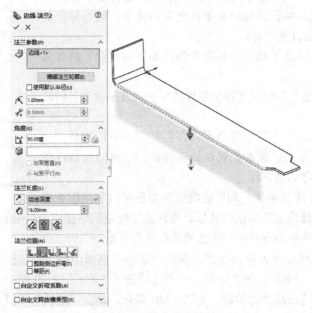

图 9-102　建立边线法兰

边线法兰特征自动产生的草图是一个矩形，将矩形草图形状修改为图 9-103 所示的形状并标注尺寸。注意图中轮廓的下边线和基体法兰的边线重合。

（3）在"轮廓草图"对话框中，单击"完成"按钮，完成草图编辑。单击"确认"按钮 <input disabled="" type="checkbox">，建立的边线法兰特征如图 9-104 所示。

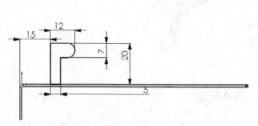

图 9-103　修改边线法兰草图   图 9-104　边线法兰特征

■4 创建展开 / 折叠特征。利用展开 / 折叠特征，可在钣金零件中展开和折叠一个或多个折弯。展开 / 折叠特征的组合应用，可以很方便地建立折弯的切除。基本思路是先将需要切除的折弯展开，建立拉伸切除后再将展开的折弯折叠起来。

（1）单击"钣金"面板中的"展开"按钮 <input disabled="" type="checkbox">，或单击菜单栏中的"插入"→"钣金"→"展开"命令，打开"展开"属性管理器，设置如图 9-105 所示。

（2）选择基体法兰的固定面，单击"草图绘制"按钮 <input disabled="" type="checkbox">，在其上新建一张草图。

（3）使用草图绘制工具绘制拉伸切除草图。单击"钣金"面板中的"拉伸切除"按钮 <input disabled="" type="checkbox">，或单击菜单栏中的"插入"→"切除"→"拉伸"命令，设置拉伸深度为"10.00mm"，将所绘制的轮廓切除下去，如图 9-106 所示。

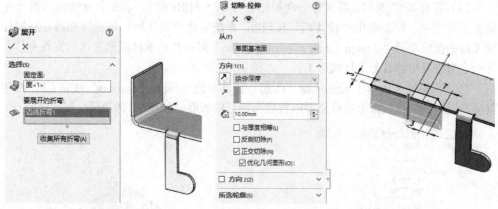

图 9-105　展开指定的折弯   图 9-106　设置参数

（4）单击"钣金"面板中的"折叠"按钮 <input disabled="" type="checkbox">，或单击菜单栏中的"插入"→"钣金"→"折叠"命令，打开"折叠"属性管理器，选择折弯和固定面，如图 9-107 所示。

（5）单击"确认"按钮 <input disabled="" type="checkbox">，将展开的折弯恢复折叠状态。单击"保存"按钮 <input disabled="" type="checkbox">，将文件保存为"板卡固定座.SLDPRT"。

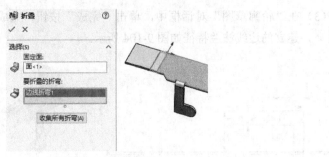

图 9-107　再次折叠

9.5　钣金成形

利用 SOLIDWORKS 软件中的钣金成形工具可以生成各种钣金成形特征，软件中已有的成形工具有 5 种，分别是 embosses（凸起）、extruded flanges（冲孔）、louvers（百叶窗板）、ribs（筋）和 lances（切开）。

用户也可以在设计过程中自己创建新的成形工具或者对已有的成形工具进行修改。

9.5.1　使用成形工具

【实例 9-15】使用成形工具

（1）打开源文件"X:\源文件\ch9\原始文件\9.15.SLDPRT"。首先创建或者打开一个钣金零件文件。然后单击"设计库"按钮 ，系统弹出"设计库"属性管理器，在属性管理器中按照路径"Design Library\forming tools\"可以找到 5 种成形工具的文件夹，在每一个文件夹中都有若干种成形工具，如图 9-108 所示。

（2）在设计库中单击 embosses（凸起）工具中的"circular emboss"按钮 ，按住鼠标左键，将其拖入钣金零件需要放置成形特征的表面，如图 9-109 所示。

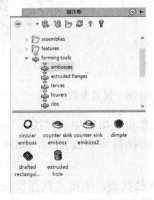

图 9-108　成形工具存放位置

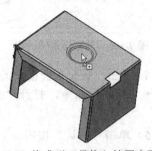

图 9-109　将成形工具拖入放置表面

（3）随意拖放的成形特征可能位置并不一定合适，在系统弹出的"成形工具特征"属性管理器中单击"位置"选项卡，如图 9-110 所示。可以单击"草图"面板中的"智能尺寸"按钮 ，标注图 9-111 所示的尺寸。然后单击"确定" ✓ 按钮，结果如图 9-112 所示。

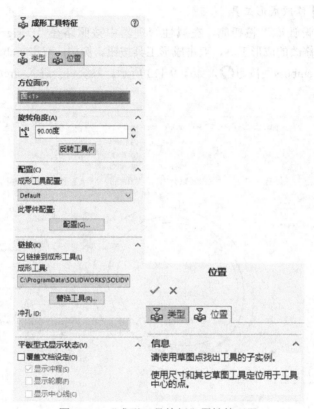

图 9-110　"成形工具特征"属性管理器

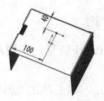

图 9-111　标注成形特征位置尺寸

图 9-112　生成的成形特征

技巧荟萃　　　使用成形工具时，默认情况下成形工具向下行进，即形成的特征方向是"凹"。如果要使其方向变为"凸"，需要在拖入成形特征的同时按一下 <Tab> 键。

9.5.2 修改成形工具

SOLIDWORKS 软件自带的成形工具形成的特征在尺寸上不一定能满足用户的使用要求，用户可以根据需要自行进行修改。

【实例 9-16】修改成形工具

（1）单击"设计库"按钮 🗐，在属性管理器中按照路径"Design Library\forming tools\"找到需要修改的成形工具，双击成形工具按钮。例如，双击 embosses（凸起）工具中的"circular emboss"按钮 ⊙，如图 9-113 所示。系统将会进入 circular emboss 成形特征的设计界面。

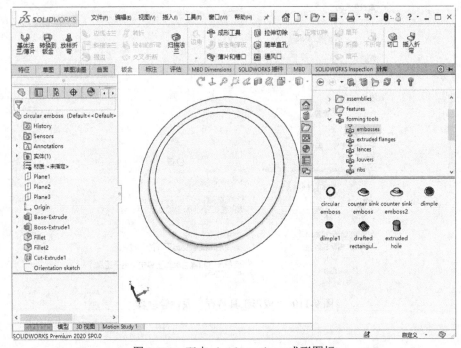

图 9-113　双击 circular emboss 成形图标

（2）在左侧的 FeatureManager 设计树中右击 Boss-Extrude1 特征，在弹出的快捷菜单中单击"编辑草图"按钮 🖉，如图 9-114 所示。

（3）双击草图中的圆直径尺寸，将其数值更改为 70mm，然后单击"退出草图"按钮 🖵，成形特征的尺寸将变大。

（4）在左侧的 FeatureMannger 设计树中右击 Fillet2 特征，在弹出的快捷菜单中单击"编辑特征"按钮 🗐，如图 9-115 所示。

（5）在"Fillet2"属性管理器中更改圆角半径数值为 10.00mm，如图 9-116 所示。单击"确定"按钮 ✓，结果如图 9-117 所示，单击菜单栏中的"文件"→"另保存"命令将成形工具保存。

图 9-114　编辑 Boss-Extrude1 特征草图　　　　　图 9-115　快捷菜单

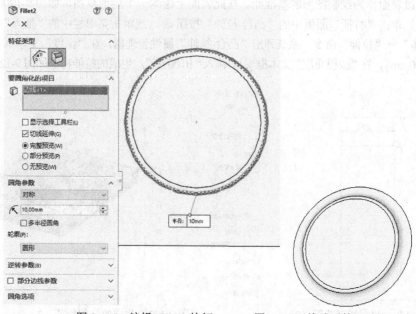

图 9-116　编辑 Fillet2 特征　　　　图 9-117　修改后的 Boss-Extrude1 特征

9.5.3 创建新的成形工具

用户可以自己创建新的成形工具，然后将其添加到设计库中备用。创建新的成形工具和创建其他实体零件的方法一样。下面创建一个新的成形工具，操作步骤如下。

【实例 9-17】创建新的成形工具

（1）创建一个新的零件文件，在操作界面左侧的 FeatureManager 设计树中选择"前视基准面"作为绘图基准面，然后单击"草图"面板中的"边角矩形"按钮 □，绘制一个矩形，如图 9-118 所示。

（2）单击"特征"面板中的"凸台-拉伸"按钮 ⚙，或单击菜单栏中的"插入"→"凸台/基体"→"拉伸"命令，系统弹出"凸台-拉伸"属性管理器，在"深度"文本框 ⚙ 中输入"80.00mm"，然后单击"确定"按钮 ✓，结果如图 9-119 所示。

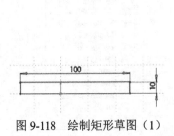

图 9-118　绘制矩形草图（1）

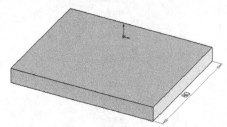

图 9-119　生成的拉伸特征（1）

（3）单击图 9-119 所示的上表面，然后单击"前导视图"工具栏中的"正视于"按钮 ↓，将该表面作为绘制图形的基准面。在此表面上绘制一个矩形草图，如图 9-120 所示。

（4）单击"特征"面板中的"凸台-拉伸"按钮 ⚙，或单击菜单栏中的"插入"→"凸台/基体"→"拉伸"命令，系统弹出"凸台-拉伸"属性管理器，在"深度"文本框 ⚙ 中输入"15.00mm"，在"拔模角度"文本框 ⚙ 中输入"10.00 度"，生成的拉伸特征如图 9-121 所示。

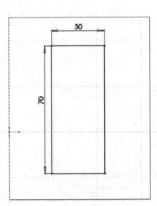

图 9-120　绘制矩形草图（2）

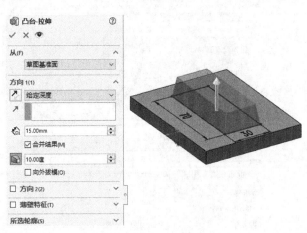

图 9-121　生成的拉伸特征（2）

（5）单击"特征"面板中的"圆角"按钮 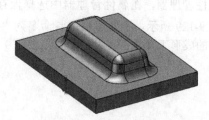，或执行"插入"→"特征"→"圆角"命令，系统弹出"圆角"属性管理器，输入圆角半径为 6mm，依次选择拉伸特征的各个边线，如图 9-122 所示，然后单击"确定"按钮 ✓，结果如图 9-123 所示。

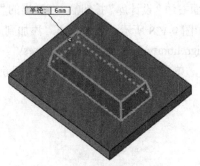

图 9-122　选择圆角边线　　　　　　　图 9-123　生成圆角特征

（6）单击图 9-123 中矩形实体的一个侧面，然后单击"草图"面板中的"草图绘制"按钮 └，再单击"草图"面板中的"转换实体引用"按钮 ⬡，生成矩形草图，如图 9-124 所示。

（7）单击"特征"面板中的"拉伸切除"按钮 ▣，或单击菜单栏中的"插入"→"切除"→"拉伸"命令，在弹出的"切除-拉伸"属性管理器中"终止条件"选择为"完全贯穿"，如图 9-125 所示，然后单击"确定"按钮 ✓。

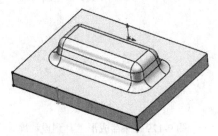

图 9-124　转换实体引用　　　　　　　图 9-125　完全贯穿切除

（8）单击选择图 9-126 所示的底面，然后单击"前导视图"工具栏中的"正视于"按钮 ↧，将该表面作为绘制图形的基准面。单击"草图"面板中的"圆"按钮 ⊙ 和"直线"按钮 ╱，以基准面的中心为圆心绘制一个圆和两条互相垂直的线，如图 9-127 所示，单击"退出草图"按钮 ↵。

图 9-126　选择草图基准面

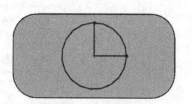

图 9-127　绘制定位草图

在步骤（8）中绘制的草图是成形工具的定位草图，必须要绘制，否则成形工具将不能放置到钣金零件上。

（9）首先，将零件文件保存，然后单击操作界面右边"设计库"按钮，在弹出的"设计库"属性管理器中单击"添加到库"按钮，如图 9-128 所示。系统弹出"添加到库"属性管理器，在属性管理器中选择保存路径"design library\forming tools\embosses\"，如图 9-129 所示。将此成形工具命名为"矩形凸台"，单击"确定"按钮，可以把新生成的成形工具保存在设计库中，如图 9-130 所示。

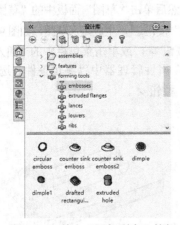

图 9-128　单击"添加到库"按钮　　　图 9-129　保存成形工具到设计库

图 9-130　添加到设计库

9.6 综合实例——裤形三通管

本节将设计管道类钣金件——裤形三通管，如图 9-131 所示。

其基本设计思路是：首先建立装配体所需的各个关联基准面，将关联基准面作为一个零件文件保存；然后将其插入装配体环境中，在关联基准面上依次执行关联设计方法生成侧面管、斜接管及中间管钣金零件；最后通过镜向零部件生成完整的裤形三通管。在设计过程中，多次运用到了转换实体引用工具，大大提高了设计效率。同时，还运用了插入折弯、放样折弯、拉伸实体 / 切除等工具。通过本实例，可以掌握较复杂管道类钣金零件的设计方法。

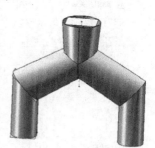

图 9-131 裤形三通管

 绘制步骤

1 新建文件。单击"标准"工具栏中的"新建"按钮 📄，在弹出的"新建 SOLIDWORKS 文件"属性管理器中单击"零件"按钮 🦙，然后单击"确定"按钮，创建一个新的零件文件。

2 绘制草图构造线。在左侧的 FeatureManager 设计树中选择"前视基准面"作为绘图基准面，然后单击"草图"面板中的"中心线"按钮 ✏️，绘制两条竖直构造线和一条斜线，并标注尺寸，如图 9-132 所示。

3 绘制直线。

（1）单击"草图"面板中的"直线"按钮 ✏️，绘制两条水平线和两条斜线，如图 9-133 所示。对草图进行智能尺寸标注，如图 9-134 所示。

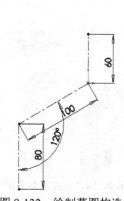

图 9-132 绘制草图构造线

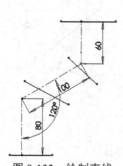

图 9-133 绘制直线

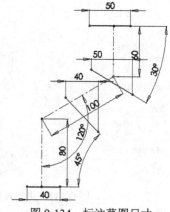

图 9-134 标注草图尺寸

（2）单击"草图"面板中的"添加几何关系"按钮 ⊥，将第一条水平线和竖直构造线的端点做"中点"和"重合"约束，如图 9-135 所示。

（3）添加其他几何关系操作，将其他两条斜线和一条水平线添加与构造线端点和交点的"中点"和"重合"约束，如图 9-136 所示。单击"退出草图"按钮，退出草图绘制状态。

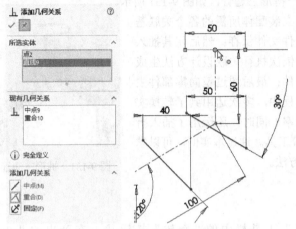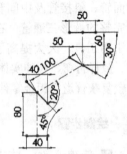

图 9-135 添加"中点"和"重合"约束   图 9-136 添加其他线条"中点"和"重合"约束

4 生成曲面拉伸特征。单击"曲面"面板中的"拉伸曲面"按钮，或单击菜单栏中的"插入"→"曲面"→"拉伸曲面"命令，然后选择草图，系统弹出"曲面-拉伸"属性管理器，"终止条件"选择为"两侧对称"，在"深度"文本框 中输入"40.00mm"，如图 9-137 所示。单击"确定"按钮，生成拉伸曲面，如图 9-138 所示。

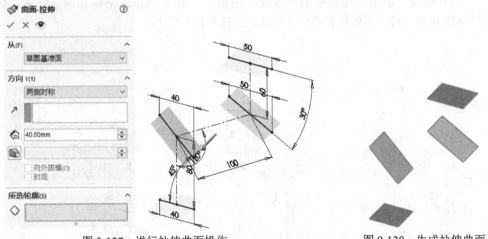

图 9-137 进行拉伸曲面操作   图 9-138 生成拉伸曲面

5 保存基准面文件。单击"保存"按钮，保存此零件文件，命名为"裤形三通管关联基准面"。

技巧荟萃

图 9-137 所示的拉伸曲面将作为钣金关联设计的基准面。

6 新建钣金装配体文件。单击菜单栏中的"文件"→"新建"命令，在弹出的"新建 SOLIDWORKS 文件"对话框中单击"装配体"按钮 ，如图 9-139 所示。然后，单击"确定"按钮，弹出"开始装配体"属性管理器，如图 9-140 所示，单击"裤形三通管关联基准面"零件，将基准面插入装配体中，单击"确定"按钮 ，将装配体文件命名为"裤形三通管"。

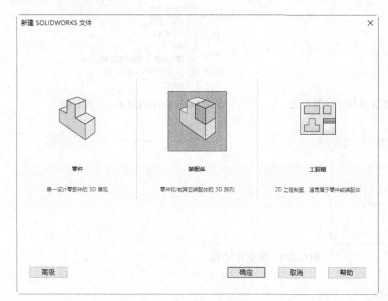

图 9-139　新建装配体文件　　　　　　图 9-140　插入基准面零件

7 插入新零件。单击菜单栏中的"插入"→"零部件"→"新零件"命令，系统将添加一个新零件在 FeatureManager 设计树中。

8 绘制新零件 1。

（1）系统要求选择一个面作为放置零件的基准面，如图 9-141 所示，选择鼠标指针所指的面作为放置零件的基准面。

（2）在 FeatureManager 设计树中右击新插入的零件，在弹出的快捷菜单中单击"重新命名零件"命令，重命名零件的名称为"侧面管"，如图 9-142 所示。

9 绘制新零件 2。

（1）单击"前导视图"工具栏中的"正视于"按钮 ，正视于草图绘制基准面，单击"草图"面板中的"圆心/起点/终点圆弧"按钮 ，绘制一个圆弧，圆弧的圆心在绘图基准面的中心点，可以使用智能捕捉功能来确定中心点，如图 9-143 所示。使用智能捕捉功能捕捉基准面边线的中点作为圆弧的起点，这时，系统将自动添加起点在边线中点的几何关系，如图 9-144 所示。

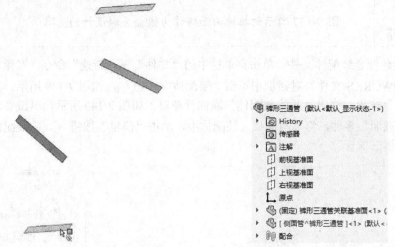

图 9-141　选择放置零件 1 的基准面　　　　图 9-142　FeatureManager 设计树

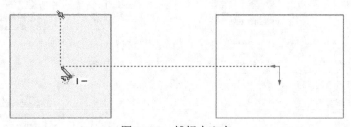

图 9-143　捕捉中心点

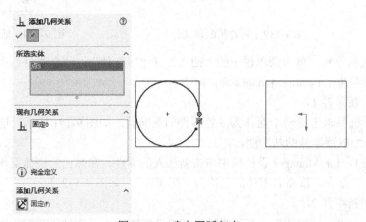

图 9-144　确定圆弧起点

（2）单击"添加几何关系"按钮 ⊥，系统弹出"添加几何关系"属性管理器，选择圆弧的圆心，添加"固定"约束几何关系，如图 9-145 所示，使圆弧中心固定。单击"草图"面板中的"智能标注"按钮 ⟨，标注圆弧起点与终点的距离，修改尺寸值为

0.1mm，如图 9-146 所示。

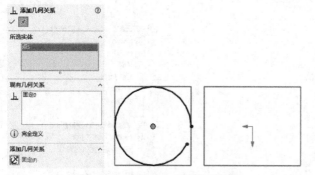

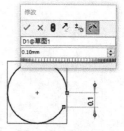

图 9-145　添加圆心"固定"约束　　　　　　　图 9-146　标注尺寸

⑩ 生成拉伸特征。单击"特征"面板中的"凸台-拉伸"按钮，或单击菜单栏中的"插入"→"凸台/基体"→"拉伸"命令，系统弹出"凸台-拉伸"属性管理器，方向 1 的"终止条件"选择为"成形到一面"，单击倾斜的绘图基准面，勾选"薄壁特征"复选框，在"类型"下列列表中选择"单向"选项，在"厚度"文本框中输入"1.00mm"，如图 9-147 所示。单击"确定"按钮，结果如图 9-148 所示。

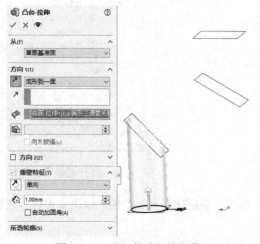

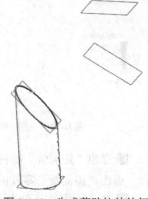

图 9-147　进行薄壁拉伸操作　　　　　　　图 9-148　生成薄壁拉伸特征

⑪ 生成插入折弯特征。单击"钣金"面板中的"插入折弯"按钮，或单击菜单栏中的"插入"→"钣金"→"折弯"命令，系统弹出"折弯"属性管理器，在"固定的面和边线"选择为侧面管零件的一条边线作为固定边，在"折弯半径"文本框中输入"1.00mm"，其他保持默认设置，如图 9-149 所示，单击"确定"按钮，在 FeatureManager 设计树中添加钣金特征。

⑫ 展开钣金零件。在设计树中拖动回溯杆向上移动一步，或者右击"加工-折弯 1"

在弹出的快捷菜单中单击"压缩"按钮↓■，如图 9-150 所示，都可以展开水平管钣金零件，展开结果如图 9-151 所示。

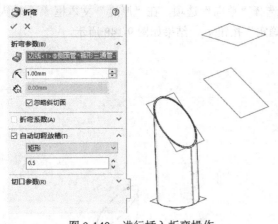

图 9-149　进行插入折弯操作

图 9-150　展开钣金零件操作

13 退出"侧面管"零件的编辑状态。单击"装配体"面板中的"编辑零部件"按钮，退出"侧面管"零件的编辑状态。

14 插入新零件。单击菜单栏中的"插入"→"零部件"→"新零件"命令，系统将添加一个新零件在FeatureManager 设计树中。这时，系统在右下角提示选择放置新零件的面或基准面，为了避免出现配合错误，可以不选择放置新零件的面或基准面，按 <Esc> 键放弃选择放置新零件的面或基准面。

15 重命名新零件。在 FeatureManager 设计树中右击新插入的零件，在弹出的快捷菜单中单击"重新命

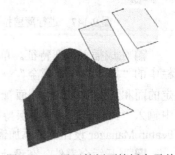

图 9-151　展开的侧面管钣金零件

名零件"命令,重新命名零件的名称为"斜接管"。

⑯ 进入"斜接管"零件的编辑状态。在 FeatureManager 设计树中选择"斜接管"零件,单击"装配体"面板中的"编辑零部件"按钮 ,进入"斜接管"零件的编辑状态。

⑰ 绘制草图 1。在草图绘制状态下,选择图 9-152 所示的面作为基准面,选择侧面管斜面的外边线,然后单击"草图"面板中的"转换实体引用"按钮 ,将此边线转换为草图图素,如图 9-153 所示。单击转换所得的椭圆线条,在弹出的"通用样条曲线"属性管理器中,将椭圆图素的现有几何关系"在边线上"约束删除掉,如图 9-154所示。

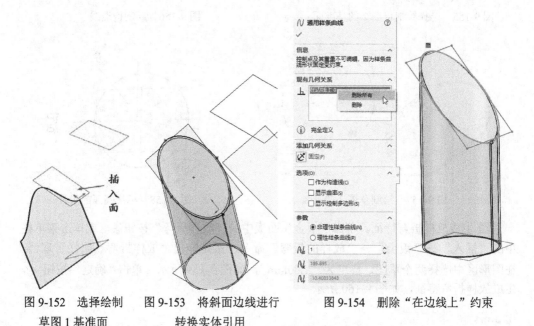

图 9-152　选择绘制　　图 9-153　将斜面边线进行　　图 9-154　删除"在边线上"约束
草图 1 基准面　　　　转换实体引用

> **技巧荟萃**　删除几何约束的目的是当侧面管展开时,斜接管不会出错,因为斜接管的草图 1 引用了侧面管的斜边线。

⑱ 绘制草图 2。

(1)选择图 9-155 所示的基准面作为绘制斜接管的草图 2 的基准面,为了绘图方便,先过基准面的中点绘制两条互相垂直的构造线,如图 9-156 所示。

(2)单击"草图"面板中的"圆心 / 起点 / 终点圆弧"按钮 ,绘制一个圆弧,圆弧的圆心在两条构造线的交点,起点也在一条较长构造线上,标注尺寸,如图 9-157 所示。最后,标注圆弧的半径,如图 9-158 所示,单击"退出草图"按钮 ,退出草图绘制状态。

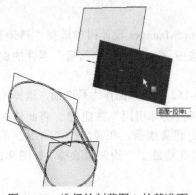

图 9-155　选择绘制草图 2 的基准面

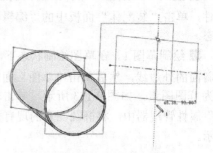

图 9-156　绘制构造线

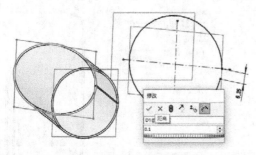

图 9-157　绘制草图 2 的圆弧

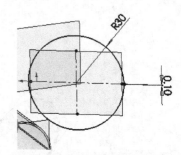

图 9-158　标注圆弧的半径

⑲ 生成放样折弯特征。单击"钣金"面板中的"放样折弯"按钮📎，或单击菜单栏中的"插入"→"钣金"→"放样的折弯"命令，系统弹出"放样折弯"属性管理器，在图形区中选择两个草图，厚度为"1.00mm"，如图 9-159 所示，单击"确定"按钮✓，生成放样折弯特征，如图 9-160 所示。

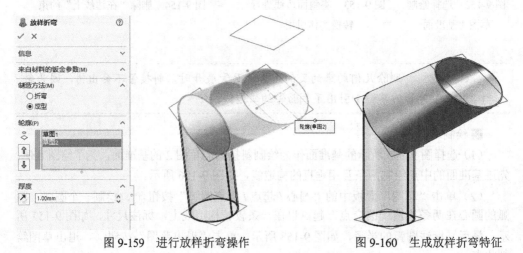

图 9-159　进行放样折弯操作　　　　　图 9-160　生成放样折弯特征

⑳编辑关联基准面。

（1）在 FeatureManager 设计树中右击"裤形三通管关联基准面"，在弹出的快捷菜单中单击"编辑零件"按钮 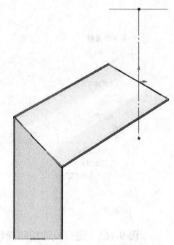，如图 9-161 所示。选择"前视基准面"作为绘图基准面，绘制一条竖直的构造线，构造线过箭头所指曲面投影线的中点，如图 9-162 所示，单击"退出草图"按钮 ，退出草图绘制状态。

图 9-161　单击"编辑零件"按钮

图 9-162　绘制构造线

（2）单击"装配体"面板中的"编辑零部件"按钮 ，退出"裤形三通管关联基准面"的编辑状态。

㉑进入"斜接管"零件的编辑状态。在 FeatureManager 设计树中右击"斜接管"，在弹出的快捷菜单中单击"编辑零部件"按钮 ，进入编辑状态。选择"前视基准面"作为绘图基准面，单击"草图"面板中的"草图绘制"按钮 ，进入草图绘制状态，如图 9-163 所示。

㉒绘制草图 3。选择竖直构造线，单击"草图"面板中的"转换实体引用"按钮 ，将此构造线转换为竖直草图直线，如图 9-164 所示。

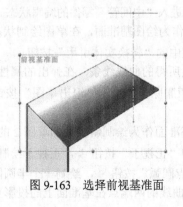

图 9-163　选择前视基准面

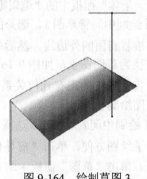

图 9-164　绘制草图 3

23 进行拉伸切除。

（1）在草图绘制状态下，单击"钣金"面板中的"拉伸切除"按钮 ⬚，或单击菜单栏中的"插入"→"切除"→"拉伸"命令，系统弹出"切除-拉伸"属性管理器，方向1的"终止条件"选择为"完全贯穿"，如图9-165所示，单击"确定"按钮 ✓，切除斜接管的多余部分，结果如图9-166所示。

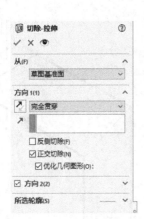

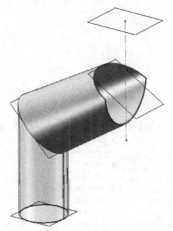

图 9-165 进行拉伸切除操作   图 9-166 生成拉伸切除特征

（2）单击"装配体"面板中的"编辑零部件"按钮 ⬚，退出"斜接管"零件的编辑状态。

24 插入新零件。单击菜单栏中的"插入"→"零部件"→"新零件"命令，系统将添加一个新零件在FeatureManager设计树中。这时，系统在右下角提示选择放置新零件的面或基准面，为了避免出现配合错误，可以不选择放置新零件的面或基准面，按 <Esc> 键放弃选择放置新零件的面或基准面。

25 重命名新零件。在FeatureManager设计树中右击新插入的零件，在弹出的快捷菜单中单击"重新命名零件"命令，重新命名零件的名称为"中间管"。

26 进入"中间管"零件的编辑状态。在FeatureManager设计树中选择"中间管"零件，单击"装配体"面板中的"编辑零部件"按钮 ⬚，进入"中间管"零件的编辑状态。

27 绘制中间管草图1。选择图9-167所示的面作为绘图基准面，在草图绘制状态下，选择斜接管斜面的外边线，然后单击"草图"面板中的"转换实体引用"按钮 ⬚，将此边线转换为草图图素，如图9-168所示。单击转换所得的曲线线条，在弹出的属性管理器中，将此线条的现有几何关系"在边线上"约束删除掉，单击"退出草图"按钮 ⬚，退出草图绘制状态。

28 绘制中间管草图2。选择图9-169所示的基准面作为绘制斜接管的草图2的基准面，为了绘图方便，单击"前导视图"工具栏中的"正视于"按钮 ⬚，正视于绘制草图基准面。单击"草图"面板中的"圆心/起点/终点圆弧"按钮 ⬚，绘制一个半圆圆弧，圆弧的圆心为基准面的中心，起点和终点与草图1曲线的两端点在基准面上的投影重合，如图 9-170 所示。单击"退出草图"按钮，退出草图绘制状态。

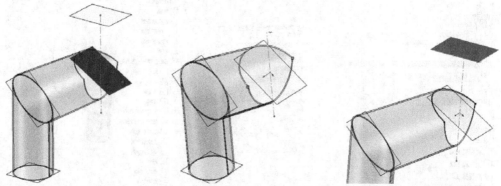

图 9-167　选择基准面　　图 9-168　将斜面边线进行转换实体引用　　图 9-169　选择基准面

🔢 生成放样折弯特征。单击"钣金"面板中"放样折弯"按钮，或单击菜单栏中的"插入"→"钣金"→"放样的折弯"命令，弹出"放样折弯"属性管理器，在图形区中选择中间管的两个草图，厚度为 1mm，如图 9-171 所示，单击"确定"按钮，生成放样折弯特征。

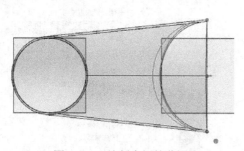

图 9-170　绘制中间管草图 2

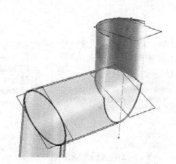

图 9-171　进行放样折弯操作

🔢 退出零件的编辑状态。单击"钣金"选项卡中的"编辑零部件"按钮，退出"中间管"零件的编辑状态，如图 9-172 所示。

🔢 镜向零部件。

（1）单击菜单栏中的"插入"→"镜向零部件"命令，系统弹出"镜向零部件"属性管理器。在 FeatureManager 设计树中选择"三通管"零件的"右视基准面"作为镜向基准面，如图 9-173 所示。

（2）选择中间管、斜接管和侧面管作为要镜向的零部件，为每个零部件设定状态（镜向或复制），单击"往下"按钮，进入"步骤 2：设定方位"管理器，在管理器中可以对选择零件重新定向，如图 9-174 所示。

镜向产生的零部件将自动保存在与装配体相同的文件夹中，也可以更改保存的路径。

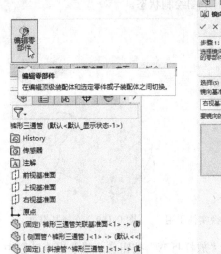

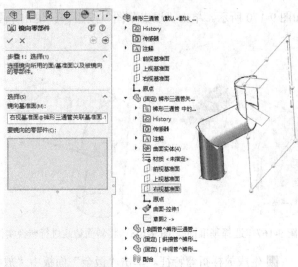

图 9-172　退出零件的编辑状态　　　　　　图 9-173　选择基准面

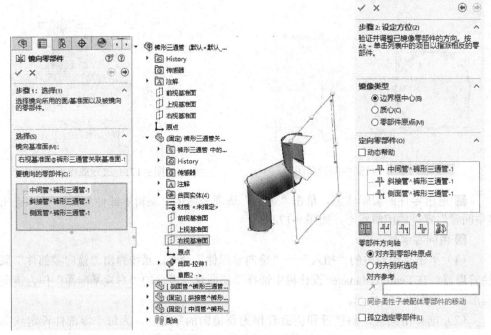

图 9-174　选择要镜向的零部件

（3）单击"确定"按钮 ，生成最后的装配体如图 9-175 所示。

32 保存零件文件。在 FeatureManager 设计树中右击"中间管"零件，在弹出的快捷菜单中单击"保存零件（在外部文件中）"命令，系统弹出"另存为"对话框，在对话框中选择"中间管"零件，单击"与装配体相同"按钮，如图9-176所示，单击"确定"按钮，完成"中间管"零件的保存。

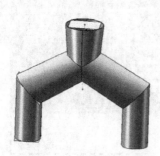

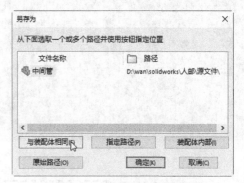

图 9-175　生成的裤形三通管　　　　　　图 9-176　"另存为"对话框

重复上述操作，完成"斜接管"和"侧面管"零件的保存，保存路径与装配体相同。

33 单击工具栏中的"保存"按钮🔲将装配体文件保存。

第 10 章
装配体设计

对于机械设计而言，单纯的零件没有实际意义，一个运动机构和一个整体才有意义。将已经设计完成的各个独立的零件，根据实际需要装配成一个完整的实体；在此基础上对装配体进行运动测试，检查是否完成整机的设计功能，才是整个设计的关键，这也是 SOLIDWORKS 的优势之一。

知识点

装配体基本操作
定位零部件
零件的复制、阵列与镜向
装配体检查
爆炸视图
装配体的简化

10.1　装配体基本操作

要对零部件进行装配，必须先创建一个装配体文件。本节将介绍创建装配体的基本操作，包括新建装配体文件、插入装配零件与删除装配零件。

10.1.1　创建装配体文件

下面介绍创建装配体文件的操作步骤。

【实例 10-1】创建装配体文件

（1）单击菜单栏中的"文件"→"新建"命令，弹出"新建 SOLIDWORKS 文件"对话框，如图 10-1 所示。

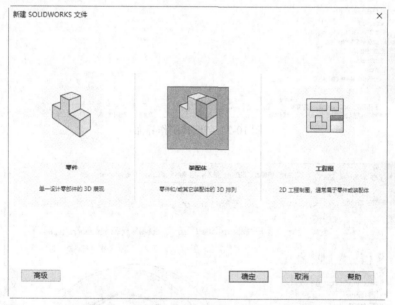

图 10-1　"新建 SOLIDWORKS 文件"对话框

（2）在对话框中单击"装配体"按钮，进入装配体制作界面，如图 10-2 所示。

（3）在"开始装配体"属性管理器中，单击"要插入的零件 / 装配体"选项组中的"浏览"按钮，弹出"打开"对话框。

（4）在"X:\源文件\ch10\原始文件\10.1\outcircle.SLDPRT"选择一个零件作为装配体的基准零件，单击"打开"按钮，然后在图形区合适位置单击以放置零件。再调整视图为等轴测视图，即可得到导入零件后的界面，如图 10-3 所示。

装配体制作界面与零件的制作界面基本相同，FeatureManager 设计树中出现一个配合组，在装配体制作界面中出现图 10-4 所示的"装配体"面板，"装配体"面板的操作与前边介绍的工具栏操作相似。

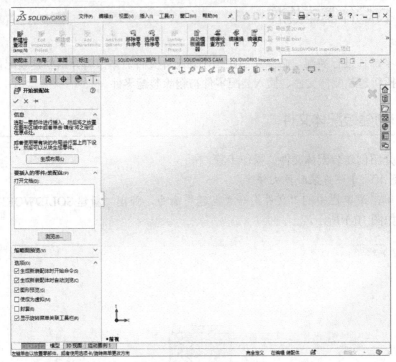

图 10-2　装配体制作界面

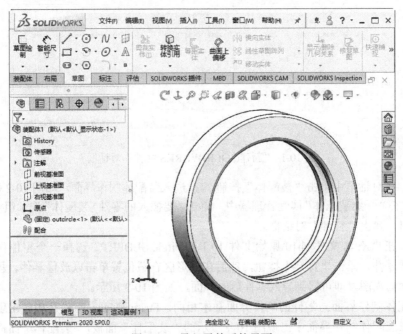

图 10-3　导入零件后的界面

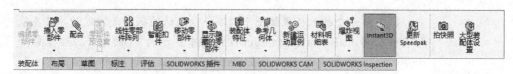

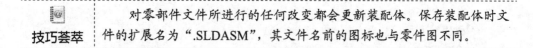

图 10-4　"装配体"面板

（5）将一个零部件（单个零件或子装配体）放入装配体中时，这个零部件文件会与装配体文件链接。此时零部件出现在装配体中，零部件的数据还保存在原零部件文件中。

技巧荟萃　　对零部件文件所进行的任何改变都会更新装配体。保存装配体时文件的扩展名为".SLDASM"，其文件名前的图标也与零件图不同。

10.1.2　插入装配零件

制作装配体需要按照装配的过程，依次插入相关零件。有多种方法可以将零部件添加到一个新的或现有的装配体中。

（1）使用插入零部件的属性管理器。

（2）从文件探索器中拖动。

（3）从一个打开的文件窗口中拖动。

（4）从资源管理器中拖动。

（5）从 Internet Explorer 中拖动超文本链接。

（6）在装配体中拖动以增加现有零部件的实例。

（7）从设计库中拖动。

（8）使用插入、智能扣件来添加螺栓、螺钉、螺母、销钉及垫圈。

10.1.3　删除装配零件

下面介绍删除装配零件的操作步骤。

【实例 10-2】删除装配零件

（1）打开源文件 "X:\源文件\ch10\原始文件\装配体 1.SLDASM"，在图形区或FeatureManager 设计树中单击零部件。

（2）按 <Delete> 键，或单击菜单栏中的"编辑"→"删除"命令，或右击，在弹出的快捷菜单中单击"删除"命令，弹出图 10-5 所示的"确认删除"对话框。

（3）单击"是"按钮确认删除，此零部件及其所有相关项目（配合、零部件阵列、爆炸步骤等）都会被删除。

技巧荟萃

（1）第一个插入在装配图中的零件，默认的状态是固定的，即不能移动和旋转，在 FeatureManager 设计树中显示为"（固定）"。除了第一个零件，其余都是浮动的，在 FeatureManager 设计树中显示为"(-)"，固定和浮动显示如图 10-6 所示。

（2）虽然系统默认第一个插入的零件是固定的，但也可以将其设置为浮动状态，右击 FeatureManager 设计树中固定的零件，在弹出的快捷菜单中单击"浮动"命令。同理，也可以将其设置为固定状态。

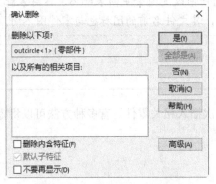

图 10-5 "确认删除"对话框

图 10-6 固定和浮动显示

10.2 定位零部件

在零部件放入装配体中后，用户可以移动、旋转或固定它的位置，以大致确定零部件的位置，然后再使用配合关系来精确地定位零部件。

10.2.1 固定零部件

当一个零部件被固定之后，它就不能相对于装配体原点移动了。默认情况下，装配体中的第一个零件是固定的。如果装配体中至少有一个零部件被固定下来，它就可以为其余零部件提供参考，防止其他零部件在添加配合关系时意外移动。

要固定零部件，只需要在 FeatureManager 设计树或图形区中，右击要固定的零部件，在弹出的快捷菜单中单击"固定"命令即可。如果要解除固定关系，只需要在快捷菜单中单击"浮动"命令即可。

当一个零部件被固定之后，在 FeatureManager 设计树中，该零部件名称的左侧会出现"（固定）"，表明该零部件已被固定。

10.2.2 移动零部件

在 FeatureManager 设计树中，只要前面有符号"(-)"的零件，即可被移动。下面介绍移动零部件的操作步骤。

【实例 10-3】移动零部件

（1）打开源文件"X:/源文件\ch10\原始文件\10.3 移动零部件\ 装配体 1.SLDASM"，单击"装配体"面板中的"移动零部件"按钮 ，或者单击菜单栏中的"工具"→"零部件"→"移动"命令，系统弹出的"移动零部件"属性管理器如图 10-7 所示。

（2）选择需要移动的类型，然后将零部件拖动到需要的位置。

（3）单击"确定"按钮 ✓ 确认操作，或者按 <Esc> 键取消操作。

在"移动零部件"属性管理器中，移动零部件的类型有"自由拖动""沿装配体 XYZ""沿实体""由 Delta XYZ""到 XYZ 位置"5 种，如图 10-8 所示，下面分别介绍。

图 10-7 "移动零部件"属性管理器

图 10-8 移动零部件的类型

● 自由拖动：系统默认选项，可以在视图中把选中的零部件拖动到任意位置。

● 沿装配体 XYZ：选择零部件并沿装配体的 X、Y 或 Z 方向拖动。视图中显示的装配体坐标系可以确定移动的方向，在移动前要在欲移动方向的轴附近单击。

● 沿实体：首先选择实体，然后选择零部件并沿该实体拖动。如果选择的实体是一条直线、边线或轴，所移动的零部件具有一个自由度。如果选择的实体是一个基准面或平面，所移动的零部件具有两个自由度。

● 由 Delta XYZ：在属性管理器中输入移动 ΔX、ΔY、ΔZ 的范围，如图 10-9 所示，然后单击"应用"按钮，零部件按照指定的数值移动。

● 到 XYZ 位置：选择零部件的一点，在属性管理器中输入 X、Y 或 Z 坐标，如

图 10-10 所示，然后单击"应用"按钮，所选零部件的点移动到指定的坐标位置。如果选择的项目不是顶点或点，则零部件的原点会移动到指定的坐标处。

图 10-9 "由 Delta XYZ"设置　　　　图 10-10 "到 XYZ 位置"设置

10.2.3　旋转零部件

在 FeatureManager 设计树中，只要前面有符号"(-)"的零件，即可被旋转。

下面介绍旋转零部件的操作步骤。

【实例 10-4】旋转零部件

（1）打开源文件"X:/ 源文件\ch10\原始文件\10.4 旋转零部件\ 装配体 1.SLDASM"，单击"装配体"面板中的"旋转零部件"按钮，或者单击菜单栏中的"工具"→"零部件"→"旋转"命令，系统弹出的"旋转零部件"属性管理器如图 10-11 所示。

（2）选择需要旋转的类型，然后根据需要确定零部件的旋转角度。

（3）单击"确定"按钮确认操作，或者按 <Esc> 键取消操作。

在"旋转零部件"属性管理器中，旋转零部件的类型有 3 种，即"自由拖动""对于实体""由 Delta XYZ"，如图 10-12 所示，下面分别介绍。

图 10-11 "旋转零部件"属性管理器　　　图 10-12 旋转零部件的类型

　　　● 自由拖动：选择零部件并沿任何方向旋转拖动。

　　　● 对于实体：选择一条直线、边线或轴，然后围绕所选实体旋转零部件。

　　　● 由 Delta XYZ：在属性管理器中输入旋转 ΔX、ΔY、ΔZ 的范围，然后单击"应用"按钮，零部件按照指定的数值进行旋转。

技巧荟萃	（1）不能移动或者旋转一个已经固定或者完全定义的零部件。 （2）只能在配合关系允许的自由度范围内移动和旋转该零部件。

10.2.4　添加配合关系

　　使用配合关系，可相对于其他零部件来精确地定位零部件，还可定义零部件如何相对于其他零部件移动和旋转。只有添加了完整的配合关系，才算完成了装配体模型。

　　下面结合实例介绍为零部件添加配合关系的操作步骤。

【实例 10-5】添加配合关系

　　（1）打开源文件"X:\源文件\ch10\原始文件\10.5.SLDPRT"。

　　（2）单击"装配体"面板中的"配合"按钮，或者单击菜单栏中的"工具"→"配合"命令，系统弹出"配合"属性管理器。

　　（3）在图形区中的零部件上选择要配合的实体，所选实体会显示在"要配合实体"列表框中，如图 10-13 所示。

　　（4）选择所需的对齐条件。

　　　● （同向对齐）：以所选面的法线方向或轴向的相同方向来放置零部件。

　　　● （反向对齐）：以所选面的法线方向或轴向的相反方向来放置零部件。

　　（5）系统会根据所选的实体，列出有效的配合类型。单击对应的配合类型按钮，选择配合类型。

　　　● （重合）：面与面、面与直线（轴）、直线与直线（轴）、点与面、点与直线之间重合。

　　　● （平行）：面与面、面与直线（轴）、直线与直线（轴）、曲线与曲线之间平行。

　　　● （垂直）：面与面、直线（轴）与面之间垂直。

　　　● （同轴心）：圆柱与圆柱、圆柱与圆锥、圆形与圆弧边线之间具有相同的轴。

　　（6）图形区中的零部件将根据指定的配合关系移动，如果配合不正确，单击"撤销"按钮，然后根据需要修改选项。

图 10-13　"配合"属性
管理器

（7）单击"确定"按钮✓，应用配合。

当在装配体中建立配合关系后，配合关系会在 FeatureManager 设计树中以🖎图标表示。

10.2.5 删除配合关系

如果装配体中的某个配合关系有错误，用户可以随时将它从装配体中删除。

下面结合实例介绍删除配合关系的操作步骤。

【实例 10-6】删除配合关系

（1）打开源文件"X:\源文件\ch10\原始文件\10.6
删除配合关系 \10.6.SLDASM"，在 FeatureManager 设计
树中，右击想要删除的配合关系。

（2）在弹出的快捷菜单中单击"删除"命令或按
<Delete> 键。

（3）弹出"确认删除"对话框，如图 10-14 所示，
单击"是"按钮，确认删除。

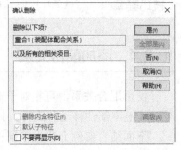

图 10-14 "确认删除"对话框

10.2.6 修改配合关系

用户可以像修改特征一样，对已经存在的配合关系进行修改。

下面结合实例介绍修改配合关系的操作步骤。

【实例 10-7】修改配合关系

（1）打开源文件"X:/ 源文件\ch10\原始文件\10.7 修改配合关系 \10.7.SLDASM"，
在 FeatureManager 设计树中，右击要修改的配合关系。

（2）在弹出的快捷菜单中单击"编辑特征"按钮🐷。

（3）在弹出的属性管理器中改变所需选项。

（4）如果要替换配合实体，在"要配合实体"列表框🐾中删除原来实体后，重新选
择实体。

（5）单击"确定"按钮✓，完成配合关系的修改。

10.2.7 SmartMates 配合方式

SmartMates 是 SOLIDWORKS 提供的一种智能装配，是一种快速的装配方式。利用
该装配方式，只要同时选择需配合的两个对象，系统就会自动配合定位。

在向装配体中插入零件时，也可以直接添加装配关系。

下面结合实例介绍智能装配的操作步骤。

【实例 10-8】智慧装配

（1）单击菜单栏中的"文件"→"新建"命令，或者单击"标准"工具栏中的"新

建"按钮□，创建一个装配体文件。

（2）单击菜单栏中的"插入"→"零部件"→"现有零件 / 装配体"命令，选择"X:\源文件\ch10\10.8 底座.SLDPRT"，插入已绘制的名为"底座"的文件，并调节视图中零件的方向。

（3）单击菜单栏中的"文件"→"打开"命令，选择"X:\源文件\ch10\原始文件\10.8 智慧配合 \ 圆柱.SLDPRT"，打开已绘制的名为"圆柱"的文件，并调节视图中零件的方向。

（4）单击菜单栏中的"窗口"→"横向平铺"命令，将窗口设置为横向平铺方式，两个文件的横向平铺窗口如图 10-15 所示。

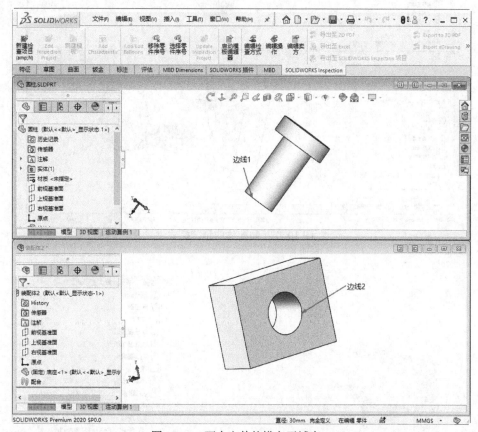

图 10-15　两个文件的横向平铺窗口

（5）在"圆柱"零件窗口中，单击图 10-15 所示的边线 1，然后将零件拖到装配体中，装配体的预览模式如图 10-16 所示。

（6）在图 10-15 所示的边线 2 附近移动鼠标指针，当鼠标指针变为 时，智能装配完成，然后松开鼠标，装配后的图形如图 10-17 所示。

（7）双击装配体 FeatureManager 设计树中的"配合"选项，可以看到添加的配合关系，装配体的 FeatureManager 设计树如图 10-18 所示。

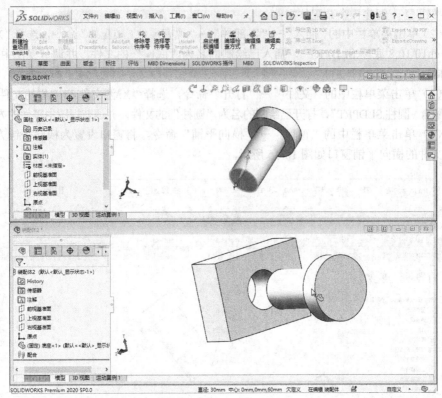

图 10-16　装配体的预览模式

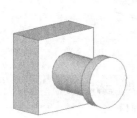

图 10-17　配合后的图形

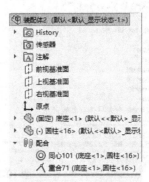

图 10-18　装配体的 FeatureManager 设计树

技巧荟萃

在拖动零件到装配体中时，会出现几个可能的装配位置，此时需要移动鼠标指针选择需要的装配位置。

使用 "SmartMates" 命令进行智能装配时，系统需要安装 Toolbox 工具箱。如果安装系统时没有安装该工具箱，则该命令不能使用。

10.2.8 实例——茶壶装配体

茶壶模型如图 10-19 所示。在 8.3 节绘制的壶身和壶盖的基础上利用装配体相关基本操作命令完成装配体绘制。

绘制步骤

▐1▐ 新建文件。单击菜单栏中的"文件"→"新建"命令，或者单击"标准"工具栏中的"新建"按钮 ▯，此时系统弹出图 10-20 所示的"新建 SOILDWORKS 文件"对话框，在其中单击"装配体"按钮 ▩，然后单击"确定"按钮，创建一个新的装配体文件。

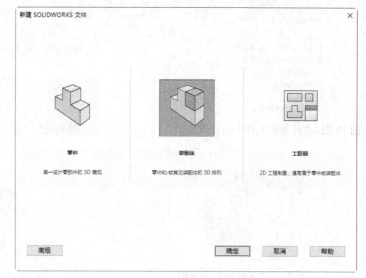

图 10-19 茶壶 　　　　图 10-20 "新建 SOLIDWORKS 文件"对话框

▐2▐ 绘制茶壶装配体。

（1）插入壶身。系统弹出图 10-21 所示的"开始装配体"属性管理器。单击"浏览"按钮，系统弹出图 10-22 所示的"打开"对话框，在其中选择需要的零部件，即"壶身.SLDPRT"。单击"打开"按钮，此时所选的零部件显示在图 10-21 所示的"打开文档"下方。单击属性管理器中的"确定"按钮 ✓，此时所选的零部件出现在视图中。

（2）设置视图方向。单击"前导视图"工具栏中的"等轴测"按钮 ▧，将视图以等轴测方向显示，结果如图 10-23 所示。

（3）取消草图的显示。单击菜单栏中的"视图"→"草图"命令，取消视图中草图的显示。

（4）插入壶盖。单击菜单栏中的"插入"→"零部件"→"现有零件/装配体"命令，插入壶盖，具体操作步骤参考步骤（1），将壶盖插入图中合适的位置，结果如图 10-24所示。

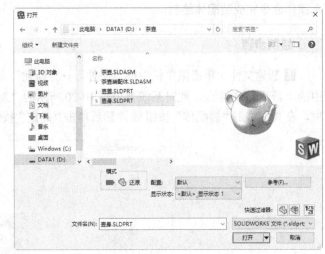

图 10-21 "开始装配体"属性管理器　　　　　图 10-22 "打开"对话框

图 10-23 插入壶身后的图形

图 10-24 插入壶盖后的图形

（5）设置视图方向。单击"前导视图"工具栏中的"旋转视图"按钮 ，调整视图方向，将视图以合适的方向显示，结果如图 10-25 所示。

（6）插入配合关系。单击"装配体"面板中的"配合"按钮 ，或者单击菜单栏中的"插入"→"配合"命令，系统弹出"配合"属性管理器。在属性管理器的"配合选择"选项组中，选择图 10-25 所示的面 3 和面 4。单击"标准配合"选项组中的"同轴心"按钮 ，将面 3 和面 4 设置为"同轴心"配合关系，如图 10-26 所示。单击属性管理器中的"确定"按钮 ，完成配合关系的插入，结果如图 10-27 所示。

（7）插入配合关系。重复步骤（6），将图 10-25 所示的边线 1 和边线 2 设置为"重合"配合关系，结果如图 10-28 所示。

（8）设置视图方向。单击"前导视图"工具栏中的"等轴测"按钮 ，将视图以等轴测方向显示。茶壶装配体及其 FeatureManager 设计树如图 10-29 所示。

图 10-25　设置视图方向后的图形　　　　图 10-26　"配合"属性管理器

图 10-27　插入"同轴心"　图 10-28　插入"重合"　　　图 10-29　茶壶装配体及其
　　配合关系后的图形　　　　配合关系后的图形　　　　FeatureManager 设计树

10.3　零件的复制、阵列与镜向

在同一个装配体中可能存在多个相同的零件，在装配时用户可以不必重复地插入零件，而是可以利用复制、阵列或镜向的方法，快速完成具有规律性的零件的插入和装配。

10.3.1　零件的复制

SOLIDWORKS 可以复制已经在装配体文件中存在的零件，下面结合实例介绍复制零件的操作步骤。

【实例 10-9】复制零件

（1）打开源文件"X:\源文件\ch10\10.9\原始文件\10.9 复制零件\10.9.SLDASM"，打开的文件实体如图 10-30 所示。

（2）按住 <Ctrl> 键，在 FeatureManager 设计树中选择需要复制的零件，然后将其拖动到视图中合适的位置，复制后的装配体如图 10-31 所示，复制后的 FeatureManager 设计树如图 10-32 所示。

（3）添加相应的配合关系，结果如图 10-33 所示。

图 10-30　打开的文件实体

图 10-31　复制后的装配体

图 10-32　复制后的 FeatureManager 设计树

图 10-33　添加配合关系后的装配体

10.3.2　零件的阵列

零件的阵列分为线性阵列和圆周阵列。如果装配体中具有相同的零件，并且这些零件按照线性或者圆周的方式排列，可以执行"线性阵列"和"圆周阵列"命令进行操作。下面结合实例介绍线性阵列的操作步骤，其圆周阵列操作与此类似，读者可自行练习。

线性阵列可以同时阵列一个或者多个零件，并且阵列出来的零件不需要再添加配合关系。

【实例 10-10】阵列零件

（1）单击菜单栏中的"文件"→"新建"命令，创建一个装配体文件。

（2）单击菜单栏中的"插入"→"零部件"→"现有零件 / 装配体"命令，选择"X:\源文件\ch10\原始文件\10.10 阵列零件\ 底座.SLDPRT"，插入已绘制的名为"底座"的文件，并调节视图中零件的方向, 底座零件的尺寸如图 10-34 所示。

（3）单击菜单栏中的"插入"→"零部件"→"现有零件/装配体"命令, 选择"X:\源文件\ch10\原始文件\10.10 阵列零件\ 圆柱.SLDPRT", 插入已绘制的名为"圆柱"的文件, 圆柱零件的尺寸如图 10-35 所示。调节视图中各零件的方向, 插入零件后的装配体如图 10-36 所示。

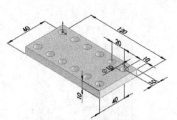

图 10-34 底座零件的尺寸

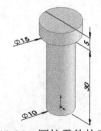

图 10-35 圆柱零件的尺寸

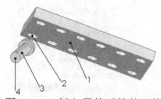

图 10-36 插入零件后的装配体

（4）单击"装配体"面板中的"配合"按钮◎, 或者单击菜单栏中的"插入"→"配合"命令, 系统弹出"配合"属性管理器。

（5）将图 10-36 所示的平面 1 和平面 4 添加为"重合"配合关系, 将圆柱面 2 和圆柱面 3 添加为"同轴心"配合关系, 注意配合的方向。

（6）单击"确定"按钮✓, 配合关系添加完毕。

（7）单击"前导视图"工具栏中的"等轴测"按钮❀, 将视图以等轴测方向显示, 添加配合关系后的等轴测视图如图 10-37 所示。

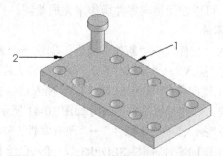

图 10-37 添加配合关系后的等轴测视图

（8）单击菜单栏中的"插入"→"零部件阵列"→"线性阵列"命令, 系统弹出"线性阵列"属性管理器。

（9）在"要阵列的零部件"选项组中, 选择图 10-37 所示的圆柱; 在"方向 1"选项组的"阵列方向"列表框◪中, 选择图 10-37 所示的边线 1, 注意设置阵列的方向; 在"方向 2"选项组的"阵列方向"列表框↗中, 选择图 10-37 所示的边线 2, 注意设置阵列的方向, 其他选项的设置如图 10-38 所示。

（10）单击"确定"按钮✓, 完成零件的线性阵列, 线性阵列后的图形如图 10-39 所示, 此时装配体的 FeatureManager 设计树如图 10-40 所示。

363

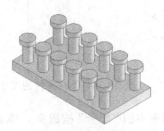

图 10-38 "线性阵列"　　　图 10-39 线性阵列　　　图 10-40 FeatureManager

属性管理器　　　　　　　后的图形　　　　　　　设计树

10.3.3 零件的镜向

装配体环境中的镜向操作与零件设计环境中的镜向操作类似。在装配体环境中，有相同且对称的零部件时，可以使用镜向零件操作来完成绘制。

【实例 10-11】镜向零件

（1）单击菜单栏中的"文件"→"新建"命令，创建一个装配体文件。

（2）单击菜单栏中的"插入"→"零部件"→"现有零件 / 装配体"命令，选择"X:\源文件\ch10\原始文件\10.11 镜向零件\ 底座.SLDPRT"，插入已绘制的名为"底座"的文件，并调节视图中零件的方向，底座平板零件的尺寸如图 10-41 所示。

（3）单击菜单栏中的"插入"→"零部件"→"现有零件 / 装配体"命令，选择"X:\源文件\ch10\原始文件\10.11 镜向零件\ 圆柱.SLDPRT"，插入已绘制的名为"圆柱"的文件，圆柱零件的尺寸如图 10-42 所示。调节视图中各零件的方向，插入零件后的装配体如图10-43 所示。

（4）单击"装配体"面板中的"配合"按钮，或者单击菜单栏中的"插入"→"配合"命令，系统弹出"配合"属性管理器。

（5）将图 10-43 所示的平面 1 和平面 3 添加为"重合"配合关系，将圆柱面 2 和圆柱面 4 添加为"同轴心"配合关系，注意配合的方向。

（6）单击"确定"按钮，配合关系添加完毕。

（7）单击"前导视图"工具栏中的"等轴测"按钮，将视图以等轴测方向显示。添加配合关系后的等轴测视图如图 10-44 所示。

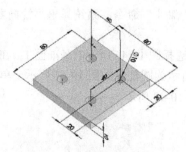

图 10-41　底座平板零件的尺寸

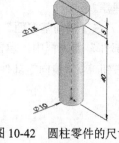

图 10-42　圆柱零件的尺寸

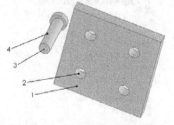

图 10-43　插入零件后的装配体

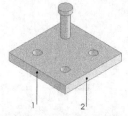

图 10-44　添加配合关系后的等轴测视图

（8）单击"装配体"面板中的"基准面"按钮 ，或单击菜单栏中的"插入"→"参考几何体"→"基准面"命令，系统弹出"基准面"属性管理器。

（9）在"参考实体"列表框 中，单击并选择图 10-44 所示的面 1；在"距离"文本框 中输入"40.00mm"，注意添加基准面的方向，其他选项的设置如图 10-45 所示，添加图 10-46 所示的基准面 1。重复该命令，添加图 10-46 所示的基准面 2。

图 10-45　"基准面"属性管理器

图 10-46　添加基准面

365

（10）单击菜单栏中的"插入"→"镜向零部件"命令，系统弹出"镜向零部件"属性管理器。

（11）在"镜向基准面"列表框中，单击并选择图 10-46 所示的基准面 1；在"要镜向的零部件"列表框中，单击并选择图 10-46 所示的圆柱，如图 10-47 所示，单击"下一步"按钮⊕，"镜向零部件"属性管理器如图 10-48 所示。

图 10-47 "镜向零部件"属性管理器（1）　　　图 10-48 "镜向零部件"属性管理器（2）

（12）单击"确定"按钮✓，零件镜向完毕，镜向后的图形如图 10-49 所示。

（13）单击菜单栏中的"插入"→"镜向零部件"命令，系统弹出"镜向零部件"属性管理器。

（14）在"镜向基准面"列表框中，单击并选择图 10-49 所示的基准面 2；在"要镜向的零部件"列表框中，单击并选择图 10-49 所示的两个圆柱，单击"下一步"按钮⊕。选择"圆柱-1"，然后单击"重新定向零部件"按钮，如图 10-50 所示。

（15）单击"确定"按钮✓，零件镜向完毕，镜向后的装配体图形如图 10-51 所示，此时装配体的 FeatureManager 设计树如图 10-52 所示。

技巧荟萃　　　　从上面的实例操作步骤可以看出，不但可以对称镜向零部件，而且还可以反方向镜向零部件，要灵活应用该命令。

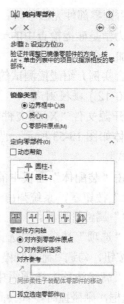

图 10-50 "镜向零部件"属性管理器（3）

图 10-49 镜向后的图形

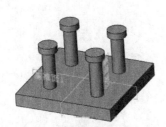

图 10-51 镜向后的装配体图形

图 10-52 FeatureManager 设计树

10.4 装配体检查

装配体检查主要包括碰撞测试、动态间隙、体积干涉检查和装配体统计等，用来检查装配体各个零部件装配后装配的正确性、装配信息等。

10.4.1 碰撞测试

在 SOLIDWORKS 装配体环境中，移动或者旋转零部件时，提供了检查该零部件与其他零部件的碰撞情况。在进行碰撞测试时，零部件必须做适当的配合，但是不能完全限制配合，否则零部件无法移动。

物理动力学是碰撞检查中的一个选项，勾选"物理动力学"复选框时，等同于向被撞零部件施加一个碰撞力。

下面结合实例介绍碰撞测试的操作步骤。

【实例 10-12】碰撞测试

（1）打开源文件"X:\源文件\ch10\原始文件\10.12 碰撞测试 \10.12.SLDASM"，打开的文件实体如图 10-53 所示，两个轴件与基座的凹槽为"同轴心"配合方式。

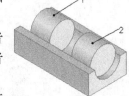

（2）单击"装配体"面板中的"移动零部件"按钮，或者"旋转零部件"按钮，系统弹出"移动零部件"属性管理器或者"旋转零部件"属性管理器。

（3）在"选项"选项组中选择"碰撞检查"和"所有零部件之间"单选按钮，勾选"碰撞时停止"复选框，则碰撞时零件会停止运动；在"高级选项"选项组中勾选"高亮显示面"复选框和

图 10-53　打开的文件
实体

"声音"复选框，则碰撞时零件会高亮显示，并且计算机会发出碰撞的声音。碰撞设置如图 10-54 所示。

（4）拖动图 10-53 所示的零件 2 向零件 1 移动，在碰撞零件 1 时，零件 2 会停止运动，并且零件 2 会高亮显示，碰撞检查时的装配体如图 10-55 所示。

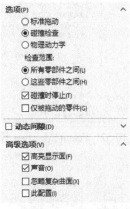

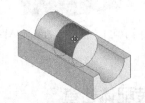

图 10-54　碰撞设置　　　　　图 10-55　碰撞检查时的装配体

（5）在"移动零部件"属性管理器或者"旋转零部件"属性管理器的"选项"选项组中选择"物理动力学"和"所有零部件之间"单选按钮，用"敏感度"滑块可以调节施加的力；在"高级选项"选项组中勾选"高亮显示面"和"声音"复选框，则碰撞时零件会高亮显示，并且计算机会发出碰撞的声音。物理动力学设置如图 10-56 所示。

（6）拖动图 10-53 所示的零件 2 向零件 1 移动，在碰撞零件 1 时，零件 1 和零件 2 会以给定的力一起向前运动。物理动力学检查时的装配体如图 10-57 所示。

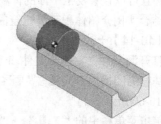

图 10-56　物理动力学设置　　　　　图 10-57　物理动力学检查时的装配体

10.4.2　动态间隙

动态间隙用于在零部件移动过程中，动态显示两个零部件之间的距离。

下面结合实例介绍动态间隙的操作步骤。

【实例 10-13】动态间隙

（1）打开源文件"X:\源文件\ch10\原始文件\10.13 动态间隙\10.13.SLDASM"，打开的文件实体如图 10-53 所示。两个轴件与基座的凹槽为"同轴心"配合方式。

（2）单击"装配体"面板中的"移动零部件"按钮，系统弹出"移动零部件"属性管理器。

（3）勾选"动态间隙"复选框，在"所选零部件几何体"列表框中，单击并选择图 10-53 所示的轴件 1 和轴件 2，然后单击"恢复拖动"按钮。动态间隙设置如图 10-58 所示。

（4）拖动图 10-53 所示的零件 2 移动，则两个轴件之间的距离会实时改变，动态间隙图形如图 10-59 所示。

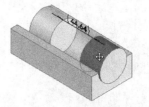

图 10-58　动态间隙设置　　　　　　　图 10-59　动态间隙图形

技巧荟萃　　动态间隙设置时，在"指定间隙停止"一栏中输入的值，用于确定两零件之间停止的距离。当两零件之间的距离为该值时，零件就会停止运动。

10.4.3 干涉检查

在一个复杂的装配体文件中，直接判别零部件是否发生干涉是件比较困难的事情。SOLIDWORKS 提供了干涉检查工具，利用该工具可以比较容易地在零部件之间进行干涉检查，并且可以查看发生干涉的体积。

下面结合实例介绍体积干涉检查的操作步骤。

【实例 10-14】干涉检查

（1）打开源文件"X：\源文件\ch10\原始文件\10.14 干涉检查 \10.14.SLDASM"，两个轴件与基座的凹槽为"同轴心"配合方式，调节两个轴件相互重合，体积干涉检查装配体如图 10-60 所示。

（2）单击菜单栏中的"工具"→"干涉检查"命令，弹出"干涉检查"属性管理器。

（3）勾选"视重合为干涉"复选框，单击"计算"按钮，如图 10-61 所示。

（4）干涉检查结果出现在"结果"选项组中，如图 10-62 所示。在"结果"选项组中，不但会显示干涉的体积，而且会显示干涉的数量以及干涉的个数等信息。

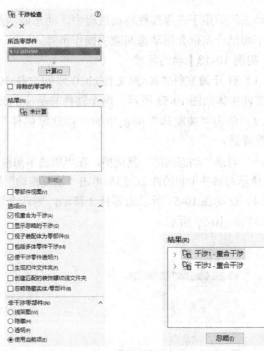

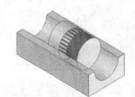

图 10-60　干涉检查装配体　　　图 10-61　"干涉检查"属性管理器　　　图 10-62　干涉检查结果

10.4.4　装配体统计

SOLIDWORKS 提供了对装配体进行统计报告的功能，即装配体统计。进行装配体统计，可以生成装配体的统计资料。

下面结合实例介绍装配体统计的操作步骤。

【实例 10-15】装配体统计

（1）打开源文件"X：\源文件\ch10\原始文件\10.15 装配统计\移动轮装配体.SLDASM"，打开的文件实体如图 10-63 所示，装配体的 Feature Manager 设计树如图 10-64 所示。

（2）单击菜单栏中的"工具"→"评估"→"性能评估"命令，系统弹出的"性能评估"对话框如图 10-65 所示。

图 10-63　打开的
文件实体

图 10-64　FeatureManager 设计树

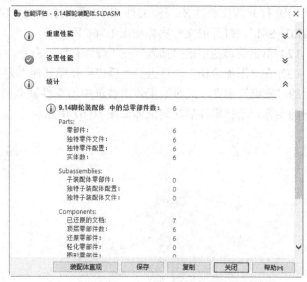

图 10-65　"性能评估"对话框

（3）单击"性能评估"对话框中的"关闭"按钮，关闭该对话框。

从"性能评估"对话框中，可以查看装配体的统计资料，对话框中各项的意义如下。

　🔵 零件：统计的零件数包括装配体中所有的零件，无论是否被压缩，但是被压缩的子装配体的零部件不包括在统计中。

　🔵 子装配体：统计装配体中包含的子装配体个数。

　🔵 还原零部件：统计装配体处于还原状态的零部件个数。

　🔵 压缩零部件：统计装配体处于压缩状态的零部件个数。

　🔵 顶层配合数：统计最高层装配体中所包含的配合关系个数。

10.5　爆炸视图

在零部件装配体完成后，为了在制造、维修及销售过程中，直观地分析各个零部件之间的配合关系，我们将装配图按照零部件的配合关系来产生爆炸视图。装配体爆炸以后，用户不可以为装配体添加新的配合关系。

10.5.1　生成爆炸视图

爆炸视图可以很形象地展示装配体中各个零部件的配合关系，常称为系统立体图。爆炸视图通常用于介绍零件的组装流程、仪器的操作手册及产品使用说明书中。

下面结合实例介绍爆炸视图的操作步骤。

【实例 10-16】爆炸视图

（1）打开源文件"X：\源文件\ch10\原始文件\10.16 爆炸视图 \10.16 脚踏轮装配体.SLDASM"，打开的文件实体如图 10-66 所示。

（2）单击菜单栏中的"插入"→"爆炸视图"命令，系统弹出"爆炸"属性管理器。

（3）在"添加阶梯"选项组的"爆炸步骤零部件"列表框 中，单击并选择图 10-66 所示的"底座"零件，此时装配体中被选中的零件被高亮显示，并且出现一个设置移动方向的坐标，选择零件后的装配体如图 10-67 所示。

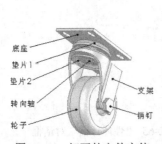

图 10-66　打开的文件实体

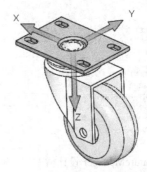

图 10-67　选择零件后的装配体

（4）单击图 10-67 所示的坐标的某一方向，确定要爆炸的方向，然后在"添加阶梯"选项组的"爆炸距离"文本框 中输入爆炸的距离值，如图 10-68 所示。

（5）在"添加阶梯"选项组中，单击"反向"按钮 ，使爆炸的方向反向，单击"添加阶梯"按钮，观测视图中预览的爆炸效果。第一个零件爆炸完成。第一个爆炸零件视图如图 10-69 所示，并且在"爆炸步骤"选项组中生成"爆炸步骤 1"，如图 10-70 所示。

（6）重复步骤（3）～步骤（5），将其他零件爆炸，最终生成的爆炸视图如图 10-71 所示。共有 5 个爆炸步骤。

技巧荟萃　　　　在生成爆炸视图时，建议对每一个零件在每一个方向上的爆炸设置为一个爆炸步骤。如果一个零件需要在 3 个方向上爆炸，建议使用 3 个爆炸步骤，这样可以很方便地修改爆炸视图。

图 10-68　"添加阶梯"选项组的设置　　　　图 10-69　第一个爆炸零件视图

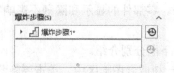

图 10-70　生成的"爆炸步骤 1"　　　　　　图 10-71　最终的爆炸视图

10.5.2　编辑爆炸视图

装配体爆炸后，可以利用"爆炸"属性管理器进行编辑，也可以添加新的爆炸步骤。下面结合实例介绍编辑爆炸视图的操作步骤。

【实例 10-17】编辑爆炸视图

（1）打开源文件"X:\源文件\ch10\原始文件\10.17 编辑爆炸视图 \ 移动轮爆炸视图.SLDASM"，如图 10-71 所示。

（2）单击菜单栏中的"插入"→"爆炸视图"命令，系统弹出"爆炸"属性管理器。

（3）右击"爆炸步骤"选项组中的"爆炸步骤 1"，在弹出的快捷菜单中单击"编辑步骤"命令，此时"爆炸步骤 1"的爆炸设置显示在"添加阶梯"选项组中。

（4）修改"添加阶梯"选项组中的距离参数，或者拖动视图中要爆炸的零件，然后单击"完成"按钮，即可完成对爆炸视图的修改。

（5）在"爆炸步骤 1"的右键快捷菜单中单击"删除"命令，该爆炸步骤就会被删除，零件恢复爆炸前的配合状态，删除爆炸步骤 1 后的视图如图 10-72 所示。

图 10-72　删除"爆炸步骤 1"后的视图

10.6 装配体的简化

在实际设计过程中，一个完整的机械产品的总装配图是很复杂的，通常由许多的零部件组成。SOLIDWORKS 提供了多种简化的手段，通常使用的是改变零部件的显示属性或改变零部件的压缩状态来简化复杂的装配体。SOLIDWORKS 中的零部件有 4 种显示状态。

- 🗃 （还原）：零部件以正常方式显示，装入零部件所有的设计信息。
- 🗃 （隐藏）：仅隐藏所选零部件在装配图中的显示。
- 🗃 （压缩）：装配体中的零部件不被显示，并且可以减少工作时装入和计算的数据量。
- 🗃 （轻化）：装配体中的零部件处于轻化状态，只占用部分内存资源。

10.6.1 零部件显示状态的切换

零部件有显示和隐藏两种状态。设置装配体文件中零部件的显示状态，可以将装配体文件中暂时不需要修改的零部件隐藏起来。零部件的显示和隐藏不影响零部件的本身，只改变在装配体中的显示状态。

切换零部件显示状态常用的方法有 3 种，下面分别介绍。

（1）快捷菜单方式。在 FeatureManager 设计树或者图形区中，单击要隐藏的零部件，在弹出的左键快捷菜单中单击"隐藏零部件"按钮 ❧，如图 10-73 所示。如果要显示隐藏的零部件，则在图形区中右击，在弹出的右键快捷菜单中单击"显示隐藏的零部件"命令，如图 10-74 所示。

图 10-73 左键快捷菜单　　　　　　　图 10-74 右键快捷菜单

（2）面板方式。在 FeatureManager 设计树或者图形区中，选择需要隐藏或者显示的零部件，然后单击"装配体"面板中的"隐藏 / 显示零部件"按钮 ❧，即可实现零部件的隐藏和显示状态的切换。

（3）菜单方式。在 FeatureManager 设计树或者图形区中，选择需要隐藏的零部件，然后单击菜单栏中的"编辑"→"隐藏"→"当前显示状态"命令，将所选零部件切换到隐藏状态。选择需要显示的零部件，然后单击菜单栏中的"编辑"→"显示"→"当前显示状态"命令，将所选的零部件切换到显示状态。

图 10-75 所示为移动轮装配体图形，图 10-76 所示为移动轮的 FeatureManager 设计树，图 10-77 所示为隐藏支架（移动轮 4）零件后的装配体图形，图 10-78 所示为隐藏零件后的 FeatureManager 设计树（"移动轮 4"前的零件图标变为灰色）。

图 10-75　移动轮装配体图形

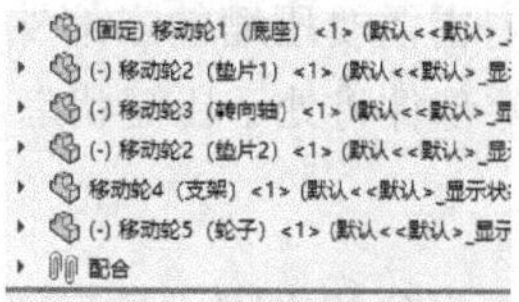

图 10-76　移动轮的 FeatureManager 设计树

图 10-77　隐藏支架后的装配体图形

图 10-78　隐藏零件后的 FeatureManager 设计树

10.6.2　零部件压缩状态的切换

在某段设计时间内，可以将某些零部件设置为压缩状态，这样可以减少工作时装入和计算的数据量，装配体的显示和重建速度会更快，可以更有效地利用系统资源。

装配体零部件共有还原、压缩和轻化 3 种压缩状态，下面分别介绍。

1. 还原

还原是使装配体中的零部件处于正常显示状态。还原的零部件会完全装入内存，可以使用所有功能并可以完全访问。

常用设置还原状态的操作步骤是使用左键快捷菜单，具体操作步骤如下。

（1）在 FeatureManager 设计树中，单击被轻化或者压缩的零部件，系统弹出左键快捷菜单，单击"解除压缩"按钮 🔧。

（2）在 FeatureManager 设计树中，右击被轻化的零部件，在系统弹出的右键快捷菜单中单击"设定为还原"命令，则所选的零部件将处于正常的显示状态。

2. 压缩

压缩命令可以使零部件暂时从装配体中消失。处于压缩状态的零部件不再装入内存，所以装入速度、重建模型速度及显示性能均有所提高，降低了装配体的复杂程度，提高了计算机的运行速度。

被压缩的零部件不等同于该零部件被删除，它的相关数据仍然保存在内存中，只是不参与运算而已，它可以通过设置很方便地调入装配体中。

被压缩零部件包含的配合关系也被压缩。因此，装配体中的零部件位置可能变为欠定义。当恢复零部件显示时，配合关系可能会发生矛盾，因此在生成模型时，要小心使用压缩状态。

常用设置压缩状态的操作步骤是使用右键快捷菜单，即在 FeatureManager 设计树或者图形区中，右击需要压缩的零部件，在系统弹出的右键快捷菜单中单击"压缩"按钮 ↓■，则所选的零部件将处于压缩状态。

3. 轻化

当零部件为轻化状态时，只有部分零部件模型数据装入内存，其余的模型数据根据需要装入，这样可以显著提高大型装配体的性能。使用轻化的零部件装入装配体比使用完全还原的零部件装入同一装配体速度更快，因为需要计算的数据比较少，并且包含轻化零部件的装配重建速度也更快。

常用设置轻化状态的操作步骤是使用右键快捷菜单，即在 FeatureManager 设计树或者图形区中，右击需要轻化的零部件，在系统弹出的右键快捷菜单中单击"设定为轻化"命令，则所选的零部件将处于轻化的显示状态。

图 10-79 所示是将图 10-75 所示的支架（移动轮 4）零部件设置为轻化状态后的装配体图形，图 10-80 所示为轻化后的 FeatureManager 设计树。

图 10-79　轻化后的装配体图形　　　　　　图 10-80　轻化后的 FeatureManager 设计树

对比图 10-75 和图 10-79 可以得知，轻化后的零部件并不从装配图中消失，只是减少了该零部件装入内存中的模型数据。

10.7　综合实例——轴承组件

本节通过实例讲解生成轴承装配体模型的全过程，如图 10-81 所示。这里将轴承的内外圈合起来作为一个零件进行三维建模，将保持架作为一个独立的零件进行建模，再通过设置"圆周阵列"属性生成滚珠装配体。

图 10-81　轴承组件

10.7.1　创建轴承的内外圈

轴承内、外圈都是类圆柱体结构，可以通过执行"旋转"命令来创建，再结合一些其他辅助命令生成辅助特征。图 10-82 所示为此轴承的二维工程图。

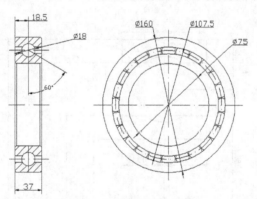

图 10-82　轴承的二维工程图

新建一个文件夹并命名为"轴承 6315"，将轴承 6315 的所有零件文件都保存在该文件夹下。

本实例通过"凸台 / 基体"命令和"圆角"命令生成轴承内、外圈。图 10-83 所示为轴承内、外圈的基本建模过程。

■ 创建内、外圈实体。

（1）新建文件。启动 SOLIDWORKS 2020，单击"标准"工具栏中的"新建"按钮 ，或单击菜单栏中的"文件"→"新建"命令，在弹出的"新建 SOLIDWORKS 文件"对话框中，单击"零件"按钮 ，然后单击"确定"按钮，新建一个零件文件。

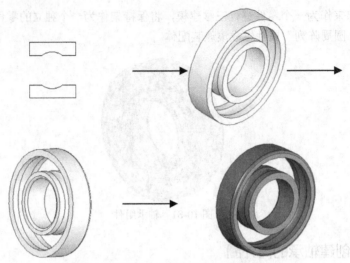

图 10-83　轴承内、外圈的基本建模过程

（2）绘制旋转草图。选择"前视基准面"作为草图绘制平面，单击"草图"面板中的"草图绘制"按钮 □，新建一张草图。利用草图工具绘制基体旋转的草图轮廓，并标注尺寸，如图 10-84 所示（注意：在图中过坐标原点绘制一条水平中心线作为旋转特征的旋转轴，同时整个草图轮廓关于 y 轴对称）。

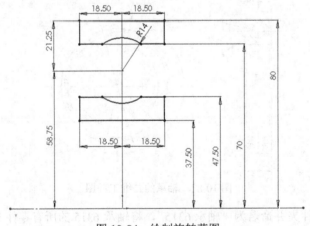

图 10-84　绘制旋转草图

（3）旋转实体。单击"特征"面板中的"旋转凸台／基体"按钮 ⑧，或单击菜单栏中的"插入"→"凸台／基体"→"旋转"命令，在弹出的"旋转"属性管理器中设置旋转类型为"给定深度"，在"角度"文本框 ⌁中输入"360.00 度"，如图 10-85 所示。因为在草图轮廓中只有一条中心线，所以在默认情况下以该中心线为旋转轴，该中心线出现在"旋转轴"列表框 ╱中，单击"确定"按钮 ✓，生成旋转特征，如图 10-86 所示。

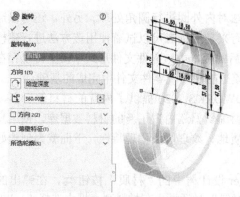
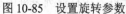

图 10-85　设置旋转参数　　　　　　　　　　图 10-86　旋转实体

（4）创建轴承外圈圆角。选择轴承外圈的外边线，单击"特征"面板中的"圆角"按钮⚙️，或单击菜单栏中的"插入"→"特征"→"圆角"命令，在弹出的"圆角"属性管理器中指定圆角类型为"恒定大小圆角"，在"半径"文本框🔺中设置圆角半径为"3.50mm"，如图 10-87 所示，单击"确定"按钮☑️，生成圆角特征，如图 10-88 所示。

（5）创建轴承内圈圆角。仿照步骤（4）的操作，对轴承内圈的内边线进行倒圆角操作，其圆角半径为 3.50mm，生成圆角后的特征如图 10-89 所示。

图 10-87　设置圆角参数　　　图 10-88　创建轴承外圈圆角　　　图 10-89　创建轴承内圈圆角

至此，整个轴承内外圈的建模过程就基本完成了。整个建模过程使用旋转基体的方法创建整个框架，然后通过倒圆角的方法对内外圈进行圆角处理。另外，还可以通过创建拉伸特征的方法创建整个框架结构，有兴趣的读者可以试着使用该方法进行建模。需要注意的是，在 SOLIDWORKS 2003 以后的版本中，零件文件形式中模型可以存在多个互不相交的实体，这项改进的功能是该模型能在一个零件文件中完成的基础。

2 为轴承内外圈指定材质。SOLIDWORKS 2020 提供了内置的材料编辑器，用于对零件或装配体进行渲染。其内置的材料编辑器还内置了新的材料数据库，使用户能够单独为零件选择材料特性，包括颜色、质地、纹理以及物理特性。下面就为创建好的轴承内外圈模型指定材质。

（1）设置材质。右击 FeatureManager 设计树中的"材质"按钮 ，在弹出的快捷菜单中单击"编辑材料"命令，弹出"材料"对话框；在材料列表框中选择"solidworks materials"选项，单击其前面的"﹥"符号，展开/收缩此项。

（2）指定材质。在展开的"solidworks materials"列表中选择"钢"→"合金钢"选项，对话框显示如图 10-90 所示，单击"应用"按钮，设置轴承内外圈材料为"合金钢"。

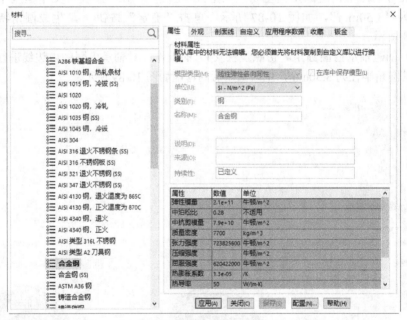

图 10-90 "材料"对话框

（3）保存文件。单击"标准"工具栏中的"保存"按钮 ，将零件保存为"轴承 6315 内外圈.SLDPRT"。

指定好材质后，轴承内外圈模型的颜色、质地、纹理以及物理特性（密度、弹性模量、泊松比等）都会被确定。指定材质后的轴承内外圈模型如图 10-91 所示。

最终效果如图 10-92 所示，从 FeatureManager 设计树中可以清晰地看到整个零件的建模过程。

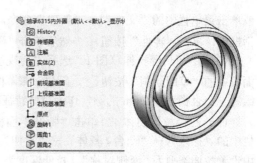

图 10-91　指定材质后的轴承内、外圈模型　　　图 10-92　轴承 6315 内、外圈最终效果

10.7.2　创建轴承的保持架

保持架是被用来对轴承中的滚珠进行位置限定的，滚珠在保持架和轴承内、外圈的约束下滚动。保持架的建模过程如图 10-93 所示。

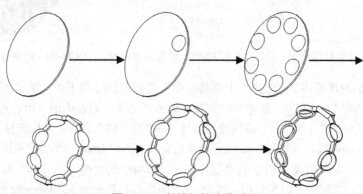

图 10-93　保持架的建模过程

具体建模过程中应用到以下特征。

- 在基体上生成旋转特征。
- 圆周阵列旋转特征。
- 创建切除拉伸特征。
- 创建旋转切除特征。
- 阵列旋转切除特征。

整个建模过程用到了拉伸、旋转、圆周阵列、切除拉伸、旋转切除等特征，这里主要介绍圆周阵列特征和旋转切除特征。

1 创建球体。

（1）新建文件。启动 SOLIDWORKS 2020，单击"标准"工具栏中的"新建"按钮 ，或单击菜单栏中的"文件"→"新建"命令，在弹出的"新建 SOLIDWORKS 文件"对话框中，单击"零件"按钮 ，然后单击"确定"按钮，新建一个零件文件。

（2）绘制凸台拉伸草图 1。选择"前视基准面"作为草图绘制平面，单击"草图"面板中的"草图绘制"按钮 ，新建一张草图。利用"草图"工具，以坐标原点为圆心绘制一个直径为 160mm 的圆，作为拉伸特征的草图轮廓，如图 10-94 所示。

（3）凸台拉伸实体 1。单击"特征"面板中的"凸台-拉伸"按钮 ，或单击菜单栏中的"插入"→"凸台/基体"→"拉伸"命令，在弹出的"凸台-拉伸"属性管理器中设置拉伸类型为"两侧对称"，拉伸深度为"3.00mm"，如图 10-95 所示；单击"确定"按钮 ，生成拉伸特征，如图 10-96 所示。

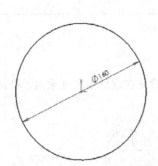

图 10-94　绘制拉伸草图 1 轮廓　　图 10-95　设置拉伸参数　　图 10-96　凸台拉伸实体 1

（4）绘制旋转草图 2。选择"上视基准面"作为草图绘制平面，单击"草图"面板中的"草图绘制"按钮 ，新建一张草图。单击"草图"面板中的"中心线"按钮 ，或单击菜单栏中的"工具"→"草图绘制实体"→"中心线"命令，绘图光标变为 形状，绘制一条竖直中心线，并标注中心线到原点的距离为 58.75mm；单击"草图"面板中的"圆"按钮 ，或单击菜单栏中的"工具"→"草图绘制实体"→"圆"命令，绘图光标变为 形状，绘制一个以坐标点（58.75，0）为圆心、直径为 30.00mm 的圆；单击"草图"面板中的"剪裁实体"按钮 ，或单击菜单栏中的"工具"→"草图工具"→"剪裁"命令，裁剪掉中心线左侧的半圆；单击"草图"面板中的"直线"按钮 ，或单击菜单栏中的"工具"→"草图绘制实体"→"直线"命令，绘制一条将半圆封闭的竖直直线，如图 10-97 所示。

（5）旋转实体 2。单击"特征"面板中的"旋转凸台/基体"按钮 ，或单击菜单栏中的"插入"→"凸台/基体"→"旋转"命令，草图中只有一条中心线，因此其被默认为旋转轴；在弹出的"旋转"属性管理器中设置旋转参数，如图 10-98 所

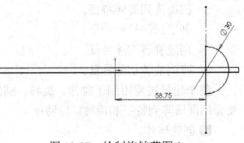

图 10-97　绘制旋转草图 2

示，单击"确定"按钮 ，生成的旋转实体如图 10-99 所示。

图 10-98　设置旋转参数　　　　　图 10-99　旋转实体 2

2 圆周阵列球体。

（1）显示临时轴。单击菜单栏中的"视图"→"隐藏/显示"→"临时轴"命令，显示临时轴，从绘图区可以看到有两条临时轴，一条是圆柱基体的临时轴，该轴与坐标系中的 z 轴重合，另一条是球体的临时轴。

（2）圆周阵列球体特征。单击"特征"面板中的"圆周阵列"按钮 🖧，或单击菜单栏中的"插入"→"阵列/镜向"→"圆周阵列"命令，弹出"阵列（圆角）1"属性管理器；在绘图区选择圆柱基体的临时轴，该轴出现在"阵列（圆角）1"属性管理器的"阵列轴"列表框中；选择"等间距"单击按钮，则"角度"文本框 中的总角度将默认为"360.00 度"，所有的阵列特征会等角度均匀分布；在"实例数"文本框 中设置圆周阵列的个数为"8"，即为单列向心球轴承中滚珠的个数；单击"要阵列的特征"列表框，在 FeatureManager 设计树中选择"旋转 1"特征，或在绘图区选择球体特征，如图 10-100 所示，单击"确定"按钮，生成球体的圆周阵列特征，如图 10-101 所示。

3 切除拉伸实体。

（1）绘制切除拉伸草图 3。选择"前视基准面"作为切除拉伸特征的草图平面，单击"草图"面板中的"草图绘制"按钮，在前视基准面上新建一张草图；单击"草图"面板中的"圆"按钮 ⊙，绘制一个以原点为圆心、直径为 125mm 的圆；再绘制一个以原点为圆心、直径为 110mm 的圆。

（2）切除拉伸实体 3。单击"特征"面板中的"拉伸切除"按钮，或单击菜单栏中的"插入"→"切除"→"拉伸"命令，在弹出的"切除-拉伸"属性管理器中设置拉伸切除参数，如图 10-102 所示，单击"确定"按钮，生成切除拉伸特征，如图 10-103 所示。

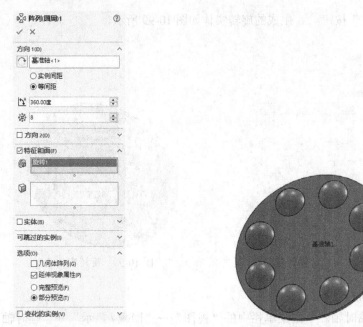

图 10-100　设置圆周阵列参数（1）

图 10-101　圆周阵列球体特征

图 10-102　设置切除拉伸参数

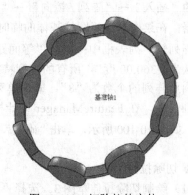

图 10-103　切除拉伸实体 3

在此"切除-拉伸"属性管理器中，终止条件有以下几类。

- 给定深度：从草图的基准面切除到指定的距离平移处。
- 完全贯穿：从草图的基准面开始切除，直到贯穿所有现有的几何体。
- 成形到下一面：从草图的基准面切除到下一面。
- 成形到一面：从草图的基准面切除到所选的面。
- 到离指定面指定的距离：从草图的基准面切除到离某平面或曲面的特定距离处。
- 两侧对称：从草图基准面向两个方向对称切除。

● 成形到一顶点：从草图基准面切除到一个平行于草图基准面且穿越指定顶点的平面。

● 成形到实体：从草图基准面切除到所选实体的面上。

4 旋转切除实体。

（1）绘制旋转切除草图。选择"上视基准面"作为旋转切除特征的草图平面，单击"草图绘制"按钮□，在上视基准面上新建一张草图；单击"草图"面板中的"中心线"按钮↗，绘制一条竖直中心线，并标注中心线到原点的距离为 58.75mm；单击"草图"面板中的"圆"按钮⊙，绘制一个以坐标点（58.75，0）为圆心、直径为 28mm 的圆；单击"草图"面板中的"剪裁实体"按钮✄，裁剪掉中心线左侧的半个圆；单击"草图"面板中的"直线"按钮╱，绘制一条将半圆封闭的竖直直线，最后的旋转切除草图如图 10-104 所示。

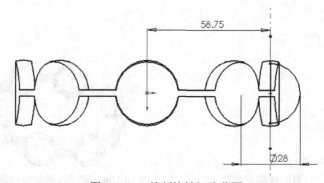

图 10-104　绘制旋转切除草图

（2）旋转切除实体 4。单击"特征"面板中的"旋转切除"按钮👁，或单击菜单栏中的"插入"→"切除"→"旋转"命令，草图中只有一条中心线，因此其被默认为旋转轴。在弹出的"切除-旋转"属性管理器中设置旋转切除参数，如图 10-105 所示，单击"确定"按钮✓，生成的旋转切除实体，如图 10-106 所示。

图 10-105　设置旋转切除参数

图 10-106　旋转切除实体 4

（3）圆周阵列旋转切除实体 5。在 FeatureManager 设计树中选择"切除-旋转 1"特征；

单击"特征"面板中的"圆周阵列"按钮，或单击菜单栏中的"插入"→"阵列/镜向"→"圆周阵列"命令，在弹出的"圆周阵列"属性管理器中选择圆柱基体的临时轴作为阵列轴；选择"等间距"单击按钮，使所有的阵列特征等角度均匀分布；在"实例数"文本框中设置圆周阵列的个数为"8"，即为单列向心球轴承中滚珠的个数，圆周阵列参数的具体设置如图 10-107 所示，单击"确定"按钮，完成圆周阵列旋转切除实体，如图 10-108 所示。

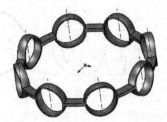

图 10-107　设置圆周阵列参数（2）　　　图 10-108　圆周阵列旋转切除实体 5

　　至此，保持架的建模就完成了。接下来通过"材料"对话框为保持架赋予"铸造不锈钢"材质。单击"标准"工具栏中的"保存"按钮，将零件保存为"保持架.SLDPRT"。

　　最终效果如图 10-109 所示，从 FeatureManager 设计树中可以清晰地看到整个零件的建模过程。

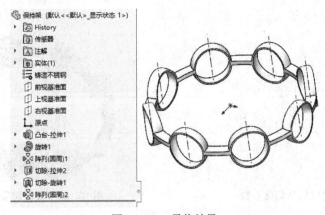

图 10-109　最终效果

10.7.3　创建轴承的滚珠

首先通过"旋转凸台/基体"按钮创建单个滚珠，然后将生成的单个滚珠零件插入新装配体中，再通过圆周阵列装配体中的滚珠零件，生成最终的模型。

1 滚珠零件的创建。

（1）新建文件。单击"标准"工具栏中的"新建"按钮 📄，或单击菜单栏中的"文件"→"新建"命令，在弹出的"新建 SOLIDWORKS 文件"对话框中，单击"零件"按钮 🦷，然后单击"确定"按钮，新建一个零件文件。

（2）新建旋转草图。选择"前视基准面"作为草图绘制平面，单击"草图"面板中的"草图绘制"按钮 匚，新建一张草图。

（3）绘制旋转草图轮廓。单击"草图"面板中的"中心线"按钮 ✏，绘制一条竖直中心线，并标注中心线到原点的距离为 58.75mm，将此中心线作为旋转特征的旋转轴；单击"草图"面板中的"圆"按钮 ⊙，绘制一个以坐标点（58.75，0）为圆心、直径为 28mm 的圆；单击"草图"面板中的"剪裁实体"按钮 ⊁，剪裁掉中心线左侧的半个圆；单击"草图"面板中的"直线"按钮 ✏，绘制一条将半圆封闭的竖直直线，得到的旋转草图轮廓如图 10-110 所示。

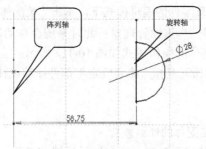

图 10-110　绘制旋转草图轮廓

（4）旋转实体。单击"特征"面板中的"旋转凸台/基体"按钮 🗱，或单击菜单栏中的"插入"→"凸台/基体"→"旋转"命令，在弹出的"旋转"属性管理器中选择图 10-110 中所示的直线作为旋转轴，则该直线显示在"旋转轴"列表框中，单击"确定"按钮 ✓，生成旋转特征。

（5）绘制装配体中的阵列轴。选择"前视基准面"作为草图绘制平面，单击"草图"面板中的"草图绘制"按钮 匚，进入草图绘制状态；单击"草图"面板中的"中心线"按钮 ✏，再绘制一条过原点的竖直中心线（此中心线将作为装配体中的阵列轴，在零件状态中没有其他作用）。

（6）设置材质。右击 FeatureManager 设计树中的"材质"按钮 🗃，在弹出的快捷菜单中单击"编辑材料"命令，在"材料"对话框中为滚珠赋予"合金钢"材质。

（7）保存文件。单击"标准"工具栏中的"保存"按钮🖫，将零件保存为"滚珠.SLDPRT"。最终效果如图 10-111 所示。

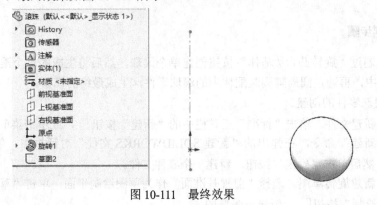

图 10-111　最终效果

2 创建滚珠装配体。

滚珠装配体的创建是通过阵列滚珠零件来实现的。阵列零件可以很方便地将零件沿圆周、直线生成多个相同的零件。

（1）新建文件。单击"标准"工具栏中的"新建"按钮🗋，在弹出的"新建SOLIDWORKS 文件"对话框中，单击"装配体"按钮🝆，然后单击"确定"按钮，进入装配体编辑模式。

（2）装配滚珠。在滚珠零件的编辑模式下，单击"装配体"面板中的"插入零部件"按钮🝆，弹出"插入零部件"属性管理器；此时系统会自动进入"插入零部件"模式，绘图光标变为🝆形状，具体的操作模式如图 10-112 所示；当拖动零部件到原点时，绘图光标变为🝆形状，此时松开鼠标，将会确定零部件在装配体中的位置，零部件在装配体中的状态有以下 3 种。

◯ 零部件被固定。

◯ 零部件的原点与装配体的原点重合。

◯ 零部件和装配体基准面对齐。这个过程虽然非必要，但可以帮助确定装配体的起始方位。

单击"确定"按钮✓，将滚珠零件插入装配体中。零件的原点及坐标轴和装配体对应的原点和坐标轴重合。此时，插入的滚珠零件显示在 FeatureManager 设计树中。

（3）圆周阵列滚珠。单击 FeatureManager 设计树中的"滚珠"，然后单击"装配体"面板中的"圆周零部件阵列"按钮🝆，或者单击菜单栏中的"插入"→"零部件阵列"→"圆周阵列"命令，在弹出的"圆周阵列"属性管理器中单击"阵列轴"列表框，然后在绘图区选择通过原点的中心线作为阵列轴；选择"等间距"单选按钮，使所有的零件等角度均匀分布，在"实例数"文本框🝆中设置圆周阵列的个数为"8"，即为单列向心球轴承中滚珠的个数，圆周阵列参数设置如图 10-113 所示；单击"确定"按钮✓，完成零件的圆周阵列。

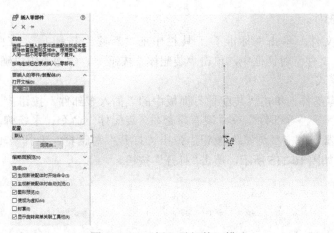

图 10-112 "插入零部件"模式

（4）保存文件。单击"标准"工具栏中的"保存"按钮，将文件保存为"滚珠装配体.SLDPRT"，最终效果如图 10-114 所示。

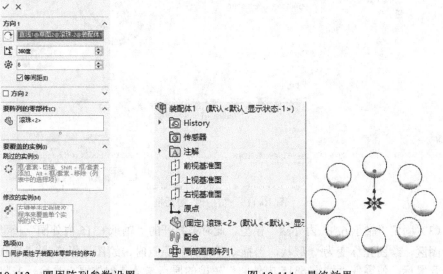

图 10-113 圆周阵列参数设置　　　　　图 10-114 最终效果

10.7.4 轴承 6315 的装配

 绘制步骤

在轴承 6315 的所有零件和子装配体都制作完成后，就需要把所有的零部件装配在一起。

1 插入零部件。

（1）新建文件。单击"标准"工具栏中的"新建"按钮 □，在弹出的"新建 SOLIDWORKS 文件"对话框中，单击"装配体"按钮 ●，然后单击"确定"按钮，进入装配体编辑模式。

（2）插入零部件。单击"装配体"面板中的"插入零部件"按钮 ♂，或单击菜单栏中的"插入"→"零部件"→"现有零部件/装配体"命令，系统弹出"插入零部件"属性管理器，单击"浏览"按钮，弹出"打开"对话框，选择"轴承 6315 内外圈.SLDPRT"，如图 10-115 所示，单击"打开"按钮。

图 10-115 "打开"对话框

（3）固定"轴承 6315 内外圈"模型。此时被打开的"轴承 6315 内外圈"模型显示在绘图区，绘图光标变为 形状，当拖动零部件到原点时，绘图光标变为 形状，此时松开鼠标，使零件"轴承 6315 内外圈"模型的原点与新装配体原点重合，并将其固定，此时的模型如图 10-116 所示，从中可以看到"轴承 6315 的内外圈"模型的位置被固定。

（4）插入保持架。再次单击"插入零部件"按钮 ♂，在弹出的"插入零部件"属性管理器中单击"浏览"按钮，在弹出的"打开"对话框中选择"保持架.SLDPRT"文件，并单击"打开"按钮，当绘图光标变为 形状时，将零件保持架插入装配体中的任意位置。

（5）插入滚珠装配体。采用同样的方法将子装配体（滚珠装配体）插入装配体中的任意位置。

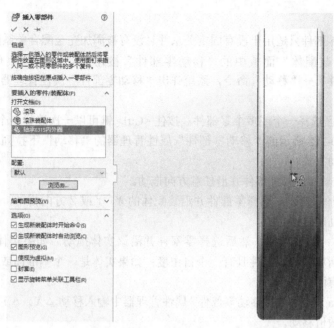

图 10-116 固定"轴承 6315 内外圈"模型

（6）保存文件。单击"标准"工具栏中的"保存"按钮 🖫，将零件保存为"轴承 6315.SLDASM"，插入零部件后的装配体如图 10-117 所示。

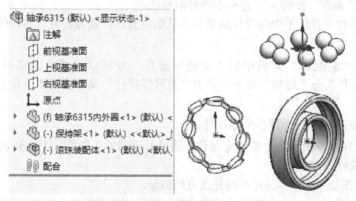

图 10-117 插入零部件后的装配体

②添加配合关系。

将零部件插入装配体中后，用户可以移动、旋转零部件或固定它们的位置，先大致确定零部件的位置，然后再使用配合关系来精确地定位零部件位置。

使用配合关系，可相对于其他零部件来精确地定位零部件，还可定义零部件如何相对于其他零部件移动或旋转。只有添加了完整的配合关系，才算完成了模型装配。

可以通过移动和旋转零部件使它们处于一个比较合适的位置，为添加配合关系做准备。

（1）移动零部件只适用于没有固定关系并且没有被添加完全配合关系的零部件。

① 单击"装配体"面板中的"移动零部件"按钮，或单击菜单栏中的"工具"→"零部件"→"移动"命令，系统弹出"移动零部件"属性管理器，并且绘图光标变为形状。

② 在绘图区选择一个或多个零部件。按住 <Ctrl> 键可以一次选择多个零部件。

③ 在图 10-118 所示的"移动零部件"属性管理器的"移动"下拉列表中选择以下任意一种移动方式。

● 自由拖动：选择零部件并沿任意方向拖动。

● 沿装配体 XYZ：选择零部件并沿装配体的 X、Y 或 Z 方向拖动，绘图区会显示坐标系，以帮助确定方向。

● 沿实体：选择实体，然后选择零部件并沿该实体拖动。如果实体是一条直线、边线或轴，则所移动的零部件具有一个自由度；如果实体是一个基准面或平面，则所移动的零部件具有两个自由度。

● 由 Delta XYZ：在"移动零部件"属性管理器中输入移动 $\triangle X$、$\triangle Y$、$\triangle Z$ 的范围，零件按指定的数值移动。

● 到 XYZ 位置：选择零部件的一点，在"移动零部件"属性管理器中输入 X、Y 或 Z 坐标，则零部件的点将移动到指定坐标位置。如果选择的项目不是顶点或点，则零部件的原点会被置于所指定的坐标点处。

④ 单击"确定"按钮，完成零部件的移动。

（2）当移动零件还不能将零件放置到合适的位置时，就需要旋转零部件。旋转零件的方法如下。

① 单击"装配体"面板中的"旋转零部件"按钮，或单击菜单栏中的"工具"→"零部件"→"旋转"命令，弹出"旋转零部件"属性管理器，并且绘图光标变为形状。

② 在绘图区选择一个或多个零部件。

③ 在图 10-119 所示的"旋转零部件"属性管理器的"旋转"下拉列表中选择以下任意一种旋转方式。

● 自由拖动：选择零部件并沿任意方向拖动。

● 对于实体：选择一条直线、边线或轴，然后围绕所选实体旋转零部件。

● 由 Delta XYZ：选择零部件，在"旋转零部件"属性管理器中输入旋转 $\triangle X$、$\triangle Y$、$\triangle Z$ 的范围，然后零部件按照指定的角度分别绕 X、Y 和 Z 轴旋转。

④ 单击"确定"按钮，完成旋转零部件的操作。

移动和旋转零部件后，将装配体中的零件调整到合适的位置，如图 10-120 所示。

下面为轴承 6315 添加配合关系。首先为滚珠装配体和保持架添加配合关系。

（1）单击"装配体"面板中的"配合"按钮，或单击菜单栏中的"插入"→"配合"命令，在绘图区选择要添加配合关系的实体——保持架的中心轴和滚珠装配体的中心轴，所选实体会显示在"配合"属性管理器的"要配合的实体"列表框中。在"标准配合"选项组中单击"重合"按钮人，如图 10-121 所示，单击"确定"按钮✓，将保持架和滚珠装配体的两个中心线和轴赋予重合关系。

图 10-118　"移动零部件"属性管理器

图 10-119　"旋转零部件"属性管理器

图 10-120　在装配体中调整零件到合适的位置

（2）单击"装配体"面板中的"配合"按钮，在 FeatureManager 设计树中，选择保持架零件的"前视基准面"和滚珠装配体的"上视基准面"；在"标准配合"选项组中，单击"重合"按钮人，然后单击"确定"按钮✓，将两个零部件的所选基准面赋予重合关系。

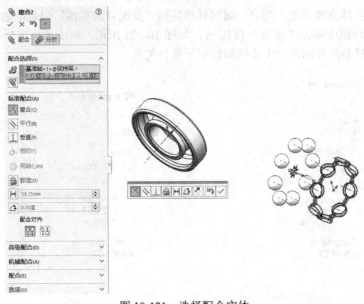

图 10-121　选择配合实体

（3）单击"装配体"面板中的"配合"按钮 ◎，在 FeatureManager 设计树中，选择保持架零件的"右视基准面"和滚珠装配体的"前视基准面"；在"标准配合"选项组中，单击"重合"按钮 人，再单击"确定"按钮 ✓，将两个零部件的所选基准面赋予重合关系。

至此，滚珠装配体和保持架的装配就完成了，装配好的滚珠装配体和保持架如图 10-122 所示。

（4）单击"装配体"面板中的"配合"按钮 ◎，在 FeatureManager 设计树中，选择保持架零件的"前视基准面"和"轴承 6315"零件的"右视基准面"；在"标准配合"选项组中，单击"重合"按钮 人，然后单击"确定"按钮 ✓，将两个零部件的所选基准面赋予重合关系，如图 10-123 所示。

图 10-122　装配好的保持架零件和滚珠装配体

（5）单击"装配体"面板中的"配合"按钮 ◎，在绘图区选择轴承内外圈的中心轴和滚珠装配体的中心轴；在"标准配合"选项组中，单击"重合"按钮 人，使轴承内外圈和保持架同轴线，如图 10-124 所示；单击"装配体"面板中的"旋转零部件"按钮 ◎，此时可以自由旋转保持架，说明装配体还没有被完全定义，要固定保持架，还需要再定义一个配合关系。

（6）单击"装配体"面板中的"配合"按钮 ◎，在 FeatureManager 设计树中，选择保持架零件的"上视基准面"和轴承内外圈的"上视基准面"，在"标准配合"选项组中，单击"重合"按钮 人，再单击"确定"按钮 ✓，将两个零部件的所选基准面赋予重合关系，从而完全定义轴承的装配关系。

图 10-123　基准面重合后的效果　　　　　　　图 10-124　　中心轴同轴后的效果

（7）保存文件。单击"保存"按钮▣，将装配体保存；单击菜单栏中的"视图"→"隐藏 / 显示"→"隐藏所有类型"命令，将所有草图或参考轴等元素隐藏起来，完全定义好配合关系的装配体轴承 6315 如图 10-125 所示。

图 10-125　　完全定义好配合关系的装配体轴承 6315

10.7.5　创建轴承 6319

 绘制步骤

图 10-126 所示为轴承 6319 的二维工程图。装配体轴承 6319 的生成基于装配体轴承 6315 及其零件。将装配体轴承 6315 中的零件通过编辑草图、特征重定义和动态修改特征的方法生成装配体轴承 6319 所需尺寸的零件，再通过更新装配体的方法生成新的装配体。

将装配体轴承 6315 及其对应的零部件文件复制到另一个文件夹，即"轴承组件"下，以避免对装配体的重新装配以及由此带来的装配错误等。

1 利用"编辑草图"命令修改零件滚珠。零件生成后，如果要对生成特征的草图做进一步的修改，就需要使用"编辑草图"命令来完成，下面利用该命令修改零件滚珠，使之成为装配体轴承 6319 所需的零件尺寸。

（1）打开文件。在"轴承组件"文件夹中打开零件"滚珠.SLDPRT"。

（2）编辑草图。在 FeatureManager 设计树中右击要编辑的草图，在弹出的快捷菜单中单击"编辑草图"命令，进入草图绘制状态，将草图的尺寸更改为图 10-127 所示的值；单击绘图区右上角的"退出草图"按钮 ，确认对草图的修改，零件将自动更新特征。

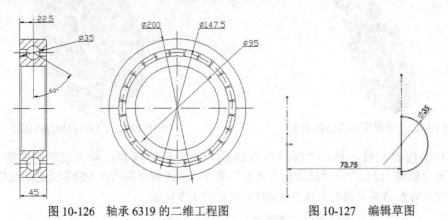

图 10-126　轴承 6319 的二维工程图　　　　图 10-127　编辑草图

（3）保存文件。单击菜单栏中的"文件"→"另存为"命令，将新修改的零件保存为"滚珠 6319.SLDPRT"。

2 更新滚珠装配体。"轴承组件"文件夹下的"滚珠装配体.SLDASM"中只有零件"滚珠.SLDPRT"，该零件改变后，整个滚珠装配体也就可以随之更新。

（1）打开文件。在"轴承组件"文件夹中打开装配体"滚珠装配体.SLDASM"。

（2）重建模型。在打开装配体的同时，会弹出一个询问是否重建模型的对话框，如图 10-128 所示，单击"重建"按钮，此时装配体模型会更新所有配合关系和所用到的零件。

（3）零件替换。右击 FeatureManager 设计树中的零件"滚珠"，在弹出的快捷菜单中单击"替换零部件"命令，在弹出图 10-129 所示的"替换"属性管理器中，单击"浏览"按钮，在弹出的"打开"对话框中选择"滚珠 6319.SLDPRT"文件，用"滚珠 6319.SLDPRT"替换"滚珠.SLDPRT"，单击"确定"按钮 ，完成零件的替换。

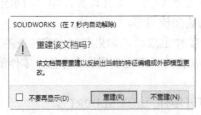

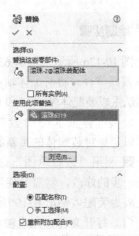

图 10-128　是否重建模型对话框　　　　图 10-129　"替换"属性管理器

（4）保存文件。单击菜单栏中的"文件"→"另存为"命令，将修改后的装配体保存为"滚珠装配体 6319.SLDASM"。

3 重定义零件轴承 6315 内外圈的特征。对于轴承 6315 的内外圈，首先利用"编辑草图"命令修改旋转特征的草图轮廓尺寸，然后再利用特征重定义的方法重新定义圆角特征。

（1）编辑草图。在 FeatureManager 设计树中右击"旋转"特征对应的草图，在弹出的快捷菜单中单击"编辑草图"命令；单击"前导视图"工具栏中的"正视于"按钮 ↧，使视图方向正视于该草图以利于编辑。

（2）修改草图尺寸。单击"草图"面板中的"智能尺寸"按钮 ◆，修改草图中的各个尺寸，修改后的草图尺寸如图 10-130 所示；单击绘图区右上角的"退出草图"按钮 ↳，确认对草图的修改，零件将自动更新特征，更新草图后的模型如图 10-131 所示。

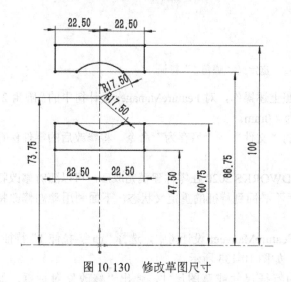

图 10-130　修改草图尺寸

图 10-131　更新草图后的模型

零件特征生成后，用户可以对特征进行多种操作，如删除、重定义、复制等，特征重定义是频繁使用的一项功能。特征生成之后，如果用户发现特征的某些地方不符合要求，不必删除特征，而可以通过对特征重定义来修改特征的参数，如拉伸特征的深度、圆角特征中处理的边线或半径等。

4 利用重定义特征，对零件的圆角特征进行操作。

（1）重定义"圆角 1"特征。在 FeatureManager 设计树中，选择"圆角 1"特征。单击菜单栏中的"编辑"→"定义"命令，或右击 FeatureManager 设计树中的"圆角 1"并在弹出的快捷菜单中单击"编辑特征"命令，弹出"圆角 1"属性管理器（根据特征的类型，系统会弹出相应的属性管理器），在"半径"文本框 入 中设置圆角的半径为"4.0mm"，从而重新定义该特征，如图 10-132 所示，单击"确定"按钮 ✓，确认特征的重定义。

图 10-132　重定义"圆角 1"特征

（2）重定义"圆角 2"特征。仿照上述操作，对 FeatureManager 设计树中的"圆角 2"特征进行重定义，将圆角半径设置为 4.0mm。

（3）保存文件。单击菜单栏中的"文件"→"另存为"命令，将修改后的零件保存为"轴承 6319 内外圈.SLDPRT"。

5 动态修改零件保持架。SOLIDWORKS 2020 在零件建模完成后，可以随时修改特征参数（如拉伸特征的深度等），而不必回到特征的重定义状态。下面利用动态修改特征方法修改零件保持架。

（1）显示特征草图和尺寸。在 FeatureManager 设计树中，选择"凸台-拉伸 1"特征，此时会显示对应的特征草图和尺寸，如图 10-133 所示。

（2）修改尺寸。双击要修改的特征尺寸或草图尺寸，弹出"修改"对话框，如图 10-134 所示，将拉伸的草图尺寸修改为 180mm，拉伸深度修改为 4mm。当对修改效果满意时，在绘图区的空白处单击，即可确认尺寸的修改，或按 <Esc> 键放弃修改。

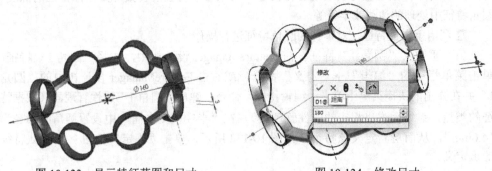

图 10-133　显示特征草图和尺寸　　　　　　图 10-134　修改尺寸

（3）修改"旋转 1"的草图尺寸。在 FeatureManager 设计树或绘图区双击要修改的特征"旋转 1"，将草图尺寸"58.75"修改为"73.75"，将草图尺寸"30"修改为"37"，如图 10-135 所示；在绘图区的空白处单击，确认尺寸的修改。

（4）修改"切除-拉伸 1"的草图尺寸。在 FeatureManager 设计树或绘图区双击要修改的特征"切除-拉伸 1"，将草图尺寸"110"修改为"140"，将草图尺寸"125"修改为"155"，如图 10-136 所示；在绘图区的空白处单击，确认尺寸的修改。

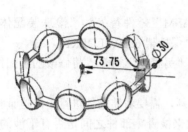

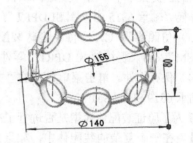

图 10-135　修改"旋转 1"的草图尺寸　　　图 10-136　修改"切除-拉伸 1"的草图尺寸

（5）修改"切除-旋转 1"的草图尺寸。在 FeatureManager 设计树或绘图区双击要修改的特征"切除-旋转 1"，将草图尺寸"58.75"修改为"73.75"，将草图尺寸"28"修改为"35"，如图 10-137 所示。

（6）重建模型。将特征或对应的草图尺寸全部修改后，系统并不会立即更新这种改变，需要单击"标准"工具栏中的"重建模型"按钮，或单击菜单栏中的"编辑"→"重建模型"命令。

（7）单击菜单栏中的"文件"→"另存为"命令，将修改尺寸并更新后的零件保存为"保持架 6319.SLDPRT"，效果如图 10-138 所示。

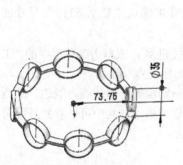

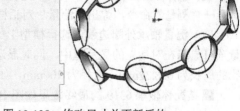

图 10-137　修改"切除-旋转 1"的　　　　图 10-138　修改尺寸并更新后的
　　　　　　草图尺寸　　　　　　　　　　　　　　　零件

⑥ 更新装配体。在修改完轴承 6319 中零件的尺寸后，对装配体进行重建，从而更新装配体。

（1）打开文件。在"轴承组件"文件夹中打开装配体"轴承 6315.SLDASM"，在弹出的询问是否重建模型的对话框中，单击"重建"按钮，装配体模型将更新所有的装配关系和零部件尺寸。

（2）替换零件。右击 FeatureManager 设计树中的零件"轴承 6315 内外圈.SLDPRT"，在弹出的快捷菜单中单击"替换零部件"命令，用新生成的"轴承 6319 内外圈.SLDPRT"零件替换"轴承 6315 内外圈.SLDPRT"。

（3）仿照步骤（2），将"滚珠装配体.SLDASM"零件替换为"滚珠装配体 6319.SLDASM"，将"保持架.SLDPRT"零件替换为"保持架 6319.SLDPRT"。

（4）保存文件。单击菜单栏中的"文件"→"另存为"命令，将修改的装配体另存为"轴承 6319.SLDASM"。

⑦ 为了验证装配体模型是否进行了准确的更新，需要对装配体进行干涉检查和尺寸的测量。在一个复杂的装配体中，如果想用视觉来检查零部件之间是否有干涉的情况，是件很困难的事。SOLIDWORKS 可以在零部件之间进行干涉检查，并且能查看所检查到的干涉，可以检查整个装配体或所选零部件组之间的碰撞与冲突。下面对装配体轴承 6319 进行干涉检查，操作步骤如下。

单击"评估"面板中的"干涉检查"按钮 🔩，或单击菜单栏中的"工具"→"评估"→"干涉检查"命令，在弹出的"干涉检查"属性管理器的"所选零部件"列表框中显示装配体"轴承 6319.SLDASM"，单击"计算"按钮，在"结果"选项组下方的列表框中可以看到有 0 个干涉项目，说明装配体并不存在干涉问题，如图 10-139 所示；单击"确定"按钮 ✓，完成干涉检查。

⑧ SOLIDWORKS 不仅能完成三维设计工作，还能对所设计的模型进行简单的计算。这些计算工具可以测量草图、三维模型、装配体或工程图中直线、点、曲面、基准面的距离、角度、半径、大小，以及它们之间的距离、角度、半径或尺寸。测量两点之间的距离时，两点的 X、Y 和 Z 距离差值会显示出来。选择顶点或草图点时，会显示其 X、Y 和 Z 的坐标值。

下面通过测量装配体"轴承 6319.SLDASM"的尺寸来确认"轴承 6319"尺寸的准确性。

（1）选择测量工具。单击"评估"面板中的"测量"按钮 🔎，或单击菜单栏中的"工具"→"测量"命令，弹出"测量"对话框，此时绘图光标变为 🔎 形状。

（2）测量轴承外圈边线。选择模型上的测量项目——轴承的外圈边线，被选择的测量项目显示在对话框的显示框中，同时显示所得到的测量结果，在其中可以看到外圈边线的周长为 628.32mm、直径为 200mm，如图 10-140 所示。

⑨ 装配体轴承 6319 的最终效果如图 10-141 所示。

图 10-139　干涉检查

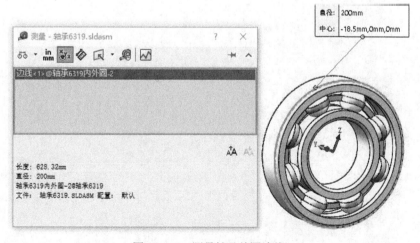

图 10-140　测量轴承外圈边线

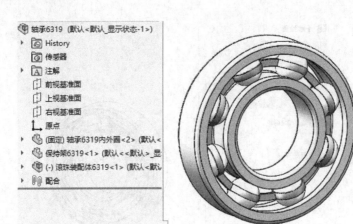

图 10-141　装配体轴承 6319 的最终效果

第 11 章
动画制作

SOLIDWORKS 是一款功能强大的 CAD 软件，方便快捷是其特色。特别是自 SOLIDWORKS 2001 后内置的 Animator 插件，秉承了 SOLIDWORKS 一贯的简便易用的风格，可以很方便地生成工程机构的演示动画，让原先呆板的设计成品动了起来，用简单的办法实现了产品的功能展示，增强了产品的竞争力和亲和力。

知识点

> 运动算例
> 动画向导
> 动画
> 基本运动
> 保存动画

11.1 运动算例

运动算例是装配体模型运动的图形模拟，可将诸如光源和相机透视图之类的视觉属性融合到运动算例中。运动算例不更改装配体模型及其属性。

11.1.1 新建运动算例

新建运动算例有两种方法。

（1）新建一个零件文件或装配体文件，在 SOLIDWORKS 界面左下角会出现"运动算例"标签。右击"运动算例"标签，在弹出的快捷菜单中单击"生成新运动算例"命令，如图 11-1 所示，自动生成新的运动算例。

图 11-1 快捷菜单

（2）打开装配体文件，单击"装配体"面板中的"新建运动算例"按钮，在左下角自动生成新的运动算例。

11.1.2 运动算例 MotionManager 简介

单击"运动算例 1"标签，弹出"运动算例 1"MotionManager，如图 11-2 所示。

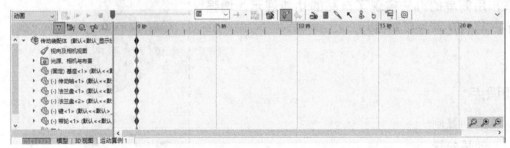

图 11-2 "运动算例 1"MotionManager

1. MotionManager 工具

MotionManager 工具的介绍如表 11-1 所示。

表 11-1 MotionManager 工具的介绍

按钮	名称	功能	按钮	名称	功能
∨	算例类型	选择运动类型的逼真度，包括动画和基本运动	✦	添加／更新键码	单击以添加新键码或更新现有键码的属性
▶	从头播放	重新设定部件并播放模拟	▤	弹簧	在两个零部件之间添加一弹簧

按钮	名称	功能	按钮	名称	功能
■	停止	停止播放模拟	♂	引力	给算例添加引力
→・▼	播放模式	包括正常、循环和往复模式	🎬	过滤动画	显示在动画过程中移动或更改的项目
📷	动画向导	在当前时间栏位置插入视图旋转或爆炸 / 解除爆炸	⚐	过滤选定	显示选中项
🔍	放大	放大时间线以进行关键点和时间更精确的定位	🔧	马达	在装配体中移动零部件的运动算例单元
🔍	全显	全屏显示全图	⚖	接触	定义选定零部件之间的接触
📇	计算	使部件的视像属性随着动画的进程而变化	▽	无过滤	显示所有项
▶	播放	从当前时间栏位置播放模拟	🔩	过滤驱动	显示引发运动或其他更改的项目
1X ▼	播放速度	设定播放速度或总的播放持续时间	📑	过滤结果	显示模拟结果项
📇	保存动画	将动画保存为 AVI 或其他类型	🔍	缩小	缩小时间线以在窗口中显示更大时间间隔
✏	自动解码	在移动或更改零部件时自动放置新键码	—	—	—

2. MotionManager 界面

（1）时间线：时间线是动画的时间界面。时间线位于 MotionManager 设计树的右方。时间线显示运动算例中动画事件的时间和类型。时间线被竖直网格线均分，这些网络线对应于表示时间的数字标记，数字标记从 00:00:00 开始。时标依赖于窗口大小和缩放等级。

（2）时间栏：时间线上的纯黑灰色竖直线即为时间栏。它代表当前时间。在时间栏上右击，弹出图 11-3 所示的快捷菜单。具体命令如下。

- ◉ 放置键码：时间线位置添加新键码点并拖动键码点以调整位置。
- ◉ 粘贴：粘贴先前剪切或复制的键码点。
- ◉ 选择所有：选择所有键码点以将之重组。

（3）更改栏：更改栏是连接键码点的水平栏，表示键码点之间的更改。

（4）键码点：键码点代表动画位置更改的开始或结束或者某特定时间的其他特性。

（5）关键帧：关键帧是键码点之间可以为任何时间长度的区域，用来定义装配体零部件运动或视觉属性更改所发生的时间。

　　MotionManager 界面上的按钮和更改栏功能如图 11-4 所示。

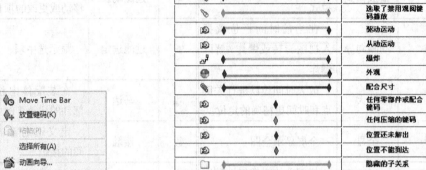

按钮和更改栏		更改栏功能
		总动画持续时间
		视向及相机视图
		选取了禁用观阅键码播放
		驱动运动
		从动运动
		爆炸
		外观
		配合尺寸
		任何零部件或配合键码
		任何压缩的键码
		位置还未解出
		位置不能到达
		隐藏的子关系

图 11-3　时间栏右键快捷菜单　　　　图 11-4　更改栏功能

11.2　动画向导

　　单击"运动算例 1"MotionManager 上的"动画向导"按钮，系统弹出"选择动画类型"对话框，如图 11-5 所示。

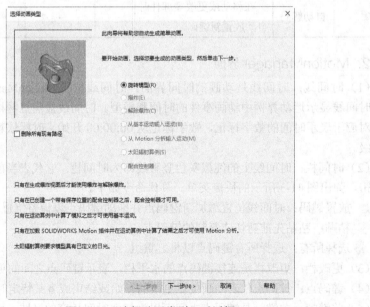

图 11-5　"选择动画类型"对话框

11.2.1　旋转

下面结合实例讲述旋转零件或装配体的方法。

【实例 11-1】 旋转

（1）打开源文件 "X:\源文件\ch11\原始文件"，打开 "凸轮" 零件，如图 11-6 所示。

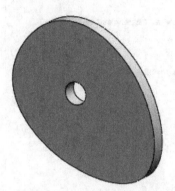

图 11-6　"凸轮" 零件

（2）选择 "选择动画类型" 对话框中的 "旋转模型" 单选按钮，单击 "下一步" 按钮。

（3）弹出 "选择—旋转轴" 对话框，如图 11-7 所示，在对话框中选择旋转轴为 "Z-轴"、旋转次数为 "1"、逆时针旋转，单击 "下一步" 按钮。

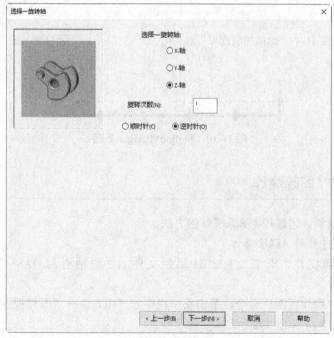

图 11-7　"选择—旋转轴" 对话框

（4）弹出"动画控制选项"对话框，如图 11-8 所示。在对话框中设置时间长度为
10 秒、开始时间为 0 秒，单击"完成"按钮。

（5）单击"运动算例 1"MotionManager 上的"播放"按钮▶，设置视图中的实体绕 Z 轴逆
时针旋转 10 秒，图 11-9 所示是凸轮旋转到 5 秒处的动画，MotionManager 界面如图 11-10 所示。

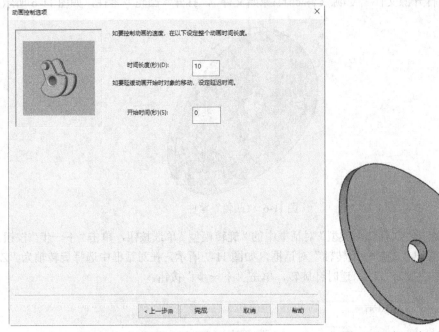

图 11-8　"动画控制选项"对话框　　　　　　　　　图 11-9　在 5 秒处的动画

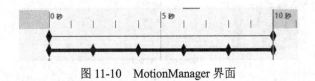

图 11-10　MotionManager 界面

11.2.2　爆炸 / 解除爆炸

下面结合实例讲述爆炸 / 解除爆炸的方法。

【实例 11-2】爆炸 / 解除爆炸

（1）打开源文件"X:\源文件\ch11\原始文件\11.2\同轴心.SLDASM"，如图 11-11
所示。

（2）执行"爆炸视图"命令。单击菜单栏中的"插入"→"爆炸视图"命令，此时
系统弹出图 11-12 所示的"爆炸"属性管理器。

（3）设置属性管理器。在"添加阶梯"选项组中的"爆炸步骤零部件"列表框

中，单击并选择图 11-11 中的"同轴心 1"零件，此时装配体中被选中的零件会高亮显示，并且出现一个设置移动方向的坐标，如图 11-13 所示。

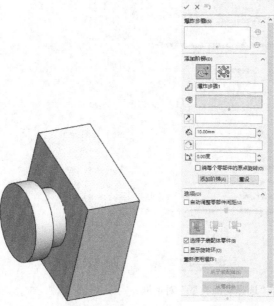

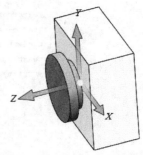

图 11-11　"同轴心"装配体　　图 11-12　"爆炸"属性管理器　　图 11-13　移动方向的坐标

（4）设置爆炸方向。单击图 11-13 中坐标的某一方向，并在"距离"文本框ⱥ中设置爆炸距离，如图 11-14 所示。

（5）单击"添加阶梯"选项组中的"添加阶梯"按钮，观测视图中预览的爆炸效果，单击"反向"按钮ⱥ，可以反方向调整爆炸视图。单击"完成"按钮，第一个零件爆炸完成，结果如图 11-15 所示。

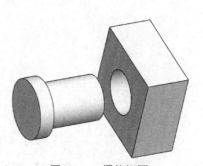

图 11-14　设置方向和距离　　　　　　　　图 11-15　爆炸视图

（6）单击"运动算例 1"MotionManager 上的"动画向导"按钮，系统弹出"选择动画类型"对话框，如图 11-16 所示。

图 11-16 "选择动画类型"对话框

（7）选择"选择动画类型"对话框中的"爆炸"单选按钮，单击"下一步"按钮。

（8）弹出"动画控制选项"对话框，如图 11-17 所示。在对话框中设置时间长度为 10 秒、开始时间为 0 秒，单击"完成"按钮。

图 11-17 "动画控制选项"对话框

（9）单击"运动算例 1" MotionManager 上的"播放"按钮▶，设置视图中的"同轴心 1"零件沿 Z 轴正方向运动。动画如图 11-18 所示，MotionManager 界面如图 11-19 所示。

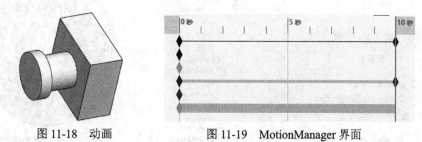

图 11-18　动画　　　　图 11-19　MotionManager 界面

（10）选择"选择动画类型"对话框中的"解除爆炸"单选按钮。

（11）单击"运动算例 1" MotionManager 上的"播放"按钮▶，设置视图中的"同轴心 1"零件向 Z 轴负方向运动。动画如图 11-20 所示，MotionManager 界面如图 11-21 所示。

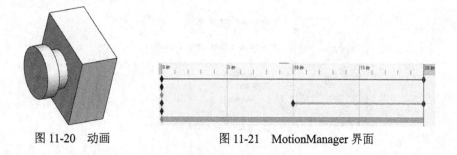

图 11-20　动画　　　　图 11-21　MotionManager 界面

11.2.3　实例——轴承装配休分解结合动画

本小节通过轴承装配体分解结合动画实例来讲述利用动画向导建立动画的一般过程。

绘制步骤

❶ 打开装配体文件。打开装配体 "X:\源文件\ch11\原始文件\ 轴承装配体爆炸 \ 轴承装配体爆炸.SLDASM"，如图 11-22 所示。

❷ 解除爆炸。单击 "ConfigurationManager"，打开图 11-23 所示的"配置"管理器，在爆炸视图处右击，弹出图 11-24 所示的右键快捷菜单，单击"解除爆炸"命令，装配体恢复爆炸前状态，如图 11-25 所示。

图 11-22　轴承装配体爆炸

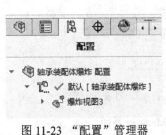

图 11-23　"配置"管理器

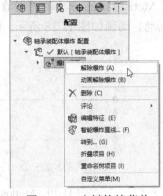

图 11-24　右键快捷菜单

图 11-25　解除爆炸

3 爆炸动画。

（1）单击"运动算例 1"MotionManager 上的"动画向导"按钮，系统弹出"选择动画类型"对话框，如图 11-26 所示。

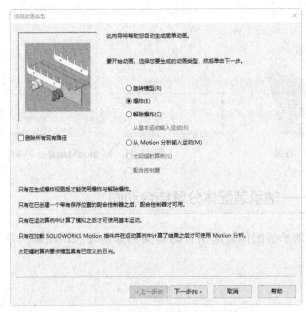

图 11-26　"选择动画类型"对话框

（2）选择"选择动画类型"对话框中的"爆炸"单选按钮，单击"下一步"按钮。

（3）系统弹出"动画控制选项"对话框，如图 11-27 所示。在对话框中设置时间长度为 15 秒、开始时间为 0 秒，单击"完成"按钮。

（4）单击"运动算例 1"MotionManager 上的"播放"按钮，视图中的各个零件按照爆炸图的路径运动。在 6 秒处的动画如图 11-28 所示，MotionManager 界面如图 11-29 所示。

图 11-27　"动画控制选项"对话框

图 11-28　在 6 秒处的动画

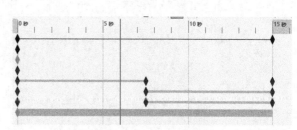

图 11-29　MotionManager 界面

4 结合动画。

（1）单击"运动算例 1"MotionManager 上的"动画向导"按钮，系统弹出"选择动画类型"对话框，如图 11-30 所示。

（2）选择"选择动画类型"对话框中的"解除爆炸"单选按钮，单击"下一步"按钮。

（3）系统弹出"动画控制选项"对话框，如图 11-31 所示。在对话框中设置时间长度为 15 秒、开始时间为 16 秒，单击"完成"按钮。

（4）单击"运动算例 1"MotionManager 上的"播放"按钮，视图中的各个零件按照爆炸图的路径运动。在 21.5 秒处的动画如图 11-32 所示，MotionManager 界面如图 11-33 所示。

图 11-30　"选择动画类型"对话框

图 11-31　"动画控制选项"对话框

图 11-32　在 21.5 秒处的动画

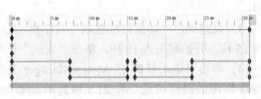

图 11-33　MotionManager 界面

11.3　动画

若需生成使用插值以在装配体中指定零件点到点之间运动的简单动画，可应用基于马达的动画到装配体零部件中来实现这一需求。

可以通过以下方式来生成动画运动算例。

- 通过拖动时间栏并移动零部件生成基本动画。
- 使用动画向导生成动画或给现有运动算例添加旋转、爆炸或解除爆炸效果（在运动分析算例中无法使用）。
- 生成基于相机橇的动画。
- 使用马达或其他模拟单元驱动运动。

11.3.1　基于关键帧动画

沿时间线拖动时间栏到某一时间关键点，然后移动零部件到目标位置。MotionManager 将零部件从其初始位置移动到指定的位置。

可以沿时间线移动时间栏为装配体位置中的下一更改定义时间。

11.3.2　实例——创建茶壶的动画

本小节将通过茶壶动画实例来讲述基于关键帧建立动画的一般过程。

 绘制步骤

1 打开装配体"X:\源文件\ch11\原始文件\ 茶壶 \ 茶壶.SLDASM"，单击"视图"工具栏中的"等轴测"视图，如图 11-34 所示。

2 在"视向及相机视图"栏时间线 0 秒处右击，在弹出的快捷菜单中单击"替换键码"命令。

3 将时间栏拖动到 2 秒处，在视图中将视图旋转，如图 11-35 所示。

图 11-34　等轴测视图

图 11-35　旋转后的视图

4 在"视向及相机视图"栏时间线上右击，在弹出的快捷菜单中单击"放置键码"命令。

⑤ 单击 MotionManager 工具栏上的"播放"按钮▶，茶壶动画如图 11-36 所示，MotionManager 界面如图 11-37 所示。

 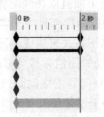

图 11-36　茶壶动画（1）　　　图 11-37　MotionManager 界面（1）

⑥ 将时间栏拖动到 4 秒处。

⑦ 在茶壶装配体 FeatureManager 设计树中，删除"重合"配合关系，如图 11-38 所示。

⑧ 在视图中拖动壶盖沿 Y 轴移动，如图 11-39 所示。

图 11-38　茶壶装配体 FeatureManager 设计树　　　图 11-39　移动壶盖

⑨ 单击 MotionManager 工具栏上的"播放"按钮▶，茶壶动画如图 11-40 所示，MotionManager 界面如图 11-41 所示。

 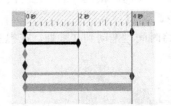

图 11-40　茶壶动画（2）　　　图 11-41　MotionManager 界面（2）

11.3.3　基于马达的动画

下面结合实例讲述基于马达的动画的设置方法。

【实例 11-3】基于马达的动画

（1）单击 MotionManager 工具栏上的"马达"按钮🖭。

（2）设置马达类型。系统弹出"马达"属性管理器，如图 11-42 所示。在"马达类型"选项组中单击"旋转马达"或者"线性马达驱动器"按钮。

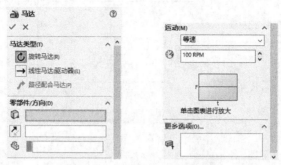

图 11-42　"马达"属性管理器

（3）选择零部件和方向。在"零部件 / 方向"选项组中选择要做动画的表面或零件，可单击"反向"按钮⬈来调节方向。

（4）选择运动类型。在"运动"选项组中，在"类型"下拉列表中选择运动类型，包括"等速""距离""振荡""线段""数据点"和"表达式"。

- 等速：马达速度为常量，输入速度值。
- 距离：马达以设定的距离和时间帧运行，为位移、开始时间以及持续时间设定值，如图 11-43 所示。
- 振荡：为振幅和频率设定值，如图 11-44 所示。

图 11-43　"距离"运动

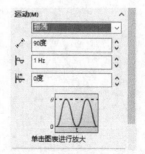

图 11-44　"振荡"运动

- 线段：选定线段（位移、速度、加速度），为插值时间和数值设定值，线段"函数编制程序"对话框如图 11-45 所示。

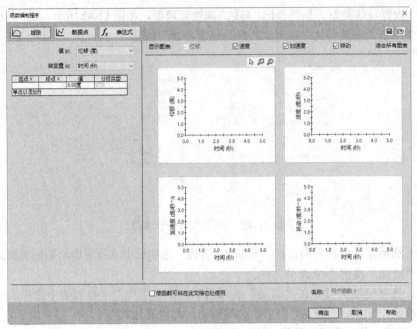

图 11-45 "线段"运动

● 数据点：输入表达数据（位移、时间、立方样条曲线），数据点"函数编制程序"
对话框如图 11-46 所示。

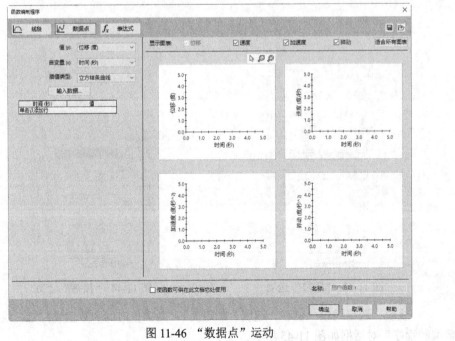

图 11-46 "数据点"运动

● 表达式：选择马达运动表达式所应用的变量（位移、速度、加速度、猝动），表达式"函数编制程序"对话框如图 11-47 所示。

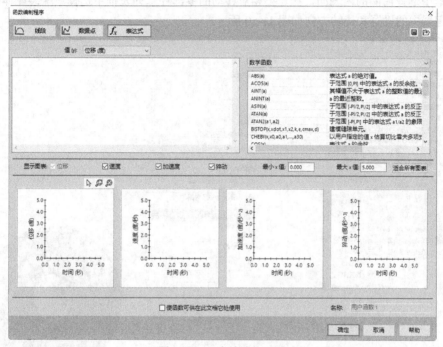

图 11-47　"表达式"运动

（5）确认动画。单击属性管理器中的"确定"按钮 ✓，动画设置完毕。

11.3.4　实例——轴承装配体基于马达的动画

本小节将通过轴承装配体基于马达的动画实例来讲述基于马达建立动画的一般过程。

 绘制步骤

1 基于旋转马达动画。

（1）打开装配体"X:\源文件\ch11\原始文件\ 轴承装配体 \ 轴承装配体.SLDASM"，如图 11-48 所示。

（2）在轴承装配体 FeatureManager 设计树上删除所有的配合关系，然后将保持架零件拖到滚珠装配体中，如图 11-49 所示。

（3）将时间栏拖到 5 秒处。

（4）单击 MotionManager 工具栏上的"马达"按钮

图 11-48　轴承装配体

，系统弹出"马达"属性管理器。

（5）在属性管理器"马达类型"选项组中单击"旋转马达"按钮，在"马达位置"列表框中选择内圈的内表面，在"要相对移动的零部件"列表框中选择滚珠装配体，属性管理器中的设置和旋转方向如图 11-50 所示。

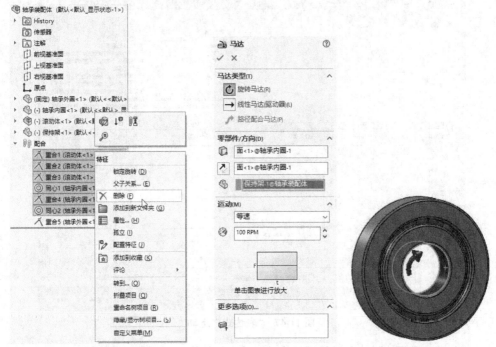

图 11-49　FeatureManager 设计树　　　　图 11-50　属性管理器和旋转方向

（6）在属性管理器"运动"选项组中选择"等速"运动，单击"确定"按钮 ✓，完成马达的创建。

（7）单击 MotionManager 工具栏上的"播放"按钮 ▶，滚珠装配体绕中心轴旋转，传动动画如图 11-51 所示，MotionManager 界面如图 11-52 所示。

图 11-51　传动动画（1）

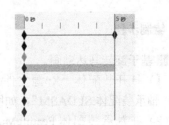

图 11-52　MotionManager 界面（1）

❷ 基于线性马达的动画。

（1）新建运动算例。右击"运动算例"标签，在弹出的快捷菜单中单击"生成新运动算例"命令。

（2）单击 MotionManager 工具栏上的"马达"按钮 🔝，系统弹出"马达"属性管理器。

（3）在"马达类型"选项组中单击"线性马达驱动器"按钮，在"马达位置"列表框中选择外圈的边线，在"要相对移动的零部件"列表框中选择滚珠装配体，属性管理器中的设置和线性方向如图 11-53 所示。

（4）单击属性管理器中的"确定"按钮 ✓，完成马达的创建。

（5）单击 MotionManager 工具栏上的"播放"按钮 ▶，滚珠装配体沿 Y 轴移动，传动动画如图 11-54 所示，MotionManager 界面如图 11-55 所示。

图 11-53 属性管理器和线性方向（1）

图 11-54 传动动画（2）

（6）单击 MotionManager 工具栏上的"马达"按钮 🔝，系统弹出"马达"属性管理器。

（7）在属性管理器"马达类型"选项组中单击"线性马达驱动器"按钮，在视图中选择外圈上的边线，属性管理器中的设置和线性方向如图 11-56 所示。

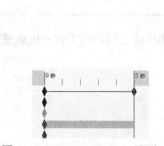

图 11-55 MotionManager 界面（2）

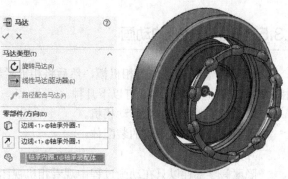

图 11-56 属性管理器和线性方向（2）

（8）在属性管理器"运动"选项组中选择"距离"运动，设置距离为"200mm"，起始时间为"0.00 秒"，终止时间为"10.00 秒"，如图 11-57 所示。

（9）单击属性管理器中的"确定"按钮 ✓，完成马达的创建。

（10）在 MotionManager 界面的时间栏上将总动画持续时间拉到 10 秒处，在线性马达 1 栏 5 秒时间栏键码处右击，在弹出的快捷菜单中单击"关闭"按钮，关闭线性马达 1，在线性马达 2 栏将时间拉至 5 秒处。

（11）单击 MotionManager 工具栏上的"播放"按钮 ▶，内圈沿 *Y* 轴移动，传动动画如图 11-58 所示。

图 11-57　设置运动参数

图 11-58　传动动画（3）

（12）传动动画的结果如图 11-59 所示，MotionManager 界面如图 11-60 所示。

图 11-59　动画结果

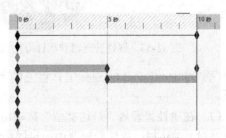

图 11-60　MotionManager 界面（3）

11.3.5　基于相机橇的动画

先生成一个假零部件作为相机橇，然后将相机附加到相机橇上的草图实体来生成基于相机橇的动画。其主要方式有以下几种。

- 沿模型或通过模型来移动相机。
- 观看解除爆炸或爆炸的装配体。
- 导览虚拟建筑。
- 隐藏假零部件以只在动画过程中观看相机视图。

11.3.6 实例——轴承装配体基于相机橇的动画

本小节将通过轴承装配体基于相机橇的动画实例来讲述基于相机橇建立动画的一般过程。

绘制步骤

1 创建相机橇。

（1）在左侧的 FeatureManager 设计树中选择"上视基准面"作为绘制图形的基准面。

（2）单击菜单栏中的"工具"→"草图绘制实体"→"边角矩形"命令，以原点为一角点绘制一个边长为 60 mm 的正方形，结果如图 11-61 所示。

（3）单击菜单栏中的"插入"→"凸台 / 基体"→"拉伸"命令，将步骤（2）绘制的草图拉伸为深度为 10 mm 的实体，结果如图 11-62 所示。

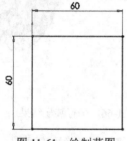

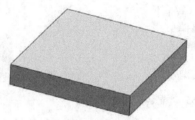

图 11-61 绘制草图   图 11-62 拉伸实体

（4）单击"保存"按钮，将文件保存为"相机橇.SLDPRT"。

（5）打开轴承装配体，调整视图方向，如图 11-63 所示。

（6）单击菜单栏中的"插入"→"零部件"→"现有零件 / 装配体"命令，或者单击"装配体"面板中的"插入零部件"按钮。将步骤（1）～步骤（4）创建的相机橇零件添加到传动装配文件中，如图 11-64 所示。

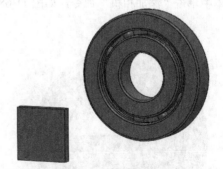

图 11-63 轴承装配体   图 11-64 插入相机橇

（7）单击菜单栏中的"工具"→"配合"命令，或者单击"装配体"面板中的"配合"按钮，系统弹出"配合"属性管理器，如图 11-65 所示。将相机橇正面和轴承装配体中的基座正面添加"平行"配合关系，如图 11-66 所示。

图 11-65 "配合"属性管理器   图 11-66 平行装配结果

（8）单击"标准"工具栏中的"右视"按钮 ⬚，将视图切换到右视图，将相机橇移动到图 11-67 所示的位置。

（9）单击菜单栏中的"文件"→"另存为"命令，将传动装配体保存为"相机橇 - 轴承装配.SLDASM"。

2 添加相机并定位相机橇。

（1）右击 MotionManager 设计树上的"光源、相机与布景"，弹出快捷菜单，在快捷菜单中单击"添加相机"命令，如图 11-68 所示。

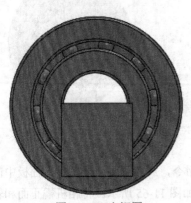

图 11-67 右视图

图 11-68 快捷菜单

（2）系统弹出"相机"属性管理器，屏幕被分割成两个视图，如图 11-69 所示。

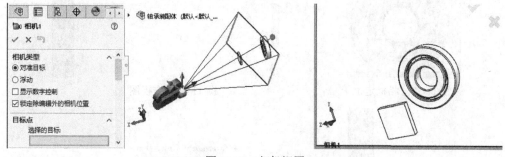

图 11-69　相机视图

（3）在屏幕左边的视图中选择相机橇的上表面前边线中点为目标点，如图 11-70 所示。

（4）选择相机橇的上表面后边线中点为相机位置，相应的"相机"属性管理器和视图如图 11-71 所示。

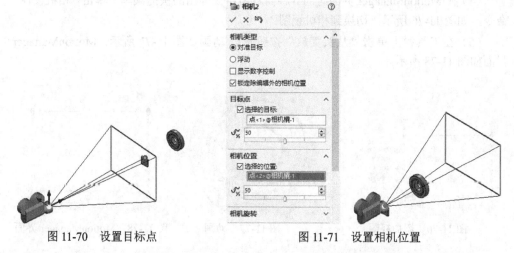

图 11-70　设置目标点　　　　　　　　　图 11-71　设置相机位置

（5）拖动相机以通过视图作为参考来进行拍照，在屏幕右边视图中的图形如图 11-72 所示。

（6）在"相机"属性管理器中单击"确定"按钮 ✓，完成相机的定位。

3 生成动画。

（1）在"前导视图"工具栏上选择"上视图"，在屏幕左边显示相机橇，在右边显示轴承装配体零部件，如图 11-73 所示。

（2）将时间栏放置在 6 秒处，将相机橇移动到图 11-74 所示的位置。

（3）在 MotionManager 设计树的"视向及相机视图"上右击，在弹出的快捷菜单中单击"禁用观阅键码播放"命令，如图 11-75 所示。

425

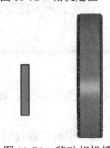

图 11-72　相机定位

图 11-73　右视图

图 11-74　移动相机撬

图 11-75　快捷菜单

（4）在 MotionManager 界面时间 6 秒内右击，在弹出的快捷菜单中单击"相机视图"命令，如图 11-76 所示，切换到相机视图。

（5）在工具栏上单击"从头播放"按钮，动画如图 11-77 所示，MotionManager 界面如图 11-78 所示。

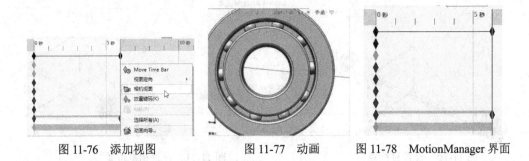

图 11-76　添加视图　　　图 11-77　动画　　　图 11-78　MotionManager 界面

11.4　基本运动

基本运动在计算运动时会考虑到质量。基本运动的计算速度相当快，所以可将之用来生成使用基于物理的模拟的演示性动画，其基本操作如下。

（1）在工具栏中选择算例类型为基本运动。

（2）在工具栏中选择工具以包括模拟单元，如马达、弹簧、接触及引力。

（3）设置好参数后，单击 MotionManager 工具栏中的"计算"按钮，以计算模拟。

（4）单击工具栏中的"从头播放"按钮，从头播放模拟。

11.4.1 弹簧

弹簧为通过模拟各种弹簧类型的效果而绕装配体移动零部件的模拟单元。下面结合实例讲解添加弹簧的方法。

【实例 11-4】弹簧

（1）打开源文件"X:\源文件\ch11\原始文件\11.4.SLDASM"，单击工具栏中的"弹簧"按钮 ▤，系统弹出"弹簧"属性管理器。

（2）在"弹簧"属性管理器中单击"线性弹簧"按钮，在视图中选择要添加弹簧的两个面，如图 11-79 所示。

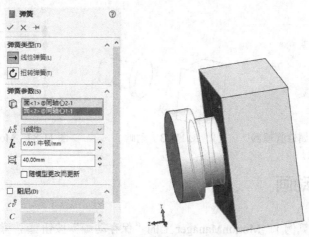

图 11-79 选择要添加弹簧的面

（3）在"弹簧"属性管理器中设置其他参数，单击"确定"按钮 ✓，完成弹簧的创建。

（4）单击工具栏中的"计算"按钮 ▥，计算模拟。单击工具栏中的"从头播放"按钮 ▶，动画如图 11-80 所示，MotionManager 界面如图 11-81 所示。

图 11-80 动画

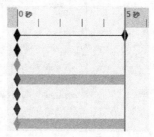

图 11-81 MotionManager 界面

11.4.2 引力

引力（仅限基本运动和运动分析）为通过插入模拟引力而绕装配体移动零部件的模

拟单元。下面结合实例讲解添加引力的方法。

【实例 11-5】引力

（1）打开源文件"X:\源文件\ch11\原始文件\11.5.SLDASM"，单击工具栏中的"引力"按钮，系统弹出"引力"属性管理器。

（2）在"引力"属性管理器中选择 z 轴，单击"反向"按钮调节方向，也可以在视图中选择线或者面作为引力参考，如图 11-82 所示。

（3）在"引力"属性管理器中设置其他参数，单击"确定"按钮，完成引力的创建。

（4）单击工具栏中的"计算"按钮，计算模拟。单击工具栏中的"从头播放"按钮，动画如图 11-83 所示，MotionManager 界面如图 11-84 所示。

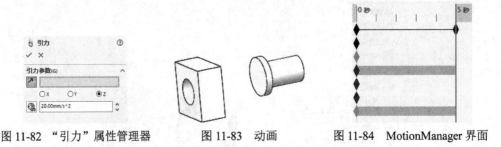

图 11-82 "引力"属性管理器　　图 11-83 动画　　图 11-84 MotionManager 界面

11.5 保存动画

单击"运动算例 1"MotionManager 上的"保存动画"按钮，弹出"保存动画到文件"对话框，如图 11-85 所示，利用该对话框可以把动画保存为相应格式的文件。

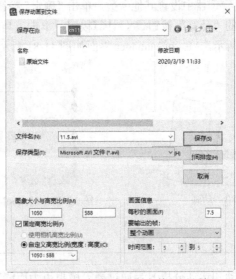

图 11-85 "保存动画到文件"对话框

11.6　综合实例——变速箱机构运动模拟

本节通过变速箱机构运动模拟实例综合利用前面所学的知识，讲解利用 SOLIDWORKS 的动画功能进行机构运动模拟的一般方法和技巧。

 绘制步骤

1 创建大齿轮转动。

（1）打开源文件"X:\源文件\ch11\原始文件\ 变速箱装配体 \ 变速箱装配体.SLDASM"，如图 11-86 所示。

（2）单击工具栏上的"马达"按钮 ，系统弹出"马达"属性管理器。

（3）在"马达类型"选项组中单击"旋转马达"按钮，在视图中选择大齿轮，并调节属性管理器中的旋转方向，如图 11-87 所示。

图 11-86　变速箱装配体

图 11-87　选择旋转方向（1）

（4）在属性管理器中选择"等速"运动，设置转速为"1RPM"，单击"确定" 按钮，完成马达的创建。

（5）单击工具栏上的"播放"按钮 ，大齿轮绕 *Y* 轴旋转，传动动画如图 11-88 所示，MotionManager 界面如图 11-89 所示。

2 创建小齿轮转动。

（1）单击工具栏上的"马达"按钮 ，系统弹出"马达"属性管理器。

（2）在"马达类型"选项组中单击"旋转马达"按钮，在视图中选择小齿轮，属性管理器中的设置和旋转方向如图 11-90 所示。

（3）在属性管理器中选择"等速"运动，设置转速为"2.3RPM"，单击"确定" 按钮，完成马达的创建。

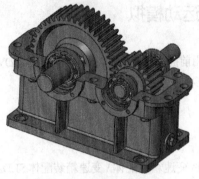

图 11-88　传动动画（1）

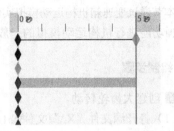

图 11-89　MotionManager 界面（1）

图 11-90　选择旋转方向（2）

（4）单击工具栏上的"播放"按钮▶，小齿轮绕 Y 轴旋转，传动动画如图 11-91 所示，MotionManager 界面如图 11-92 所示。

图 11-91　传动动画（2）

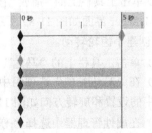

图 11-92　MotionManager 界面（2）

❸ 更改时间点。在 MotionManager 界面中的"变速箱装配体"栏上 5 秒处右击，弹出图 11-93 所示的快捷菜单，单击"编辑关键点时间"命令，弹出"编辑时间"对话框，输入时间为"60.00 秒"。单击"确定"按钮 ✓，完成时间点的编辑，如图 11-94 所示。

图 11-93　快捷菜单（1）

❹ 设置差动机构的视图方向。为了更好地观察齿轮一周的转动，下面将视图转换到其他方向。

（1）将时间栏拖到时间线上某一位置，将视图调到合适的方向，在"视向及相机视图"栏与时间线的交点处右击，弹出图 11-95 所示的快捷菜单，单击"放置键码"命令。

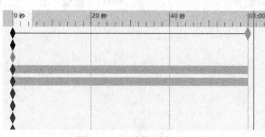

图 11-94　编辑时间点

图 11-95　快捷菜单（2）

（2）重复步骤（1），在其他时间点放置时间键码。

（3）为了保证视图在某一时间段是不变的，可以将前一个时间键码复制，粘贴到视图变化前的某一个时间点。

❺ 保存动画。

（1）单击"运动算例 1"MotionManager 上的"动画向导"按钮 📷，弹出"保存动画到文件"对话框，如图 11-96 所示。

（2）设置保存路径，输入文件名为"变速箱机构运动模拟.avi"。在"画面信息"选项组中选择"整个动画"选项。

（3）在"图像大小与高宽比例"选项组中输入宽度为"800"，高度为"600"，单击"保存"按钮。

（4）弹出"视频压缩"对话框，如图 11-97 所示。在"压缩程序"下拉列表中选择"Microsoft Video 1"，拖动压缩质量下的滑块设置压缩质量为"85"，输入帧为"8"，单击"确定"按钮，生成动画。

图 11-96 "保存动画到文件"对话框 　　　 图 11-97 "视频压缩"对话框

第 **12** 章
工程图的绘制

工程图在产品设计过程中是很重要的，它一方面体现着设计结果，另一方面也是指导生产的重要依据。在许多应用场合，工程图起到了方便设计人员之间交流、提高工作效率的作用。在工程图方面，SOLIDWORKS 提供了强大的功能，用户可以很方便地借助零件或三维模型创建所需的各种视图，包括剖面视图、局部放大视图等。

知识点

- 工程图的绘制方法
- 定义图纸格式
- 标准三视图的绘制
- 模型视图的绘制
- 派生视图的绘制
- 操纵视图
- 注解的标注
- 分离工程图
- 打印工程图

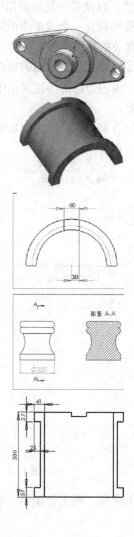

12.1　工程图的绘制方法

　　默认情况下，SOLIDWORKS 在工程图、零件或装配体的三维模型之间提供全相关的功能。全相关意味着无论什么时候修改零件或装配体的三维模型，所有相关的工程视图都会随之自动更新，以反映零件或装配体的形状和尺寸变化；反之，当在一个工程图中修改一个零件或装配体尺寸时，系统也会自动地将相关的其他工程视图及零件或装配体中的相应尺寸加以更新。

　　在安装 SOLIDWORKS 时，可以设定工程图与三维模型间的单向链接关系，这样当在工程图中对尺寸进行修改时，三维模型并不会进行更新。如果要改变此设置，只有再重新安装一次软件。

　　此外，SOLIDWORKS 提供多种类型的图形文件输出格式，包括最常用的 DWG 和 DXF 格式，以及其他几种常用的标准格式。

　　工程图包含一个或多个由零件或装配体生成的视图。在生成工程图之前，必须先保存与它有关的零件或装配体的三维模型。

　　下面介绍创建工程图的操作步骤。

　　(1) 单击"标准"工具栏中的"新建"按钮，或单击菜单栏中的"文件"→"新建"命令。

　　(2) 在弹出的"新建 SOLIDWORKS 文件"对话框中单击"工程图"按钮，如图 12-1 所示。

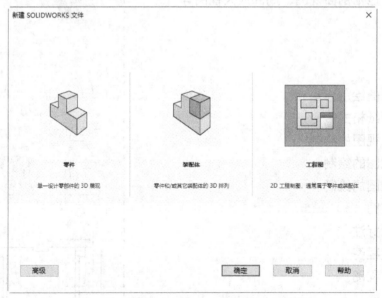

图 12-1　"新建 SOLIDWORKS 文件"对话框

　　(3) 单击"确定"按钮，进入工程图编辑状态。

工程图窗口中也包括 FeatureManager 设计树，它与零件和装配体窗口中的 FeatureManager 设计树相似，包括项目层次关系的清单。每张图纸有一个图标，每张图纸下有图纸格式和每个视图的图标。项目图标旁边的符号"▶"表示它包含相关的项目，单击它将展开所有的项目并显示其内容。工程图窗口如图 12-2 所示。

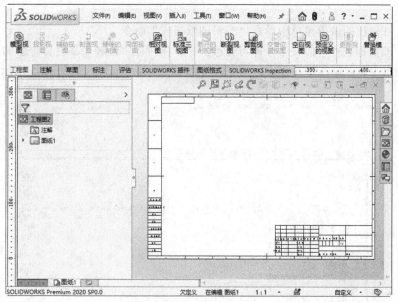

图 12-2　工程图窗口

标准视图包含视图中显示的零件和装配体的特征清单。派生的视图（如局部或剖面视图）包含不同的特定视图项目（如局部视图图标、剖切线等）。

工程图窗口的顶部和左侧有标尺，标尺会报告图纸中光标指针的位置。单击菜单栏中的"视图"→"标尺"命令，可以打开或关闭标尺。

如果要放大视图，右击 FeatureManager 设计树中的视图名称，在弹出的快捷菜单中单击"放大所选范围"命令。

用户可以在 FeatureManager 设计树中重新排列工程图文件的顺序，在图形区拖动工程图到指定的位置。

工程图文件的扩展名为".SLDDRW"。新工程图使用所插入的第一个模型的名称。保存工程图时，模型名称作为默认文件名出现在"另存为"对话框中，并带有扩展名".SLDDRW"。

12.2　定义图纸格式

SOLIDWORKS 提供的图纸格式不以任何准则为依据，用户可以自定义工程图纸格式以符合本单位的格式标准。

1. 定义图纸格式

下面介绍定义工程图纸格式的操作步骤。

（1）右击工程图纸上的空白区域，或者右击 FeatureManager 设计树中的"图纸"图标。

（2）在弹出的快捷菜单中单击"编辑图纸格式"命令。

（3）双击标题栏中的文字，即可修改文字。同时在"注释"属性管理器的"文字格式"选项组中可以修改对齐方式、文字旋转角度和字体等属性，如图 12-3 所示。

图 12-3 "注释"属性管理器

（4）如果要移动线条或文字，可以单击该项目后将其拖动到新的位置。

（5）如果要添加线条，则单击"草图"面板中的"直线"按钮，然后绘制线条。

（6）在"FeatureManager 设计树"中右击"图纸"图标，在弹出的快捷菜单中单击"属性"命令。

（7）系统弹出的"图纸属性"对话框如图 12-4 所示，具体设置如下。

① 在"名称"文本框中输入图纸的标题。

② 在"比例"文本框中指定图纸上所有视图的默认比例。

③ 在"标准图纸大小"列表框中选择一种标准纸张（如 A4、B5 等）。如果选择"自定义图纸大小"单选按钮，则在下面的"宽度"和"高度"文本框中指定纸张的大小。

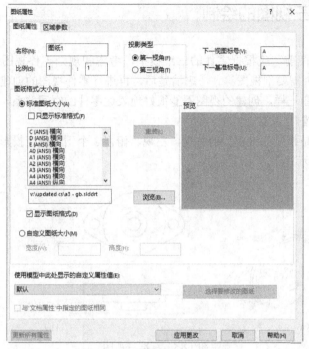

图 12-4　"图纸属性"对话框

④ 单击"浏览"按钮，可以使用其他图纸格式。

⑤ 在"投影类型"选项组中选择"第一视角"或"第三视角"单选按钮。

⑥ 在"下一视图标号"文本框中指定下一个视图要使用的英文字母代号。

⑦ 在"下一基准标号"文本框中指定下一个基准标号要使用的英文字母代号。

⑧ 如果图纸上显示了多个三维模型文件，在"使用模型中此处显示的自定义属性值（E）"下拉列表中选择一个视图，工程图将使用该视图包含模型的自定义属性。

（8）单击"应用更改"按钮，关闭"图纸属性"对话框。

2. 保存图纸格式

下面介绍保存图纸格式的操作步骤。

（1）单击菜单栏中的"文件"→"保存图纸格式"命令，系统弹出"保存图纸格式"对话框。

（2）如果要替换 SOLIDWORKS 提供的标准图纸格式，则选择"标准图纸格式"单选按钮；然后在下拉列表中选择一种图纸格式，单击"确定"按钮，图纸格式将被保存在"< 安装目录 >\data"中。

（3）如果要使用新的图纸格式，可以选择"自定义图纸大小"单选按钮，自行输入图纸的高度和宽度；或者单击"浏览"按钮，选择图纸格式保存的目录并打开，然后输入图纸格式名称，最后单击"应用更改"按钮。

（4）单击"保存"按钮，并关闭对话框。

12.3 标准三视图的绘制

在创建工程图前，应根据零件的三维模型，考虑和规划零件视图，如工程图由几个视图组成、是否需要剖视图等。考虑清楚后，再进行零件视图的创建工作，否则可能会如同用手工绘图一样，创建的视图不能很好地表达零件的空间关系，给其他用户的识图、看图造成困难。

标准三视图是指从三维模型的主视、左视、俯视 3 个正交角度投影生成 3 个正交视图，如图 12-5 所示。

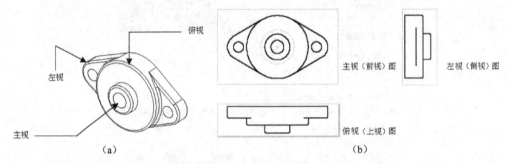

图 12-5　标准三视图

在标准三视图中，主视图与俯视图及侧视图有固定的对齐关系。俯视图可以竖直移动，侧视图可以水平移动。SOLIDWORKS 生成标准三视图的方法有多种，这里只介绍常用的两种。

1. 用标准方法生成标准三视图

（1）下面结合实例介绍用标准方法生成标准三视图的操作步骤。

【实例 12-1】用标准方法生成标准三视图

① 打开源文件"X:\源文件\ch12\原始文件\12.1sourse.SLDPRT"，打开的文件实体如图 12-5（a）所示。

② 新建一张工程图。

③ 单击"工程图"面板中的"标准三视图"按钮🔡，或单击菜单栏中的"插入"→"工程视图"→"标准三视图"命令，此时绘图光标变为形状🐭。

④ 在"标准视图"属性管理器中提供了 4 种选择模型的方法。

🔵 选择一个包含模型的视图。

🔵 从另一窗口的 FeatureManager 设计树中选择模型。

🔵 从另一窗口的图形区中选择模型。

🔵 在工程图窗口中右击，在快捷菜单中单击"从文件中插入"命令。

⑤ 单击菜单栏中的"窗口"→"文件"命令，进入零件或装配体文件中。

⑥ 利用步骤④中的一种方法选择模型，系统会自动回到工程图文件中，并将三视

图放置在工程图中。

（2）如果不打开零件或装配体模型文件，用标准方法生成标准三视图的操作步骤如下。

① 新建一张工程图。

② 单击"工程图"面板中的"标准三视图"按钮 器，或单击菜单栏中的"插入"→"工程视图"→"标准三视图"命令。

③ 在弹出的"标准三视图"对话框中，单击"浏览"按钮。

④ 在弹出的"插入零部件"对话框中找到所需的模型文件，单击"打开"按钮，标准三视图便会放置在图形区中。

2. 利用 Internet Explorer 中的超文本链接生成标准三视图

利用 Internet Explorer 中的超文本链接生成标准三视图的操作步骤如下。

（1）新建一张工程图。

（2）在 Internet Explorer（4.0 或更高版本）中，导航到包含 SOLIDWORKS 零件文件超文本链接的位置。

（3）将超文本链接从 Internet Explorer 窗口拖动到工程图窗口中。

（4）在出现的"另存为"对话框中保存零件模型到本地硬盘中，同时零件的标准三视图也被添加到工程图中。

12.4　模型视图的绘制

标准三视图是最基本也是最常用的工程图，但是它所提供的视角十分固定，有时不能很好地描述模型的实际情况。SOLIDWORKS 提供的模型视图解决了这个问题。在标准三视图中插入模型视图，可以从不同的角度生成工程图。

下面结合实例介绍插入模型视图的操作步骤。

【实例 12-2】插入模型视图

（1）单击"工程图"面板中的"模型视图"按钮 ，或单击菜单栏中的"插入"→"工程视图"→"模型视图"命令。

（2）和生成标准三视图中选择模型的方法一样，在零件或装配体文件中选择一个模型，打开源文件"X:\源文件\ch12\原始文件\12.2sourse.SLDPRT"，如图 12-6 所示。

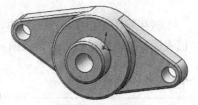

（3）当回到工程图文件中时，绘图光标变为 形状，用绘图光标拖动一个视图方框表示模型视图的大小。

图 12-6　三维模型

（4）在"模型视图"属性管理器的"方向"选项组中选择视图的投影方向。

（5）单击，从而在工程图中放置模型视图，如图 12-7 所示。

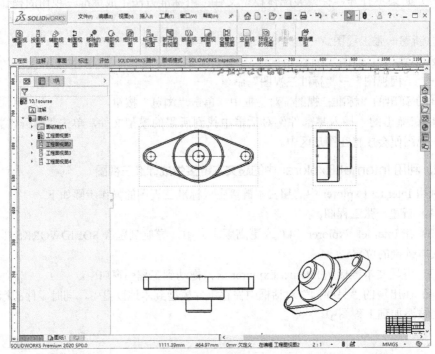

图 12-7　放置模型视图

（6）如果要更改模型视图的投影方向，则单击"模型视图"属性管理器的"方向"选项组中的视图方向。

（7）如果要更改模型视图的显示比例，则选择"模型视图"属性管理器的"使用自定义比例"单选按钮，然后输入显示比例。

（8）单击"确定"按钮，完成模型视图的插入。

12.5　派生视图的绘制

派生视图是指从标准三视图、模型视图或其他派生视图中派生出来的视图，包括剖面视图、旋转剖视图、投影视图、辅助视图、局部视图和断裂视图等。

12.5.1　剖面视图

剖面视图是指用一条剖切线分割工程图中的一个视图，然后从垂直于剖面方向投影得到的视图，如图 12-8 所示。

下面结合实例介绍绘制剖面视图的操作步骤。

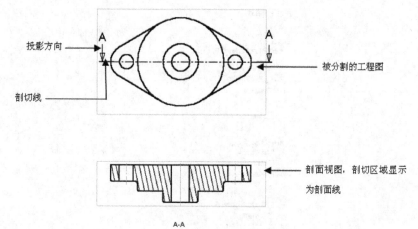

图 12-8 剖面视图举例

【实例 12-3】剖面视图

（1）打开源文件"X:\源文件\ch12\原始文件\12.3sourse.SLDDRW"，打开的基本工程图如图 12-9 所示。

（2）单击"工程图"面板中的"剖面视图"按钮↕，或单击菜单栏中的"插入"→"工程图视图"→"剖面视图"命令。

（3）系统弹出"剖面视图"属性管理器，同时"草图"面板中的"直线"按钮╱被激活。

（4）在工程图上绘制剖切线。绘制完剖切线之后，系统会在垂直于剖切线的方向出现一个方框，表示剖切视图的大小。拖动这个框到适当的位置，将剖切视图放置在工程图中。

（5）在"剖面视图"属性管理器中设置相关选项，如图 12-10（a）所示。

① 如果单击"反转方向"按钮，则会反转切除的方向。

② 在"名称"文本框🔤中指定与剖面线或剖面视图相关的字母。

③ 如果剖面线没有完全穿过视图，勾选"部分剖面"复选框将会生成局部剖面视图。

④ 如果勾选"横截剖面"复选框，则只有被剖面线切除的曲面才会出现在剖面视图上。

⑤ 如果选择"使用图纸比例"单选按钮，则剖面视图上的剖面线将会随着图纸比例的改变而改变。

⑥ 如果选择"使用自定义比例"单选按钮，则可以定义剖面视图在工程图纸中的显示比例。

（6）单击"确定"按钮☑，完成剖面视图的插入，如图 12-10（b）所示。

新剖面是由原实体模型计算得来的，如果模型更改，视图将随之更新。

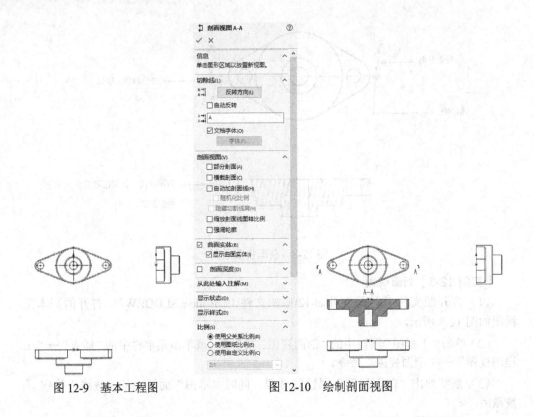

图 12-9　基本工程图　　　　　　　图 12-10　绘制剖面视图

12.5.2　旋转剖视图

旋转剖视图中的剖切线是由两条具有一定角度的线段组成的。系统从垂直于剖切方向投影生成剖面视图，如图 12-11 所示。

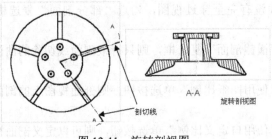

图 12-11　旋转剖视图

下面结合实例介绍生成旋转剖视图的操作步骤。

【实例 12-4】旋转剖视图

（1）打开源文件"X:\源文件\ch12\原始文件\12.4sourse.SLDDRW"，打开的工程图如图 12-11 所示。

（2）单击菜单栏中的"插入"→"工程图视图"→"剖面视图"命令，或者单击"工程图"面板中的"剖面视图"按钮。

（3）系统会在沿第一条剖切线段的方向出现一个方框，表示剖面视图的大小，单击"反转方向"按钮和"切换对齐"按钮调整剖视图的显示方式。拖动这个方框到适当的位置，将旋转剖视图放置在工程图中。

（4）在"剖面视图"属性管理器中设置相关选项，如图 12-12（a）所示。

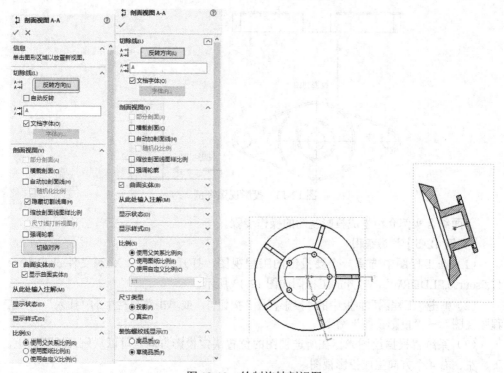

图 12-12　绘制旋转剖视图

① 如果单击"反转方向"按钮，则会反转切除的方向。

② 如果选择"使用父关系比例"单选按钮，则剖面视图上的剖面线将会随着模型尺寸比例的改变而改变。

③ 在"标号"文本框中指定与剖面线或剖面视图相关的字母。

④ 如果剖面线没有完全穿过视图，勾选"部分剖面"复选框将会生成局部剖面视图。

⑤ 如果勾选"只显示切面"复选框，则只有被剖面线切除的曲面才会出现在剖面视图上。

⑥ 选择"使用自定义比例"单选按钮后，用户可以自己定义剖面视图在工程图纸

中的显示比例。

（5）单击"确定"按钮 ✅，完成旋转剖面视图的插入，如图 12-12（b）所示。

12.5.3 投影视图

投影视图是从正交方向对现有视图投影生成的视图，如图 12-13 所示。

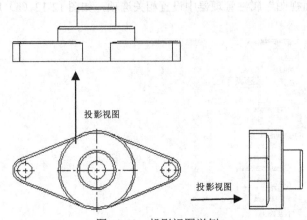

图 12-13　投影视图举例

下面结合实例介绍生成投影视图的操作步骤。

【实例 12-5】投影视图

（1）在工程图中选择一个要投影的工程视图，打开源文件"X:\源文件\ch12\12.5\12.5sourse.SLDDRW"，打开的工程图如图 12-13 所示。

（2）单击"工程图"面板中的"投影视图"按钮 ，或单击菜单栏中的"插入"→"工程图视图"→"投影视图"命令。

（3）系统将根据绘图光标在所选视图的位置决定投影方向。可以从所选视图的上、下、左、右 4 个方向生成投影视图。

（4）系统会在投影方向出现一个方框，表示投影视图的大小，拖动这个方框到适当的位置，将投影视图放置在工程图中。

（5）单击"确定"按钮 ✅，生成投影视图。

12.5.4 辅助视图

辅助视图类似于投影视图，它的投影方向垂直所选视图的参考边线，如图 12-14 所示。下面结合实例介绍插入辅助视图的操作步骤。

【实例 12-6】辅助视图

（1）打开源文件"X:\源文件\ch12\原始文件\12.6sourse. SLDDRW"，打开的工程图如图 12-14 所示。

（2）单击"工程图"面板中的"辅助视图"按钮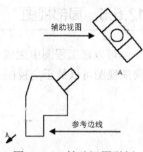，或单击菜单栏中的"插入"→"工程图视图"→"辅助视图"命令。

（3）选择要生成辅助视图的工程视图中的一条直线作为参考边线，参考边线可以是零件的边线、侧影轮廓线、轴线或绘制的直线。

（4）系统会在与参考边线垂直的方向出现一个方框，表示辅助视图的大小，拖动这个方框到适当的位置，将辅助视图放置在工程图中。

图 12-14　辅助视图举例

（5）在"辅助视图"属性管理器中设置相关选项，如图 12-15（a）所示。

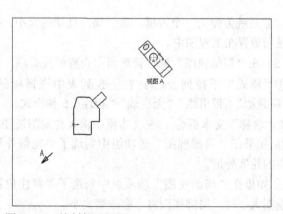

图 12-15　绘制辅助视图

① 在"名称"文本框中指定与辅助视图相关的字母。

② 如果勾选"反转方向"复选框，则会反转辅助视图投影的方向。

（6）单击"确定"按钮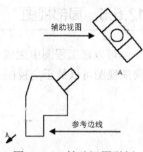，生成辅助视图，如图 12-15（b）所示。

12.5.5　局部视图

可以在工程图中生成一个局部视图来放大显示视图中的某个部分，如图12-16所示。局部视图可以是正交视图、三维视图或剖面视图。

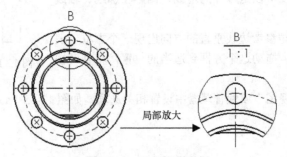

图 12-16　局部视图举例

下面结合实例介绍绘制局部视图的操作步骤。

【实例 12-7】局部视图

（1）打开源文件"X:\源文件\ch12\原始文件\12.7sourse.SLDDRW"，打开的工程图如图 12-16（a）所示。

（2）单击"工程图"面板中的"局部视图"按钮 ⒶA，或单击菜单栏中的"插入"→"工程图视图"→"局部视图"命令。

（3）此时，"草图"面板中的"圆"按钮⊙被激活，利用它在要放大的区域绘制一个圆。

（4）系统会弹出一个方框，表示局部视图的大小，拖动这个方框到适当的位置，将局部视图放置在工程图中。

（5）在"局部视图"属性管理器中设置相关选项，如图 12-17（a）所示。

①"样式"下拉列表 ⒶA：在下拉列表中选择局部视图图标的样式，有"依照标准""断裂圆""带引线""无引线""相连"5 种样式。

②"名称"文本框 ⒶA：在文本框中输入与局部视图相关的字母。

③ 如果在"局部视图"选项组中勾选了"完整外形"复选框，则系统会显示局部视图中的轮廓外形。

④ 如果在"局部视图"选项组中勾选了"钉住位置"复选框，在改变派生局部视图的视图大小时，局部视图将不会改变大小。

⑤ 如果在"局部视图"选项组中勾选了"缩放剖面线图样比例"复选框，将根据局部视图的比例来缩放剖面线图样的比例。

（6）单击"确定"按钮☑，生成局部视图，如图 12-17（b）所示。

此外，局部视图中的放大区域还可以是其他任何闭合图形。其方法是首先绘制用来作放大区域的闭合图形，然后再单击"局部视图"按钮 ⒶA，其余的步骤相同。

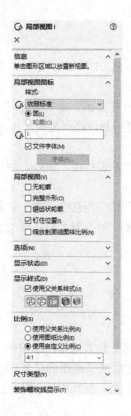

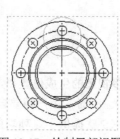

图 12-17　绘制局部视图

12.5.6　断裂视图

工程图中有一些截面相同的长杆件（如长轴、螺纹杆等），这些零件在某个方向上的尺寸比在其他方向上的尺寸大很多，而且截面没有变化。因此可以利用断裂视图使零件以较大的比例显示在工程图上，如图 12-18 所示。

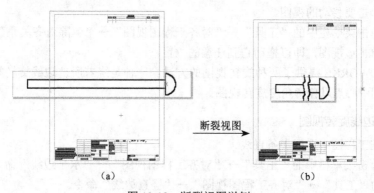

图 12-18　断裂视图举例

下面结合实例介绍绘制断裂视图的操作步骤。

【实例 12-8】断裂视图

（1）打开源文件"X:\源文件\ch12\原始文件\12.8sourse.SLDDRW"，打开的文件实体如图 12-18（a）所示。

（2）单击菜单栏中的"插入"→"工程图视图"→"断裂视图"命令，此时折断线出现在视图中。可以添加多条折断线到一个视图中，但所有折断线必须为同一个方向。

（3）将折断线拖动到希望生成断裂视图的位置。

（4）在视图边界内部右击，在弹出的快捷菜单中单击"断裂视图"命令，生成断裂视图，如图 12-18（b）所示。

此时，折断线之间的工程图都被删除，折断线之间的尺寸变为悬空状态。如果要修改折断线的形状，则右击折断线，在弹出的快捷菜单中选择一种折断线样式（直线、曲线、锯齿线和小锯齿线）。

12.6 操纵视图

在上一节的派生视图中，许多视图的生成位置和角度都受到其他条件的限制（如辅助视图的位置与参考边线相垂直）。有时，用户需要自己任意调节视图的位置和角度以及显示和隐藏状态，SOLIDWORKS 就提供了这项功能。此外，SOLIDWORKS 还可以更改工程图中的线型、线条颜色等。

12.6.1 移动和旋转视图

当绘图光标移到视图边界上时，会变为形状，表示可以拖动该视图。如果移动的视图与其他视图没有对齐或约束关系，可以拖动它到任意的位置。

如果视图与其他视图之间有对齐或约束关系，并且要任意移动视图，操作步骤如下。

（1）单击要移动的视图。

（2）单击菜单栏中的"工具"→"对齐工程图视图"→"解除对齐关系"命令。

（3）单击该视图，即可拖动它到任意的位置。

SOLIDWORKS 提供了两种旋转视图的方法，一种是绕着所选边线旋转视图，另一种是绕视图中心点以任意角度旋转视图。

1. 绕边线旋转视图

（1）在工程图中选择一条直线。

（2）单击菜单栏中的"工具"→"对齐工程图视图"→"水平边线"命令，或单击菜单栏中的"工具"→"对齐工程图视图"→"竖直边线"命令。

（3）此时视图会旋转，直到所选边线为水平或竖直状态，旋转视图如图 12-19 所示。

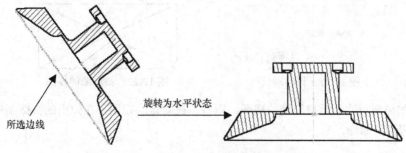

旋转为水平状态

所选边线

图 12-19　旋转视图

2. 围绕中心点旋转视图

（1）选择要旋转的工程视图。

（2）单击"前导视图"工具栏中的"旋转"按钮 $\circlearrowright$，系统弹出的"旋转工程视图"对话框，如图 12-20 所示。

（3）使用以下方法旋转视图。

● 在"旋转工程视图"对话框的"工程视图角度"文本框中输入旋转的角度。

图 12-20　"旋转工程视图"对话框

● 使用鼠标直接旋转视图。

（4）如果在"旋转工程视图"对话框中勾选了"相关视图反映新的方向"复选框，则与该视图相关的视图将随着该视图的旋转做相应的旋转。

（5）如果勾选了"随视图旋转中心符号线"复选框，则中心符号线将随视图一起旋转。

12.6.2　显示和隐藏

在编辑工程图时，可以执行"隐藏视图"命令来隐藏一个视图。隐藏视图后，可以执行"显示视图"命令再次显示此视图。当用户隐藏了具有从属视图（如局部、剖面或辅助视图等）的父视图时，可以选择是否一并隐藏这些从属视图。再次显示父视图或其中一个从属视图时，同样可选择是否显示相关的其他视图。

下面介绍隐藏或显示视图的操作步骤。

（1）在 FeatureManager 设计树或图形区中右击要隐藏的视图。

（2）在弹出的快捷菜单中单击"隐藏"命令，如果该视图有从属视图（局部、剖面视图等），则弹出询问对话框，如图 12-21 所示。

（3）单击"是"按钮，将会隐藏该视图的从属视图；单击"否"按钮，将只隐藏该视图。此时，视图被隐藏起来。当绘图光标移动到该视图的位置时，将只显示该视图的边界。

（4）如果要查看工程图中隐藏视图的位置，但不显示它们，则单击菜单栏中的"视图"→"显示被隐藏的视图"命令,此时被隐藏的视图将显示为图 12-22 所示的形状。

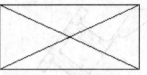

图 12-21　询问对话框　　　　　图 12-22　被隐藏的视图

（5）如果要再次显示被隐藏的视图,则右击被隐藏的视图,在弹出的快捷菜单中单击"显示视图"命令。

12.6.3　更改零部件的线型

在装配体中为了区别不同的零部件,可以改变每一个零部件边线的线型。

下面介绍改变零部件边线线型的操作步骤。

（1）在工程视图中右击要改变线型的视图。

（2）在弹出的快捷菜单中单击"零部件线型"命令,系统弹出"零部件线型"对话框,如图 12-23 所示。

图 12-23　"零部件线型"对话框

（3）取消对"使用文件默认值"复选框的勾选。

（4）选择一种边线样式。

（5）在对应的"线条样式"和"线粗"下拉列表中选择线条样式和线条粗细。

（6）重复步骤（4）、步骤（5）,直到为所有边线类型设定线型。

（7）如果选择"工程视图"选项组中的"从选择"单选按钮,则会将此边线类型设定应用到该零部件视图和它的从属视图中。

（8）如果选择"所有视图"单选按钮,则将此边线类型设定应用到该零部件的所有视图。

（9）如果零部件在图层中，可以从"图层"下拉列表中选择要改变零部件边线的图层。

（10）单击"确定"按钮，关闭对话框，应用边线类型设定。

12.6.4　图层

图层是一种管理素材的方法，可以将图层看作重叠在一起的透明塑料纸。假如某一图层上没有任何可视元素，就可以透过该图层看到下一图层的图像。用户可以在每个图层上生成新的实体，然后指定实体的颜色、线条粗细和线型；还可以将标注尺寸、注解等项目放置在单一图层上，避免它们与工程图实体之间形成干涉。SOLIDWORKS 还可以隐藏图层，或将实体从一个图层上移动到另一图层。

下面介绍建立图层的操作步骤。

（1）单击菜单栏中的"视图"→"工具栏"→"图层"命令，打开"图层"工具栏，如图 12-24 所示。

图 12-24　"图层"工具栏

（2）单击"图层属性"按钮 ，打开"图层"对话框。

（3）在"图层"对话框中单击"新建"按钮，则在对话框中建立一个新的图层，如图 12-25 所示。

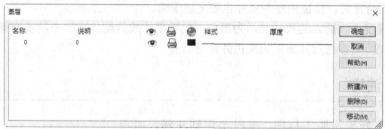

图 12-25　"图层"对话框

（4）在"名称"选项中指定图层的名称。

（5）双击"说明"选项，然后输入该图层的说明文字。

（6）在"开关"选项中有一个灯泡图标，若要隐藏该图层，则双击该图标，灯泡变为灰色，图层上的所有实体都被隐藏起来。要重新打开图层，再次双击该灯泡图标。

（7）如果要指定图层上实体的线条颜色，单击"颜色"选项，在弹出的"颜色"对话框中选择颜色，如图 12-26 所示。

（8）如果要指定图层上实体的线条样式或厚度，则单击"样式"或"厚度"选项，然后从弹出的列表中选择想要的样式或厚度。

（9）如果建立了多个图层，可以使用"移动"按钮来重新排列图层的顺序。

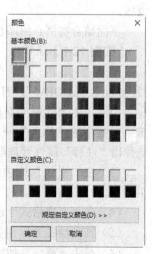

图 12-26　"颜色"对话框

（10）单击"确定"按钮，关闭对话框。

建立了多个图层后，只要在"图层"工具栏的"图层"下拉列表中选择图层，就可以导航到任意的图层。

12.7 注解的标注

如果在三维零件模型或装配体中添加了尺寸、注释或符号，则在将三维模型转换为二维工程图纸的过程中，系统会将这些尺寸、注释等一起添加到图纸中。在工程图中，用户可以添加必要的参考尺寸、注解等，这些注解和参考尺寸不会影响零件或装配体文件。

工程图中的尺寸标注是与模型相关联的，模型中的更改会反映在工程图中。通常用户在生成每个零件特征时生成尺寸，然后将这些尺寸插入各个工程视图中。在模型中更改尺寸会更新工程图，反之，在工程图中更改插入的尺寸也会更改模型。用户可以在工程图文件中添加尺寸，但是这些尺寸是参考尺寸，并且是从动尺寸。参考尺寸显示模型的测量值，但并不驱动模型，也不能更改其数值，但是当更改模型时参考尺寸会相应更新。当压缩特征时，特征的参考尺寸也随之被压缩。

默认情况下，插入的尺寸显示为黑色，包括零件或装配体文件中显示为蓝色的尺寸（如拉伸深度），参考尺寸显示为灰色并带有括号。

12.7.1 注释

为了更好地说明工程图，有时要用到注释，如图12-27所示。注释可以包括简单的文字、符号或超文本链接。

下面结合实例介绍添加注释的操作步骤。

【实例 12-9】注释

（1）打开源文件"X:\源文件\ch12\原始文件\12.9sourse. SLDDRW"，打开的工程图如图12-27所示。

（2）单击"注解"面板中的"注释"按钮 **A**，或单击菜单栏中的"插入"→"注解"→"注释"命令，系统弹出"注释"属性管理器。

（3）在"引线"选项组中选择引导注释的引线和箭头类型。

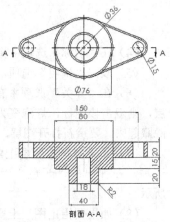

图 12-27 打开的工程图

（4）在"文字格式"选项组中设置注释文字的格式。

（5）拖动绘图光标到要注释的位置，在图形区添加注释文字，如图12-28所示。

（6）单击"确定"按钮 ✓，完成注释。

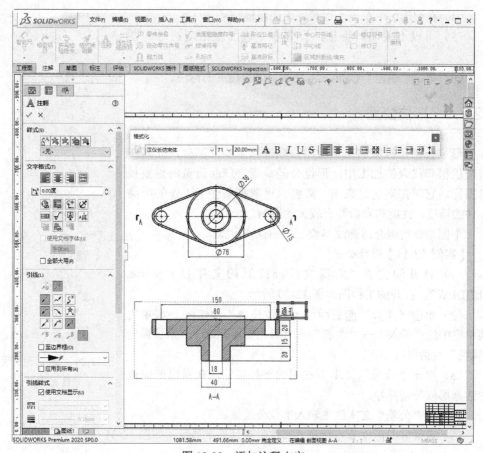

图 12-28　添加注释文字

12.7.2　表面粗糙度

表面粗糙度符号¹⁰用来表示加工表面上的微观几何形状特性，表面粗糙度对机械零件表面的耐磨性、疲劳强度、配合性能、密封性、流体阻力以及外观质量等都有很大的影响。

下面结合实例介绍插入表面粗糙度的操作步骤。

【实例 12-10】表面粗糙度

（1）打开源文件"X:\源文件\ch12\原始文件\12.10sourse.SLDDRW"，打开的工程图如图 12-27 所示。

（2）单击"注解"面板中的"表面粗糙度"按钮 √ ，或单击菜单栏中的"插入"→"注解"→"表面粗糙度符号"命令。

（3）在弹出的"表面粗糙度"属性管理器中设置表面粗糙度的属性，如图 12-29 所示。

（4）在图形区中单击，以放置表面粗糙符号。

（5）可以不关闭对话框，设置多个表面粗糙度符号到图形上。

（6）单击"确定"按钮，完成表面粗糙度的标注。

12.7.3 形位公差

形位公差是机械加工工业中一项非常重要的基础，尤其在精密机器和仪表的加工中，形位公差是评定产品质量的重要技术指标。它对在高速、高压、高温、重载等条件下工作的产品零件的精度、性能和寿命等有较大的影响。

下面结合实例介绍标注形位公差的操作步骤。

【实例 12-11】形位公差

（1）打开源文件"X:\源文件\ch12\原始文件\12.11sourse.SLDDRW"，打开的工程图如图 12-30 所示。

（2）单击"注解"面板中的"形位公差"按钮，或单击菜单栏中的"插入"→"注解"→"形位公差"命令，系统弹出"属性"对话框。

（3）单击"符号"文本框右侧的下拉按钮，在弹出的面板中选择形位公差符号。

（4）在"公差"文本框中输入形位公差值。

（5）设置好的形位公差会在"属性"对话框中显示，如图 12-31 所示。

图 12-29 "表面粗糙度"
属性管理器

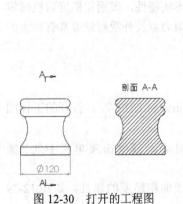

图 12-30 打开的工程图

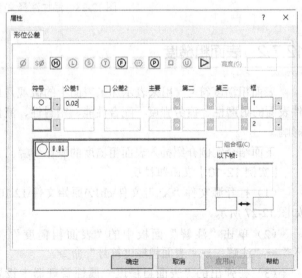

图 12-31 "属性"对话框

（6）在图形区中单击，以放置形位公差。

（7）可以不关闭对话框，设置多个形位公差到图形上。

（8）单击"确定"按钮，完成形位公差的标注。

12.7.4　基准特征符号

基准特征符号用来表示模型平面或参考基准面。

下面结合实例介绍插入基准特征符号的操作步骤。

【实例 12-12】基准特征符号

（1）打开源文件"X:\源文件\ch12\原始文件\12.12sourse.SLDDRW"，打开的工程图如图 12-32 所示。

（2）单击"注解"面板中的"基准特征符号"按钮![A]，或单击菜单栏中的"插入"→"注解"→"基准特征符号"命令。

（3）在弹出的"基准特征"属性管理器中设置属性，如图 12-33 所示。

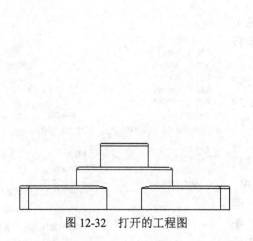

图 12-32　打开的工程图　　　　　图 12-33　"基准特征"属性管理器

（4）在图形区中单击，以放置基准特征符号。

（5）可以不关闭对话框，设置多个基准特征符号到图形上。

（6）单击"确定"按钮![✓]，完成基准特征符号的标注。

12.8　分离工程图

分离格式的工程图无须将三维模型文件装入内存，即可打开并编辑工程图。用户可以将 RapidDraft 工程图传送给其他的 SOLIDWORKS 用户而不传送模型文件。分离工程图的视图在模型的更新方面也有更多的控制。当设计组的设计员编辑模型时，其他设计员可以独立地在工程图中进行操作，对工程图添加细节及注解。

由于内存中没有装入模型文件，以分离模式打开工程图的时间将大幅缩短。因为模型数据未被保存在内存中，所以有更多的内存可以用来处理工程图数据，这对大型装配体工程图来说是很大的性能改善。

下面介绍转换工程图为分离工程图格式的操作步骤。

（1）单击"标准"工具栏中的"打开"按钮，或单击菜单栏中的"文件"→"打开"命令。

（2）在"打开"对话框中选择要转换为分离格式的工程图。

（3）单击"打开"按钮，打开工程图。

（4）单击"标准"工具栏中的"保存"按钮，选择"保存类型"为"分离的工程图"，保存并关闭文件。

（5）再次打开该工程图，此时工程图已经被转换为分离格式的工程图。

在分离格式的工程图中进行编辑的方法与普通格式的工程图基本相同，这里就不详述。

12.9　打印工程图

用户可以打印整个工程图纸，也可以只打印图纸中所选的区域，其操作步骤如下。

单击菜单栏中的"文件"→"打印"命令，弹出"打印"对话框，如图 12-34 所示。在该对话框中设置相关打印属性，如打印机的选择，打印效果的设置，页眉、页脚设置，打印线条粗细的设置等。在"打印范围"选项组中选择"所有图纸"单选按钮，可以打印整个工程图纸；选择其他 3 个单选按钮，可以打印工程图中所选区域。单击"确定"按钮，开始打印。

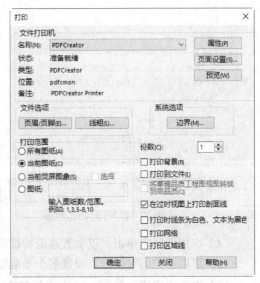

图 12-34　"打印"对话框

12.10　综合实例——轴瓦零件的工程图

本节将通过图 12-35 所示轴瓦零件的工程图创建实例综合利用前面所学的知识，讲解利用 SOLIDWORKS 的工程图功能创建工程图的一般方法和技巧。

图 12-35　轴瓦零件的工程图

绘制步骤

1 进入 SOLIDWORKS，单击菜单栏中的"文件"→"打开"命令，在弹出的"打开"对话框中选择将要转换为工程图的零件文件。

2 单击"标准"工具栏中的"从零件 / 装配图制作工程图"按钮🗐，在弹出的"新建 SOLIDWORKS 文件"的对话框中选择"工程图"，单击确定。在工程图窗口中，单击左下角的"添加图纸"按钮🗐，此时会弹出"图纸属性"对话框，选择"自定义图纸大小"单选按钮并设置图纸尺寸，如图 12-36 所示。单击"应用更改"按钮，完成图纸设置。

图 12-36　"图纸属性"对话框

3 单击"视图调色板"按钮🗐，系统弹出图 12-37 所示的"视图调色板"属性管理器，此时在图形编辑窗口，会出现图 12-37 所示的放置框。在"视图调色板"属性管理器中选择"前视"，将其拖动到图形编辑窗口，结果如图 12-38 所示。

4 利用同样的方法，在图形区放置俯视图（由于该零件图比较简单，故侧视图没有标出），相对位置如图 12-39 所示。

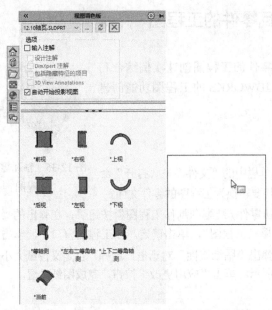

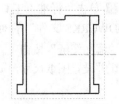

图 12-37 "视图调色板"属性管理器和放置框 　　　　图 12-38　前视图

⑤ 在图形区中的前视图内单击，系统弹出"工程图视图 1"属性管理器，在其中设置相关参数：在"显示样式"选项组中单击"隐藏线可见"按钮 ，如图 12-40 所示，此时的三视图将显示隐藏线，如图 12-41 所示。

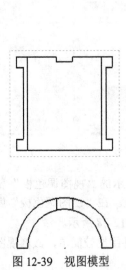

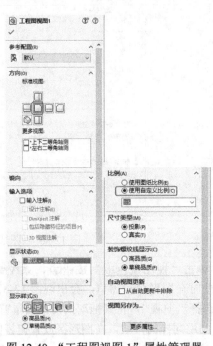

图 12-39　视图模型 　　　　　　　图 12-40　"工程图视图 1"属性管理器

⑥ 单击菜单栏中的"插入"→"模型项目"命令，或者单击"注解"面板中的"模型项目"按钮 ，系统弹出"模型项目"属性管理器，在属性管理器中设置各参数，如图 12-42 所示，单击"确定"按钮 ，这时会在视图中自动显示尺寸，如图 12-43 所示。（单击菜单栏中的"工具"→"选项"→"文档属性"→"尺寸"→"字体"命令，可以修改字体大小。）

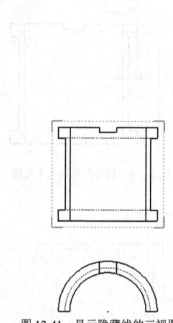

图 12-41　显示隐藏线的三视图　　　　图 12-42　"模型项目"属性管理器

⑦ 在主视图中选择要移动的尺寸，按住鼠标左键移动绘图光标位置，即可在同一视图中动态地移动尺寸位置。选中将要删除多余的尺寸，然后按键盘中的 <Delete> 键即可将多余的尺寸删除，调整尺寸后的主视图如图 12-44 所示。

技巧荟萃　　　　如果要在不同视图之间移动尺寸，首先选择要移动的尺寸并按住鼠标左键，然后按住键盘中的 <Shift> 键，移动绘图光标到另一个视图中释放鼠标左键，即可完成尺寸的移动。

⑧ 利用同样的方法可以调整俯视图，得到的结果如图 12-45 所示。

⑨ 单击"草图"面板中的"中心线"按钮 ，在主视图中绘制中心线，如图 12-46 所示。

⑩ 单击菜单栏中的"工具"→"尺寸"→"智能尺寸"命令，或者单击"注解"面板中的"智能尺寸"按钮 ，标注视图中的尺寸，在标注过程中将不符合国标的尺寸删

除，最终得到的结果如图 12-47 所示。

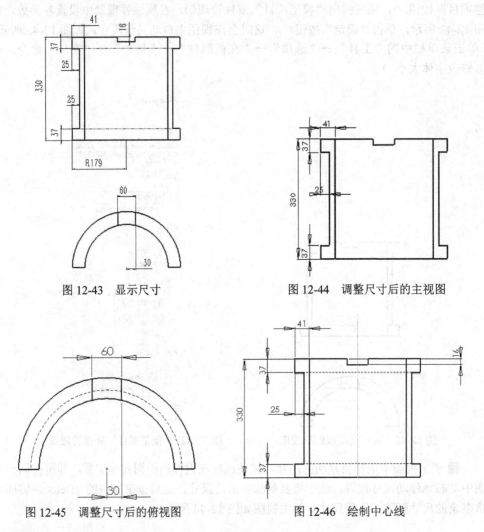

图 12-43　显示尺寸　　　　　　　　　图 12-44　调整尺寸后的主视图

图 12-45　调整尺寸后的俯视图　　　　　图 12-46　绘制中心线

11 单击"注解"面板中的"表面粗糙度"按钮 √，会出现"表面粗糙度"属性管理器，在属性管理器中设置各参数，如图 12-48 所示。

12 设置完成后，移动绘图光标到需要标注表面粗糙度的位置，单击即可完成标注，单击"确定"按钮 ✓，表面粗糙度即可标注完成。下表面的标注需要设置角度为 180 度，标注表面粗糙度效果如图 12-49 所示。

13 单击"注解"面板中的"基准特征"按钮 ⊞，系统弹出"基准特征"属性管理器，在属性管理器中设置各参数，如图 12-50 所示。

14 设置完成后，移动绘图光标到需要添加基准特征符号的位置并单击，然后拖动鼠标到合适的位置再次单击即可完成标注，单击"确定"按钮 ✓ 即可在图中添加基准特征符号，如图 12-51 所示。

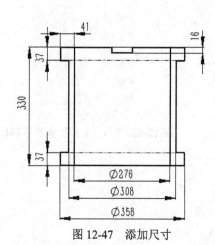

图 12-47　添加尺寸

图 12-48　"表面粗糙度"属性管理器

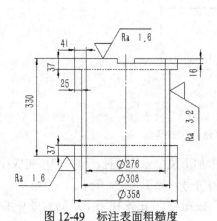

图 12-49　标注表面粗糙度

图 12-50　"基准特征"属性管理器

⒂ 选择"注解"面板中的"形位公差"按钮⚏，系统弹出"形位公差"属性管理器及"属性"对话框，在属性管理器中设置各参数，如图 12-52 所示，在"属性"对话框中设置各参数，如图 12-53 所示。

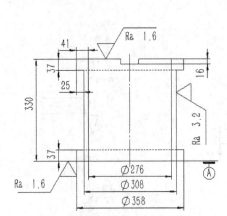

图 12-51　添加基准特征符号　　　　图 12-52　"形位公差"属性管理器

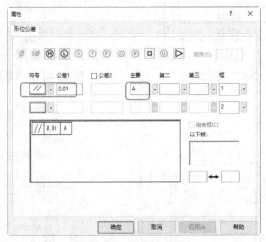

图 12-53　"属性"对话框

⑯ 设置完成后，移动绘图光标到需要添加形位公差的位置，单击即可完成标注，单击"确定"按钮☑即可在图中添加形位公差符号，如图 12-54 所示。

⑰ 选择"草图"面板中的"中心线"按钮 ，在俯视图中绘制两条中心线，如图 12-55 所示。

⑱ 选择主视图中的所有尺寸，如图 12-56 所示，选择在"尺寸"属性管理器中的"尺寸界线 / 引线显示"选项组中的实心箭头，如图 12-57 所示，单击"确定"按钮☑。

⑲ 利用同样的方法修改俯视图中尺寸的属性，如图 12-58 所示，最终可以得到

图 12-59 所示的工程图。工程图的生成到此结束。

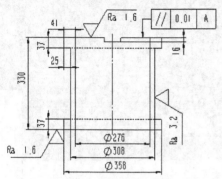

图 12-54 添加形位公差

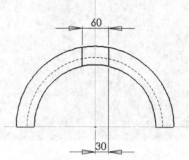

图 12-55 添加中心线

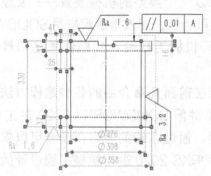

图 12-56 选择尺寸

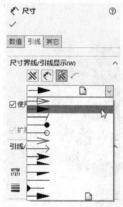

图 12-57 "尺寸界线 / 引线显示"选项组

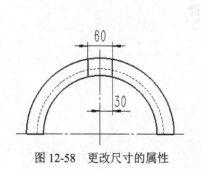

图 12-58 更改尺寸的属性

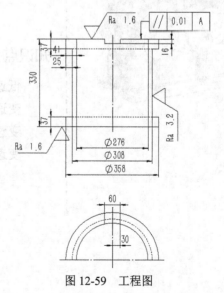

图 12-59 工程图

第 **13** 章
变速箱综合设计

本章以一个典型的机械装置——变速箱的整体设计过程为例，深入地讲解应用 SOLIDWORKS 2020 进行机械工程设计的整体思路和具体实施方法。

本章在前面几章介绍的各种建模方法的基础上，具体讲解 SOLIDWORKS 2020 在工程实践中的应用。通过本章的学习，读者可以掌握利用 SOLIDWORKS 2020 进行机械工程设计的实施方法，从而建立机械设计的整体思维和工程概念。

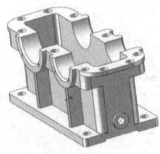

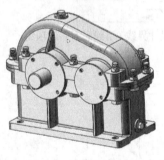

知识点

低速轴

变速器下箱体

变速箱上箱盖

变速箱装配

13.1　低速轴

本节创建的低速轴如图 13-1 所示。

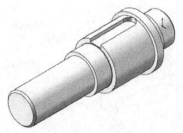

图 13-1　低速轴

根据轴类零件的结构特点，可以执行"拉伸"命令生成轴体基本轮廓，执行"切除"命令生成键槽，执行"倒角"命令与"圆角"命令生成倒角和圆角结构。其创建流程如图 13-2 所示。

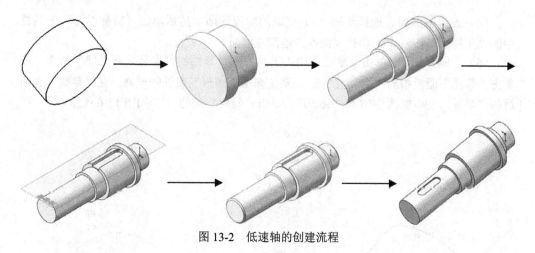

图 13-2　低速轴的创建流程

13.1.1　创建轴主体

（1）新建文件。启动 SOLIDWORKS 2020，单击菜单栏中的"文件"→"新建"命令，或单击"标准"工具栏中的"新建"按钮 🗋，在弹出的"新建 SOLIDWORKS 文件"对话框中，单击"零件"按钮 🭬，然后单击"确定"按钮，创建一个新的零件文件。

（2）绘制草图 1。在 FeatureManager 设计树中选择"前视基准面"作为绘图基准面，然后单击菜单栏中的"工具"→"草图绘制实体"→"圆"命令，或单击"草图"面板中的"圆"按钮 ⊙，系统弹出"圆形"属性管理器，在"半径"文本框 📐 中输入"47.50"，单击"确定"按钮 ✓，绘制的圆如图 13-3 所示。

（3）拉伸实体 1。单击菜单栏中的"插入"→"凸台 / 基体"→"拉伸"命令，或单击"特征"面板中的"凸台-拉伸"按钮 📦，系统弹出"凸台-拉伸"属性管理器，在"深度"文本框 🔽 中输入"50.00mm"，如图 13-4 所示；单击"确定"按钮 ✓，拉伸实体如图 13-5 所示。

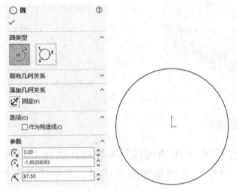

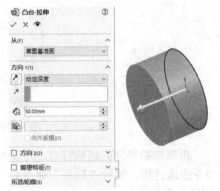

图 13-3　绘制草图 1　　　　　　　　　图 13-4　"凸台-拉伸"属性管理器

（4）设置基准面。选择步骤（3）完成的轴段端面，然后单击"前导视图"工具栏中的"正视于"按钮 ⬇️，将该表面作为绘图基准面。

（5）绘制草图 2。单击菜单栏中的"工具"→"草图绘制实体"→"圆"命令，或单击"草图"面板中的"圆"按钮 ⊙，系统弹出"圆形"属性管理器，在"参数"选项组的"半径"文本框 🔽 中输入"56.50"，单击"确定"按钮 ✓，如图 13-6 所示。

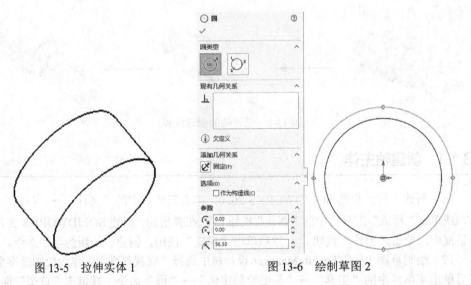

图 13-5　拉伸实体 1　　　　　　　　　　图 13-6　绘制草图 2

（6）拉伸实体 2。单击菜单栏中的"插入"→"凸台 / 基体"→"拉伸"命令，或单击"特征"面板中的"凸台-拉伸"按钮 📦，在"深度"文本框 🔽 中输入"25.00mm"。

单击"确定"按钮 ✓，完成第二轴段的创建，如图 13-7 所示。

（7）绘制轴主体。重复步骤（5）、步骤（6）的操作，按图 13-8 所示依次输入其余各轴段的半径值及长度值，创建阶梯轴的其他部分，完成后的轴主体如图 13-9 所示。

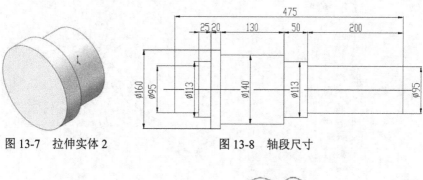

图 13-7　拉伸实体 2　　　　　　　　　　图 13-8　轴段尺寸

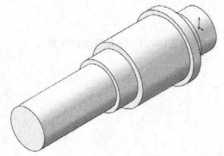

图 13-9　轴主体

13.1.2　创建大键槽

（1）创建基准面。单击菜单栏中的"插入"→"参考几何体"→"基准面"命令，或单击"特征"面板中的"基准面"按钮 🔲，系统弹出"基准面"属性管理器，在"基准面"属性管理器中选择"上视基准面"作为创建基准面的参考平面，在"偏移距离"文本框 🔧 中输入"70.00mm"，如图 13-10 所示；单击"确定"按钮 ✓，创建完成的基准面如图 13-11 所示。

（2）设置基准面。选择"基准面 1"，然后单击"前导视图"工具栏中的"正视于"按钮 ↓，将该表面作为绘制图形的基准面。

（3）绘制大键槽草图。

① 绘制直线。单击"草图"面板中的"直线"按钮 ✏ 和"中心线"按钮 ✏，在草图绘制平面绘制键槽的直线部分轮廓，如图 13-12 所示。

② 绘制圆弧。单击菜单栏中的"工具"→"草图绘制实体"→"三点圆弧"命令，或单击"草图"面板中的"三点圆弧"按钮 🔾，以键槽直线轮廓线的两端点为圆弧起点和终点，绘制与键槽两直线边相切的圆弧，如图 13-13 所示。

467

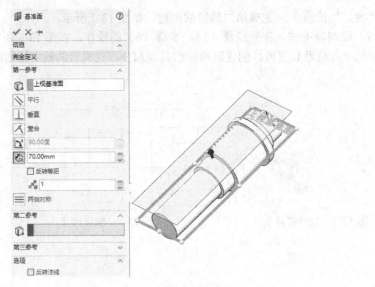

图 13-10　设置基准面参数

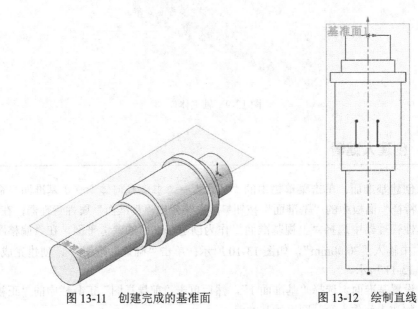

图 13-11　创建完成的基准面　　　　图 13-12　绘制直线

　　③标注尺寸。单击"草图"面板中的"智能尺寸"按钮 ，或单击菜单栏中的"工具"→"标注尺寸"→"智能尺寸"命令，对草图进行尺寸设定与标注，如图 13-14 所示。

　　（4）生成大键槽。单击菜单栏中的"插入"→"切除"→"拉伸"命令，或单击"特征"面板中的"拉伸切除"按钮 ，弹出"切除-拉伸"属性管理器，在"深度"文本框 中输入"12.00mm"，如图 13-15 所示；单击"确定"按钮 ，完成实体拉伸切除的创建，拉伸切除后的轴段实体如图 13-16 所示。

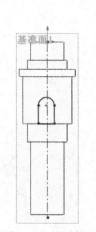

图 13-13　绘制圆弧

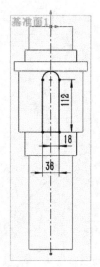

图 13-14　标注尺寸

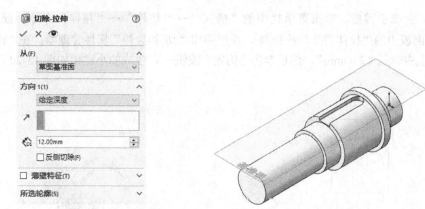

图 13-15　"切除-拉伸"属性管理器

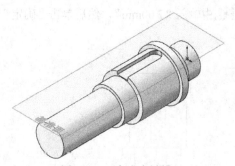

图 13-16　生成大键槽

13.1.3　创建小键槽

（1）创建小键槽基准面。单击菜单栏中的"插入"→"参考几何体"→"基准面"命令，系统弹出"基准面"属性管理器，选择"上视基准面"作为创建基准面的参考平面，在"偏移距离"文本框 🔗 中输入"47.50mm"，勾选"反转等距"复选框，如图 13-17 所示；单击"确定"按钮 ✓，创建完成的小键槽基准面如图 13-18 所示。

（2）设置基准面。选择"基准面 2"，然后单击"前导视图"工具栏中的"正视于"按钮 ↓，将该表面作为绘制图形的基准面。

（3）绘制小键槽草图 3。用草图绘制工具绘制小键槽切除特征草图轮廓，如图 13-19 所示。

469

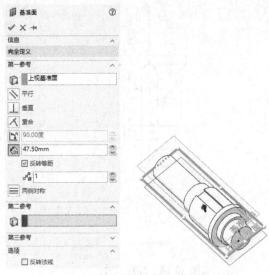

图 13-17 设置小键槽基准面生成参数　　图 13-18 小键槽基准面

（4）生成小键槽。单击菜单栏中的"插入"→"切除"→"拉伸"命令，或单击"特征"面板中的"拉伸切除"按钮 ⓘ，系统弹出"切除-拉伸"属性管理器；在"深度"文本框 ⓘ 中输入"7.00mm"，然后单击"确定"按钮 ✓，生成的小键槽如图 13-20 所示。

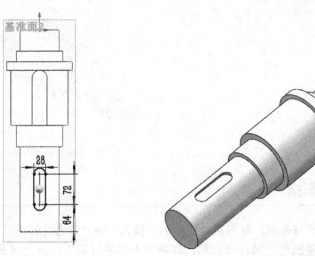

图 13-19 绘制小键槽草图 3　　　　图 13-20 生成小键槽

（5）创建倒角。单击菜单栏中的"插入"→"特征"→"倒角"命令，或单击"特征"面板中的"倒角"按钮 ⓐ，系统弹出"倒角"属性管理器；在"倒角类型"选项组中单击"角度距离"按钮 ，并输入距离值为"5.00mm"，角度值为"45.00 度"，如图 13-21 所示，选择低速轴两外侧端面边线，如图 13-21 所示，单击"确定"按钮 ✓，完成倒角的创建，如图 13-22 所示。

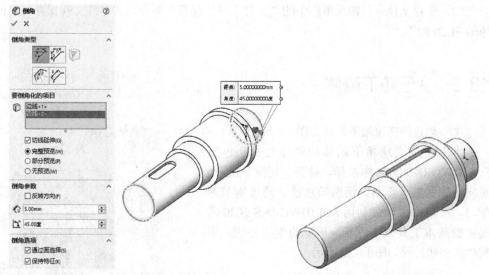

图 13-21　设置倒角生成参数　　　　　　　图 13-22　创建倒角

（6）创建圆角。单击菜单栏中的"插入"→"特征"→"圆角"命令，或单击"特征"面板中的"圆角"按钮，系统弹出"圆角"属性管理器，在"圆角类型"选项组中单击"等半径"按钮，并输入半径值为"1.00mm"，在绘图区内选择轴的轴肩底边线，如图 13-23 所示；单击"确定"按钮，完成圆角的创建，如图 13-24 所示。

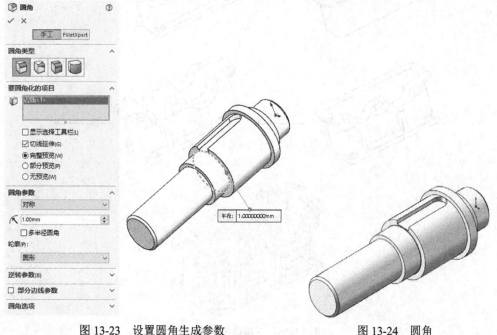

图 13-23　设置圆角生成参数　　　　　　　图 13-24　圆角

（7）保存文件。单击菜单栏中的"文件"→"保存"命令，将零件文件保存为"低速轴.SLDPRT"。

13.2　变速箱下箱体

本节创建的变速箱下箱体如图 13-25 所示。

本节讲述变速箱下箱体的创建过程，包括 SOLIDWORKS 2020 中拉伸、抽壳、切除、钻孔、镜向、加强筋、倒角、倒圆等功能。通过本节的学习，可以掌握如何利用 SOLIDWORKS 2020 所提供的基本工具来实现复杂模型的创建方法。下箱体的创建过程如图 13-26 所示。

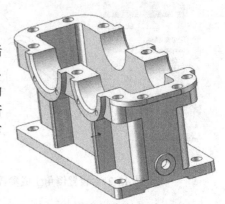

图 13-25　变速箱下箱体

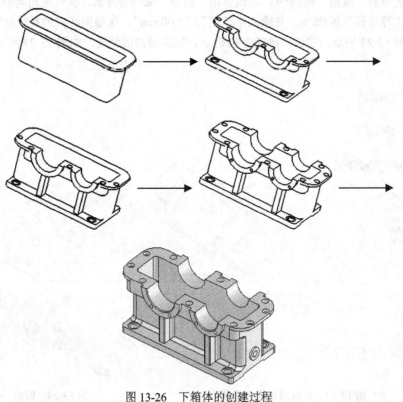

图 13-26　下箱体的创建过程

13.2.1　创建下箱体外形实体

（1）新建文件。启动 SOLIDWORKS 2020，单击菜单栏中的"文件"→"新建"命令，或单击"标准"工具栏中的"新建"按钮，在弹出的"新建 SOLIDWORKS 文件"对话框中，单击"零件"按钮，然后单击"确定"按钮，创建一个新的零件文件。

（2）绘制草图。

① 绘制矩形 1。在 FeatureManager 设计树中选择"前视基准面"作为绘图基准面。然后单击菜单栏中的"工具"→"草图绘制实体"→"矩形"命令，或单击"草图"面板中的"边角矩形"按钮，绘制矩形轮廓，使用智能标注尺寸工具标注尺寸并使矩形的中心在原点位置，如图 13-27 所示。

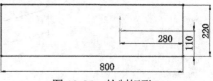

图 13-27　绘制矩形 1

② 绘制圆角 1。单击菜单栏中的"工具"→"草图绘制实体"→"圆角"命令，或单击"草图"面板中的"圆角"按钮，系统弹出"绘制圆角"属性管理器，在"圆角半径"文本框中输入"40.00mm"；单击草图中矩形的 4 个顶角边，系统自动完成草图的圆角操作，如图 13-28 所示。

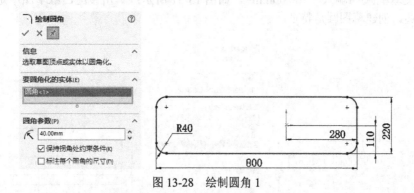

图 13-28　绘制圆角 1

③ 拉伸实体 1。单击菜单栏中的"插入"→"凸台/基体"→"拉伸"命令，或单击"特征"面板中的"凸台-拉伸"按钮，系统弹出"凸台-拉伸"属性管理器，在"深度"文本框中输入"300.00mm"，单击"确定"按钮，拉伸后的箱体实体 1 如图 13-29 所示。

13.2.2　创建装配凸缘

（1）设置基准面。选择上面完成的箱体实体上端面，然后单击"前导视图"工具栏中的"正视于"按钮，将该表面作为绘图的基准面。

（2）绘制草图。

① 绘制矩形 2。单击菜单栏中的"工具"→"草图绘制实体"→"矩形"命令，或

单击"草图"面板中的"边角矩形"按钮□，绘制装配凸缘的矩形轮廓并标注尺寸，如图 13-30 所示。

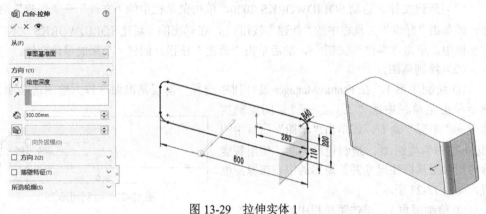

图 13-29　拉伸实体 1

② 绘制圆角 2。单击菜单栏中的"工具"→"草图绘制实体"→"圆角"命令，或单击"草图"面板中的"圆角"按钮，在弹出的"绘制圆角"属性管理器中的"圆角半径"文本框中输入"100.00mm"，如图 13-31 所示；单击装配凸缘草图中矩形的 4 个顶角边，创建草图圆角特征。

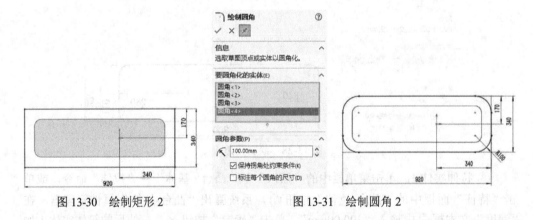

图 13-30　绘制矩形 2　　　　　　　　　　图 13-31　绘制圆角 2

（3）拉伸实体 2。单击菜单栏中的"插入"→"凸台 / 基体"→"拉伸"命令，或单击"特征"面板中的"凸台-拉伸"按钮，在弹出的"凸台-拉伸"属性管理器中的"深度"文本框中输入"20.00mm"；单击"确定"按钮，拉伸后的箱体实体 2 如图 13-32 所示。

（4）创建抽壳。选择下箱体装配凸缘的上表面，单击"特征"面板中的"抽壳"按钮，系统弹出"抽壳"属性管理器，在"厚度"文本框中输入"20.00mm"，其他选项保持系统默认设置，如图 13-33 所示；单击"确定"按钮，创建下箱体的壳体，如图 13-34 所示。

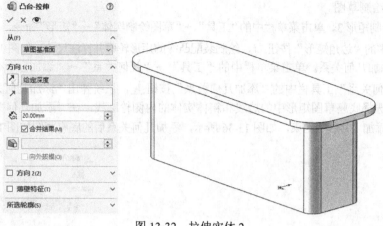

图 13-32　拉伸实体 2

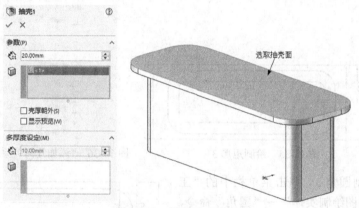

图 13-33　设置抽壳参数

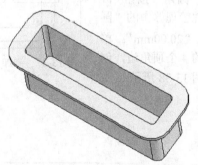

图 13-34　创建壳体

13.2.3　创建下箱体底座

（1）设置基准面。选择前面所完成的箱体实体下端面，然后单击"前导视图"工具栏中的"正视于"按钮 ⊥，将该表面作为绘制图形的基准面，新建一张草图。

（2）绘制草图。

① 绘制矩形 3。单击菜单栏中的"工具"→"草图绘制实体"→"矩形"命令，或单击"草图"面板中的"边角矩形"按钮□，绘制装配凸缘的矩形轮廓并标注尺寸，如图 13-35 所示。

② 添加几何关系。单击菜单栏中的"工具"→"几何关系"→"添加"命令，或单击"尺寸／几何关系"工具栏中的"添加几何关系"按钮⊥，系统弹出"添加几何关系"属性管理器；选择底座草图矩形中的边线和箱体实体的内侧轮廓线，在"添加几何关系"属性管理器中添加"共线"约束，如图 13-36 所示，添加几何关系后的底座草图如图 13-37 所示。

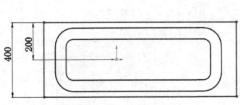

图 13-35　绘制矩形 3

图 13-36　"添加几何关系"属性管理器

③ 绘制圆角 3。单击菜单栏中的"工具"→"草图绘制实体"→"圆角"命令，或单击"草图"面板中的"圆角"按钮⌐，在弹出的"绘制圆角"属性管理器中的"圆角半径"文本框⌐中输入"20.00mm"；单击下箱体底座草图中矩形的 4 个顶角边，创建底座草图圆角特征，如图 13-38 所示。

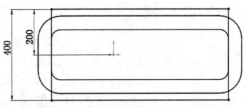

图 13-37　添加几何关系所生成的底座草图

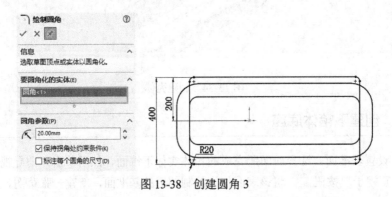

图 13-38　创建圆角 3

（3）拉伸实体 3。单击菜单栏中的"插入"→"凸台/基体"→"拉伸"命令，或单击"特征"面板中的"凸台-拉伸"按钮 📦，系统弹出"凸台-拉伸"属性管理器；在"深度"文本框 ⟨᷍⟩ 中输入"40.00mm"，然后单击"确定"按钮 ✓，完成下箱体装配凸缘的创建，如图 13-39 所示。

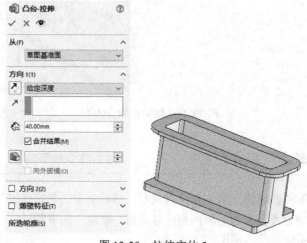

图 13-39　拉伸实体 3

13.2.4　创建箱体底座槽

（1）设置基准面。选择下箱体底侧表面，然后单击"前导视图"工具栏中的"正视于"按钮 ↓，将该表面作为绘图基准面。

（2）绘制草图 1。绘制草图轮廓。单击"草图"面板中的"中心线"按钮 ⟋、"直线"按钮 ⟍ 和"切线弧"按钮 ⟍，绘制草图并标注尺寸；添加几何关系，单击菜单栏中的"工具"→"几何关系"→"添加"命令，或单击"草图"面板中的"添加几何关系"按钮 ⌐，使切除草图底边与底座的下边线共线，以及圆弧圆心在底座的下边线上，如图 13-40 所示。

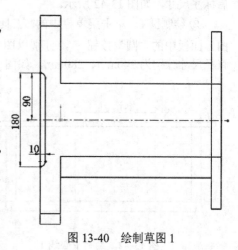

图 13-40　绘制草图 1

（3）切除拉伸实体 4。单击菜单栏中的"插入"→"切除"→"拉伸"命令，或单击"特征"面板中的"拉伸切除"按钮 📖，系统弹出"切除-拉伸"属性管理器，设置切除方式为"完全贯穿"，单击"确定"按钮 ✓，完成切除拉伸实体 1 的创建，如图 13-41 所示。

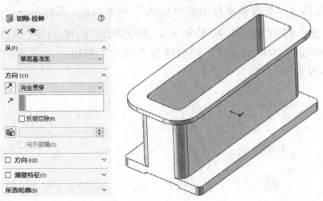

图 13-41　切除拉伸实体 4

13.2.5　创建轴承安装孔凸台

（1）设置基准面。选择下箱体壳体内表面，然后单击"前导视图"工具栏中的"正视于"按钮 ⬆，将该表面作为绘制图形的基准面，新建一张草图。

（2）绘制轴承安装凸缘草图。

① 绘制中心线 1。单击菜单栏中的"工具"→"草图绘制实体"→"中心线"命令，或单击"草图"面板中的"中心线"按钮 ✎，绘制两条中心线作为草图绘制基准：一条中心线通过下箱体中心，垂直于装配凸缘表面；另一条中心线与第一条中心线平行。然后标注尺寸，如图 13-42 所示。

② 绘制圆 1。单击菜单栏中的"工具"→"草图绘制实体"→"圆"命令，或单击"草图"面板中的"圆"按钮 ⊙，分别以图 13-42 中的圆心 1、圆心 2 为圆心画圆，并设置直径尺寸分别为 240mm、280mm，如图 13-43 所示。

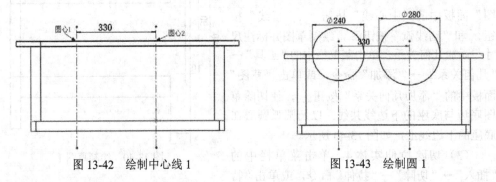

图 13-42　绘制中心线 1　　　　　　　　图 13-43　绘制圆 1

③ 绘制直线。单击菜单栏中的"工具"→"草图绘制实体"→"直线"命令，或单击"草图"面板中的"直线"按钮 ✐，在草图绘制平面上绘制两条直线，直线的端点分别作为大圆、小圆的象限点。

④ 剪裁草图 2。单击菜单栏中的"工具"→"草图工具"→"剪裁"命令，或单击"草图"面板中的"剪裁实体"按钮，单击圆的上半圆，裁剪掉多余部分，只剩下半圆，如图 13-44 所示。

（3）拉伸实体 5。单击菜单栏中的"插入"→"凸台／基体"→"拉伸"命令，或单击"特征"面板中的"凸台-拉伸"按钮，系统弹出"凸台-拉伸"属性管理器，在"深度"文本框中输入"100.00mm"，单击"确定"按钮，完成轴承安装凸缘的创建，如图 13-45 所示。

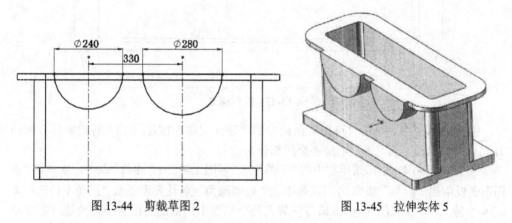

图 13-44　剪裁草图 2　　　　　图 13-45　拉伸实体 5

（4）设置基准面。选择下箱体装配凸缘上表面，然后单击"前导视图"工具栏中的"正视于"按钮，将该表面作为绘制图形的基准面，新建一张草图。

（5）绘制安装孔凸台草图。

① 绘制矩形 4 并添加几何关系。单击菜单栏中的"工具"→"草图绘制实体"→"矩形"命令，或单击"草图"面板中的"边角矩形"按钮，绘制箱盖安装孔凸台的矩形轮廓，添加几何关系使草图矩形中的上底边"直线 1"与下箱体外边线"边线 1"共线、"直线 2"与"边线 2"共线、"直线 3"与"边线 3"共线、"直线 4"与"边线 4"共线，如图 13-46 所示。

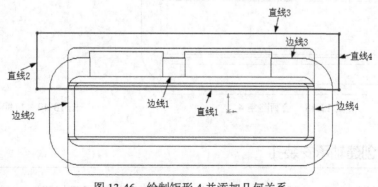

图 13-46　绘制矩形 4 并添加几何关系

② 绘制圆 2。单击菜单栏中的"工具"→"草图绘制实体"→"圆"命令，或单击"草图"面板中的"圆"按钮⊙，捕捉下箱体外轮廓线圆角的圆心，并以此为圆心绘制两个圆，设置圆的半径为 40mm，单击"确定"按钮✓，如图 13-47 所示。

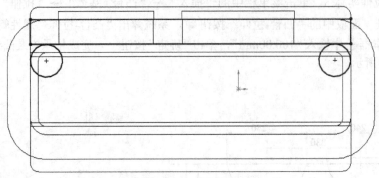

图 13-47　绘制圆 2

③ 剪裁草图 3。单击"草图"面板中的"延伸实体"按钮⊤和"剪裁实体"按钮✂，延伸竖直线至圆，并裁剪掉多余的部分。

④ 绘制圆角 4。单击菜单栏中的"工具"→"草图工具"→"圆角"命令，或单击"草图"面板中的"圆角"按钮⌐，在弹出的"绘制圆角"属性管理器的"圆角半径"文本框⌐中输入"40.00mm"；单击箱盖安装孔凸台草图中矩形的上面两个顶角边，创建草图圆角特征，图 13-48 所示。

（6）拉伸实体 6。单击菜单栏中的"插入"→"凸台 / 基体"→"拉伸"命令，或单击"特征"面板中的"凸台-拉伸"按钮◙，系统弹出"凸台-拉伸"属性管理器；在"深度"文本框⬦中输入"90.00mm"，单击"确定"按钮✓，完成箱体安装孔凸台的创建，如图 13-49 所示。

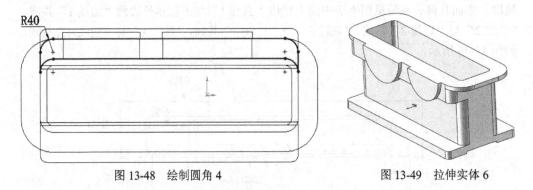

图 13-48　绘制圆角 4　　　　　　　　图 13-49　拉伸实体 6

13.2.6　创建轴承安装孔

（1）创建基准面。选择轴承安装凸缘外表面，然后单击"前导视图"工具栏中的"正视于"按钮 ↥，将该表面作为绘制图形的基准面，新建一张草图。

（2）绘制草图 4。单击菜单栏中的"工具"→"草图绘制实体"→"圆"命令，或单击"草图"面板中的"圆"按钮 ⊙，分别以轴承安装凸缘的圆心为圆心画圆，并设置直径尺寸分别为 160mm、200mm，单击"确定"按钮 ✓，如图 13-50 所示。

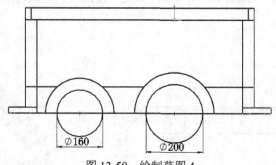

图 13-50 绘制草图 4

（3）切除拉伸实体 3。单击菜单栏中的"插入"→"切除"→"拉伸"命令，或单击"特征"面板中的"拉伸切除"按钮 ⓘ，系统弹出"切除-拉伸"属性管理器；在"深度"文本框 ⇩ 中输入"100.00mm"，然后单击"确定"按钮 ✓，完成切除拉伸实体 2 的创建，如图 13-51 所示。

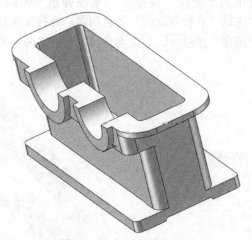

图 13-51 切除拉伸实体 7

13.2.7 创建与上箱盖结合的装配孔

（1）设置基准面。选择下箱体装配凸缘上表面，然后单击"前导视图"工具栏中的"正视于"按钮 ↥，将该表面作为绘制图形的基准面，新建一张草图。

（2）绘制草图 5。单击菜单栏中的"工具"→"草图绘制实体"→"圆"命令，或单击"草图"面板中的"圆"按钮 ⊙，在草图绘制平面上绘制装配孔并标注尺寸，如图 13-52 所示。

（3）切除拉伸实体 8。单击菜单栏中的"插入"→"切除"→"拉伸"命令，或单击"特征"面板中的"拉伸切除"按钮 ⊡，系统弹出"切除-拉伸"属性管理器；在"深度"文本框 ↕ 中输入"100.00mm"，单击"确定"按钮 ✓，完成切除拉伸实体 3 的创建，如图 13-53 所示。

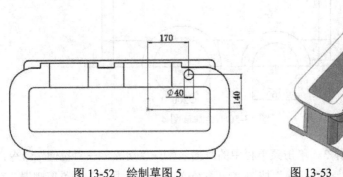

图 13-52　绘制草图 5　　　　　　　　　　图 13-53　切除拉伸实体 8

（4）镜向特征 1。单击菜单栏中的"插入"→"阵列/镜向"→"镜向"命令，或单击"特征"面板中的"镜向"按钮 ⚟，系统弹出"镜向"属性管理器，选择 FeatureManager 设计树中的"右视基准面"为镜向面，选择安装孔为要镜向的特征，如图 13-54 所示；单击"确定"按钮 ✓，完成实体镜向特征 1 的创建，如图 13-55 所示。

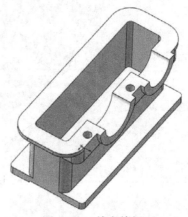

图 13-54　设置镜向参数　　　　　　　　　图 13-55　镜向特征 1

（5）创建镜向基准面。单击"特征"面板中的"基准面"按钮 ▦，系统弹出"基准面"属性管理器，选择"右视基准面"为创建基准面的参考面，设置基准面的创建方式为"偏移距离"，并在"偏移距离"输入框 ↕ 中输入"320"，同时勾选"反转等距"复选框；单击"确定"按钮 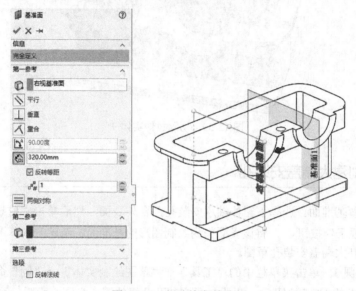，完成基准面的创建，系统默认该基准面为"基准面 1"，如图 13-56 所示。

（6）镜向特征 2。单击菜单栏中的"插入"→"阵列／镜向"→"镜向"命令，或单击"特征"面板中的"镜向"按钮，弹出"镜向"属性管理器；选择"基准面 1"作为镜向面，选择镜向后的安装孔特征为要镜向的特征；单击"确定"按钮，完成实体镜向特征 2 的创建，隐藏基准面 1，如图 13-57 所示。

图 13-56　创建镜向基准面

（7）设置基准面。选择下箱体装配凸缘上表面，然后单击"前导视图"工具栏中的"正视于"按钮，将该表面作为绘制图形的基准面，新建一张草图。

（8）绘制草图 6。单击菜单栏中的"工具"→"草图绘制头体"→"圆"命令，或单击"草图"面板中的"圆"按钮，在草图绘制平面上绘制两个圆并标注尺寸，如图 13-58 所示。

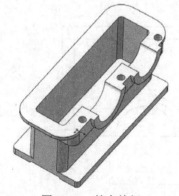

图 13-57　镜向特征 2

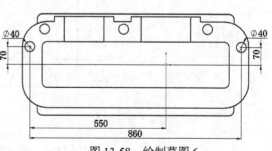

图 13-58　绘制草图 6

（9）切除拉伸实体9。单击菜单栏中的"插入"→"切除"→"拉伸"命令，或单击"特征"面板中的"拉伸切除"按钮 ⬛，系统弹出"切除-拉伸"属性管理器，设置"终止条件"为"完全贯穿"，单击"确定"按钮 ✓，完成上箱盖装配孔的创建，如图13-59所示。

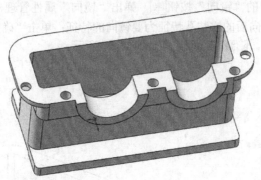

图 13-59　切除拉伸实体 9

13.2.8　创建大端盖安装孔

（1）设置基准面。选择下箱体轴承安装孔凸台外表面，然后单击"前导视图"工具栏中的"正视于"按钮 ⬚，将该表面作为绘制图形的基准面，新建一张草图。

（2）绘制大端盖安装孔草图。

① 绘制圆3。单击菜单栏中的"工具" → "草图绘制实体"→"圆"命令，或单击"草图"面板中的"圆"按钮 ⊙，以大轴承安装孔凸缘的圆心为圆心画圆，系统弹出"圆"属性管理器；勾选"作为构造线"复选框，并设置直径尺寸为240mm，如图13-60所示。

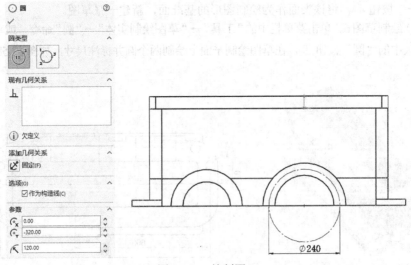

图 13-60　绘制圆 3

②绘制中心线2。单击菜单栏中的"工具"→"草图绘制实体"→"中心线"命令，或单击"草图"面板中的"中心线"按钮，绘制一条过大轴承安装孔圆心的垂直中心线，过大轴承安装孔绘制另一条中心线与垂直中心线成45°，如图13-61所示。

③绘制草图7。单击菜单栏中的"工具"→"草图绘制实体"→"圆"命令，或单击"草图"面板中的"圆"按钮，绘制大端盖安装孔草图，直径为20mm，如图13-62所示。

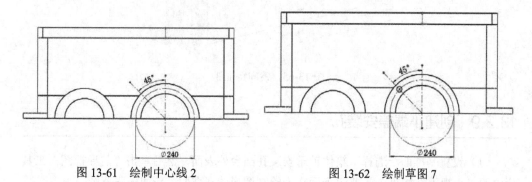

图13-61 绘制中心线2   图13-62 绘制草图7

（3）切除拉伸实体10。单击菜单栏中的"插入"→"切除"→"拉伸"命令，或单击"特征"面板中的"拉伸切除"按钮，系统弹出"切除-拉伸"属性管理器，在"深度"文本框中输入"20.00mm"，单击"确定"按钮，完成大端盖安装孔的创建，如图13-63所示。

（4）镜向特征3。单击菜单栏中的"插入"→"阵列/镜向"→"镜向"命令，或单击"特征"面板中的"镜向"按钮，系统弹出"镜向"属性管理器；选择大端盖安装孔为镜向特征，选择"右视基准面"为镜向基准面，如图13-64所示；最后单击"确定"按钮，完成实体镜向特征3的创建，如图13-65所示。

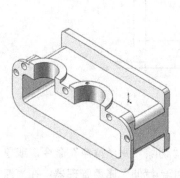

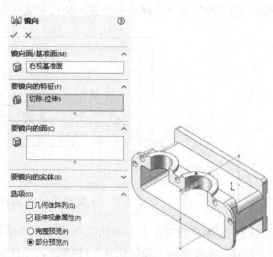

图13-63 切除拉伸实体10   图13-64 选择镜向基准面及特征

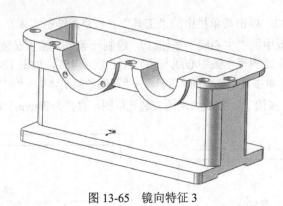

图 13-65　镜向特征 3

13.2.9　创建小端盖安装孔

（1）设置基准面。选择下箱体轴承安装孔凸台外表面，然后单击"前导视图"工具栏中的"正视于"按钮↓，将该表面作为绘制图形的基准面，新建一张草图。

（2）绘制小端盖安装孔草图。

①绘制圆 4。单击菜单栏中的"工具"→"草图绘制实体"→"圆"命令，或单击"草图"面板中的"圆"按钮⊙，以小轴承安装孔凸缘的圆心为圆心画圆，系统弹出"圆"属性管理器；勾选"作为构造线"复选框，并设置直径尺寸为 200mm。

②绘制中心线 3。单击菜单栏中的"工具"→"草图绘制实体"→"中心线"命令，或单击"草图"面板中的"中心线"按钮✏️，绘制一条过小轴承安装孔圆心的垂直中心线，过小轴承安装孔中心绘制另一条中心线与垂直中心线成 45°角，如图 13-66 所示。

③绘制草图 8。单击"草图"面板中的"圆"按钮⊙，绘制小端盖安装孔草图，在弹出的"圆"属性管理器中设置小端盖安装孔的直径尺寸为 20mm，如图 13-66 所示。

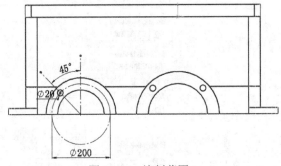

图 13-66　绘制草图 8

（3）切除拉伸实体 11。单击菜单栏中的"插入"→"切除"→"拉伸"命令，或单击"特征"面板中的"拉伸切除"按钮⬛，系统弹出"切除-拉伸"属性管理器；在"深度"文本框⬦中输入"20.00mm"，然后单击"确定"按钮✔，完成小端盖安装孔的创建，如图 13-67 所示。

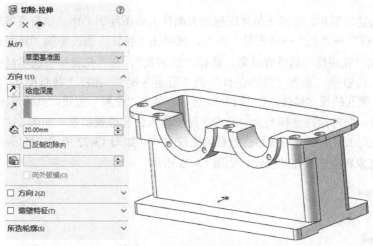

图 13-67　切除拉伸实体 11

（4）创建镜向基准面。单击"特征"面板中的"基准面"按钮 ，系统弹出"基准面"属性管理器，选择"右视基准面"为创建基准面的参考面，设置基准面的创建方式为"偏移距离"，并在"偏移距离"文本框 中输入"330.00mm"，同时勾选"反转等距"复选框。单击"确定"按钮 ，完成基准面 2 的创建。

（5）镜向特征 4。单击菜单栏中的"插入"→"阵列 / 镜向"→"镜向"命令，或单击"特征"面板中的"镜向"按钮 ，系统弹出"镜向"属性管理器，选择小端盖安装孔为镜向特征；选择"基准面 2"为镜向基准面，如图 13-68 所示。然后单击"确定"按钮 ，完成实体镜向特征 4 的创建，如图 13-69 所示。

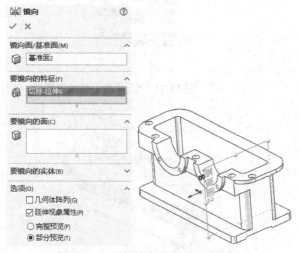

图 13-68　选择镜向基准面及孔特征

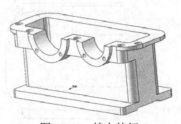

图 13-69　镜向特征 4

13.2.10 创建箱体底座安装孔

（1）创建异型孔。选择下箱体底座上表面作为草图绘制平面。单击菜单栏中的"插入"→"特征"→"孔"→"向导"命令，或单击"特征"面板中的"异型孔向导"按钮，弹出"孔规格"属性管理器。选择"旧制孔"，在"孔类型"选项组中单击"柱形沉头孔"按钮；设置"终止条件"为"给定深度"，并在"截面尺寸"选项组中，设置底座安装孔的尺寸属性，如图 13-70 所示；单击"位置"按钮，系统弹出"孔位置"属性管理器，同时绘图光标变为 ⬚ 形式，提示输入钻孔位置信息，如图 13-71 所示；单击下箱体底座上表面，并设置钻孔位置的定位尺寸，如图 13-72 所示；最后单击"确定"按钮，完成底座安装孔的创建，如图 13-73 所示。

图 13-70 "孔规格"属性管理器

图 13-71 "孔位置"属性管理器

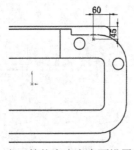

图 13-72 在下箱体底座上表面设置钻孔位置

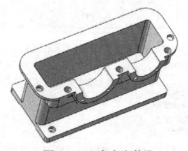

图 13-73 底座安装孔

（2）创建镜向基准面。单击菜单栏中的"插入"→"参考几何体"→"基准面"命令，或单击"参考几何体"工具栏中的"基准面"按钮🗊，选择箱体的外侧面为参考面，在弹出的"基准面"属性管理器的"偏移距离"列表框🗊中输入"400.00mm"，勾选"反转等距"复选框，单击"确定"按钮✓，完成基准面的创建，系统默认该基准面为"基准面3"，如图 13-74 所示。

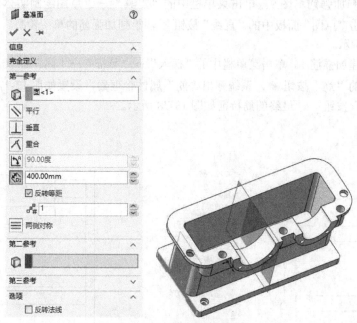

图 13-74　创建镜向基准面

（3）镜向特征 5。单击菜单栏中的"插入"→"阵列 / 镜向"→"镜向"命令，或单击"特征"面板中的"镜向"按钮🗔，系统弹出"镜向"属性管理器；选择下箱体底座安装孔为镜向特征；选择"基准面 3"为镜向基准面，单击"确定"按钮✓，完成实体镜向特征 5 的创建，隐藏基准面 3，如图 13-75 所示。

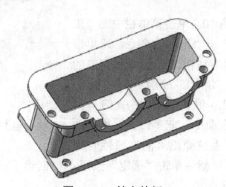

图 13-75　镜向特征 5

13.2.11　创建下箱体加强筋

（1）设置基准面。在 FeatureManager 设计树中选择"右视基准面"作为绘图基准面。然后单击"前导视图"工具栏中的"正视于"按钮⏚，将该表面作为绘图基准面。

（2）绘制加强筋草图 9。单击菜单栏中的"工具"→"草图绘制实体"→"直线"命令，或单击"草图"面板中的"直线"按钮✏，绘制加强筋的草图轮廓，并标注尺寸，如图 13-76 所示。

（3）创建加强筋 1。单击菜单栏中的"插入"→"特征"→"筋"命令，或单击"特征"面板中的"筋"按钮🦴，系统弹出"筋"属性管理器，设置如图 13-77 所示；然后单击"确定"按钮✓，最终的筋特征如图 13-78 所示。

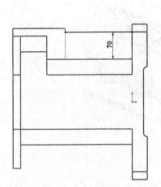

图 13-76　绘制加强筋草图 9

图 13-77　设置加强筋的属性

（4）设置基准面。选择"基准面 2"，然后单击"前导视图"工具栏中的"正视于"按钮⏚，将该表面作为绘图基准面。

（5）绘制加强筋草图 10。单击菜单栏中的"工具"→"草图绘制实体"→"直线"命令，或单击"草图"面板中的"直线"按钮✏，绘制加强筋的草图轮廓，并标注尺寸，如图 13-79 所示。

（6）创建加强筋 2。单击菜单栏中的"插入"→"特征"→"筋"命令，或单击"特征"面板中的"筋"按钮🦴，系统弹出"筋"属性管理器，设置如图 13-77 所示；然后单击"确定"按钮✓，创建下箱体的另一条筋特征，如图 13-80 所示。

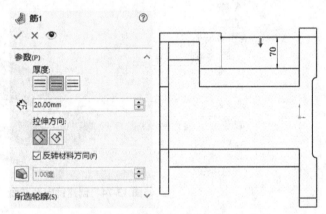

图 13-78　创建加强筋 1

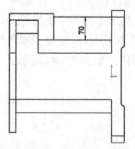

图 13-79　绘制加强筋草图 10

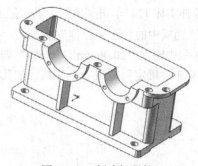

图 13-80　创建加强筋 2

（7）镜向特征 6。单击菜单栏中的"插入"→"阵列 / 镜向"→"镜向"命令，或
单击"特征"面板中的"镜向"按钮 ，系统弹出"镜向"属性管理器；选择筋等特征
为镜向特征；选择"上视基准面"为镜向基准面，如图 13-81 所示；单击"确定"按钮
，完成镜向特征 6 的创建，如图 13-82 所示。

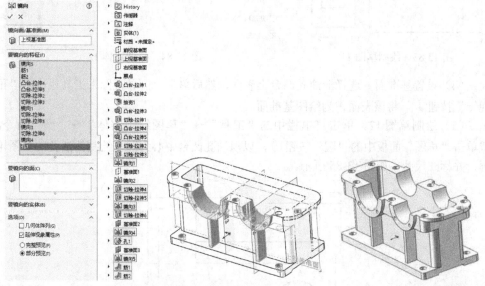

图 13-81　选择镜向特征及基准面　　　　　图 13-82　镜向特征 6

13.2.12　创建泄油孔

（1）设置基准面。选择下箱体的前端面，然后单击"前导视图"工具栏中的"正视
于"按钮 ，将该表面作为绘图基准面。

（2）绘制草图 11。单击菜单栏中的"工具"→"草图绘制实体"→"圆"命令，
或单击"草图"面板中的"圆"按钮 ，绘制泄油孔凸台的草图轮廓，并标注尺寸，
如图 13-83 所示。

491

（3）拉伸实体 12。单击菜单栏中的"插入"→"凸台 / 基体"→"拉伸"命令，或单击"特征"面板中的"凸台-拉伸"按钮 🔲，系统弹出"凸台-拉伸"属性管理器；在"深度"文本框 🔩 中输入"10.00mm"。单击"拔模开 / 关"按钮 🔳，设置拔模角度为"5.00度"，然后单击"确定"按钮 ✓，完成泄油孔凸台的创建，如图 13-84 所示。

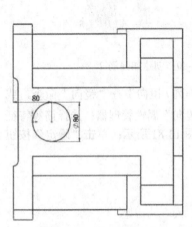

图 13-83 绘制草图 11

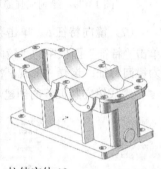

图 13-84 拉伸实体 12

（4）设置基准面。选择泄油孔凸台上表面，然后单击"前导视图"工具栏中的"正视于"按钮 ↧，将该表面作为绘图基准面。

（5）绘制草图 12。单击菜单栏中的"工具"→"草图绘制实体"→"圆"命令，或单击"草图"面板中的"圆"按钮 ⊙，以泄油孔凸台中心为圆心绘制泄油孔的草图轮廓，并标注尺寸，如图 13-85 所示。

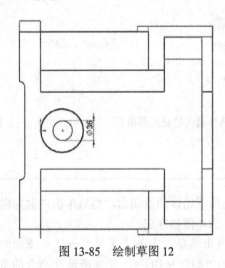

图 13-85 绘制草图 12

（6）切除拉伸实体 13。单击菜单栏中的"插入"→"切除"→"拉伸"命令，或单击"特征"面板中的"拉伸切除"按钮，系统弹出"切除-拉伸"属性管理器；设置拉伸类型为"成形到下一面"，图形区高亮显示切除拉伸的方向，如图 13-86 所示；然后单击"确定"按钮，完成泄油孔的创建，如图 13-87 所示。

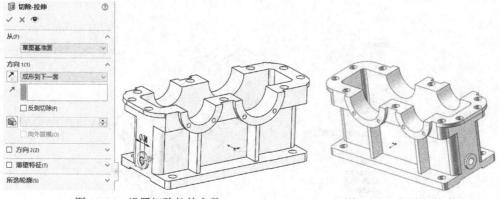

图 13-86 设置切除拉伸参数   图 13-87 切除拉伸实体 13

（7）创建倒角特征。单击菜单栏中的"插入"→"特征"→"倒角"命令，或单击"特征"面板中的"倒角"按钮，系统弹出"倒角"属性管理器，如图 13-88 所示，单击"角度距离"按钮，输入倒角距离为"10.00mm"，设置倒角角度为"45.00 度"，选择生成倒角特征的轴承安装孔外边线，如图 13-88 所示；单击"确定"按钮，完成下箱体倒角特征的创建，如图 13-89 所示。

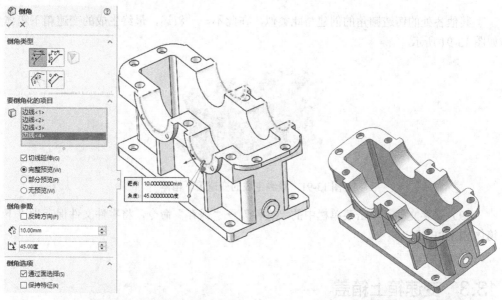

图 13-88 设置倒角特征参数   图 13-89 创建倒角特征

（8）创建圆角特征。单击菜单栏中的"插入"→"特征"→"圆角"命令，或单击"特征"面板中的"圆角"按钮 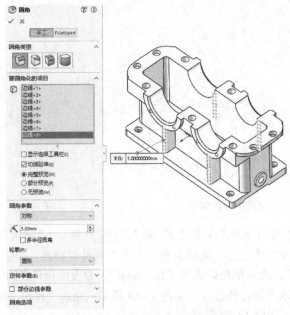，系统弹出"圆角"属性管理器，选择下箱体筋特征的外边线为倒圆角边，设置圆角半径为"5.00mm"，单击"确定"按钮 ✓，完成下箱体筋圆角特征的创建，如图 13-90 所示。

图 13-90　设置圆角特征参数

其他各处的铸造圆角的创建与此类似，在此不一一叙述，最终生成的变速箱下箱体如图 13-91 所示。

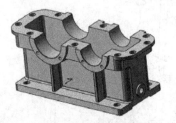

图 13-91　最终生成的变速箱下箱体

（9）保存文件。单击菜单栏中的"文件"→"保存"命令，将零件文件保存为"下箱体.SLDPRT"。

13.3　变速箱上箱盖

本节创建的变速箱上箱盖如图 13-92 所示。

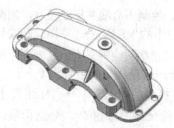

图 13-92 变速箱上箱盖

变速箱上箱盖是另一个典型的箱体类零件，是变速箱的关键组成部分，用于保护箱体内的零件。与下箱体类似，上箱盖的设计综合了 SOLIDWORKS 2020 中拉伸、抽壳、切除、钻孔、复制特征、制作加强筋、倒圆角等多项功能。变速箱上箱盖的基本创建过程如图 13-93 所示。

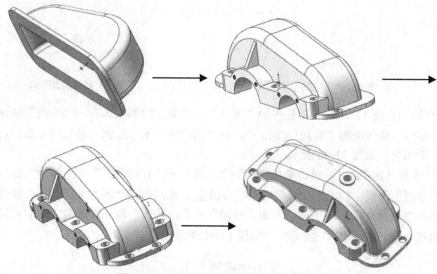

图 13-93 变速箱上箱盖的基本创建过程

13.3.1 生成上箱盖实体

（1）新建文件。启动 SOLIDWORKS 2020，单击菜单栏中的"文件"→"新建"命令，或单击"标准"工具栏中的"新建"按钮 □，在弹出的"新建 SOLIDWORKS 文件"对话框中，单击"零件"按钮 ，然后单击"确定"按钮，创建一个新的零件文件。

（2）绘制草图。

① 绘制中心线 1。在 FeatureManager 设计树中选择"前视基准面"作为绘图基准面，然后单击菜单栏中的"工具"→"草图绘制实体"→"中心线"命令，或单击"草图"

495

面板中的"中心线"按钮 ，绘制中心线并标注尺寸，如图 13-94 所示。

② 绘制圆 1。单击菜单栏中的"工具"→"草图绘制实体"→"圆"命令，或单击"草图"面板中的"圆"按钮 ⊙，在草图绘制平面上绘制两个圆。大圆的圆心与系统坐标原点重合，小圆的圆心则位于上一步所确定的中心线 1 上。

③ 标注尺寸。单击菜单栏中的"工具"→"标注尺寸"→"智能尺寸"命令，或单击"草图"面板中的"智能尺寸"按钮 ，分别标注两圆的直径尺寸，如图 13-95 所示。

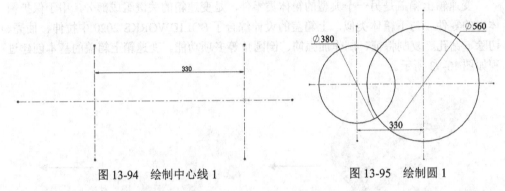

图 13-94　绘制中心线 1　　　　　　　　　图 13-95　绘制圆 1

④ 绘制直线 1。单击菜单栏中的"工具"→"草图绘制实体"→"直线"命令，或单击"草图"面板中的"直线"按钮 ，在草图绘制平面上绘制一条直线与前面所创建的两个圆相交，如图 13-96 所示。

⑤ 添加几何关系 1。单击菜单栏中的"工具"→"几何关系"→"添加"命令，或单击"草图"面板中的"添加几何关系"按钮 ，系统弹出"添加几何关系"属性管理器，选择绘制的直线 1 与小圆，添加"相切"关系；同理，添加直线与大圆的几何关系为"相切"，单击"确定"按钮 ，如图 13-97 所示。

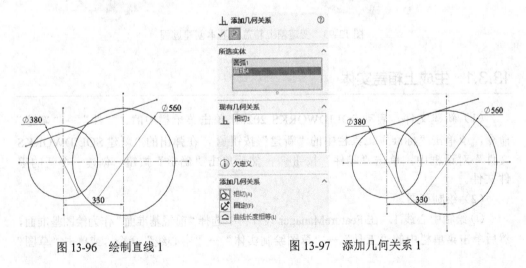

图 13-96　绘制直线 1　　　　　　　　　图 13-97　添加几何关系 1

⑥ 剪裁草图 1。单击菜单栏中的"工具"→"草图工具"→"剪裁"命令，或单击"草图"面板中的"剪裁实体"按钮 ，剪裁掉草图中的多余图形，剪裁后的上箱盖草图轮廓如图 13-98 所示。

⑦ 绘制直线 2。单击菜单栏中的"工具"→"草图绘制实体"→"直线"命令，或单击"草图"面板中的"直线"按钮 ，在草图绘制平面上绘制一条直线，直线的两个端点分别为圆弧与水平中心线的两个交点，如图 13-99 所示。

（3）拉伸实体 1。单击菜单栏中的"插入"→"凸台/基体"→"拉伸"命令，或单击"特征"面板中的"凸台-拉伸"按钮 ，系统弹出"凸台-拉伸"属性管理器；设置拉伸类型为"两侧对称"，在"深度"文本框 中输入"220.00mm"，然后单击"确定"按钮 ，创建上箱盖实体，如图 13-100 所示。

图 13-98　剪裁草图 1　　　　　　　　　　图 13-99　绘制直线 2

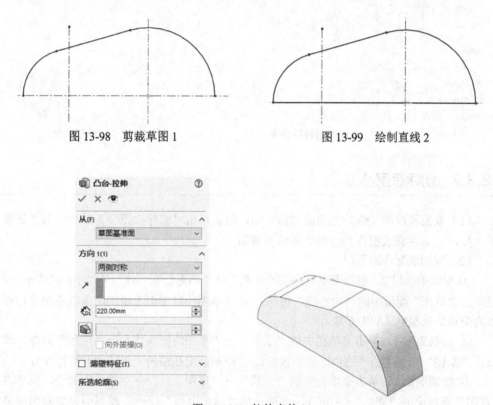

图 13-100　拉伸实体 1

（4）创建圆角特征 1。单击菜单栏中的"插入"→"特征"→"圆角"命令，或单击"特征"面板中的"圆角"按钮 ，系统弹出"圆角"属性管理器，选择箱体实体的两条带有圆弧的边线，设置圆角半径为 40mm，如图 13-101 所示；单击"确定"按钮 ，完成圆角特征的创建，如图 13-102 所示。

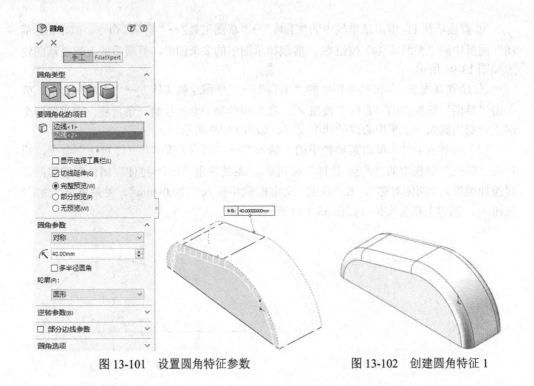

图 13-101　设置圆角特征参数　　　　图 13-102　创建圆角特征 1

13.3.2　创建装配凸沿

（1）设置基准面。选择上箱盖实体底面，然后单击"前导视图"工具栏中的"正视于"按钮，将该表面作为绘制图形的基准面。

（2）绘制装配凸沿草图。

①绘制中心线 2。单击菜单栏中的"工具"→"草图绘制实体"→"中心线"命令，或单击"草图"面板中的"中心线"按钮，在草图绘制平面上绘制两条以系统坐标原点为交点的互相垂直的中心线。

②绘制矩形 1。单击菜单栏中的"工具"→"草图绘制实体"→"矩形"命令，或单击"草图"面板中的"边角矩形"按钮，绘制装配凸沿的矩形轮廓并标注尺寸。

③绘制圆角 1。单击菜单栏中的"工具"→"草图工具"→"圆角"命令，或单击"草图"面板中的"圆角"按钮，在弹出的"绘制圆角"属性管理器中设置圆角半径为 100mm。单击装配凸沿草图中矩形的 4 个顶角边，创建草图圆角特征，如图 13-103 所示。

（3）拉伸实体 2。单击菜单栏中的"插入"→"凸台 / 基体"→"拉伸"命令，或单击"特征"面板中的"凸台-拉伸"按钮，系统弹出"凸台-拉伸"属性管理器；在"深度"文本框中输入"20.00mm"，单击"确定"按钮，生成上箱盖装配凸沿，如图 13-104 所示。

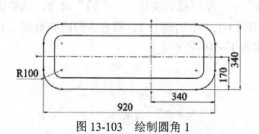

图 13-103　绘制圆角 1

图 13-104　拉伸实体 2

（4）创建抽壳特征。选择上箱盖装配凸沿的下表面，单击菜单栏中的"插入"→"特征"→"抽壳"命令，或单击"特征"面板中的"抽壳"按钮 ，系统弹出"抽壳"属性管理器，在"厚度"文本框 中输入"20.00mm"，如图 13-105 所示；单击"确定"按钮 ，完成抽壳操作，创建上箱盖腔体，最后生成的变速箱上箱盖初步轮廓如图 13-106 所示。

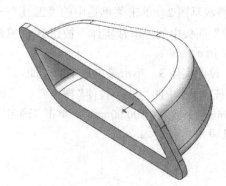

图 13-105　设置抽壳特征参数

图 13-106　创建抽壳特征

13.3.3　创建轴承安装孔

（1）设置基准面。选择上箱盖腔体内表面，然后单击"前导视图"工具栏中的"正视于"按钮 ，将该表面作为绘制图形的基准面，新建一张草图。

（2）绘制轴承安装孔草图。

① 绘制中心线 3。单击菜单栏中的"工具"→"草图绘制实体"→"中心线"命令，或单击"草图"面板中的"中心线"按钮 ，绘制两条中心线作为草图绘制的基准线：一条通过系统坐标原点，垂直于上箱盖装配凸沿下表面；另一条中心线与第一条中心线平行。单击"草图"面板中的"智能尺寸"按钮 ，标注距离尺寸值为 330mm。绘制第三条中心线与上箱盖装配凸沿底边线重合（可以通过添加几何关系来保证），如图 13-107 所示。

② 绘制圆 2。单击菜单栏中的"工具"→"草图绘制实体"→"圆"命令，或单击"草图"面板中的"圆"按钮 ⊙ ，分别以图 13-107 中的圆心 1、圆心 2 为圆心画圆，并标注直径尺寸分别为 240mm、280mm，如图 13-108 所示。

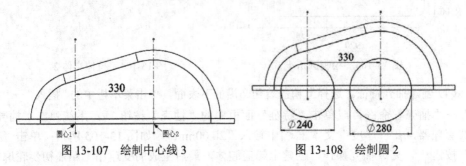

图 13-107 绘制中心线 3   图 13-108 绘制圆 2

③ 绘制直线 3。单击菜单栏中的"工具"→"草图绘制实体"→"直线"命令，或单击"草图"面板中的"直线"按钮 ╱ ，在草图绘制平面上绘制两条直线，直线的端点分别为大、小圆弧与水平中心线的交点。

④ 剪裁草图 2。单击菜单栏中的"工具"→"草图工具"→"剪裁"命令，或单击"草图"面板中的"剪裁实体"按钮 ⅔，剪裁掉草图中水平中心线以下的半圆，如图 13-109 所示。

（3）拉伸实体 3。单击菜单栏中的"插入"→"凸台 / 基体"→"拉伸"命令，或单击"特征"面板中的"凸台-拉伸"按钮 ⊕ ，系统弹出"凸台-拉伸"属性管理器；在"深度"文本框 ⬧ 中输入"100.00mm"，单击"确定"按钮 ✓ ，创建上箱盖轴承安装孔凸台，如图 13-110 所示。

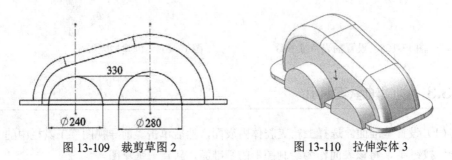

图 13-109 裁剪草图 2   图 13-110 拉伸实体 3

13.3.4 创建上箱盖装配凸沿

（1）设置基准面。选择上箱盖装配凸沿下表面，然后单击"前导视图"工具栏中的"正视于"按钮 ↧ ，将该表面作为绘制图形的基准面，新建一张草图。

（2）绘制上箱盖装配凸沿草图。

① 绘制矩形 2。单击菜单栏中的"工具"→"草图绘制实体"→"矩形"命令，或

单击"草图"面板中的"边角矩形"按钮□，绘制上箱盖装配凸沿的矩形轮廓，并标注尺寸，如图 13-111 所示。

② 添加几何关系 2。单击菜单栏中的"工具"→"几何关系"→"添加"命令，或单击"草图"面板中的"添加几何关系"按钮┗，系统弹出"添加几何关系"属性管理器，选择上箱盖装配凸沿草图矩形下边与

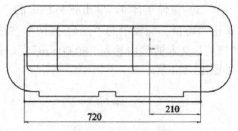

图 13-111　绘制矩形 2

轴承安装孔凸台边线，添加"共线"关系；类似地，添加上箱盖装配凸沿草图矩形上边与上箱盖内腔表面边线的几何关系为"共线"，单击"确定"按钮✓，如图 13-112 所示。

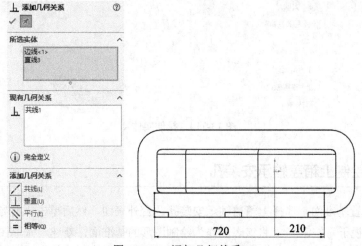

图 13-112　添加几何关系 2

③ 绘制圆角 2。单击菜单栏中的"工具"→"草图工具"→"圆角"命令，或单击"草图"面板中的"圆角"按钮┐，在弹出的"绘制圆角"属性管理器中的"圆角半径"文本框┌中输入"40.00mm"；单击上箱盖装配凸沿草图中矩形下面的两个顶角边，创建草图圆角特征，如图 13-113 所示。

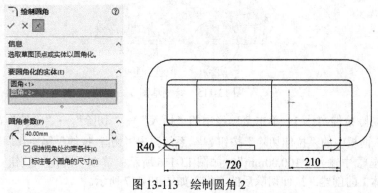

图 13-113　绘制圆角 2

（3）拉伸实体 4。单击菜单栏中的"插入"→"凸台 / 基体"→"拉伸"命令，或单击"特征"面板中的"凸台-拉伸"按钮 📾，系统弹出"切除-拉伸"属性管理器；在"深度"文本框 ⬡ 中输入"80.00mm"，单击"确定"按钮 ✔，创建上箱盖轴承装配凸台，如图 13-114 所示。

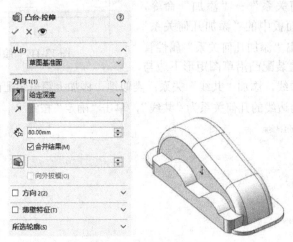

图 13-114　拉伸实体 4

13.3.5　绘制上箱盖轴承安装孔

（1）设置基准面。选择上箱盖轴承安装孔凸台外表面，然后单击"前导视图"工具栏中的"正视于"按钮 ↧，将该表面作为绘制图形的基准面，新建一张草图。

（2）绘制草图 3。单击菜单栏中的"工具"→"草图绘制实体"→"圆"命令，或单击"草图"面板中的"圆"按钮 ⊙，以上箱盖轴承安装孔两个半圆凸台的圆心为圆心绘制两个圆，然后标注直径尺寸分别为 200mm 和 160mm，如图 13-115 所示。

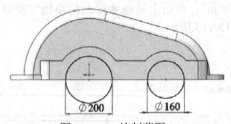

图 13-115　绘制草图 3

（3）切除拉伸实体 5。单击菜单栏中的"插入"→"切除"→"拉伸"命令，或单击"特征"面板中的"拉伸切除"按钮 ⬚，系统弹出"切除-拉伸"属性管理器；在"深度"文本框 ⬡ 中输入"100.00mm"，如图 13-116 所示；单击"确定"按钮 ✔，完成切除拉伸实体 1 的创建。拉伸切除后的上箱盖如图 13-117 所示。

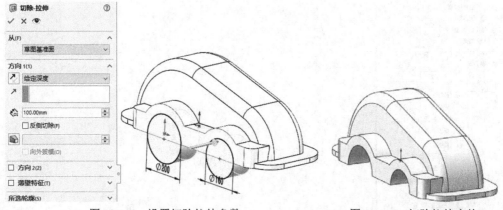

图 13-116　设置切除拉伸参数　　　　　图 13-117　切除拉伸实体 5

13.3.6　创建上箱盖安装孔

（1）设置基准面。选择上箱盖安装凸沿下表面，然后单击"前导视图"工具栏中的"正视于"按钮，将该表面作为绘制图形的基准面，新建一张草图。

（2）创建简单孔。单击菜单栏中的"插入"→"特征"→"简单直孔"命令，系统弹出"孔"属性管理器，设置"终止条件"为"完全贯穿"，在"孔直径"文本框中输入"40.00mm"，单击"确定"按钮，系统自动进行切除操作生成孔特征，如图 13-118 所示。

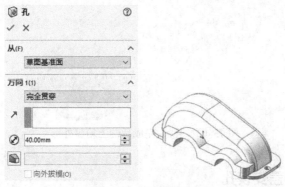

图 13-118　创建简单孔

（3）编辑钻孔位置。在 FeatureManager 设计树中右击步骤（2）中所创建的孔特征。在弹出的快捷菜单中单击"编辑草图"按钮，如图 13-119 所示；单击"草图"面板中的"智能尺寸"按钮，标注孔位置尺寸，如图 13-120 所示；单击"退出草图"按钮，退出草图绘制状态，完成孔的位置编辑。

（4）重复步骤（1）～步骤（3），创建其他各箱体装配孔特征并编辑位置尺寸，各孔的位置尺寸如图 13-121 所示。

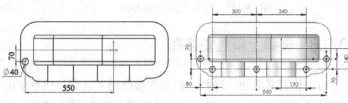

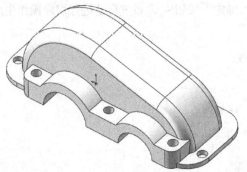

图 13-119　快捷菜单　　　图 13-120　编辑钻孔位置　　图 13-121　上箱盖装配孔的位置尺寸

　　钻孔完成后的上箱盖外形如图 13-122 所示。

图 13-122　钻孔完成后的上箱盖外形

13.3.7　创建端盖安装孔

　　（1）设置基准面。选择上箱盖轴承安装孔凸台外表面，然后单击"前导视图"工具栏中的"正视于"按钮，将该表面作为孔放置面。

　　（2）创建螺纹孔。单击菜单栏中的"插入"→"特征"→"孔向导"命令，或单击"特征"面板中的"异型孔向导"按钮，系统弹出"孔规格"属性管理器，在该属性管理器中，选择钻孔类型为"螺纹孔"，并在"标准"下拉列表中选择国际标准"ISO"，在"大小"下拉列表中选择"M20×2.0"，在"螺纹线"文本框中设置螺纹浅深度值为"20.00mm"，其余选项保持系统默认设置，如图 13-123 所示；单击"位置"按钮，系统弹出"孔位置"属性管理器，如图 13-124 所示；在孔放置面上放置孔，利用草图工具绘制孔的放置位置，如图 13-125 所示；单击"确定"按钮✓，完成螺纹孔的创建，如图 13-126 所示。

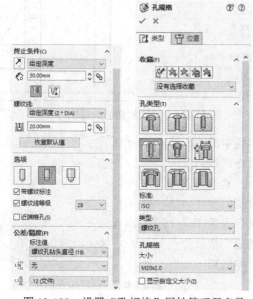

图 13-123　设置"孔规格"属性管理器参数

图 13-124　"孔位置"属性管理器

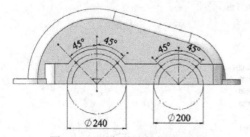

图 13-125　定义孔的位置尺寸

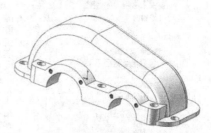

图 13-126　创建螺纹孔

13.3.8　创建上箱盖加强筋

（1）设置基准面。在 FeatureManager 设计树中选择"右视基准面"，然后单击"前导视图"工具栏中的"正视于"按钮↓，将该表面作为绘图基准面。

（2）绘制草图 4。单击菜单栏中的"工具"→"草图绘制实体"→"直线"命令，或单击"草图"面板中的"直线"按钮✓，绘制加强筋的草图轮廓，并标注尺寸，如图 13-127 所示。

（3）创建加强筋实体 6。单击菜单栏中的"插入"→"特征"→"筋"命令，或单击"特征"面板中的"筋"按钮🛋。系统弹出"筋 1"属性管理器，设置如图 13-128 所示；单击"确定"按钮✓，最终的筋特征如图 13-129 所示。

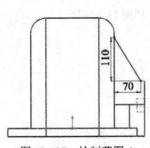

图 13-127　绘制草图 4

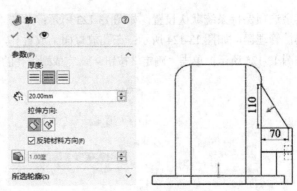

图 13-128　设置加强筋的属性

（4）镜向加强筋等特征。单击菜单栏中的"插入"→"阵列 / 镜向"→"镜向"命令，或单击"特征"面板中的"镜向"按钮 ，系统弹出"镜向"属性管理器，选择前面绘制的全部特征为镜向特征；选择"前视基准面"为镜向基准面，如图 13-130 所示；单击"确定"按钮 ，完成镜向加强筋等特征的创建，完成后的变速箱上箱盖主体如图 13-131 所示。

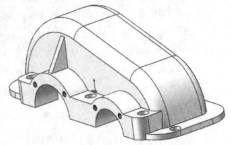

图 13-129　创建加强筋实体 6

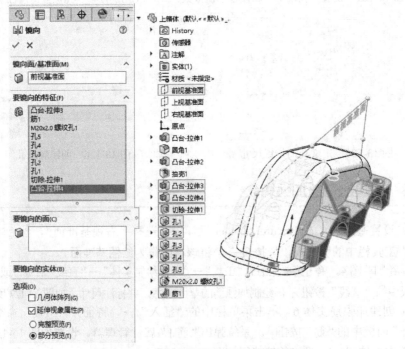

图 13-130　选择加强筋特征及镜向基准面

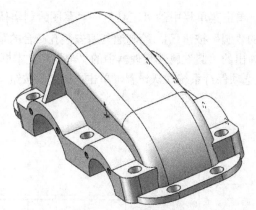

图 13-131　镜向加强筋特征

13.3.9　创建通气塞安装孔

（1）创建基准面。单击菜单栏中的"插入"→"参考几何体"→"基准面"命令，系统弹出"基准面"属性管理器，选择"上视基准面"为基准面创建的参考平面，在"距离"文本框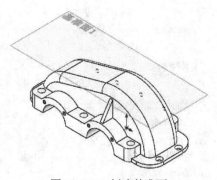中输入"290.00mm"，其他选项保持系统默认设置，如图 13-132 所示；单击"确定"按钮☑，完成通气塞安装孔草绘基准面的创建，如图 13-133 所示。

图 13-132　"基准面"属性管理器

图 13-133　创建基准面

（2）设置基准面。选择"基准面 1"，然后单击"前导视图"工具栏中的"正视于"按钮↧，将该表面作为绘制图形的基准面，新建一张草图。

（3）绘制草图 5。单击菜单栏中的"工具"→"草图绘制实体"→"圆"命令，或单击"草图"面板中的"圆"按钮⊙，绘制通气塞安装孔凸台的草图轮廓，使圆心与系统坐标原点重合，在弹出的"圆"属性管理器中的"半径"文本框 ⭢ 中输入圆的半径值为"40.00mm"，其他选项保持系统默认设置，单击"确定"按钮 ✓，如图 13-134 所示。

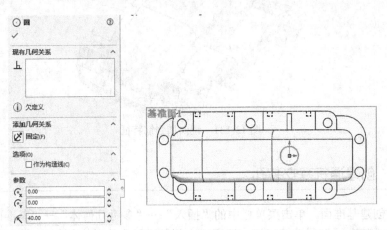

图 13-134　绘制草图 5

（4）拉伸实体 7。单击菜单栏中的"插入"→"凸台 / 基体"→"拉伸"命令，或单击"特征"面板中的"凸台-拉伸"按钮 ，系统弹出"凸台-拉伸"属性管理器，设置"终止条件"为"成形到实体"，选择拉伸方向为向外拉伸，并在"实体 / 曲面实体"列表框 中选择上箱盖实体，单击"拔模开 / 关"按钮 ，设置拔模角度为"5.00 度"，勾选"向外拔模"复选框，其他选项保持系统默认设置，如图 13-135 所示；单击"确定"按钮 ✓，完成通气塞安装孔凸台的创建，隐藏基准面，如图 13-136 所示。

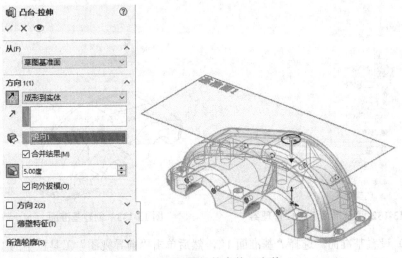

图 13-135　设置拉伸实体 7 参数

（5）设置基准面。选择通气塞安装孔凸台上表面，然后单击"前导视图"工具栏中的"正视于"按钮 ⊥，将该表面作为绘制图形的基准面，新建一张草图。

（6）绘制草图 6。单击菜单栏中的"工具"→"草图绘制实体"→"圆"命令，或单击"草图"面板中的"圆"按钮 ⊙，以通气塞安装孔凸台中心为圆心绘制孔的草图轮廓，并设置通气塞安装孔的半径为 20mm，如图 13-137 所示。

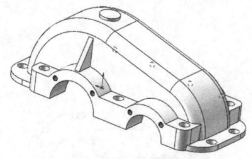 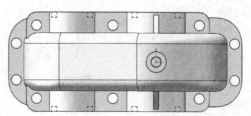

图 13-136　隐藏基准面　　　　　　　　图 13-137　绘制草图 6

（7）切除拉伸实体 8。单击菜单栏中的"插入"→"切除"→"拉伸"命令，或单击"特征"面板中的"拉伸切除"按钮 ⟨▣⟩，系统弹出"切除-拉伸"属性管理器；设置拉伸类型为"完全贯穿"，图形区高亮显示切除拉伸的方向，如图 13-138 所示；单击"确定"按钮 ✓，完成通气塞安装孔的创建，如图 13-139 所示。

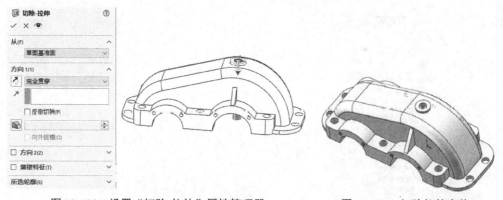

图 13-138　设置"切除-拉伸"属性管理器　　　图 13-139　切除拉伸实体 8

（8）创建倒角特征。单击菜单栏中的"插入"→"特征"→"倒角"命令，或单击"特征"面板中的"倒角"按钮 ⬡，系统弹出"倒角"属性管理器；如图 13-140 所示，单击"角度距离"按钮 ⟨⟩，输入倒角距离为"5.00mm"，设置倒角角度为"45.00 度"，选择生成倒角特征的轴承安装孔外边线，单击"确定"按钮 ✓，完成倒角特征的创建，如图 13-141 所示。

（9）创建圆角特征。单击菜单栏中的"插入"→"特征"→"圆角"命令，或单击"特征"面板中的"圆角"按钮 ⬡，系统弹出"圆角"属性管理器；选择上箱盖筋特征的外边线为倒圆角边，如图 13-142 所示，设置圆角半径为 "5.00mm"，单击 "确定" 按钮 ✓，完成上箱盖筋圆角特征的创建，如图 13-143 所示。

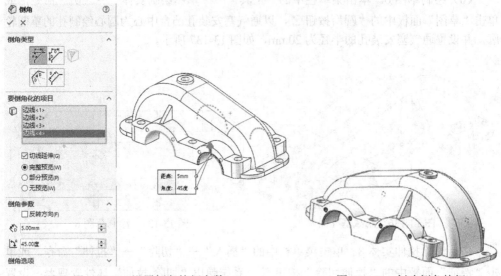

图 13-140　设置倒角特征参数　　　　　　　　图 13-141　创建倒角特征

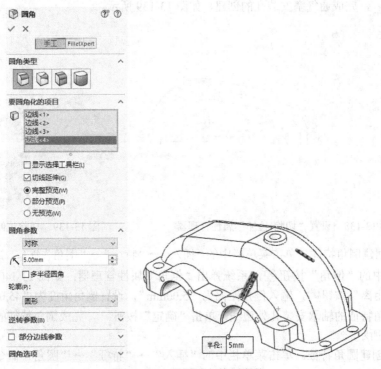

图 13-142　设置圆角特征参数

其他各处的铸造圆角的创建与此类似，在此不一一叙述，最终生成的变速箱上箱盖效果图如图 13-144 所示。

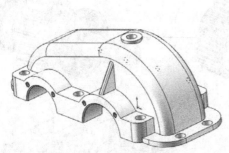

图 13-143 创建圆角特征

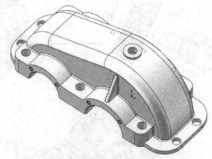

图 13-144 变速箱上箱盖效果图

（10）保存文件。单击菜单栏中的"文件"→"保存"命令，将零件文件保存为"上箱盖.SLDPRT"。

13.4 变速箱装配

本节进行变速箱的装配，变速箱装配体如图 13-145 所示。

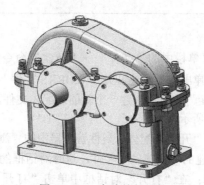

图 13-145 变速箱装配体

在机械设计中大多数设备都不是由单一的零件组成，而是由许多零件装配而成，如螺栓、螺母等装配而成的紧固件组合，轴类零件（轴承、轴、轴承座）所构成的传动部件等。对于大型、复杂的设备，它们的建模过程通常是先完成各个零件的建模，然后通过装配将各个零件按照设计要求组合在一起，最后构成完整的模型。图 13-146 所示为变速箱的装配流程示意图。

可见，零件之间的装配关系实际上就是零件之间的位置约束关系。可以把一个大型的零件装配模型看作由多个子装配体组成，因而在创建大型的装配模型时，可先创建各个子装配体，再将各个子装配体按照它们之间的相互位置关系进行装配，最终形成完整的装配模型。

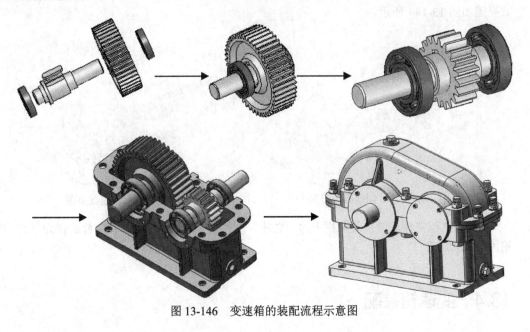

图 13-146　变速箱的装配流程示意图

13.4.1　低速轴组件

（1）轴 - 键配合。

① 新建文件。单击菜单栏中的"文件"→"新建"命令，或单击"标准"工具栏中的"新建"按钮 📄，在弹出的"新建 SOLIDWORKS 文件"对话框中，先单击"装配体"按钮 🦑，再单击"确定"按钮，创建一个新的装配体文件，系统弹出"开始装配体"属性管理器，如图 13-147 所示。

② 定位低速轴。单击"开始装配体"属性管理器中的"浏览"按钮，系统弹出"打开"对话框，选择前面创建的"低速轴"零件，这时对话框的浏览区中将显示零件的预览结果，如图 13-148 所示；在"打开"对话框中单击"打开"按钮，系统进入装配界面，绘图光标变为 🦑 形状，单击菜单栏中的"视图"→"隐藏 / 显示"→"原点"命令，显示坐标原点，将绘图光标移动至原点位置，绘图光标变为 🦑 形状，如图 13-149 所示，在目标位置单击，将低速轴放入装配界面中。

③ 插入键。单击菜单栏中的"插入"→"零部件"→"现有零件 / 装配体"命令，或单击"装配体"工具栏中的"插入零部件"按钮 🦑，在弹出的"打开"对话框中选择"低速键"（实例文件读者可在"X：源文件\ch13\ 变速箱 \ 低速轴组件"文件夹中查看），将其插入装配界面中，如图 13-150 所示。

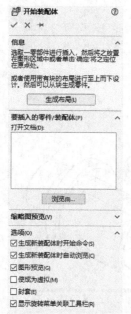

图 13-147　"开始装配体"
属性管理器

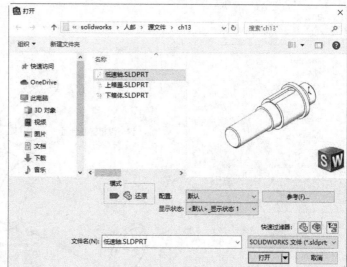

图 13-148　打开所选装配零件

图 13-149　定位低速轴

图 13-150　将键插入装配体

④ 添加配合关系 1。单击菜单栏中的"插入"→"配合"命令，或单击"装配体"工具栏中的"配合"按钮🔧，系统弹出"配合"属性管理器，在属性管理器中显示一系列标准配合，如图 13-151 所示，选择低速键的上表面和键槽的上表面为配合面，如图 13-152 所示，在"配合"属性管理器中单击"重合"按钮🖉，单击"确定"按钮✓，如图 13-153 所示；重复上述操作，分别选择键的侧面与键槽的侧面重合，选择键的曲面端与键槽的曲面同轴心，如图 13-154 所示，单击"确定"按钮✓，完成的轴 - 键配合如图 13-155 所示。

图 13-151 "配合"属性管理器（1）

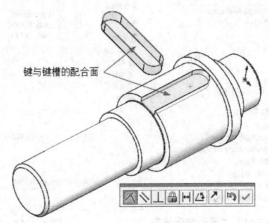

键与键槽的配合面

图 13-152 选择配合面（1）

图 13-153 "配合"属性管理器（2）

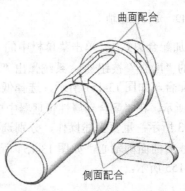

曲面配合

侧面配合

图 13-154 添加配合关系 1

（2）齿轮 - 轴 - 键配合。

① 插入大齿轮。单击菜单栏中的"插入"→"零部件"→"现有零件 / 装配体"命令，或单击"装配体"工具栏中的"插入零部件"按钮 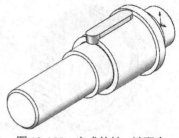，在弹出的"打开"对话框中选择"大齿轮"（实例文件读者可在"X:\源文件\ch13\ 变速箱 \ 低速轴组件"文件夹中查看），将其插入装配界面中，如图 13-156 所示。

图 13-155　完成的轴 - 键配合

② 添加配合关系 2。单击"装配体"工具栏中的"配合"按钮 ✐，选择轴 - 键组件中键的上表面与大齿轮键槽底面为配合面，如图 13-157 所示，添加"重合"关系；选择大齿轮键槽侧面与轴 - 键组合件中键的侧面为配合面，如图 13-158 所示，添加"重合"关系；单击"确定"按钮 ✓，大齿轮移至配合位置，如图 13-159 所示；选择大齿轮端面与轴肩后端面为配合面，如图 13-160 所示。添加"对齐"关系，单击"确定"按钮 ✓，完成大齿轮的装配，如图 13-161 所示。

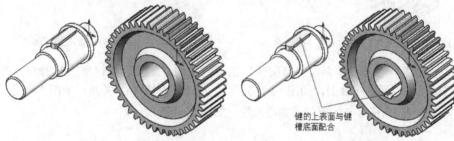

图 13-156　将大齿轮插入装配体　　　图 13-157　选择配合面（2）

图 13-158　添加配合关系 2

图 13-159　大齿轮按装配关系变动后的位置

（3）轴 - 轴承配合。

① 插入轴承。单击菜单栏中的"插入"→"零部件"→"现有零件 / 装配体"命令，或单击"装配体"工具栏中的"插入零部件"按钮 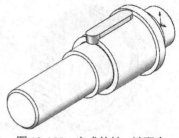，在弹出的"打开"对话框中选择"轴承 6319"（实例文件读者可在"X：\源文件\ch13\ 变速箱 \ 低速轴组件"文件夹中查看），将其插入装配界面中，如图 13-162 所示。

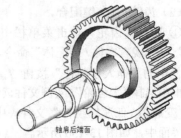

大齿轮前端面

轴肩后端面

图 13-160　轴与大齿轮的端面配合

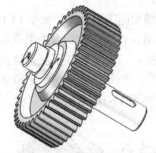

图 13-161　完成后的齿轮 - 轴 - 键配合　　　　图 13-162　将轴承 6319 插入装配体

② 添加配合关系 3。单击"装配体"工具栏中的"配合"按钮 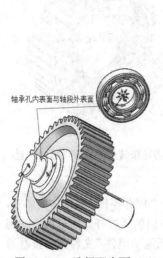，选择轴承孔内表面与轴段外表面为配合面，如图 13-163 所示。添加"同轴心"关系，单击"确定"按钮，轴承 6319 移至与低速轴同轴心位置，如图 13-164 所示。

轴承孔内表面与轴段外表面

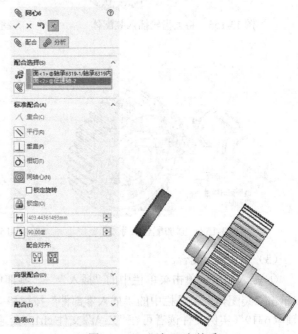

图 13-163　选择配合面（3）　　　　　　　图 13-164　添加配合关系 3

选择轴承内圈的端面与轴的侧端面为配合面，如图 13-165 所示。添加"重合"关系，单击"确定"按钮☑，完成后的轴 - 轴承配合如图 13-166 所示。

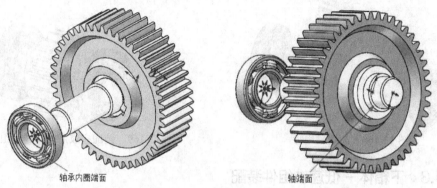

图 13-165 选择配合面（4）

③ 重复步骤①、步骤②，将另一个轴承 6319 安装在轴的另一侧。至此，低速轴组件已全部装配完成，最后的低速轴组件如图 13-167 所示。

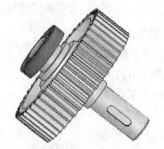

图 13-166 完成后的轴 - 轴承配合   图 13-167 低速轴组件

④ 保存文件。单击菜单栏中的"文件"→"保存"命令，将零件文件保存为"低速轴组件.SLDASM"。

13.4.2 高速轴组件

高速轴组件包括高速轴、高速键、小齿轮以及轴承 6315，如图 13-168 所示。

高速轴组件的装配与低速轴组件的装配过程与方法相同，可参照上面讲述进行，在此不再赘述。装配完成的高速轴组件如图 13-169 所示。

装配完成后，保存文件，单击菜单栏中的"文件"→"保存"命令，将零件文件保存为"高速轴组件.SLDASM"。

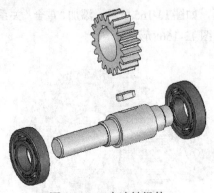

图 13-168 高速轴组件

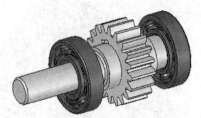

图 13-169 装配完成后的高速轴组件

13.4.3 下箱体 – 低速轴组件装配

（1）新建文件。单击菜单栏中的"文件"→"新建"命令，或单击"标准"工具栏中的"新建"按钮 ，在弹出的"新建 SOLIDWORKS 文件"对话框中，先单击"装配体"按钮 ，再单击"确定"按钮，创建一个新的装配体文件，系统弹出"开始装配体"属性管理器，如图 13-170 所示。

（2）定位下箱体。单击"开始装配体"属性管理器中的"浏览"按钮，系统弹出"打开"对话框，选择前面创建的"下箱体"零件后，对话框的浏览区中将显示零件的预览结果，如图 13-171 所示；在"打开"对话框中单击"打开"按钮，系统进入装配界面，绘图光标变为 形状，单击菜单栏中的"视图"→"隐藏/显示"→"原点"命令，显示坐标原点，将绘图光标移动至坐标原点位置，绘图光标变为 形状，如图 13-172 所示，在目标位置单击将低速轴放入装配界面中。

（3）装配低速轴组件。单击菜单栏中的"插入"→"零部件"→"现有零件/装配体"命令，或单击"装配体"工具栏中的"插入零部件"按钮，在弹出的"打开"对话框中选择"低速轴组件"（实例文件读者可在"X:\源文件\ch13\变速箱\低速轴组件"文件夹中查看），将其插入装配界面中，如图 13-173 所示。

图 13-170 "开始装配体"
属性管理器

（4）添加配合关系 4。单击"装配体"工具栏中的"配合"按钮，选择低速轴中轴承外表面与下箱体轴承孔内表面为配合面，如图 13-174 所示，添加"同轴心"关系，单击"确定"按钮，低速轴组件移至同轴心位置，如图 13-175 所示；选择下箱体轴承安装孔凸缘端面与低速轴组件中轴承的端面为配合面，如图 13-176 所示，添加"距离"关系，在距离输入框中 输入距离值"27.50mm"，单击"确定"按钮，完成下箱体 - 低速轴组件的装配，如图 13-177 所示。

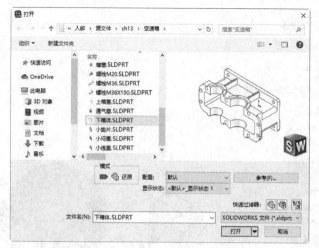

图 13-171　打开"下箱体"零件

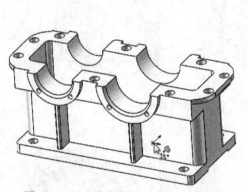

图 13-172　定位下箱体到系统坐标原点

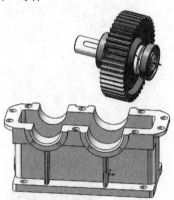

图 13-173　插入低速轴组件

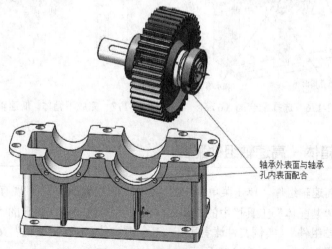

轴承外表面与轴承
孔内表面配合

图 13-174　选择配合面（5）

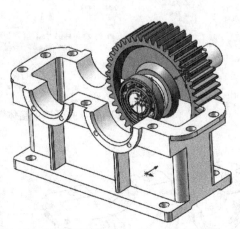

图 13-175　添加配合关系 4

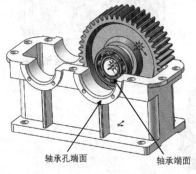

轴承孔端面　　　　轴承端面

图 13-176　选择配合面（6）

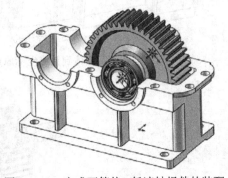

图 13-177　完成下箱体 - 低速轴组件的装配

13.4.4　下箱体 – 高速轴组件配合

（1）插入高速轴组件。单击菜单栏中的"插入"→"零部件"→"现有零件 / 装配体"命令，或单击"装配体"工具栏中的"插入零部件"按钮 ，在弹出的"打开"对话框中选择"高速轴组件"（实例文件读者可在"X：\源文件\ch13\ 变速箱"文件夹中查看），将其插入装配界面中，如图 13-178 所示。

（2）添加配合关系 5。单击"装配体"工具栏中的"配合"按钮，选择轴承 6315 外表面与下箱体小轴承孔内表面为配合面，如图 13-179 所示。添加"同轴心"关系，单击"确定"按钮，高速轴组件移至同轴心位置，如图 13-180 所示。选择下箱体小轴承安装孔凸缘端面与高速轴组件中轴承 6315 的端面为配合面，如图 13-181 所示。添加"距离"关系，在"距离"文本框中输入距离值"32.50mm"，单击"确定"按钮，最后完成的下箱体 - 高速轴组件配合，如图 13-182 所示。

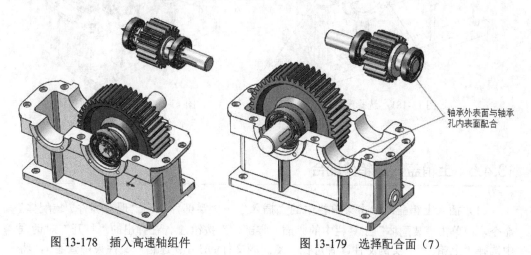

图 13-178　插入高速轴组件　　　　　　　　图 13-179　选择配合面（7）

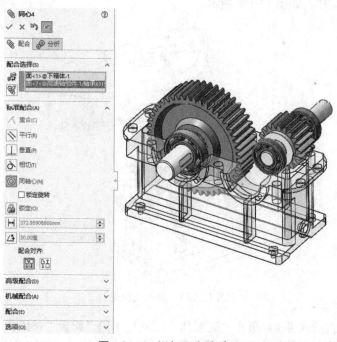

图 13-180　添加配合关系 5

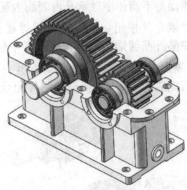

轴承孔端面　　　　　　　　轴承端面

图 13-181　选择配合面（8）

图 13-182　完成后的下箱体 –
高速轴组件配合

13.4.5　上箱盖 – 下箱体配合

（1）插入上箱盖。单击菜单栏中的"插入"→"零部件"→"现有零件 / 装配体"命令，或单击"装配体"工具栏中的"插入零部件"按钮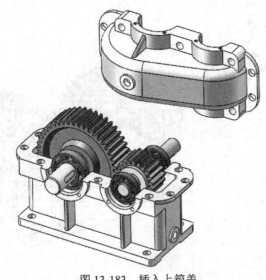，在弹出的"打开"对话框中选择"上箱盖"（实例文件读者可在"X：\源文件\ch13\ 变速箱"文件夹中查看），将其插入装配界面中，如图 13-183 所示。

图 13-183　插入上箱盖

（2）添加配合关系 6。单击"装配体"工具栏中的"配合"按钮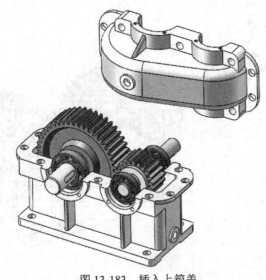，选择上箱盖安装凸缘下表面与下箱体上表面为配合面，如图 13-184 所示，添加"重合"关系，单

击"确定"按钮☑，上箱盖移至与下箱体配合面重合位置，如图 13-185 所示；分别
选择下箱体轴承孔端面与上箱盖轴承孔端面、下箱体前端面与上箱盖前端面为配合面，
如图 13-186 所示，添加"重合"关系，单击"确定"按钮☑，完成上箱盖-下箱体的装
配，如图 13-187 所示。

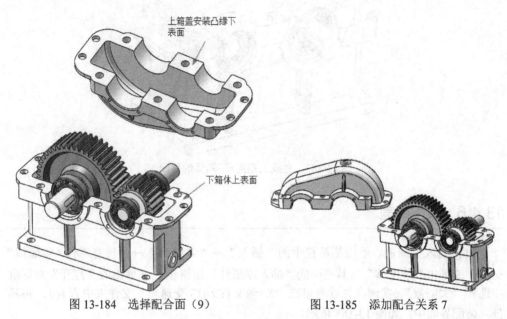

上箱盖安装凸缘下表面

下箱体上表面

图 13-184　选择配合面（9）　　　　　　图 13-185　添加配合关系 7

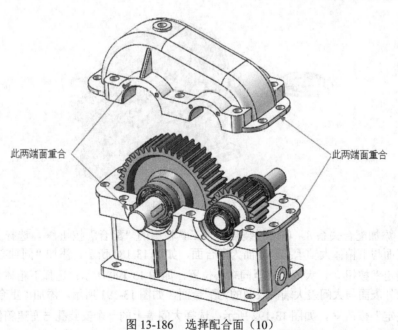

此两端面重合　　　　　　　　　　　　　　　　此两端面重合

图 13-186　选择配合面（10）

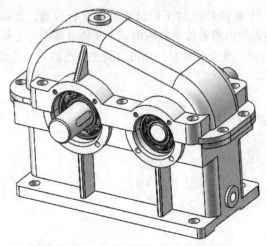

图 13-187　完成上箱盖-下箱体的装配

13.4.6　装配端盖

（1）插入大闷盖。单击菜单栏中的"插入"→"零部件"→"现有零件/装配体"命令，或单击"装配体"工具栏中的"插入零部件"按钮 ，在弹出的"打开"对话框中选择"大闷盖"（实例文件读者可在"X:\源文件\ch13\变速箱"文件夹中查看），将其插入装配界面中，如图 13-188 所示。

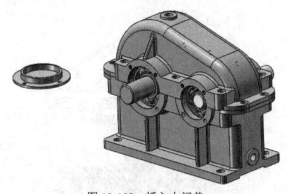

图 13-188　插入大闷盖

（2）添加配合关系 8。单击"装配体"工具栏中的"配合"按钮，选择大闷盖小端外圆表面与下箱体大轴承孔内表面为配合面，如图 13-189 所示，添加"同轴心"关系，单击"确定"按钮，大闷盖移至同轴心位置，如图 13-190 所示；选择下箱体大轴承安装孔凸缘外表面与大闷盖大端内表面的为配合面，如图 13-191 所示，添加"重合"关系，单击"确定"按钮，如图 13-192 所示；选择大闷盖上的一个安装孔与变速箱侧面一个螺孔为配合面，添加"同轴心"关系，单击"确定"按钮，完成大闷盖的安装。

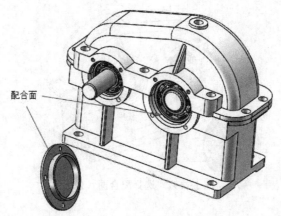

配合面

图 13-189 选择配合面（11）

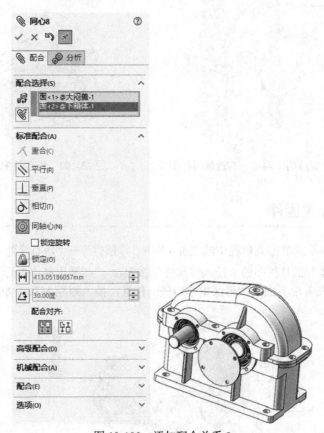

图 13-190 添加配合关系 8

大透盖、小闷盖和小透盖的装配方法与大闷盖的装配方法相同，在此不再讲述。端盖装配的最后效果如图 13-193 所示。

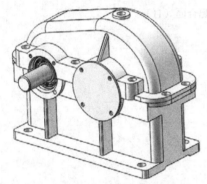

图 13-191　选择配合面（12）

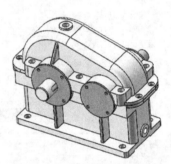

图 13-192　完成后的下箱体　高速轴组件配合　　图 13-193　端盖装配的最后效果

13.4.7　装配紧固件

（1）插入螺栓。单击菜单栏中的"插入"→"零部件"→"现有零件/装配体"命令，或单击"装配体"工具栏中的"插入零部件"按钮 ，在弹出的"打开"对话框中选择"螺栓 M36"，在装配界面的图形区中单击任一位置，插入螺栓 M36，如图 13-194 所示。

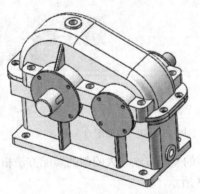

图 13-194　插入螺栓 M36

（2）添加配合关系 9。单击"装配体"工具栏中的"配合"按钮⬙，选择螺栓 M36 螺杆外表面与上箱盖安装孔内表面为配合面，如图 13-195 所示，添加"同轴心"关系，单击"确定"按钮✓，螺栓 M36 移至同轴心位置，如图 13-196 所示；选择下箱体凸缘下表面与螺栓头上表面为配合面，如图 13-197 所示，添加"重合"关系，单击"确定"按钮✓，完成螺栓 M36 的安装，如图 13-198 所示。

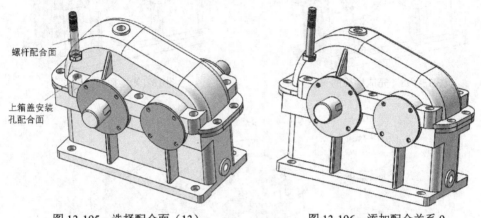

图 13-195　选择配合面（13）　　　　图 13-196　添加配合关系 9

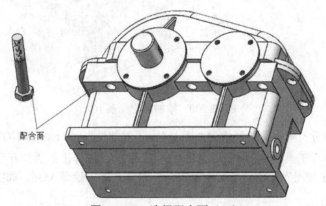

图 13-197　选择配合面（14）

（3）插入大垫片。单击菜单栏中的"插入"→"零部件"→"现有零件 / 装配体"命令，或单击"装配体"工具栏中的"插入零部件"按钮🖉，在弹出的"打开"对话框中选择"大垫片"，在装配界面的图形区中单击任一位置，插入大垫片，如图 13-199 所示。

（4）添加配合关系 10。单击"装配体"工具栏中的"配合"按钮⬙，选择大垫片内孔表面与螺栓 M36 螺杆外表面，添加"同轴心"关系，选择大垫片下表面与上箱盖安装凸缘上表面为配合面，添加"重合"关系，如图 13-200 所示，单击"确定"按钮✓，完成大垫片的安装，如图 13-201 所示。

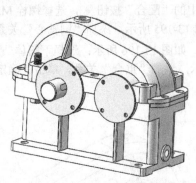

图 13-198　完成螺栓的安装

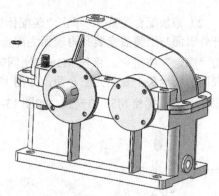

图 13-199　插入大垫片

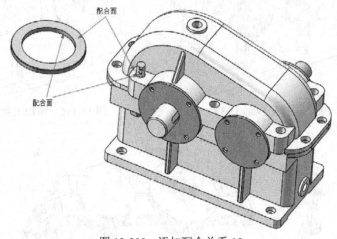

图 13-200　添加配合关系 10

（5）插入螺母。单击菜单栏中的"插入"→"零部件"→"现有零件 / 装配体"命令，或单击"装配体"工具栏中的"插入零部件"按钮，在弹出的"打开"对话框中选择"螺母 M36"，在装配界面的图形区中单击任一位置，插入螺母 M36，如图 13-202 所示。

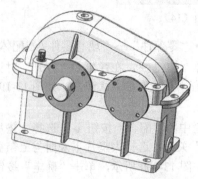

图 13-201　完成大垫片的安装

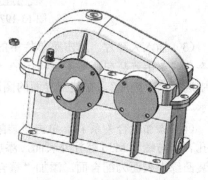

图 13-202　插入螺母 M36

（6）添加配合关系 11。单击"装配体"工具栏中的"配合"按钮 ◎，选择螺母 M36 内孔表面与螺栓 M36 螺杆外表面为配合面，添加"同轴心"关系；选择螺母 M36 下表面与大垫片上表面为配合面，添加"重合"关系，如图 13-203 所示，单击"确定"按钮 ✓，完成螺母 M36 的装配，如图 13-204 所示。

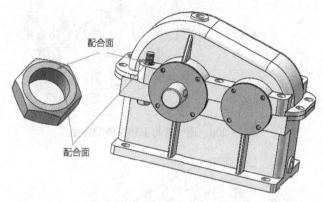

图 13-203　添加配合关系 11

仿照上述步骤，可以完成其他紧固件的装配。装配后的变速箱如图 13-205 所示。

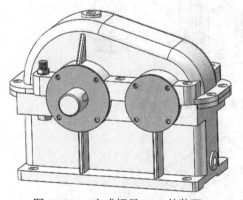

图 13-204　完成螺母 M36 的装配

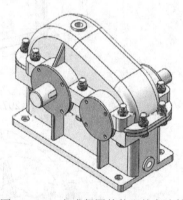

图 13-205　完成紧固件装配的变速箱

13.4.8　螺塞和通气塞的安装

螺塞和通气塞的安装较简单，可仿照 13.4.7 小节讲述的螺栓的安装方法进行操作。图 13-206、图 13-207 所示为通气塞、螺塞安装中所使用的配合面。

装配完成的变速箱如图 13-208 所示。

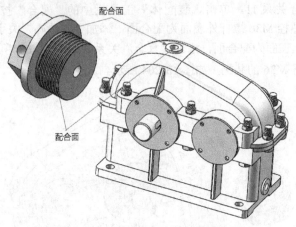

图 13-206 通气塞与上箱盖的配合面

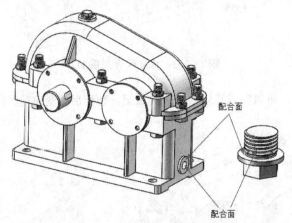

图 13-207 螺塞与下箱体的配合面

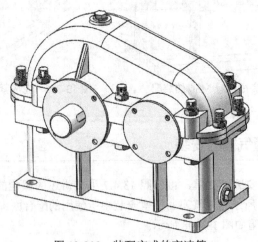

图 13-208 装配完成的变速箱